【SI 単位接頭語】

接頭語	記号	倍数	接頭語	記号	倍数
デカ (deca)	da	10	デシ (deci)	d	10^{-1}
ヘクト (hecto)	h	10^{2}	センチ (centi)	c	10^{-2}
キロ (kilo)	k	10^{3}	ミリ (milli)	m	10^{-3}
メガ (mega)	M	10^{6}	マイクロ (micro)	μ	10^{-6}
ギガ (giga)	G	10^{9}	ナノ (nano)	n	10^{-9}
テラ (tera)	T	10^{12}	ピコ (pico)	p	10^{-12}
ペタ (peta)	P	10^{15}	フェムト (femto)	f	10^{-15}
エクサ (exa)	E	10^{18}	アト (atto)	a	10^{-18}

【ギリシャ語アルファベット】

A	α	alpha	アルファ	N	ν	nu	ニュー
B	β	beta	ベータ	Ξ	ξ	xi	グザイ
Γ	γ	gamma	ガンマ	O	o	omicron	オミクロン
Δ	δ	delta	デルタ	Π	π	pi	パイ
E	ε	epsilon	イプシロン	P	ρ	rho	ロー
Z	ζ	zeta	ゼータ	Σ	σ	sigma	シグマ
H	η	eta	イータ	T	τ	tau	タウ
Θ	θ	theta	シータ	Υ	υ	upsilon	ウプシロン
I	ι	iota	イオタ	Φ	ϕ	phi	ファイ
K	κ	kappa	カッパ	X	χ	chi	カイ
Λ	λ	lambda	ラムダ	Ψ	ψ	psi	プサイ
M	μ	mu	ミュー	Ω	ω	omega	オメガ

オゾン層破壊の科学

北海道大学大学院環境科学院 編

北海道大学出版会

　　　　　　　　　　は　じ　め　に

　数千年にわたってせいぜい3億人程度で推移していた世界の人口は，産業革命を境として増え始め，今や65億人を突破してしまった。一人あたりのエネルギー消費量は国や地域によって大きく異なるが，平均すると毎年一人あたり1.7トンもの石油を消費していることになるという(2003年推計)。先進国がエネルギー消費量の削減に成功していない上に，中国，インド，ブラジルなどの人口大国や東南アジアの発展途上国が工業化に成功しようとしており，世界のエネルギー消費量がさらに急増することは避けられない情勢である。これまで，西暦2100年ごろの大気中二酸化炭素濃度は2000年の約2倍に達し，全球的平均気温は3.5±1.5℃程度上昇するだろうと予測されていたが，北極や山岳域の氷河が予想以上に速い速度で融解するなど，科学的予測の再検討も必至の情勢である。温暖化にともなう大気中水蒸気濃度の上昇と共に厚くなることも期待されていた南極大陸の氷床さえ融解に転じると，数十メートルにも及ぶ海面上昇も遠い未来の話ではなくなるかもしれない。
　地球温暖化問題と並んで人類が緊急に解決しなければならない課題として，オゾン層破壊の問題がある。幸い，この課題は人類の生活に直結するエネルギー問題とはほとんど無関係であり，比較的解決が容易と考えられる。実際，1970年代にフロンによるオゾン層の破壊が警告されて以来，フロン代替物の開発や外交交渉の努力がなされ，20世紀末までに有害フロンの生産はほぼ全廃された。最近，成層圏のフロン量が横ばいあるいは減少に転じたという報告もある。このため，オゾン層破壊問題はほぼ解決されたという楽観論が支配的だが，20世紀末までには縮小に転じるだろうと予測されていた南極のオゾンホールは今も拡大を続けているし，成層圏のオゾン量が1970年代のレベルに回復するのは絶望的という予測も有力である。いずれにしても，オゾン層破壊によって増加する有害紫外線が少なくとも数十年にわたって地球上の生物に影響を及ぼし続けることは確実である。
　南極オゾンホールの拡大は，オゾン層破壊が地球温暖化と密接に関連して

いることを教えてくれる。温室効果ガスの増加は成層圏においては寒冷化をもたらすし，成層圏におけるオゾン破壊自体も成層圏大気の冷却化に働く。また，対流圏の温暖化にともなう対流圏界面領域の循環や気温場の変化が，成層圏大気中の水蒸気濃度を増加させている可能性がある。おそらくこれらの要因によって，南極の成層圏雲が増えており，雲粒子表面を触媒とするオゾン破壊の異相反応が促進され，オゾンホールが拡大しているという。1970年代に「複合汚染」という言葉が流行したが，地球温暖化，オゾン層破壊，生物多様性の減少などの地球環境問題はまさに複合化している。

　このような状況下にあって，従来の学問分野の垣根にとらわれずに地球環境問題と取り組む人材の育成は緊急の課題となっている。北海道大学大学院環境科学院・環境起学専攻はまさにそのような人材の育成をめざしており，本著は同専攻で講義される「オゾン層破壊・紫外線影響評価総論」の教科書として企画された。近年における自然科学の進歩は目覚ましく，先端的な知識を平易に解説することをますます困難にしているが，各執筆者は，さまざまな分野の学生ができるだけ他の専門書をみなくても理解できるように工夫している。オゾン層破壊のメカニズムとその影響に関する総説として多方面で活用していただければ幸いである。なお本書は，21世紀COEプログラム「生態地球圏システム劇変の予測と回避」の一環として出版された。

　また，名古屋大学大学院環境学研究科の神沢博教授と九州大学大学院理学研究院の廣岡俊彦教授には，気象力学およびオゾンホールの記述に関する原稿の査読をお願いし，貴重な助言をいただいた。京都大学大学院理学研究科の余田成男教授には図の引用を許可していただくと共に，原版を提供していただいた。国立環境研究所アジア自然共生研究グループの中根英昭グループ長には，ポテンシャル渦度を計算するために同研究所のSTRASシステムを利用させていただいた。同じく国立環境研究所の永島達也氏には，オゾン層の将来予測について貴重な助言をいただいた。ここに深謝の意を表わしたい。

　　　平成19年1月7日

　　　　　　　　　　　　　　　　　　　　　　著者を代表して　東　　正　剛

目　次

はじめに　i

序章　地球史46億年——大気組成の変遷と生物の進化　1

1. 宇宙の誕生と物質の誕生　1
2. 太陽系の誕生・地球の誕生　3
3. 重爆撃期の大気と海洋　5
4. 生物の誕生　7
5. 光合成生物の出現　10
6. 原生代の地球史　14
7. 大気中のO_2のさらなる増加とオゾン層の形成　15
8. 生物進化の概要　16
9. 人類の誕生と人為的な大気改変　21
10. 地球型惑星間の大気組成比較　24

第1章　オ　ゾ　ン　27

1-1　オゾンの性質　27
化学的な性質　27/分光学的な性質　31/大気中における光化学寿命　33

1-2　オゾン層の観測史　34
地表付近のオゾン測定　34/成層圏の発見と超高層大気の探索　36/オゾン層の発見と中心高度の確定までの歴史　38/オゾンゾンデ　41/人工衛星・地上リモートセンシング　44

第 2 章　大気圏の構造　51

- 2-1　地球大気圏　51
  大気の鉛直構造　52／大気の子午面構造　59
- 2-2　大気運動の記述　72
  保存則を記述する枠組み　73／大気に働く力　75／運動方程式　82／プリミティブ方程式系　87／化学物質の連続方程式　90
- 2-3　大気大循環と物質輸送　91
  対流圏の大気大循環　92／成層圏の大気大循環　102

第 3 章　オゾン層の光化学　127

- 3-1　オゾン層の生成理論　127
  チャップマン機構　127／反応速度と定常状態の近似　129／オゾン定常濃度の高度依存性　133／光化学寿命　136／成層圏オゾン濃度　138
- 3-2　ラジカルによるオゾン消失反応　140
  ラジカル連鎖反応と HO_x によるオゾンの消失反応　140／NO_x によるオゾンの消失反応　143／ClO_x と BrO_x によるオゾン消失　145／連鎖反応の停止　146／夜間の化学　149

第 4 章　オゾンホール　153

- 4-1　南極オゾンホールの発見　153
- 4-2　オゾンホールにかかわる力学過程　164
  ポテンシャル渦度　165／極渦の変形と崩壊　173
- 4-3　オゾンホールにかかわる化学過程　197
  極夜成層圏雲の生成と異相反応　198／ClO_x の生成と ClO の自己反応　201／オゾンホールの生成　203／臭素の関与した触媒反応　204／オゾンホールの解消　204

第5章　地表・水中の紫外線環境　209

5-1　大気中の放射伝達　209
放射とは　209/地球大気中の放射とプランク関数　211/放射と物質の相互作用(I)―分子による吸収や射出　213/放射と物質の相互作用(II)―分子や雲粒子・エアロゾル粒子による散乱　217/紫外線の放射伝達方程式　219

5-2　地表に到達する紫外線　223
3種類の紫外線と生物への作用　223/地表紫外線量を支配する要素　227/地表紫外線量の観測　231/地表紫外線量の長期変化　234

5-3　水中の放射伝達　236

第6章　紫外線による地表物質への影響　243

6-1　光化学の基礎　243

6-2　腐植物質と太陽光励起活性酸素種　248
一重項酸素　251/スーパーオキシドなど　252/過酸化水素　253/水酸化物ラジカル　254/オゾン　256

6-3　生育制限因子となる元素の循環への影響　257
鉄共存下での光反応　257/窒素とリンの循環　261

6-4　有機物への影響　263
有機汚染物質の分解作用　263/土壌などへの影響　267

第7章　紫外線影響を理解するための基礎生物学　275

7-1　原核細胞と真核細胞　275

7-2　タンパク質の合成　278

7-3　呼吸と光合成　284
呼吸　285/光合成　289

7-4　細胞周期　292

7-5　生物の免疫応答　299

7-6　光合成の進化　307

7-7 分子進化の中立説と分子系統　311

第8章　紫外線と生物　315

8-1 DNAと細胞への影響　315
紫外線によるDNA損傷　317/DNA損傷の修復機構　320/アポトーシス　325/細胞の癌化　327

8-2 脊椎動物とヒトへの影響　328
皮膚への影響　328/眼の紫外線障害　331/適応免疫系への影響　334

8-3 陸上動物群集への影響——両生類を例として　336

8-4 紫外線による海洋生態系への影響　342
海洋生態系　342/従属栄養細菌への紫外線影響　344/植物プランクトンへの紫外線影響　346/動物プランクトンおよび魚類への紫外線影響　349/おわりに　351

8-5 生物の紫外線応答　352
回避　353/馴化　354/防御　354

8-6 紫外線による陸上植物群集への影響　357
紫外線と植物群集　359/紫外線と生態系　360/メタ解析による植物の紫外線応答予測　364/今後の展開　365

終章　オゾン層破壊——その歴史と将来予測　369

1. オゾン層保護のための国際的取り組み　369
2. オゾン層破壊の長期観測結果と将来予測　379

索　引　397
執筆者一覧　409

地球史 46 億年——大気組成の変遷と生物の進化

序章　　　　　　　　　　　　　　　北海道大学大学院環境科学院／藤原正智・東　正剛

　宇宙史137億年，太陽系史・地球史46億年において，地球は，大気は，そしてオゾン層はどのように形成されてきたのだろうか。そして，オゾン層に守られた地球の多様な生物は，どのように誕生し現在の形にまで進化してきたのだろうか。本章では，宇宙と物質の誕生過程を概観した後，地球大気と生物の進化過程を両者の密接なかかわりに焦点をあてながら議論する。生物の誕生と進化は，地球大気の劇的な改変，すなわち，酸素を主成分としオゾン層をもつきわめて特殊な大気の形成を引き起こした。同時に，こうした大気環境の激変が，生物にさらなる進化を促したのである。

1. 宇宙の誕生と物質の誕生

　最新の宇宙観測結果によると，我々の宇宙は約137億年前に誕生したと推定されている。現代宇宙論による初期宇宙の描像はおおよそ次の通りである。無から時間と空間(真空)が誕生すると，宇宙はきわめて短期間にインフレーションと呼ばれる急速な膨張を経験した。これにより，真空の相転移と呼ばれる現象が生じ，宇宙は一瞬で高温になり，いわゆるビッグバンが始まる。宇宙誕生から 10^{-34} 秒後のことであったとされる。この前後に，力が現在の4種類(重力，強い力と弱い力(原子核の世界で働く力)，電磁力)に分化したと考えられている。その後ごく短期間に，宇宙はさらに膨張すると共に低温化し，物質が次々と誕生した。ビッグバンから 10^{-6} 秒後には，電子や陽子や中性子

などが誕生し，約3分後にはヘリウム核などの原子核合成が始まった。30～40万年後には，電子と原子核が結びついて光との相互作用が弱い中性の原子が生成し，光は物質とあまり関係なく宇宙空間に広がっていけるようになった。これを宇宙の晴れ上がりと呼ぶ。この時点で，現在の宇宙に存在する水素(H)やヘリウム(He)，リチウム(Li)，ベリリウム(Be)の多くが生成された。この時に宇宙に広がった光は，いわゆる絶対温度3Kの宇宙背景放射(電波)として現在観測することができる。なお，大量のヘリウムの存在，3K宇宙背景放射の存在，および，ハッブルの法則(観測されるほとんどの銀河が我々の天の川銀河から遠ざかっているという事実，つまり宇宙の膨張)の3つの観測事実が，ビッグバン理論を強く支持するものとされている。

　それでは，Beよりも原子番号の大きい元素，特にここで興味のあるオゾン(O_3)を構成する酸素(O)は，宇宙の歴史のなかでどのように生成したのだろうか。実は，周期表上の鉄(Fe)までの元素は，宇宙空間に浮かぶ恒星の内部における核融合反応によって生成したのである。元素の生成と恒星の一生とは密接なかかわりをもっている。恒星は，星間ガスの重力による凝集によって誕生し，内部における核融合反応により元素を合成しながら光っているが，核融合反応の終了により重力を支えられなくなり，赤色巨星になったり超新星爆発を起こしたりして最終的に星間ガスへと戻る。我々の太陽のような主系列星と呼ばれる段階にある恒星(宇宙の恒星の9割を占める)の内部では，陽子－陽子連鎖反応(p-pチェーン)と呼ばれる陽子4つからHe 1つが生成する核融合反応が生じている。太陽よりも大きい質量をもつ恒星のなかでは，さらに炭素－窒素－酸素循環反応(CNOサイクル)と呼ばれる核融合サイクルが働いて，ここでHeからC，N，Oが生じる。地球型惑星の岩石を形成しているケイ素(Si)も含め，Feまでの原子番号の元素は，さらに質量の大きい恒星のなかで合成される。核融合で安定化するのはFeまでであるため，Feの形成に至ると，もはや核融合熱をだせなくなり星は潰れ始める。その際に重力エネルギーが解放されるため，星は再び昇温し，鉄などの核分裂(したがって圧力急増)が引き起こされ，最後には，超新星爆発を起こして散り散りになる。この爆発の際に，中性子捕獲という過程によって，Feよりも原子番号の大きい元素が生成する。因に，太陽の30倍以上の質量をもつ星

は，爆発を起こせずに収縮し続け，光をださない重い星となる。これがブラックホールである。このように，宇宙に存在する元素は，宇宙の誕生から数十万年の間のビッグバンの時代，および，夜空に輝く恒星の内部において形成されてきているのである。

2. 太陽系の誕生・地球の誕生

　宇宙空間に漂う星間ガスの一部に重力による凝集が起こると，太陽系，つまり恒星と惑星のシステムが誕生する。その際，星間ガスがもともともっていた角運動量が小さい場合は中心星のみとなり，大きい場合は中心星のない連星系となる。我々の太陽系の場合，角運動量の大きさは中程度であったと考えられる。中心において原始太陽が輝き始めると同時に，その周縁部では原始太陽に取り込まれなかった微粒子が太陽赤道面に沈殿し，無数の微惑星が誕生する。これらが衝突と合体を繰り返して原始惑星に成長していく。各惑星が現在の大きさ程度に成長するのには 1000 万〜1 億年ほどかかったと考えられている。太陽系誕生時に形成された始源的隕石の放射年代を測定すると，その大部分が約 45.5 億年前に形成されたことがわかる。これが，太陽系の年齢，したがって地球の年齢を約 45.5 億年とする根拠である。以下では，地球の約 46 億年の歴史を，特に大気組成の変遷と生物の進化に注目しながら議論していく。図 A-1 に地球史 46 億年のおもなできごとをまとめる。

　地球誕生から約 7 億年の期間は，重爆撃期 heavy-bombardment period と呼ばれ，多くの微惑星が地球や月や他の惑星に降り注いだ。地球への"重爆撃"で最も激しかったのが，太陽系形成から 0.3 億年以内に生じたとされる火星サイズ(地球の半分の直径)の惑星の衝突(ジャイアントインパクト)で，これによって地球の約 4 分の 1 もの直径をもつ特異的に大きな衛星，月が誕生した。このような巨大衝突が生じたこと自体は不思議なことではないが，これだけの大きさの月を形成するのに適度な相対速度，角度で衝突が起きたことはかなり幸運であった。この大きな月により，地球は現在 24 時間周期(過去にはもっと短周期)で高速に回転しているにもかかわらず，その自転軸の傾きは大

億年前	太陽放射量(現在を1)	固体地球	大気海洋	生物
冥王代 46 45 40	0.7	↑重爆撃期↓ 月の形成, マグマオーシャン プレートテクトニクスの開始	初期の大気海洋: H_2O, CO_2, N_2, HCl, 硫黄化合物 海洋形成期の大気: CO_2～10気圧, N_2～1気圧 N_2 0.8, CO_2 0.2?(～40)	生物の誕生(40～38)
太古代(始生代) 35 30 25	0.8	地磁気の急増(27) 全球凍結(24.5～22) ローレンシア大陸(19)	↑CH_4～1000 ppmv? 主成分は N_2, CO, CO_2↓ O_2の急増(23) 10^{-4}～10^{-3} PALを超える	光合成の開始(27) (シアノバクテリア) 真核細胞生物の登場(19)
原生代 20 15 10 5.4 5		←縞状鉄鉱層の形成→ ロディニア超大陸(10) 全球凍結(7.5) 全球凍結(6) ゴンドワナ超大陸(5.5)	海水量減少開始 塩分濃度急増(7.5) O_2が10^{-2} PALを超える(5.4)	植物, 動物, 菌類の登場(10)(真核多細胞生物) 大型硬骨格生物の登場(5.4)
顕生代 0	1.0	パンゲア超大陸(3)	O_2が10^{-1} PALを超え, オゾン層がほぼ現在のレベルになる(～4.3)	生物の陸上進出(～4.3)

図 A-1 地球史46億年のおもなできごと。( )内の数値の単位は億年前

変安定したものとなっている(現在 23.4°, 変動幅は 22.1～24.5°)。もしもこの大きな月がなければ、地球の自転軸は 1000 万年の時間スケールで 0～85°の間を無秩序に変動することが理論的にわかっている。そうなれば、地球の表層環境はきわめて激しい変動を引き起こしていたはずで、生命の誕生・維持は難しかったかもしれない。ただし、そもそも地球にこの高速回転をもたらしたのは月を形成した巨大衝突であると考えられている。また、地球の自転を徐々に遅らせてきているのは月による潮汐摩擦である。なお、後に強い地磁気の成因となる液体金属核の形成も、太陽系形成から 0.3 億年以内の時期であったと最近では考えられている。

3. 重爆撃期の大気と海洋

　地球の初期大気と初期海洋を構成したのは、揮発性成分、H_2O、CO_2、N_2、HCl、さまざまな硫黄化合物などである。以前は、火山活動による固体地球内部からの脱ガスによってこれらが徐々に供給されてきたと考えられていた。しかし今では、地球が現在の 3 分の 1 程度の質量に成長した後、次々と衝突した微惑星の蒸発によりその大部分が直接もたらされたと考えられている。つまり、地球形成と同時に大気・海洋の形成が開始されたわけである。しかし、形成が順調に進んだわけではない。たとえば、月の形成をもたらした巨大衝突時には、大気・海洋は一時的にすべて吹き飛んだと考えられる。同時に固体地球の一部は溶融し、深さ 1000 km にも及ぶいわゆるマグマオーシャンが形成された。
　地球に生命が存在している理由の 1 つは、現在平均深さ 4 km で地球表面の 70% を覆っている質量 $1.4×10^{21}$ kg もの液体の H_2O、海洋の存在である。実は、そもそもこれだけ大量の H_2O を地球に供給することは容易ではない。地球軌道(太陽からの距離 $1.496×10^8$ km＝1 AU、AU は天文単位)付近にいた微惑星は、H_2O をほとんど保持していなかったと考えられるからである。1 AU では太陽に近すぎて微惑星が高温になり氷を保持できないこと、および微惑星を構成するケイ酸塩鉱物の気相水和反応には時間がかかることがその理由である。どうやら、火星と木星の間にある小惑星帯(2.5～3.5 AU)付近から飛

来した氷に富んだ微惑星が，地球に多くの H_2O をもたらしたらしい．地球形成初期には，木星・土星の領域(5〜10 AU)からも氷を主成分とする微惑星が飛来したはずである．天王星・海王星の領域(20〜30 AU)や冥王星軌道付近およびその外側に広がるエッジワース・カイパーベルトやオールト雲の領域からの彗星が地球に多くの H_2O をもたらしたと考える研究者もいる．地球形成期における大気は，H_2O にきわめて富んだものであった．大気中では激しい対流活動が生じ，初期には高度 300 km 付近で活発な水の蒸発・凝結過程が生じていただろう．数億年後には降水は地表に達し初期海洋がいったんは誕生した．しかし，微惑星の巨大衝突が起こるたびに，海洋は蒸発し大気は再び H_2O にきわめて富んだであろう．超高層大気においては，太陽紫外線により H_2O が光解離し，H は宇宙空間へ大量に逃散し，残された O は，主としてマントルの酸化に消費された可能性が高い．後の生物による大気中の O_2 蓄積のための地ならしの 1 つが，既にこの時期に行なわれていたわけである．

　初期海洋の誕生は，大気中からの H_2O の大幅な除去を意味するが，同時に CO_2 の多くも大気から抜け海洋に溶け込んだと考えられる．この時の大気組成は，CO_2 が 10 気圧程度，N_2 が 1 気圧程度であったと考えられている(1 気圧は 1013 hPa に等しく，現在の地球の平均地表面気圧，つまり大気総量に相当する)．この内，CO_2 は，その後の地球史を通じて大気中から指数関数的に減少していき，現在の量は初期地球の 1 万分の 1 以下となっている．その主たる過程は，陸上の岩石の化学風化とそれに続く海洋中における石灰岩(主成分 $CaCO_3$)の形成である．大気中の CO_2 は降水や地下水に溶けて炭酸となり，ケイ酸塩鉱物を徐々に溶解する．その結果生成する炭酸水素イオンとカルシウムイオンなどの陽イオンは河川を経て海洋へ至り，そこで無機的に(現在ではほとんどが生物活動によって)結合して炭酸塩となって沈殿し石灰岩になるのである．なお，光合成による有機物生成や生物遺骸の沈殿にともなう堆積岩形成も，大気中の CO_2 の消費過程の 1 つとして重要である．一方，N_2 は地球史を通じて若干減少したものの，ほぼ初期の量を保っている．巨大衝突の頻度が下がると共に，地球の冷却は加速した．海洋が安定に存在するようになることが H_2O と CO_2 による大気の温室効果を激減させたことも，地球の

冷却に大きく寄与した．この冷却によって，地球表層の岩石の剛体化，大規模プレート化が引き起こされ，いわゆるプレートテクトニクスが始まった（現在，固体地球表層は10枚程度のプレートで覆われており，海嶺で生まれたプレートは海溝でマントルに沈み込んでいる．これをプレートテクトニクスと呼ぶ．因に，水星と金星には，プレートテクトニクスは存在しないが，火星には，過去に存在した可能性がある）．

4．生物の誕生

重爆撃期にも既に生物は一時的に存在していたかもしれない．しかし，巨大衝突によって大気・海洋が吹き飛べば，絶滅してしまったであろう．したがって，現在の生物の祖先は，40〜38億年前ころの最後の巨大衝突の後に誕生したものであるということになる．また，38億年前の岩石に有機物生産の証拠とされるものがある．分子系統学の知見によると，生物進化の系統樹の根元付近に位置する生物の多くは，80℃以上の高温環境を好むことがわかっている．その解釈の1つは，初期生物はブラックスモーカーと呼ばれる中央海嶺の熱水噴出孔付近に生息しており，熱や硫化水素をエネルギー源としていたというものである．しかし，化学的観点からみると，アミノ酸などが安定に存在できるより低温の環境の方が生物誕生に有利である．巨大衝突の存在も念頭におけば，生命はまず低温の海中で誕生・進化し，その一部が熱水噴出孔付近に移り住み，それらが巨大衝突による海洋表層の生物大量絶滅の時期を乗り切って現在の生物の祖先なったと考えるのが妥当かもしれない．

化学物質の観点から生物誕生過程を検証したのが，1950年代のミラーとユーレイの有名な実験である．彼らは初期大気を，CH_4，NH_3，H_2，H_2Oを主成分とする還元的な大気であると考え，それらの混合気体に雷を模した放電を与えることで，生物に欠かせないアミノ酸やさまざまな有機酸が生成することを示した．これらが海水中に溶け込み，生物が誕生したとする考え方が長い間受け入れられてきた．しかしながら，初期大気中にCH_4やNH_3が存在したとすれば，それらは火山噴火起源であるが，もしもマントルの酸

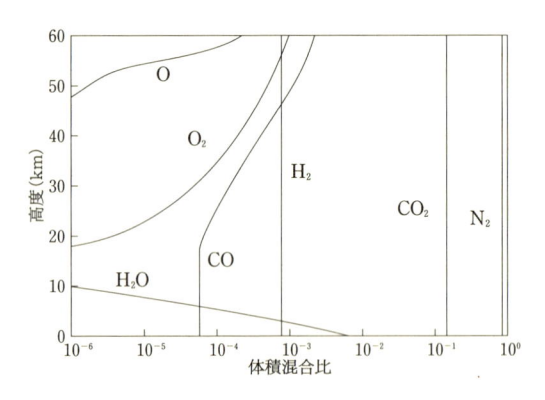

図 A-2　生物誕生直前期(40億年前ころ)の大気組成の推定例(Kasting, 1990)

化が既にかなり進んでいたとすれば，C は CH_4 ではなく CO_2 の形で，N は NH_3 ではなく N_2 の形で放出されていたはずである．また，NH_3 は比較的容易に光解離するので，大気中に大量に存在していたとは考えにくい．したがって，化学物質のレベルにおける生物誕生・進化の過程はまだ必ずしも明らかだとはいえない．図 A-2 に，N_2(混合比 0.8)と CO_2(0.2)を主成分と仮定した，生物誕生直前期の大気組成の光化学モデル計算例を示す．ここで CO_2 混合比の値は温室効果により地表気温が現在程度となるという条件から決めてある．これは次のような理由による．太陽系史・地球史の時間スケールにおいて，太陽は核融合反応の進展にともなって徐々に明るくなってきている．40億年前ころの太陽放射量は現在の 70% 程度だった．しかし，当時の地球の気候は温暖で海洋は凍結していなかったことが知られており，「暗い太陽のパラドックス faint young Sun paradox」と呼ばれている．このパラドックスを回避するためには，CO_2 濃度が現在よりもずっと高く大気の温室効果がずっと強く効いていたと考えるのが最も自然である(なお，H_2O も強力な温室効果気体であるが，その濃度は気温に強く規定されるため独立変数として自由に設定することはできない)．H_2 濃度は主として火山からの放出と宇宙空間への逃散で決まっており，CO も火山起源であるから，それらの過程も計算中に考慮してある．ミラーとユーレイの大気に比べればずっと弱いものの，現在に比べれば還元的な大気となっているわけである．高度 20 km よりも上

空のO₂はCO₂の光解離によって生成されたものである。しかし，地表付近においてはO₂はH₂との反応によりすぐに消費されるため，きわめて低濃度であったはずである。

　生物の起源を議論する際には，生物の基本単位は何かということが問題になる。ここでは，生物の本質である自己増殖とタンパク質合成に着目し，RNA(ribonucleic acid, リボ核酸)を考えることにしよう。RNAの方が，遺伝情報を保存する役割をもつDNA(deoxyribonucleic acid, デオキシリボ核酸)よりも先に出現したことがわかっているし，タンパク質を実際に合成する能力をもっているからである。RNAを構成する分子群を非生物的に合成することができるかどうかがここでの問題である。RNAは大きく3つの要素から構成されている(図A-3)。リン酸と，5つのCと1つのOよりなる環を中心とするリボース(糖)と，シアン化水素(HCN)を含むプリン類やピリミジン類と呼ばれる塩基である。リン酸は，岩石の化学風化により供給することができる。リボースはホルムアルデヒド(H₂CO)の重合によって合成することができ，ホルムアルデヒドはCO₂とH₂Oの光解離の副産物として生成する。問題は，塩基を構成するCとNの結合である。ミラーとユーレイが想定したようなCH₄とNH₃を大量に含む大気ならば，雷放電によって比較的容易に実現可能であるが，CO₂とN₂を主体とする大気中に雷放電が起こると，HCNの代わりにNOが生成してしまう。別の仮説として，超高層大気で紫

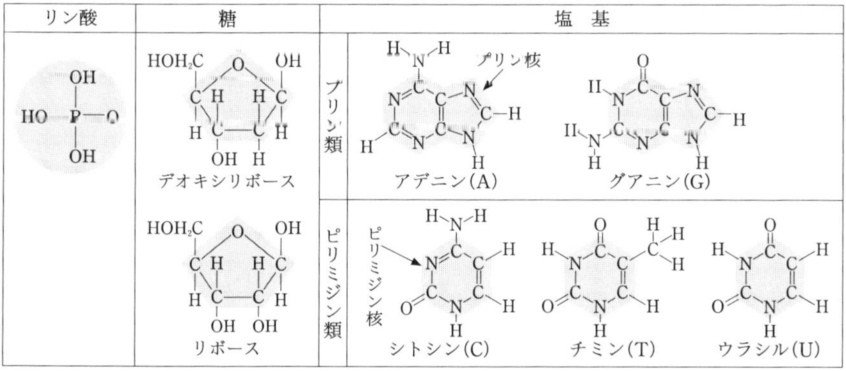

図 A-3　DNAとRNAを構成するリン酸と糖と塩基。詳細については7-2節参照

外線によって生成されるNが下方に輸送され，CH_4から生成したメチル基(CH_3)と結合してHCNを生成するというものがあるが，当然ある程度の量のCH_4の存在が前提となる。このようにHCNの合成は簡単ではないので，生物の起源となった分子群は微惑星や彗星によってもたらされたとする説や，中央海嶺の熱水噴出孔付近にて合成されたとする説などもあり，決着はついていない。

5. 光合成生物の出現

植物や一部の細菌は，無機物であるCO_2とH_2Oから有機物である糖をつくる。これを炭素同化あるいは炭酸同化と呼ぶ。炭素同化に必要なエネルギーとして光を利用するものが光合成，無機物の酸化を利用するものが化学合成である。光合成生物は，光エネルギーを吸収する物質をその体内にいく種類かもっている。クロロフィル(葉緑素)がその代表格であるが，これにはa，b，cの3タイプが存在する。また，カロチノイドやバクテリオクロロフィルなどの色素もある。これらの内，クロロフィルaは主色素と呼ばれ，現存のすべての植物が保有している。他は補助色素と呼ばれる。クロロフィルaは赤色と青紫色の光を強く吸収して活性化(励起)する。植物の葉などが緑色にみえるのは，クロロフィルaが緑色の光をあまり吸収しないからである。ただし，実際には，カロチノイドなどの補助色素が緑色の光を吸収して光合成に利用している。光合成は簡略化すれば次のような反応式で表わされる。

$$6CO_2 + 12H_2O + (光エネルギー) \longrightarrow C_6H_{12}O_6 (ブドウ糖) + 6H_2O + 6O_2$$

[A-1]

実際には，数多くの複雑な反応から成り立っているのであるが，明反応と暗反応の2つの段階に大別できる(図A-4)。明反応においては，クロロフィルによって吸収された光エネルギーを用いて，H_2OをHとO_2に分解すると同時に，アデノシン三リン酸 Adenosine Tri-Phosphate(ATP)を生成する。ここで，O_2が副産物として生成するわけであるが，CO_2起源ではなくすべてH_2O起源であることに注意しよう。Hは還元型補酵素($NADP\ H_2$)の生成に

序章　地球史46億年　11

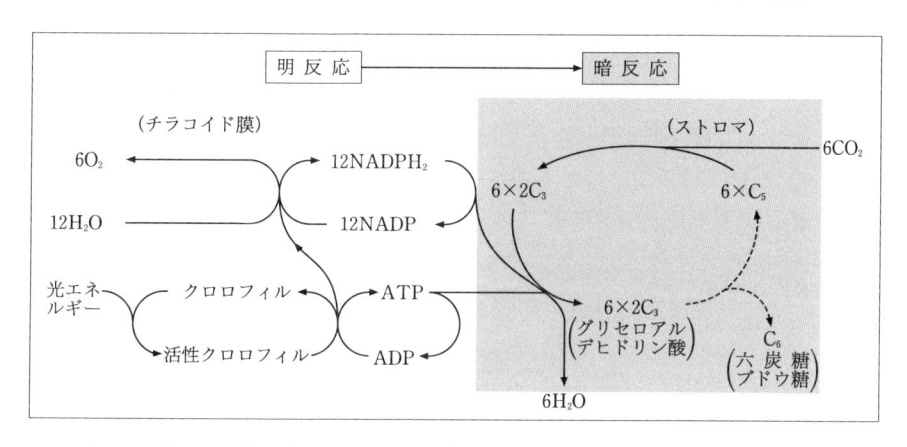

図 A-4　光合成の明反応と暗反応の簡略化した模式図。詳細については7-3節参照

使われる。ATPは，生物体内で生じているあらゆる過程においてエネルギー源として使われる分子であり，細菌から高等動植物まで幅広く利用している。動物の場合は呼吸（植物がつくったO_2や有機物を利用）によって生成している。一方，暗反応においては，大気中から吸収したCO_2，明反応で生成した還元型補酵素，ATPを用いて，最終的にブドウ糖を生成する。なお，このブドウ糖は，植物の種類によって，そのまま，あるいは麦芽糖やショ糖，あるいは不溶性のデンプンに変えられて植物体内に貯蔵される。なお，明反応はおもに光の強さに強く影響を受け，暗反応は温度やCO_2濃度に強く影響を受ける。

　光合成生物の出現と地球表層のO_2濃度増加に関しては，次のような地質学的情報がある。27億年前ころには，シアノバクテリアという酸素発生型光合成を行なう生物によって，ストロマトライトと呼ばれる特有の層状模様をもつ岩石の形成があった。以前には，シアノバクテリアは35億年前や32億年前から存在していたという説もあったが，これらは今では疑問視されている。なお，同じく27億年前ころには，地球史に残る激しい火成活動と地球磁場の急激な強化があったことも知られている。後者については，何らかの原因によって，鉄を主成分とする地球の液体金属核内で対流運動が活発化し，ダイナモ機構が駆動し始めたことによる。地磁気の強化にともなって地

表に降り注ぐ宇宙線量が激減したはずであるから，それが1つの原因となって浅海において太陽光エネルギーを利用する生物が勢力範囲を広げたのかもしれない。25億年前から18.5億年前にかけては，世界の縞状鉄鉱層 Banded Iron Formation(BIF)と呼ばれる地層の多くが形成された。海水中に溶けていた大量の鉄イオンが酸化され赤鉄鉱(Fe_2O_3)となって海底に堆積したのである。この期間に少なくとも海洋表層部にはO_2が広くゆきわたったことがわかる。なお，現代文明は鉄の文明ともいわれるが，人類が鉄を効率よく採掘・利用できるのは，この縞状鉄鉱層ひいては光合成生物の存在のおかげなのである。さらに，貧酸素状態で生成する黄鉄鉱(FeS_2)とウラン鉱のほとんどが20億年前より前に形成されており，一方，Fe_2O_3を含む赤色土層が出現するようになるのは20億年前以降であることがわかっている。つまり，この前後に大気中のO_2濃度が10^{-4}〜10^{-3} PAL(Present Atmospheric Level，現在の濃度に対する比)を超えたことが示唆される。最近の硫黄同位体の研究によると，大気中のO_2濃度急増は23億年前に生じたことがほぼ確実となった。つまり，光合成生物の出現は27億年前かそれ以前であったが，大気中のO_2濃度急増はそれから4億年程度遅れたことになる。しかしそれは不思議なことではない。マントルの酸化は地球形成期にほぼ終了していたとしても，大気中にO_2を蓄積する前には，大陸地殻や海洋中の金属イオンや火山噴出ガスを酸化する必要があったからである。

光合成によってO_2が発生するわけだが，同時に，このO_2を消費する呼吸や有機物の酸化過程([A-1]の逆反応)も生じるわけであるから，実は生物過程だけでは地球表層における正味のO_2増加は生じない。有機物のごく一部(1%未満)が海底に沈殿し堆積岩として固定されることによって初めて，僅かながら正味のO_2増加となったと考えられている。ただし最近，光合成生物とメタン発生菌とHの宇宙空間への逃散を含む一連の過程が，大気O_2急増期直前における正味のO_2増加に重要な役割を果たしたとする議論がでてきた。生物が誕生してから地表付近でO_2急増が始まるまでの期間には，大気のCH_4濃度が生物活動によって一時的にきわめて高くなっていた可能性が高い。嫌気性細菌の代表格であるメタン発生菌は，光合成生物が生成した有機物からCH_4を分離する。これによるCH_4生成量は非常に多く，また貧

酸素大気中における CH_4 の寿命は大変長くなることから，生物誕生後から O_2 急増期までの大気中の濃度は 100～1000 ppmv (parts per million by volume, 体積混合比，10^6 個の大気分子中に今注目している分子がいくつあるかを示す) に達していた可能性がある (現在の CH_4 濃度は，1.7 ppmv 程度である)。因に，海洋地殻中の鉄やマグネシウムに非常に富んだ岩石が海水に触れて含水鉱物 (蛇紋岩) に変わる際にも，副産物として CH_4 が非生物的に生成するが，この過程は貧酸素環境においても大気中の濃度を 0.5 ppmv 程度上げるに過ぎない。大気中の CH_4 濃度が 1000 ppmv 程度と非常に高くなると，超高層大気中で CH_4 の光解離起源の H が増え，宇宙空間への H の逃散量がずっと多くなる。この H は，もともと生物活動を介して H_2O から供給されたものであるから，H の逃散は結果的に地球表層環境中の O_2 量を正味で不可逆的に増やすことにつながるというわけである。図 A-5 に，大気下層の CH_4 混合比を 1000 ppmv (10^{-3}) と仮定した場合の貧酸素大気の組成の推定例を示す。さらに，CH_4 は温室効果気体の 1 つであるから，このような高濃度値は「暗い太陽のパラドックス」の解決にも好都合である。また，24.5 億年前から 22 億年前にかけて，1 回目の全球凍結 Snowball Earth と呼ばれる大氷河時代があったと考えられている。このころに，O_2 急増の裏で CH_4 急減があって大気の

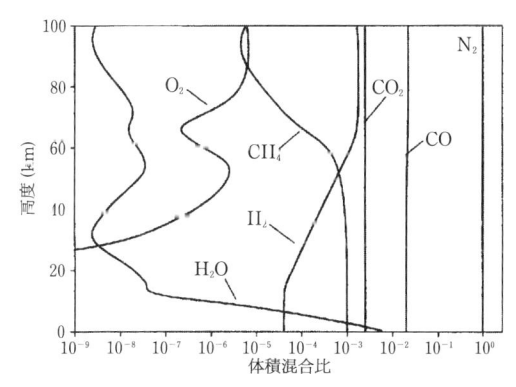

図 A-5 大気下層の CH_4 混合比が 1000 ppmv の場合の貧酸素大気の組成の推定例 (Pavlov et al., 2001)。27 億年前の光合成生物誕生から 23 億年前の大気 O_2 急増の間の時期を想定している。CO_2 混合比は 2500 ppmv となっているが，これは，大気下層に炭化水素のヘイズ層の存在を仮定し，太陽放射量が現在の 80% で地表気温は現在程度であるという条件から決めてある。

温室効果が急減したと考えるとつじつまがあう。なお，全球凍結状態からの回復には，CO_2 がかかわる負のフィードバック過程がかかわっていると考えられている。

6. 原生代の地球史

　23億年前に大気中の O_2 濃度が急増（10^{-3}～10^{-4} PAL に到達）した後，地球表層環境はさらに酸化的になっていった。オゾン層がそれなりに形成され太陽紫外線の遮蔽効果もそれなりにでてきたはずである。生物はまだ陸上へは進出できないものの，海洋のより表層へ移動できるようになってきたであろう。海中にいた生物は，おそらく19億年前ころ，DNA の酸化を防ぐための核膜をもつ真核細胞生物へ進化した。しかし，それから大型多細胞・硬骨格生物が化石として出現するようになる5.4億年前（原生代と顕生代の境界）までの間の O_2 濃度の変遷や生物進化の詳細についてはあまりよくわかっていない。ここでは，地質学的な事件を簡単に紹介しておこう。19億年前には，地球上のほとんどの大陸を集めた「超大陸」が初めて誕生したことがわかっている。この超大陸はローレンシア大陸あるいはヌーナ超大陸と呼ばれる。また，このころ地球史に残る激しい火成活動があったことも知られている。超大陸の誕生は，マントル内の対流（固体地球も長い時間スケールにおいては流体として振る舞う）の形態と深く関係していると考えられている。固体地球の冷却が進むにつれて，マントル対流は乱流的なものから二層対流，一層対流へと組織化してきた。19億年前には，マントル内に「スーパーコールドプルーム」と呼ばれる巨大下降プルームが初めて誕生したと考えられている。これにより，すべてのプレートが一点に吸い込まれることになるから，大陸の衝突・付加・融合が生じ，初めての超大陸が誕生したわけである。その後，超大陸はマントル対流に同期して，ウィルソンサイクルと呼ばれる3～9億年周期の分裂・誕生を繰り返すことになる。10億年前ころにはロディニア超大陸，5.5億年前ころにはゴンドワナ超大陸，3億年前ころにはパンゲア超大陸が存在したことが知られている。現在は，アジアの下にスーパーコールドプルームが形成されており，2.5億年後には新たな超大陸が誕生すると考えら

れている。

　7.5億年前ころになると，固体地球の冷却がさらに進み，マントル内部の温度がある閾値を下回った。その結果，含水鉱物を構成した海水が表層へ戻ることなくマントル内に蓄積するようになった。つまり，海水の総量が減少していくことになり，世界的な海水準の低下(海退)が生じた。当時の陸地面積は地球表層の5％だったが，今では30％となっており，今後も増加していくはずである。その結果，陸上には巨大河川が発達し，大陸地殻の侵食が進み，大量の土砂が海へ流れ込んだ。海底には大量の堆積岩が生成し，同時に海水の塩分濃度が増大し始めた。浸透圧の上昇により古来の海洋生物は脱水・全滅し，新たな種が誕生しただろう。5.4億年前になると，次に述べるように，大気中のO_2濃度がある閾値を超え，酸素呼吸型の大型多細胞・硬骨格生物が出現した。顕生代の始まりである。その後，生物は海から淡水の河川，陸上へと進出していった。なお，7.5億年前ころと6億年前ころの2回，地球は再び全球凍結状態になった。氷河性堆積物が当時の赤道域からみつかることがその証拠である。上記のような固体地球の大規模な変化が，こうした激しい表層環境の変動をもたらしたのであろう。

7. 大気中のO_2のさらなる増加とオゾン層の形成

　O_2が大気・海洋中にあまねくゆきわたり充分に増加してくると，太陽紫外線はO_2および光化学生成したO_3によって遮蔽され，生物進化が急速に進むことになる。第一臨界レベルあるいはパスツール点と呼ばれるO_2量10^{-2} PALの状態を超えると，海洋全体に生物活動がみられるようになり，酸素呼吸型の大型多細胞・硬骨格生物が出現するとされる。さまざまな化石が堆積岩中からみつかるようになる5.4億年前(顕生代・古生代・カンブリア紀の始まり)がその時期に対応すると考えられている。第二臨界レベルと呼ばれるO_2量10^{-1} PALの状態を超えると，オゾン層は太陽紫外線を充分に吸収する能力をもつようになり，生物は陸上に進出できるようになるとされる。最古の陸生植物が出現する古生代・シルル紀(4.35〜4.1億年前)がその時期に対応すると考えられている。その後O_2量はさらに増加するが，一時は1

PALを超えていたこともあったらしい。シダ植物全盛の時代(古生代のデボン紀，石炭紀，ペルム紀，4.1〜2.45億年前)には，森林火災の証拠である木炭の化石がみつかることから，火災が生じる下限である0.6 PAL(混合比13%)から，森林が全焼するとされる1.7 PAL(混合比35%)の間で変動していた可能性が高い。シダ植物や種子植物のような維管束植物が生成する有機物はバクテリア分解に強いが，これらが低湿地帯や浅海域に分解されないまま大量に堆積したことがこのころのO_2量増大の原因と考えられている。光合成により発生したO_2の内，有機物分解に消費される量が相対的に減ったわけである。なお，こうした植物の堆積物が石炭となり，近代の産業革命以降，人類が大量に利用して大気の改変を引き起こしてしまうことになる。これまでに述べてきたような地球史スケールのO_2量の増大にともない，当然，オゾン層ピークの高度や濃度，したがって成層圏・中間圏の高度範囲も変動していたであろう。図A-6に，さまざまなO_2量における，気温，オゾン，水蒸気の高度分布の推定例を示す。なお，O_2の光解離から始まるO_3の光化学生成反応系には大気主成分分子が絡む三体反応が含まれる(第3章参照)。そのため，オゾン層高度がある程度上がる(気圧が下がる)と，反応効率が下がる要素が効いて，O_2量増加に対するO_3量増加が鈍る。別の言い方をすれば，O_2量がある程度(たとえば10^{-1} PAL)に達すれば，O_3量は現在にかなり近い値になり，紫外線遮蔽能力も現在のものにかなり近くなるのである。

8．生物進化の概要

現生生物はアーキア(古細菌)，バクテリア(真正細菌)，真核生物の3つの超生物界からなる。アーキアの多くはブラックスモーカーと呼ばれる中央海嶺の熱水噴出孔付近に生息している。バクテリアの内の原始的なものが高温耐性型であることは既に述べた通りである。化石証拠のみならず分子時計によっても，最初の原核生物は今から38〜36億年前ころに出現したという説が支持されている。おそらく30億年前ころには光合成を行なう藍色細菌(図7-6-3参照)が出現し，O_2を発生するようになった。シアノバクテリアのコロニーの化石とみられるストロマトライトが27億年前の地層からみつかっ

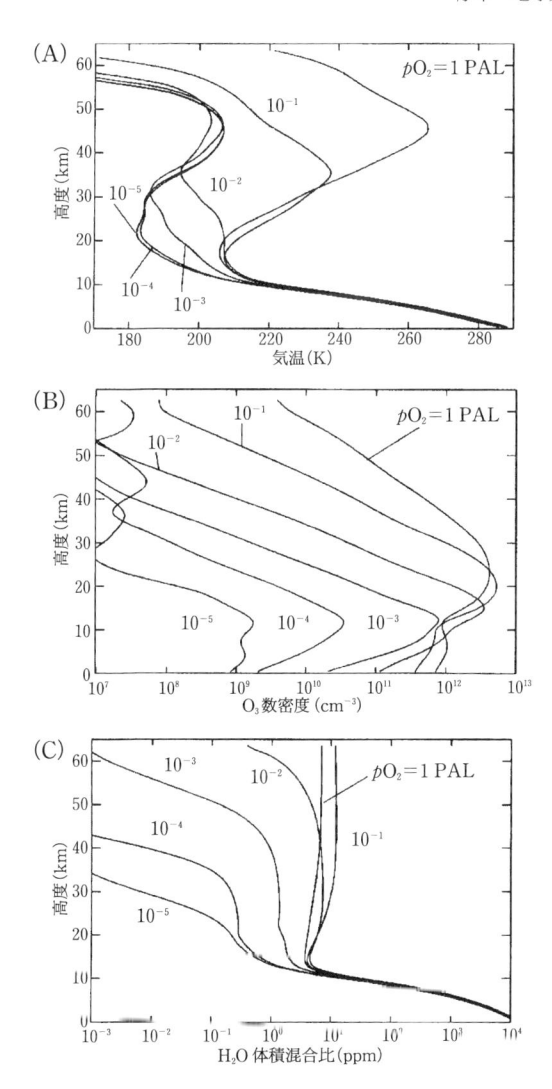

図 A-6 　O_2 濃度が 10^{-5}〜1 PAL の場合の，(A)気温，(B)O_3 数密度，(C)H_2O 体積混合比の高度分布の推定例(Segura et al., 2003)

ていることは既に述べた通りである。O_2 が大気・海洋中に徐々に蓄積するようになると，好気呼吸細菌が繁栄するようになった。20億年前ころには，バクテリアから分岐していたアーキアから原始的真核生物が現われ，好気呼吸細菌との共生によってミトコンドリアをもつ単細胞真核生物となった。大気中の O_2 濃度の増加はさらに多細胞化，大型化を可能にし，超大陸の分裂による大陸棚や浅瀬の拡大は海洋生物の多様化を促したであろう。やがて，シアノバクテリアとの共生によって葉緑体をもつ藻類が現われ，有性生殖を行なうようになった単細胞緑藻類の一部が多細胞化することにより，おおよそ10億年前ころ，植物が誕生した。12.5～9.5億年前のカナダの地層から真核多細胞生物である藻類の化石がでている。同時期には動物と菌類も出現したと考えられている。動物が海底を這いまわったような跡が化石として残るようになるのが10億年前以降だからである。菌類は以前は葉緑体を失った植物だとされてきたが，遺伝子を用いた分子系統解析の結果，植物よりも動物に近いことが明らかになっている。一方，27億年前から長きにわたり繁栄してきたシアノバクテリアは8億年前ころから種類や数が減少したことがわかっている。このころ生物界が大きく変化しつつあったことが示唆される。

　5.4億年前から始まり現在に至る顕生代は，肉眼でみえるような大型の硬骨格生物の化石が地層から大量にでるようになり生物種の変遷が詳細にわかるようになった時代である。それ以前は，化石不在の時代として先カンブリア時代と総称されていた。しかし，近年，先カンブリア時代においても生物の化石がみつかるようになってきた。その1つが，原生代末のエディアカラ紀(以前はベンド紀と呼ばれていた)にあたる6～5.5億年前の地層からみつかったエディアカラ生物群である。扁平で大型であることが特徴で(体長1 cm～1 m)，現生生物との対応がつかないものが多いが，形態としてはクラゲやイソギンチャクに似たものもいた。5.4～5億年前のカンブリア紀にはいると，エディアカラ生物群とは別系統の多種類の新しい生物が海洋中に一気に出現し，化石として残るようになった。現生の脊椎動物門を含むすべての動物門がこのころにほぼすべてでそろった。これを「カンブリア紀の爆発」と呼ぶ。先に述べた通り，大気中の O_2 量が 10^{-2} PAL を超え，また，海水中の塩分濃度もある閾値を超えたことが，この爆発を促した可能性が高い。

顕生代はさらに，5.4〜2.45億年前の古生代，2.45〜0.65億年前の中生代，6500万年前以降の新生代に分かれ，それぞれがさらにいくつかの「紀」に分かれている．年代区分は，動植物の種類の変化に基づいている．古生代は，菌類・藻類時代とシダ植物時代に大きく分かれ，動物の代表例は三葉虫と紡錘虫(フズリナ)である．生物の陸上進出が始まったのは，古生代中期のシルル紀(4.35〜4.1億年前)で，このころに最古の陸生植物クックソニアが出現している．先に述べたように，このころにおそらく O_2 量が 10^{-1} PAL を超え，オゾン層が充分な太陽紫外線吸収能力をもつようになったのであろう．その後，陸上では生物の繁栄が著しくなる．特に，シダ植物の森林が形成されると，腐植土層の上に豊かな陸上生態系が成立したはずである．中生代は，裸子植物とアンモナイトと恐竜・翼竜で特徴づけられ，また，地球上のどこにも氷床が存在しない時期があったほど大変温暖であったことが知られている．古生代後期に現われた昆虫が繁栄するようになったのも中生代である．新生代にはいると哺乳類や被子植物が繁栄し，現在の動植物相に大変近くなってくる．気候は比較的寒冷で，高緯度地域に大規模な氷床が発達する氷期がいくつかあった．ただし，全球凍結のように低緯度にまで氷床が存在したわけではない．700万年前ころに，人類が誕生している(後述)．最終氷期(ヴュルム氷期)はおよそ7〜1万年前の期間で，特に2万年前が最も寒冷であり(Last Glacial Maximum, LGM)，その後10℃程度昇温して現在に至っている．なお，数十万年やそれ以下の周期の氷期・間氷期の変動の主たる要因は，ミランコビッチ・サイクルと呼ばれる地球の軌道要素の変動にあると考えられている．

　動植物の種類の変化で年代区分ができるということは，顕生代を通じてさまざまな生物が現われては消えていったことを意味している．特に，多くの種，多くの科が一斉に死滅するという大変劇的な事件が過去に5, 6回あったことが知られており，通常の絶滅とは区別して「大量絶滅 mass extinction」と呼ばれている(図A-7)．大量絶滅の原因は地球表層環境の激変にあると考えられているが，隕石衝突などの外因と O_2 量変動や海水塩分濃度変動や気候変動などの内因とがあり得る．5.4億年前の原生代・エディアカラ紀と顕生代・古生代・カンブリア紀の境界においては，エディアカラ生物群が絶滅し，カンブリア紀型生物が海洋を支配するようになった(ただし，これはいわゆ

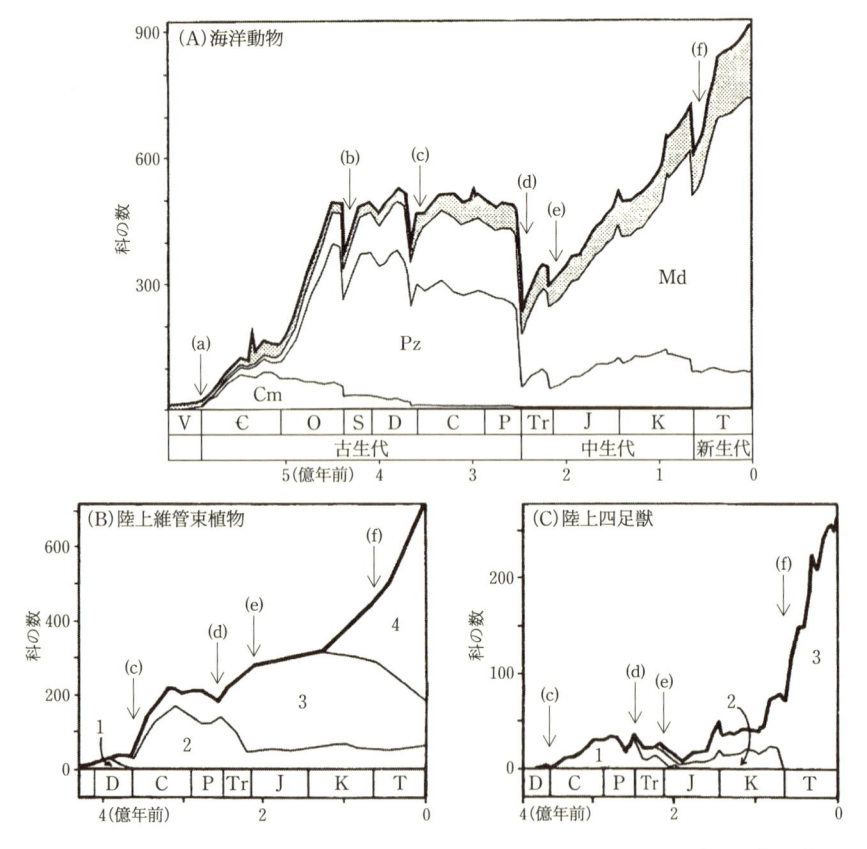

図 A-7　顕生代における生物多様性の変化曲線(Sepkoski, 1990)。A：海洋動物の科の数の変化。B：陸上維管束植物の科の数の変化。C：陸上四足獣の科の数の変化。各パネルの曲線は、いくつかの代表的な大グループに分けてある。A：カンブリア紀型(Cm)，古生代型(Pz)，現代型(Md)，その他（灰色）。B：シルル紀・デボン紀型植物(1)，シダ植物(2)，裸子植物(3)，被子植物(4)。C：初期の両生類，爬虫類の内の単弓類（哺乳類の祖先といわれる）など(1)，恐竜や翼竜など(2)，現代の両生類・爬虫類，鳥類，哺乳類など(3)。地質時代区分が，複数の科（種，属の上位の分類区分）が同時に消滅し別のグループが台頭する"大量絶滅"の時期に対応していることがわかる。各パネル内の矢印は、おもな大量絶滅イベントを示す。(a)5.4億年前のエディアカラ生物群が絶滅しカンブリア紀型生物が爆発的に増加したベンド紀（記号 V，現在はエディアカラ紀と呼ぶ，原生代）・カンブリア紀（記号 €，顕生代・古生代）境界，(b)4.35億年前のオルドビス紀(O)・シルル紀(S)境界，(c)3.6億年前のデボン紀(D)・石炭紀(C)境界，(d)2.45億年前の海洋動物の多くが絶滅したペルム紀(P, 古生代)・トリアス紀(Tr, 中生代)境界(P／T 境界)，(e)2.05億年前のトリアス紀(Tr)・ジュラ紀(J)境界（特に陸上動物に大きな変化があった），(f)6500万年前の恐竜や翼竜が完全に絶滅した白亜紀(K, 中生代)・第三紀(T, 新生代)境界(K／T 境界)

る顕生代の五大絶滅には含めない)。O_2 量や海水塩分濃度がある閾値を超えたことに原因がある可能性が高い。2.45 億年前の古生代と中生代の境界(P/T 境界)においては，海洋に生息していた無脊椎動物種の内，最大 96% が絶滅するという史上最大の大量絶滅が生じて古生代型が激減し，以後海洋中では現代型が勢力をはるかに拡大していった。この P/T 境界の地層には赤鉄鉱(酸化鉄)でなく黄鉄鉱(還元鉄)がみられるため，海洋が 2000 万年程度もの間，超酸素欠乏 superanoxia の状態にあったと考えられている。また，このころ超大陸パンゲアが存在しており，シベリアでは顕生代最大規模の火山活動があったことが知られている。これらが，P/T 境界の大量絶滅の原因あるいは遠因となったと考える研究者が多い。隕石衝突に原因を求める研究者もいるが，定説にはなっていない。6500 万年前の中生代・白亜紀と新生代の境界(K/T 境界)においては，恐竜・翼竜やアンモナイトが絶滅した。以後，低温に比較的強い鳥類や哺乳類などが科の数を急激に増やし，また，裸子植物よりも被子植物が優勢になっていった。K/T 境界の大量絶滅については，直径 10 km の大きな隕石がメキシコのユカタン半島に落下したことにその原因があることがはっきりしている。世界中の K/T 境界の地層に隕石起源のイリジウムが大量に含まれているからである。隕石の衝突により，全球を走るような巨大津波が発生し，舞い上がった粉塵により太陽光が遮蔽され気候の一時的な寒冷化がもたらされると同時に，高濃度の酸性雨が降ったはずで，これらが恐竜などの大量絶滅を引き起こしたわけである。ただし，白亜紀後期には気候の寒冷化と海水準の低下が始まっており，既に中規模の絶滅は生じていた。隕石衝突は中生代に繁栄した生物にとってとどめの一撃であった。生物の大きな進化は，種の入れ替えが徐々に起こるという漸進的なものではなく，ある生物群の破局が別の系統の生物群の繁栄をもたらすという劇的な形で生じてきたのである。

9. 人類の誕生と人為的な大気改変

700 万年前ころ，人類の祖先である猿人が類人猿(特にチンパンジー)から分岐した。直立二足歩行を最大の特徴とする人類の誕生である。240 万年前こ

ろには脳の大型化が始まり，180万年前には，複雑な石器を使う原人がアフリカで誕生した。人口はその後15万人程度にまで増加したと考えられている。原人は人類として初めてアフリカをでて各地へ拡散していった(ジャワ原人，北京原人)。一方，20〜15万年前ころになると，アフリカに留まっていた人類のなかから新たに新人(ホモ・サピエンス)が誕生し，シナイ半島を通って各地へ拡散し多様化した。この新人が我々の直接の祖先である。1.2万年前の最終氷期の終了時には，南極を除くすべての大陸の隅々にまで到達していたらしい。このころに人類は中東で農耕という食糧安定供給システムを発明し，そのころ500万人程度にまで増加していた世界の人口はその後5億人程度にまで達する。このような農耕活動は，地球環境を局地的には大きく改変したであろう。5000年前ころにはいわゆる四大文明が栄えた。18世紀の産業革命を迎えると，化石燃料の大量消費や人為物質の生成・放出などによって，人類は地球表層環境をきわめて急速に不可逆的に改変し始めた。人口は急増し，21世紀初めには65億人を突破した。人類の誕生・進化には，氷期・間氷期，乾燥化などの気候変動が大きな影響を与えたと考えられているが，特に産業革命以降の人類は逆に地球の気候に大きな影響を与え得る存在になってしまった。以下では，産業革命以降の人類による大気改変の例をいくつか紹介する。

　図A-8に，温室効果気体の内のCO_2，CH_4，N_2Oの過去1000年間の大気中の濃度変化を示す。CO_2は産業革命以降31%増大しており，過去42万年間(おそらく過去2000万年間)，現在の濃度を超えたことはない。また現在の増加率は少なくとも過去2万年で最大である。最近20年間の人為的放出の内4分の3が化石燃料の燃焼，残りが森林伐採などによるものである。CH_4は産業革命以降151%増大しており，過去42万年間で最高になっている。ただし1990年代には増加傾向がやや鈍った。放出の半分以上が人為的なもの(化石燃料，家畜，稲作，ごみの埋め立てなど)である。N_2Oは産業革命以降17%増大しており，過去1000年間で最高になっている。放出の3分の1が人為的なもの(農業にかかわる土壌，畜産，化学工業など)である。こうした人為的な温室効果気体の増加を主たる原因として，全球の平均地表気温はこの100年間で0.6°C程度増加した。本書の主題の1つである成層圏のO_3の人為的

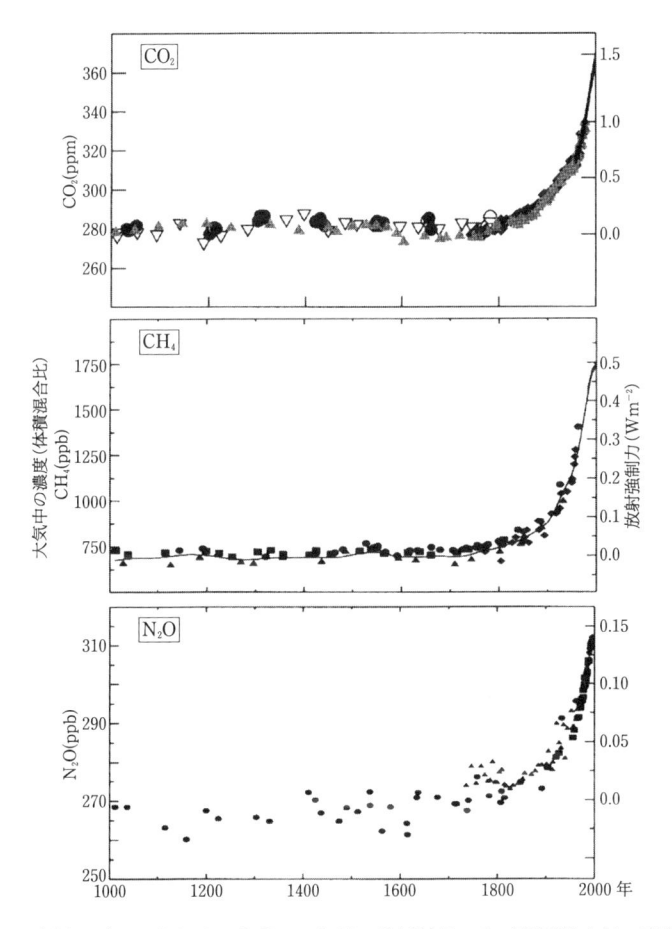

図 A-8 南極・グリンランドの氷床コアなどの分析結果および最近数十年の直接観測による，大気中の CO_2, CH_4, N_2O の濃度変化（IPCC, 2001）。ppb は parts per billion (10^9)。右の軸は放射強制力で，産業革命前を基準として，濃度増大にともなう対流圏界面における正味の上向き放射フラックスの減少分，つまり温室効果増大分を示す。放射強制力 $1\,\mathrm{Wm^{-2}}$ に対して地表気温増分は 0.3℃ と見積もられている。

変化については，第4章および終章にて詳しく紹介する．また，対流圏のO_3の人為的変化については，1-2-1項で簡単に紹介する．オゾン層を破壊するフロン freon とは，米国デュポン社の商標名であり，炭化水素のHをClやFに置き換えた人工物質群($CFCl_3$, CF_2Cl_2など)の総称である(第3章，第4章，終章)．正式名称は chlorofluorocarbons(CFCs)である．1930年ころに米国で開発され，その後，冷媒，噴射剤，発泡剤，洗浄剤などとして多岐にわたって使用された．それまで自然界にはまったく存在しなかった物質である．温室効果をもつため，地球温暖化の原因物質の1つでもある．1980年代以降，大気中への放出が世界的に規制されるようになってきている(終章)．

10. 地球型惑星間の大気組成比較

この章の最後に，地球型惑星の内，大気をもつ金星と火星と地球について，現在の大気組成を比較しておこう．金星は，半径が地球の0.95倍で，地球の兄弟星と呼ばれる．その大気成分は，CO_2が96.5%，N_2が3.5%，H_2Oが0.1%となっている．一方，火星の半径は地球の0.53倍であり，その大気組成はCO_2が95.3%，N_2が2.7%，H_2Oが0.03%となっている．地表気圧つまり大気総量は，金星が90気圧，火星が10^{-2}気圧(地球は1気圧)と大きく異なるが，組成比は大変よく似ているといえる．金星にも火星にも海はないわけであるが，地球と同様の揮発性物質の供給があったであろうことを考えると，H_2O量が少なすぎる．金星(0.72 AU)の場合は，地球(1 AU)に比べて太陽に近いため，H_2Oによる暴走温室効果(蒸発と温室効果の正のフィードバック)が働くので，そもそも海洋を形成するほどには冷却できなかった．さらに，H_2Oは大気上層で光解離した後，Hは大気圏外へ逃散し，Oは地表などを酸化して消滅していった．金星は自転速度が遅く磁場が大変弱いため，Hの逃散効率は地球に比べてはるかに高かったと考えられる．火星(1.52 AU)の場合は，過去に液体の水が大量にあったことを示唆する大規模な渓谷状の地形が存在しているし，現在でもかなりの量が永久凍土の形で地下に存在していると考えられている．一方，現在の地球大気の成分は，N_2が78.08%，O_2が20.95%であり，CO_2は0.037%，H_2Oは0.1〜2.8%などと

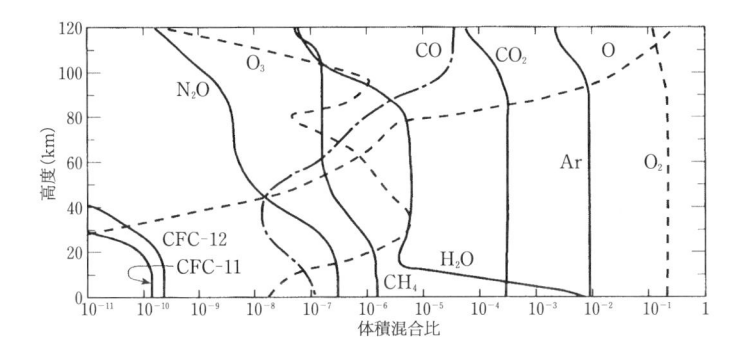

図 A-9　現在の地球大気の組成(Goody, 1995)。春分・秋分時。N_2(高度 100 km 以下では 0.78 で一定)以外の主要な大気成分を示す。CFC-11 は $CFCl_3$，CFC-12 は CF_2Cl_2 のことである。

なっている(図 A-9)。このような特異な大気組成が形成されてきた過程は，これまでに詳しく説明した通りである。

[引用文献・参考図書]
(全般)
二間瀬敏史・中村士. 2004. 宇宙像の変遷と科学. 206 pp. 放送大学教育振興会.
浜島書店編集部(編). 2003. ニューステージ新訂 地学図表. 161 pp. 浜島書店.
(宇宙, 太陽系, 惑星)
池内了. 1998. 宇宙論のすべて. 254 pp. 新書館.
杵島正洋・松本直記・左巻健男. 2006. 新しい高校地学の教科書. 365 pp. 講談社ブルーバックス.
小森長生. 1995. 太陽系と惑星. 新版地学教育講座 12. 203 pp. 東海大学出版会.
奥村幸子・黒田武彦・高原まり子・森本雅樹. 1996. 宇宙・銀河・星. 新版地学教育講座 13. 186 pp. 東海大学出版会.
(地球史・大気)
Catling, D.C., Zahnle, K.J. and McKay, C.P. 2001. Biogenic methane, hydrogen escape, and the irreversible oxidation of early Earth. Science, 293: 839-843.
Goody, R. 1995. Principles of atmospheric physics and chemistry. 324 pp. Oxford University Press, New York.
平野弘道. 2006. 絶滅古生物学. 255 pp. 岩波書店.
IPCC (Intergovernmental Panel on Climate Change). 2001. Climate change 2001: The scientific basis (eds. Houghton, J.T., Ding, Y., Griggs, D.J., Noguer, M., van der Linden, P.J., Dai, X., Maskell, K. and Johnson, C.A.), 881 pp. Cambridge University Press, Cambridge.
Kasting, J.F. 1990. Bolide impacts and the oxidation state of carbon in the Earth's

early atmosphere. Origins of Life and Evolution of the Biosphere, 20: 199-231.
Kasting, J.F. 1993. Earth's early atmosphere. Science, 259: 920-926.
Kasting, J.F. and Catling, D. 2003. Evolution of a habitable planet. Annu. Rev. Astron. Astrophys., 41: 429-463.
丸山茂徳・磯崎行雄. 1998. 生命と地球の歴史. 275 pp. 岩波新書.
三井誠. 2005. 人類進化の 700 万年. 269 pp. 講談社現代新書.
Pavlov, A.A., Brown, L.L. and Kasting, J.F. 2001. UV shielding of NH_3 and O_2 by organic hazes in the Archean atmosphere. J. Geophys. Res., 106: 23267-23287.
Segura, A., Krelove, K., Kasting, J.F., Sommerlatt, D., Meadows, V., Crisp, D., Cohen, M. and Mlawer, E. 2003. Ozone concentrations and ultraviolet fluxes on Earth-like planets around other stars. Astrobiology, 3: 689-708.
Sepkoski, J.J., Jr. 1990. Evolutionary faunas. In "Palaeobiology: A Synthesis" (eds. Briggs, D.E.G. and Crowther, P.R.), pp. 37-41. Blackwell Scientific Publications.
平朝彦・阿部豊・川上紳一・清川昌一・有馬眞・田近英一・箕浦幸治. 1998. 地球進化論. 岩波講座地球惑星科学 13. 529 pp. 岩波書店.

第1章 オゾン

北海道大学大学院環境科学院/藤原正智

　本章では，地球大気特有の物質であるオゾンについて詳しく学ぶ。1-1節では，オゾン分子の化学的および物理的特性を説明する。オゾンの多様で不思議な性質が明らかとなる。1-2節では，オゾン分子が発見されてからオゾン層の中心高度が確定されるまでの科学史と，現在の大気オゾンのおもな観測手法を概観する。オゾン層の存在はどのような経緯で明らかになってきたのか，また，近年のオゾン層変動はどのように監視されているのか，科学者たちの取り組みを紹介する。

1-1 オゾンの性質

1-1-1 化学的な性質

　オゾンは特有の臭いをもつ物質である。身近な場所でオゾンの臭いをかぐとすれば，たとえば食料庫のなかで青白く光っている紫外線殺菌灯のそばがよい。紫外線が空気中の一部の酸素分子を光解離し，生成された酸素原子は速やかに他の酸素分子と結合してオゾンが生成される。濃度にもよるし，人によって感じ方や表現の仕方は異なるであろうが，生臭いあるいは「すっ」とするような臭いがするはずである。鼻の粘膜がオゾンによって酸化される結果であろう。1840年にシェーンバイン Christian Fredrich Schönbein (1799～1868)が，水の電気分解によって臭いのある気体が発生することを発見し，ギリシャ語の「ὄζον」(ozon：臭うの意の「ὄζειν」ozein の現在分詞形)にち

なんでozoneと命名した。それ以前にも，酸素ガス中における無声放電によって臭いのある気体が生成し，それが水銀を変色させることがファン・マルム Martinus van Marum (1750〜1837) によって発見されていた。1863年にソレ Jean-Louis Soret が，オゾンが酸素原子3つで構成されている可能性を初めて議論した。オゾンがOOOあるいはO_3（図1-1-1）であることが確定したのは20世紀初頭である。表1-1-1にオゾンの物性を酸素分子と比較しながら示す。

オゾンは分解しやすく，分解の際には酸素原子を放出するため，酸化力がきわめて強い。反応速度定数で比較すると，オゾンは酸素分子の10^{32}倍以上も反応性が高い。さらに，酸素原子の反応性は，オゾンの10^2〜10^4倍である。したがって，オゾンは人体にとって大変危険な物質である。地表付近のオゾン体積混合比は通常 0.02〜0.06 ppmv であるが，0.1 ppmv で明らかな臭気を感じ，喉にも刺激を感じ，1 ppmv を超えると頭痛や胸部痛が現わ

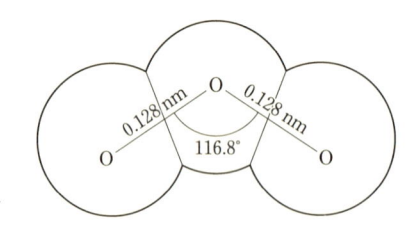

図1-1-1 オゾンの分子構造

表1-1-1 オゾンと酸素分子の物性（伊藤，1999をもとに作成）

化学記号	O_3	O_2
分子量	48	32
沸点(1気圧)	$-112°C$	$-183°C$
融点(1気圧)	$-193°C$	$-219°C$
臭い	生臭い	無臭
水への溶解度(0°C, 1気圧)	3〜7 g liter^{-1}(長期的に保持される値ではない)	0.043 g liter^{-1}
原子間距離	0.128 nm	0.121 nm
結合(解離)エネルギー	24 kcal mol^{-1}(1.5 eV)	117 kcal mol^{-1}(5.1 eV)
イオン化エネルギー	12.3 eV	12.1 eV

れ，中毒の危険が生じ，50 ppmv で1時間曝露されると生命が危険になるとされる。都市大気における化石燃料の燃焼や森林火災などのバイオマス燃焼により，窒素酸化物や一酸化炭素や炭化水素類が放出されるが，太陽紫外線の存在下ではこれらの物質(オゾン前駆物質と総称される)からオゾンが光化学的に生成される(化学反応の内，紫外線などの光が絡むものを特に光化学反応と呼ぶ)。光化学スモッグの気体成分，オキシダント(過酸化物)の大部分はオゾンなのである。大気汚染時のオゾン濃度は 0.1 ppmv を超える場合があり，深刻な健康被害をもたらす。また，高低気圧活動にともなって成層圏の空気が対流圏中層以下まで輸送される現象(tropopause folding と呼ばれる)があるが，高山地域でこの現象に遭遇した際にも同程度かそれ以上の高濃度オゾンに曝露される可能性がある。成層圏のオゾンは有害な太陽紫外線を遮蔽し生態系や人体を守る働きをしているが，身近にあるオゾンは必ずしもいいものではないのである。

　他方，このようなオゾンの強い酸化力は，殺菌・漂白・脱臭などの効用をもたらすため，身の回りのさまざまな場面で現在積極的な利用が進みつつある。以下にいくつかの実用例を挙げる。トイレや冷蔵庫や洗濯機内において問題となる悪臭は，アンモニア，硫化水素，さまざまな揮発性有機物，カビなどがその原因であるが，オゾンによってこうした物質の一部を酸化して無臭化する機器が実用化されている。また，浄水場における水道水の殺菌や脱臭には，日本では塩素が広く使われているが，特にヨーロッパでは古くからオゾンの利用も進められている。オゾンの強い酸化力に加えて，たとえ供給過剰であっても最終的には無害な酸素分子に戻ることが利点の1つだといえる(塩素殺菌の場合は，特有の臭いが生じるし，発癌性があるとされるトリハロメタンなどの発生が問題となる)。いわゆるミネラルウォーターやそのボトルの殺菌には，オゾンやオゾンを溶かしたオゾン水がしばしば使われている。医療や工業の分野においても，オゾンの利用が進みつつある。なお，オゾンの生成には，水の電気分解や無声放電の他に，低圧の水銀蒸気に放電を起こして紫外線を発生させるランプを利用する場合もある。先に述べた紫外線殺菌灯がその例である。水銀は 184.9 nm(ナノメートル$=10^{-9}$ m)や 253.7 nm などの強い輝線をもつが，184.9 nm の紫外線が酸素分子の一部を光解離してオゾンの生成

を引き起こす。

　大気中のオゾンの濃度測定に利用されている化学反応を2つ紹介しておこう。オゾンをヨウ化カリウム溶液に吸収させると，

$$O_3 + 2KI + H_2O \longrightarrow I_2 + 2KOH + O_2 \qquad [1\text{-}1\text{-}1]$$

なる酸化還元反応が起こり，ヨウ素 I_2 が遊離する。この反応はヨウ化カリウム濃度が充分高ければ完全に進むので，遊離したヨウ素の量を何らかの方法で測定すれば，オゾンの濃度がわかる。化学工学の世界ではチオ硫酸ナトリウムを用いるヨウ素滴定法が一般的なようだが，大気オゾンの測定にはしばしば他の方法が用いられる。歴史的に重要なのは，いわゆるヨウ素デンプン反応を用いて青紫色の度合いから濃度を判定する方法である。オゾンを発見・命名したシェーンバインが，1845年にヨウ化カリウム溶液とデンプンをろ紙にしみ込ませた「試験紙」を用いてオゾンを測定する方法を考案した。濃度のわかったオゾン混合気体を用いて，青紫色の度合いとオゾン濃度との対応をあらかじめ調べておけば，オゾン濃度を手軽に測定することが可能となる。ホゾ—Andre Houzeau は，1858年にこの方法を用いて大気中にオゾンが存在することを初めて明らかにした。また，ゴム気球に搭載し，地表から成層圏中部までのオゾン分布を連続的に測定するオゾンゾンデ(1-2-4項参照)にも，上記の化学反応が利用されている。ただし，上記反応によって溶液内にいれた電極間に起電力が生じる性質を利用し，電流測定によってオゾン濃度を決定している。もう1つの化学反応は，エチレンの酸化反応である。

$$H_2C=CH_2 + O_3 \longrightarrow H_3C\text{-}CHO + O_2 \qquad [1\text{-}1\text{-}2]$$

この反応で生成するアセトアルデヒド($H_3C\text{-}CHO$)ははじめ励起状態にあり，これがすぐさま基底状態に落ちる際に430 nm付近を中心とする紫色の光をだす。このような現象を化学発光，あるいは蛍光と呼ぶ。この光の強度はオゾン濃度とよい比例関係にあるので，これを光電子倍増管で測定すればオゾン濃度がわかる。この方法ではごく短時間(たとえば1秒)に測定することが可能なため，速い応答が必要な航空機用の測定器などにも利用されている。オゾンにより化学発光を生じる物質としては，他にローダミンB(染料の一種)や一酸化窒素などがある。

1-1-2 分光学的な性質

分光学 spectroscopy とは，光(電磁波，放射とも呼ばれる)と原子・分子・微粒子との相互作用に関する学問で，現代物理学の一分野である。光とは，真空中を 2.99792458×10^8 ms^{-1} で進む電磁波であり，波長によって名称，エネルギー，役割，利用法が異なる。たとえば，波長の短い方から，X線，紫外線，可視光線，近赤外線(太陽光に含まれる赤外線を大気放射学などで特にこう呼ぶ)，赤外線，マイクロ波(たとえば電子レンジに利用されている)，電波などと呼ばれる。波長が短いものほどエネルギーが高い。大気の分光学については第5章にて詳しく説明する。分子はそれぞれ固有の波長の光と相互作用する。ここでは，地球大気中に存在する光の波長範囲，すなわち紫外線から赤外線までにおいて，オゾンが吸収あるいは射出する光の波長帯を紹介する。

紫外線と可視光線の波長領域において，オゾンは3つの吸収帯をもつ(図1-1-2)。これらは1880〜1890年にかけて相次いで発見された。発見者の名

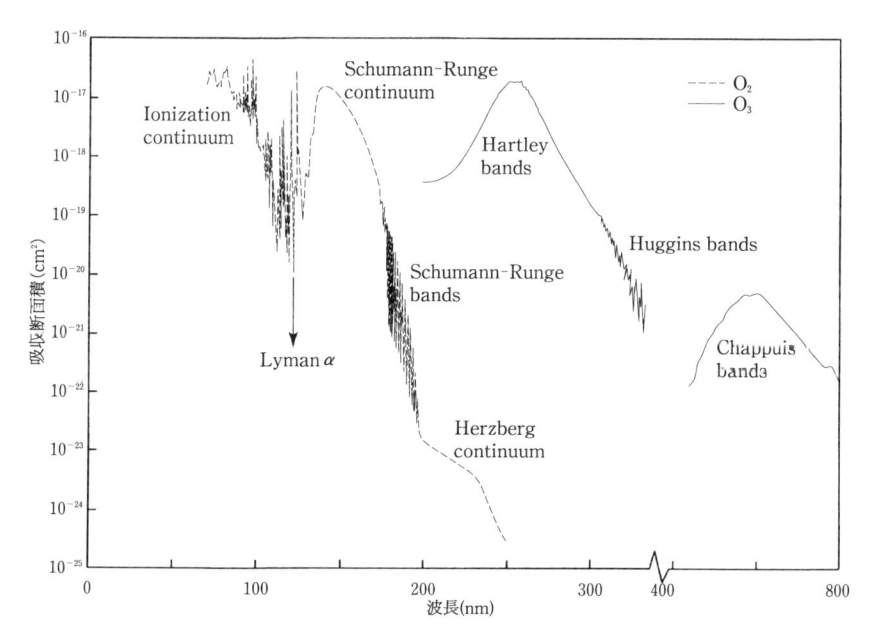

図1-1-2 酸素分子とオゾンの紫外線〜可視光線領域の吸収断面積(第5章の記号ではそれぞれ $\sigma_{O_2}(\lambda)$ と $\sigma_{O_3}(\lambda)$)の波長分布(吸収スペクトル)(Liou, 2002)。

前を冠して，255 nm の紫外線領域を中心とする 200～310 nm の吸収帯はハートリ帯 Hartley bands，その裾野に位置する 310～360 nm 付近はハギンス帯 Huggins bands，そして 600 nm の可視光線領域を中心とする 400～800 nm 付近はシャピュイ帯 Chappuis bands("チャピウス" と発音するのは誤り)とそれぞれ呼ばれている。これらはいずれもオゾン分子中の電子のエネルギー準位の遷移を引き起こし，オゾンを酸素分子と酸素原子に光解離させる。オゾンにとっては，消滅反応の 1 つとなる。太陽からの紫外線の内，比較的波長の長いものは，オゾンのハートリ帯とハギンス帯により強く吸収されるため地表へはごく僅かしか届かない。なお，250 nm より波長の短い太陽紫外線 (たとえば水銀ランプの 184.9 nm も含む)は，酸素分子のシューマン・ルンゲ帯やヘルツベルグ連続吸収帯などによって強く吸収されるが，これが成層圏オゾンの生成反応の一部を担っている。こうした酸素とオゾンによる太陽紫外線の吸収が大気を加熱し，地球特有の気温極大領域すなわち成層圏と中間圏 (まとめて中層大気とも呼ばれる)を形成しているのである。また，次節にて詳しく述べるように，大気中のオゾン濃度を測定する手法として，オゾンが太陽紫外線や水銀ランプの 253.7 nm 輝線を吸収する性質を利用するものがある。

オゾンは，赤外線領域の $9.6\,\mu\mathrm{m}$ (micro-meter＝10^{-6} m)付近，$14.27\,\mu\mathrm{m}$ 付近，$4.75\,\mu\mathrm{m}$ 付近にも，強い吸収・射出帯をもっている(図1-1-3)。これらは G. Hettner らの実験により 1934 年に確定された。こちらは紫外・可視光線の吸収帯とは異なり，光解離は起こさない。波長が長いためエネルギーが低いからである。代わりに，分子の回転状態・振動状態のエネルギー準位の遷移にともない，これらの波長の赤外線を吸収したり射出したりする。これら 3 つの赤外線吸収帯の内，$9.6\,\mu\mathrm{m}$ 帯は，水蒸気の回転帯・連続吸収帯・$6.3\,\mu\mathrm{m}$ 帯，二酸化炭素の $15\,\mu\mathrm{m}$ 帯，メタンの $7.7\,\mu\mathrm{m}$ 帯などと共に，大気の温室効果を担う重要な吸収帯の 1 つである。$4.75\,\mu\mathrm{m}$ 帯についてはそもそも大気中にこの波長帯の光がほとんど存在しないため役割を果たさない。$14.27\,\mu\mathrm{m}$ 帯については，二酸化炭素の $15\,\mu\mathrm{m}$ 帯と重なっているため，それほど重要ではない。対流圏におけるオゾンは，大気の温室効果の一翼を担い，かつ，産業革命以降の大気汚染の進展にともなって増加してきていることが知られている(1-2-1項参照)。したがって，二酸化炭素やメタンなどと並び，

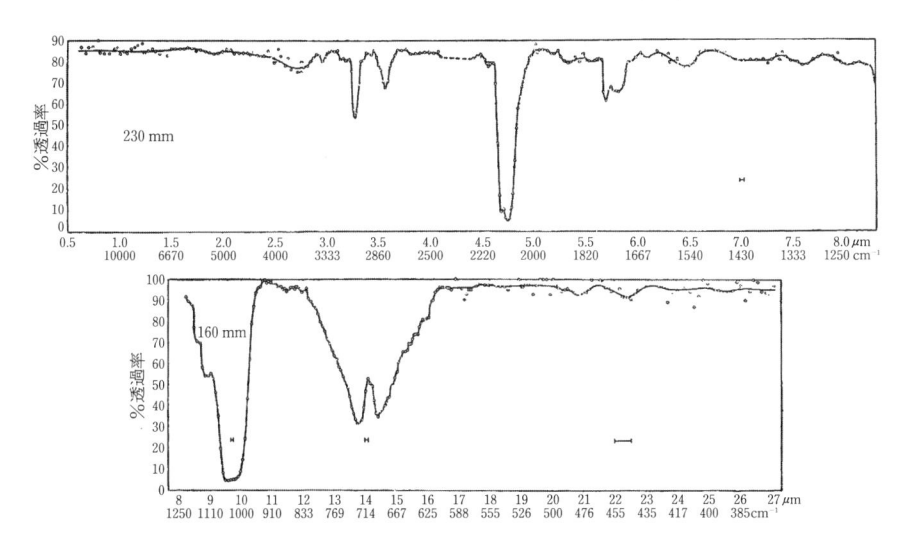

図1-1-3 オゾンの赤外線領域の吸収スペクトル（Herzberg, 1945）。光路長30 cm, 図中の圧力値（水銀柱）のオゾン量に対する透過率で表わす。横軸の単位 cm^{-1} については, 5-1-1項参照

地球温暖化を引き起こす気体分子の主要なものの1つとしても注目され, 成層圏のオゾンとは逆に削減対策が講じられている。

1-1-3 大気中における光化学寿命

大気中に, ある仮想的な閉曲面に囲まれた空気分子の集合体を考えてみよう。この集合体は風によって変形されつつ流されていく, つまり, 輸送されていくであろう。しまいには, 変形しすぎて散り散りになって（あるいは周囲と混合してしまって）一集合体としてのアイデンティティーを失ってしまうだろう。このような空気分子の集合体を空気塊 air parcel（または air mass）と呼ぶ。大気はこうした空気塊が隙間なく集まったものとみることもできる。オゾンは個々の空気塊のなかにおいて, 他のさまざまな微量成分と光化学反応を起こしながら, 生成・消滅を活発に繰り返している。したがって, 光化学反応によってオゾンが生成してから消滅（実際にはある程度まで減少）するまでの時間, すなわち光化学寿命を考えると便利である。輸送の時間スケールに比べて光化学寿命が長ければ, 濃度分布の理解に輸送過程を考慮することが必要とな

るし，光化学寿命が短ければ，分布を決めるのは主として光化学過程であるということになる。別の言い方をすれば，光化学寿命より短い時間スケールの輸送過程が，分布の決定に重要な役割を果たしていることになる。大気の力学過程・輸送過程は第2章で，オゾンの光化学過程は第3章で詳しく論じられるが，ここでは，オゾンの光化学寿命を領域別にごく簡単にまとめておこう。

　成層圏においては，オゾンは太陽紫外線を吸収して光解離するわけであるが，生成した酸素原子は周囲の酸素分子とすぐさま再結合してオゾンに戻る。したがって，オゾンの寿命はきわめて短いことになるが，実際には一時的に酸素原子に姿を変えているだけであると見なすことができる。夜間には紫外線がないため酸素原子の量はほとんどゼロになっているであろう。したがって，オゾンと酸素原子を足したものを奇数酸素(族) odd oxygen(family) (O_x) と定義して，これが他の微量成分とのより遅い反応によって本当に消滅するまでの光化学寿命を考える方が実情にあっている。このような考え方をfamily法と呼び，時定数が桁で異なる反応が入り混じった系の理解に役立つ。O_x の寿命は，下部成層圏の高度20 kmで2～3年，中部成層圏の30 kmで1か月程度，上部成層圏の40 kmで1日程度である。したがって，成層圏の下層では惑星規模の輸送過程も分布の理解にきわめて重要なわけである。ちなみに，対流圏については，O_x に NO_2 も含める場合が多いが，大雑把には上部で1か月程度，下部で1週間程度であり，汚染度の高い大気境界層内では数時間のオーダーとなる場合もある。

1-2　オゾン層の観測史

1-2-1　地表付近のオゾン測定

　前節で紹介したヨウ化カリウム溶液とデンプンをろ紙にしみ込ませた「試験紙」によるオゾン測定法が1840年代に確立されると，実験室や地表大気中におけるオゾンの研究が欧米でさかんに行なわれた。しかし，この測定法は，窒素酸化物や二酸化硫黄などにも感度があり，さらに，風速や湿度の影響を受けるため，測定結果のばらつきは大変大きかった。その後，亜砒酸イ

オンを混合したヨウ化カリウム溶液を用いたより定量的な測定法が実用化され，19世紀末から20世紀初頭にパリ郊外(Montsouris)で観測が行なわれた。近年になって，この測定法を再現し，当時の地表オゾン濃度値を推定する試みがなされている(図1-2-1はこれを含む)。1930年代以降，ヨウ化カリウム溶液を用いた地表オゾン測定器の改良がかなり進み，1940年代以降，ヨーロッパで再び観測が精力的に行なわれるようになった。その後，二酸化硫黄など他の気体分子の影響が少ない紫外線吸光法を用いたオゾン自動連続測定器が開発され，精度の高い地表オゾン測定が世界各地でなされるようになった。この測定器は，オゾンを含んだ空気を測定器内の試料セル中に導入し，セル内を透過する水銀ランプの紫外線(波長 $\lambda=253.7$ nmの輝線)の減光量を測定することでオゾン濃度を決定するものである。オゾンを含む空気をセル内に導入した時の紫外線強度(放射輝度)を I_λ，分解器によりオゾンを取り除いた空気を導入した時の強度を $I_{0\lambda}$，オゾンの吸収断面積を $\sigma_{oz}(\lambda)$ (図1-1-2参照)，オゾンの数密度を n_{oz}，紫外線の光路長(セルの長さ)を s (メーカーにより異なるが0.7m程度かそれ以下)とすると，これらは次の関係式を満たす。

$$I_\lambda = I_{0\lambda} \exp(-\sigma_{oz}(\lambda) \cdot n_{oz} \cdot s) \tag{1-2-1}$$

この放射輝度減衰の法則をビア・ブーゲー・ランバートの法則などと呼ぶ(紫外線の放射伝達方程式については，5-1節にて詳しく議論する)。したがって，I_λ と $I_{0\lambda}$ を測定すれば n_{oz} を求めることができる。さらに，1960年代からは，ヨウ化カリウム溶液を用いた気球搭載オゾンゾンデによる週1回程度の定常観測が世界各国の高層気象観測所で始まっている。これはもともと成層圏オゾンの観測を目的としたものであったが，同時に得られる対流圏のオゾンデータも有効に活用されている。オゾンゾンデについては後ほど詳しく説明する。1960～1970年代ころには，ロンドンやロサンジェルスなどの大都市における大気汚染・光化学スモッグの問題のなかで地表オゾンが注目され，1980年代以降には，グローバルな対流圏光化学過程(大気の質や酸化能，越境大気汚染)の研究や気候変動・地球温暖化問題において対流圏オゾンが注目されて，研究が精力的に進められてきている。図1-2-1に地表オゾンの長期トレンドを示す。

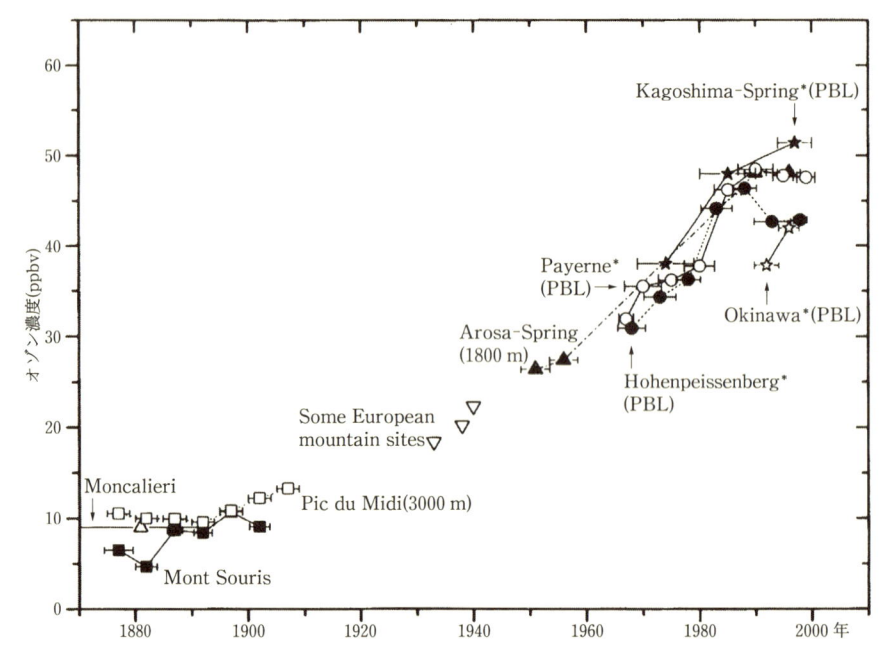

図 1-2-1 北半球中高緯度の春季の地表オゾンの長期トレンド(秋元ら, 2002)。*印はオゾンゾンデデータを用いた地上 2 km 付近まで(大気境界層, PBL)の平均値

1-2-2 成層圏の発見と超高層大気の探索

　成層圏オゾンの研究の歴史は, 地表オゾンのそれとは別の道をたどった。それを紹介する前に, 成層圏の発見の経緯を簡単に記しておこう。上空大気の探査は, 18 世紀に熱気球や水素気球を用いて開始された。当初は多大な危険と費用をともなう有人気球観測が行なわれていたが, 19 世紀末になると無人気球による"高層気象"観測が始まった(図 1-2-2)。ちょうどこのころ, 低気圧の構造や振る舞いを理解し天気予報を向上させるためには, 高層気象の観測が必要不可欠であるという認識がでてきたからである。当時の気球は表面にニスを塗った紙でつくられており, 気圧計, 気温計, 湿度計は自記式であり, 落ちているのを拾った人が送り返してくれるのを待ってようやく観測データが得られるというものではあったが, 高度 10 km を超える領域までの情報が徐々に集まってきていた。地表から 10 km 程度までの領域

図1-2-2 ド・ボールによる高層気象観測(左上・下：フランス気象局のwebsite, http://www.meteo.fr/meteo_france/implantation/setim/historique/historique.html より。URL参照日2006年5月1日, 2007年3月11日確認)と, 現在の高層気象観測の例(右：橋爪寛氏撮影。1999年9～10月の照洋丸による熱帯東太平洋域での観測)

では，1km上がるごとに気温は6℃程度ずつ下がっていくことがわかった。ところが，自身で設立した観測所で高層気象観測を行なっていたフランスのド・ボール Léon Teisserenc de Bort は，高度 11 km 以上(最高 14 km 程度)に到達した観測例を 236 例集め，高度 11 km 付近でこの気温減少は終わりそれより上空では−50℃程度でほぼ等温となっていることを発見・確認し，1902年に発表した。ドイツの高層気象観測の大家アスマン Richard Assmann も既にこの等温層に気づいてはいたが，日射による気温測定への影響を懸念してその存在を疑問視していた。しかし，ド・ボールの論文を受け，自らの観測データの内，日射の影響のない夜間のデータだけを再度調べ直してこの結果

を支持した。さらに，熱帯では等温ではなく気温が高度と共に上昇することなどもすぐに明らかになった。1908年には，ド・ボールが「strato-sphere 成層圏」「tropo-sphere 対流圏」の名称を提唱した。なお，当時は，成層圏においては大気の各成分が分子量に応じて重力分離(あるいは拡散分離)して分布していると考えられていたが，これは間違いである。高度 100 km 程度までは乱流圏 turbo-sphere とも呼ばれ，反応性の低い大気成分はよく混ざっている(図 A-9 参照)。

その後，気球はゴム製となり性能は上がったが，その到達高度には今でも限界があり，高度 40 km 以上の〝超高層大気〟の測定には別の手段を用いる必要がある。流星の出現高度，軌跡，速度の観測から超高層大気の密度や温度の分布を推定する方法や，爆弾や火薬を用いた音波の伝播経路(気温分布に依存した屈折の様子)の測定から気温分布を推定する方法などによって，1930年代ころまでには，成層圏中部以高は等温ではなく気温は高度と共に増加し，高度 50 km 付近に気温極大層(成層圏界面)があることがわかってきた。高度 100 km までの中性大気およびそれより上の電離大気(かつ重力分離大気)の気温分布が正確にわかるようになってきたのは，1950年代以降，ロケットや，人工衛星・地上からの光を用いたさまざまなリモートセンシング(遠隔測定)技術などが利用できるようになってからのことである。

1-2-3　オゾン層の発見と中心高度の確定までの歴史

成層圏オゾンの研究は，オゾン分子の分光学的研究にその端を発している。紫外線領域の吸収帯を発見したハートリ Walter N. Hartley は，1881年の論文のなかで，地表で測定される太陽光に本来含まれているはずの紫外線が欠落していることの説明として，上層大気中に多量のオゾンが存在していてそれによって吸収されているのであろうと結論づけた。その後，成層圏の発見があったわけであるが，高層大気中のオゾンの観測研究はファブリ Charles Fabry とボアソン Henri Buisson により本格的に開始される。彼らは高波長分解能の干渉型分光光度計を開発し，星雲や銀河や太陽などの天体観測を行なっていたが，ハートリの太陽紫外線観測の追試を行ない，オゾンの大部分が上層大気に存在していることを確認し(1913年)，オゾン量の定量化も試み

た(1921年)。なお,ファブリは1929年にパリで開催された第一回国際大気オゾン会議の主催者にもなった。

それからすぐに,成層圏オゾン研究に大きな足跡を残したイギリス・オックスフォードのドブソン Gordon Miller Bourne Dobson が登場する。彼の仕事は,1-2-2 項で紹介した流星を利用した気温分布推定の共同研究(1923年)に始まる。超高層大気中の気温極大層の成因はオゾンによる太陽紫外線吸収による加熱であろうと考え,オゾンの観測に興味をもったようである。彼は,ファブリとボアソンの仕事に刺激を受けて,独自に小型軽量の分光光度計を開発し,自宅につくった研究所で 1924 年より観測を始めた。1925 年の集中的な観測により,オゾン全量(地表から大気上端までの気柱内のオゾン分子総数。成層圏オゾンの寄与が主)の季節変化(春に極大,秋に極小),および高低気圧との密接な関係(高気圧上空で少,低気圧上空で多)を見出した。そこで,1926〜1927 年にかけては,ヨーロッパ内の複数地点で同時観測を展開し,さらに,1928〜1929 年にかけては,世界各地に観測器を送り,オゾン全量の緯度分布も明らかにした。ドブソンは,成層圏オゾン研究のパイオニアであり,彼が完成させたオゾン分光光度計はドブソン型分光光度計と呼ばれ現在でも世界各地の気象官署で使われ続けている(図1-2-3)。また,彼の功績をたたえ,オゾン全量の単位には Dobson Unit(DU)という名称が使われている。1 DU は 10^{-3} atm·cm に等しく,1 atm·cm とは,0°C,1 気圧の標準状態に換算した時にオゾン分子の厚みが 1 cm であることを表わす。すなわち,1 DU とは,1 cm^2 の底面積をもつ鉛直気柱内にオゾン分子が $2.687×10^{16}$ 個含まれることに相当する。この値が大きいほど,大気の太陽紫外線を遮蔽する能力が高い。Dobson Unit の定義はやや複雑であるが,大気における実際の数値が 3 桁のみやすいものとなる利点がある。熱帯では 250 DU 程度,中高緯度では季節変化が大きいが 300〜400 DU 程度,また,最近の南極のオゾンホールの季節(10月ころ)には 100 DU を下回る。

最後に,オゾン層の中心高度の確定までの歴史を簡単に記しておこう。ドブソンよりも少し早い時期,1922 年からスイスのアローザ(結核療養地)で紫外線環境調査の依頼を受けてオゾン全量の観測を始めていたゲッツ F. W. Paul Götz は,1929 年に北極のスピッツベルゲンでウムケール(ドイツ語で反転

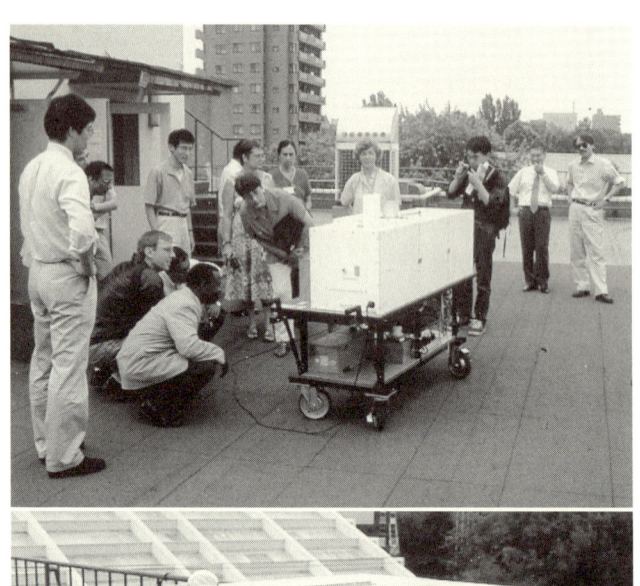

図 1-2-3　現在のドブソン型分光光度計(上)と，それを自動化し紫外線測定の機能ももたせたブリューワ型分光光度計(下)。札幌管区気象台にて。

の意)効果なる現象を発見した。日の出・日没の前後に、天頂からの紫外線散乱光を2つの波長で連続的に測定していると、その強度比がオゾン層高度に依存した特徴的な時間変化を示すという現象である。オゾンによる吸収量が大きく異なるような波長ペアーを選ぶとこのような現象が生じる。この情報から逆に、オゾン層中心高度を精度よく推定できるのである。1934年にはドブソンらと共同で、この現象を利用したオゾン高度分布の推定法を確立し発表している。オゾン層中心高度は(中高緯度で)平均的には25 km程度にあることなどが明らかになった。以前、ファブリたちは40 km以上であると推論していたので、これはずいぶん低いことになる。この結果に興味をもったレゲナー父子(Von Erich Regener, Victor H. Regener)は、1934年に分光光度計をゴム気球にて飛揚し、高度31 kmまでのオゾン分布を直接測定した。その結果、オゾン数密度は24 km付近で最大値を示した。彼らによってオゾン層中心高度は確定されたといえる。なお、純酸素大気を仮定したオゾン層の形成理論(第3章参照)がチャップマンSidney Chapmanによって発表されたのもこのころである(1930年)。

1-2-4 オゾンゾンデ

　地表から成層圏中部までのオゾンの高度分布を直接測定する方法として、気球に搭載して飛揚するオゾンゾンデは大変優れている。1940～1950年代にかけて、レゲナー父子などにより各種の気球搭載用光学式オゾン計やヨウ化カリウム溶液を用いた航空機搭載用電気化学式オゾン計が開発された。一方、1930年には、成層圏の発見にも貢献した高層気象観測にブレークスルーがもたらされていた。電波(ラジオ波)を利用して観測データを地上へ送るラジオゾンデがソビエト連邦で開発されたのである。これにより、測定器を回収しなくてもデータが得られるようになった(1931年にフィンランドのある農民がソビエト連邦製ラジオゾンデを拾い、フィンランド気象局のヴァイサラVilho Väisäläに送った。彼はこの機器を研究し改良版の開発に着手した。これが現在世界の半数以上のラジオゾンデを供給しているVaisala社の歴史の始まりであった)。1960年には、ドブソンの下で下部成層圏水蒸気測定器の開発およびそれを用いた観測を行なっていたこともあるブリューワAlan W. BrewerとミルフォードJ.R.

Milfordによって，ヨウ化カリウム溶液を用いたオゾン測定用のラジオゾンデ，すなわちオゾンゾンデ(1-1-1項参照)の原型が開発され，その後，世界各地の気象官署における定常観測に用いられるようになっていった。

現在，世界各地で使用されているオゾンゾンデにはいくつかの種類がある(図1-2-4)。使用する電極や吸引ポンプ，形状などの点で大きく異なっている。また，ヨウ化カリウムの濃度など，溶液の調合にもいくつもの流儀がある(地表付近で汚染大気が混入する際，溶液のpH値が大きく変動する恐れがあるため，これを安定させるために燐酸水素ナトリウムなどを混合し緩衝溶液とし，さらに臭化カリウムも添加している場合が多い)。米国海洋大気庁(NOAA)にいたコミヤ Walter D. Komhyr が1969年に開発したECC(Electrochemical Concentration Cell)型オゾンゾンデは，陽極，陰極共に白金を使用し，また，サンプル空気が触れる管内壁すべてにテフロンを使用することで，測定前段階でのオゾン破壊を最小限にするなどの工夫が施されている。現在，世界で最も広く使われているのがこの型である。ECC型はさらに2種類に分かれ，Science Pump社がコミヤからの技術移転を受けて製造・販売してきているものと，コミヤ自身がNOAA退職後に自宅の地下室に設立したEnvironmental Science(En-Sci)社で製造・販売しているものがある。日本(札幌，つくば，鹿児島，那覇，南極昭和基地)およびインドネシア・ワトゥコセッ(1992から1999年まで)では，日本気象庁型(KC68型，KC79型，KC96型など)が使われてきている。これは1964年にコミヤが開発した炭素電極型オゾンゾンデをもとに，1966年に気象庁気象研究所の小林壽太郎と外山芳男によって開発されたものである。オゾンとの反応には，ヨウ素イオンではなく，溶液中により多く混合されている臭素イオンが主としてかかわっているとされている。他に，ブリューワとミルフォードのオゾンゾンデをマスト社が製品化したブリューワ・マスト型やその改良版(ヨーロッパなどで長年使われてきている)，インド気象局で独自に製造しているブリューワ・ミルフォード改良型などがある。

オゾンゾンデは，対流圏，対流圏界面領域など，人工衛星観測が不得意とする高度領域においても比較的安価に精度の高い観測が可能であり，長期トレンドの検出やプロセス研究に現在でも主要な役割を果たしている(図1-2-5に最近のオゾンゾンデ定常観測地点を示す)。また，成層圏では人工衛星観測に対

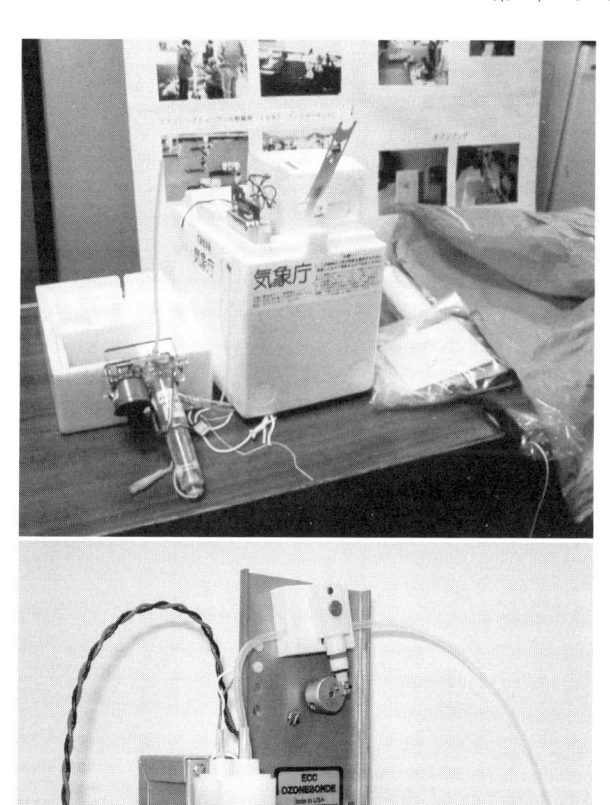

図1-2-4　日本気象庁型オゾンゾンデの本体，気象センサー付き飛揚用ケース，巻き下げ器，パラシュート（上，札幌管区気象台にて）とECC型（En-Sci）オゾンゾンデの本体（下）。両オゾンゾンデの本体および飛揚用ケースの大きさはそれぞれ同程度である。

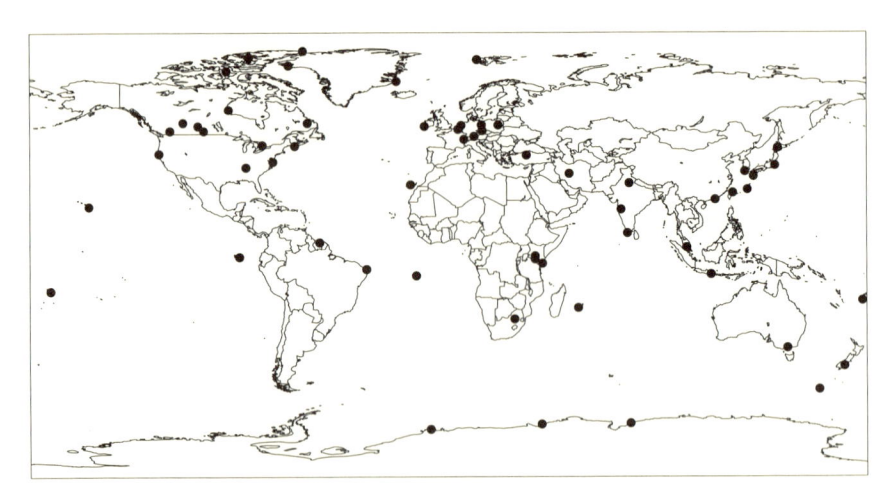

図 1-2-5　2002〜2005 年の間に定期的なオゾンゾンデ観測を行なっていた地点

する重要な現場検証データを提供する役割もある。ただし，場所や時期により異なる型のオゾンゾンデが使われてきているため，世界気象機関 (WMO) が主導して相互比較を行ない，系統的な誤差を取り除く努力も長年なされてきている。最近では，ドイツ・ユーリッヒにある環境シミュレーションチャンバーを用いて，オゾンゾンデが飛揚中に実際に経験する気圧，気温，オゾン濃度の時間変化を与えて，すべての型のオゾンゾンデと紫外線吸光方式のオゾン計との相互比較を行なうプロジェクト (Jülich Ozone Sonde Intercomparison Experiment, JOSIE) が実施されている。

1-2-5　人工衛星・地上リモートセンシング

　地球大気はさまざまな光，紫外線・可視光線・近赤外線と赤外線・マイクロ波で満ちている (第 5 章参照)。その強度は，放出源強度 (太陽放射，および地表面・大気からの熱放射) と光路上に存在する大気分子や微粒子 (雲，エアロゾル) による吸収強度・散乱強度などに依存している。したがって，特定の波長の光を測定することにより，光路中の物質濃度や気温に関する情報を得ることができる。光源としてはレーザー光などの強力な人工光源を用いてもよい。離れた場所の物質濃度や温度を光・電磁波・放射を用いて非接触測定すること

を，リモートセンシング(遠隔測定)と呼ぶ．オゾン全量を測定するドブソン型紫外線分光光度計はその一例である．オゾンの場合，1-1-2項に述べたような分光学的特性をもつため，紫外線(ハートリ帯，ハギンス帯)，可視光線(シャピュイ帯)，赤外線($4.75\,\mu m$帯，$9.6\,\mu m$帯，$14.27\,\mu m$帯)，およびミリ波・サブミリ波(赤外線とマイクロ波・電波の間の波長の光)などを用いることによって原理的にはオゾンの濃度を測定することができる．

　リモートセンシング機器を人工衛星に搭載して大気観測を行なえば，同一の機器で広範囲にわたって観測することが可能となる．たとえば，気球や航空機を用いた〝その場 in situ″ 観測に比べれば空間分解能は粗く測定精度も落ちるが，広い範囲(場合によっては全球)をほぼ一様に測定できる利点は大変大きい．たとえばオゾン測定については，雲が存在する対流圏の測定は未だに困難であるが，成層圏・中間圏については，大変精度の高い測定が可能になってきている．そのため，人工衛星による大気観測は，現在1つの大きな流れとなっている．人工衛星には，その軌道の採り方によって大きく2つの種類がある．赤道上を地球の自転と同じ角速度で回る静止軌道衛星と，北極と南極を結ぶ軌道をたとえば1日10周以上回る極軌道衛星である．静止軌道衛星は常に地図上のある緯度経度地点の上空に留まっており，その代表例は，雲画像でなじみの深い気象衛星「ひまわり」(Geostationary Meteorological Satellite, GMS)である．ニューギニア上空約3万6000 kmから可視光線および赤外線を受光して日本付近の経度帯の雲や水蒸気の水平分布を測定している．一方，極軌道衛星の高度はたとえば800 km程度とずっと低い．地図上のその軌跡は，地球の自転を利用することによって，全球を一定間隔でなぞることになる．したがって，1日あるいは数日もすれば1つの測定器で全球分布を得ることも可能となる．オゾン分布の観測に用いられるのは今のところすべて極軌道衛星である．

　極軌道衛星による大気観測は，さらに，天底 nadir 観測，太陽掩蔽 solar occultation 観測，周縁 limb 光観測の3つに大きく分類できる(図1-2-6)．オゾン測定が可能な機器に絞って，具体的に紹介していこう．

　①天底観測に分類されるものには，太陽に背を向けて後方散乱紫外線強度を測定するものや，赤外線射出光(長波放射)を測定するものがある．オゾ

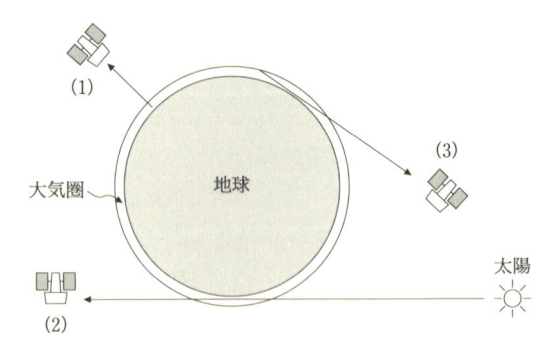

図 1-2-6　極軌道衛星の 3 つの大気観測手法(Andrews, 2000)。(1)天底観測，(2)太陽掩蔽観測，(3)周縁光観測

図 1-2-7　南極オゾンホール発見の時期に大きな役割を果たした TOMS を搭載した人工衛星 Nimbus-7(TOMS の website，http://toms.gsfc.nasa.gov/ より。2007年 3 月 11 日確認)

ホール発見の時期に大きな役割を果たした TOMS(Total Ozone Mapping Spectrometer)は後方散乱紫外線測定器の代表例である。TOMS は米国 NASA で開発された測器で，米国の衛星 Nimbus-7(1978～1993, 図 1-2-7)，ソビエト連邦の Meteor-3(1991～1994)，日本の ADEOS(1996～1997)，米国の Earth Probe(1996～)に搭載され，全球のオゾン全量の長期観測を担ってきた。現在この長期観測は，オランダ・フィンランドにより開発された OMI (Ozone Monitoring Instrument, 米国の EOS-AURA(2004～)に搭載)に引き継がれている。同様の観測原理に基づく他の測器としては，やはり米国で開発され高度分布の測定も可能な BUV(Backscatter UltraViolet, 1970～, Nimbus-4 搭載)，SBUV(Solar Backscatter UltraViolet, Nimbus-7 搭載)，SBUV/2(NOAA-9 (1984～)，NOAA-11(1988～)，NOAA-14(1998～)，NOAA-16(2000～)搭載)のシリーズや，ヨーロッパ ERS-2 搭載の GOME(Global Ozone Monitoring Experiment, ドイツ, 1995～)などがある。また，赤外線の天底観測を行なう測定器としては，日本の IMG(Interferometric Monitor for Greenhouse gases, 日本 ADEOS (1996～1997)搭載)や，米国の TOVS(TIROS Operational Vertical Sounder, NOAA 衛星搭載, 9.7 μm の赤外線を測定する HIRS(High Resolution Infrared Radiation Sounder)を搭載しており，上部対流圏～下部成層圏のオゾン量を測定する)などがある。

②太陽掩蔽観測とは，大気層を横切って減衰しながら透過してくる太陽光を測定するもので，鉛直分布を比較的高い高度分解能で測定できることがその特徴である。代表例は，米国の SAGE(Stratospheric Aerosol and Gas Experiment, 米国 AEM-2(1979～1981)，米国 ERBS(1984～2005)，ロシア Meteor-3M (2002～)搭載)，米国の HALOE(HALogen Occultation Experiment, 米国 UARS (1991～2005)搭載)，米国の POAM(Polar Ozone and Aerosol Measurement, フランス SPOT-3(1993～1996)，SPOT-4(1998～2004)搭載)，日本の ILAS(Improved Limb Atmospheric Spectrometer, 日本 ADEOS(1996～1997)，ADEOS II(2003)搭載)などである。また，ヨーロッパ ENVISAT(2002～)搭載の GOMOS(Global Ozone Monitoring by Occultation of Stars, フランス・フィンランド・ベルギー)は太陽光の代わりに星の光を利用し，SCHIAMACHY(Scanning Imaging Absorption SpectroMeter for Atmospheric CHartographY, ドイツ・オランダ・ベルギー)は，太

陽光だけでなく月光も利用でき，また天底観測も行なうことができる．

③周縁光観測は，大気層からの赤外線やマイクロ波の射出光を測定するものである．米国の MLS (Microwave Limb Sounder，米国 UARS (1991〜2005)，米国 EOS-AURA (2004〜)搭載)やドイツの MIPAS (Michelson Interferometer for Passive Atmospheric Sounding，ヨーロッパ ENVISAT (2002〜)搭載)などがある．

[引用文献・参考図書]
[1-1　オゾンの性質]
Crutzen, P.J. 1988. Tropospheric ozone: An overview. In "Tropospheric ozone: Regional and global scale interactions" (ed. Isaksen, I.S.A.), pp. 3-32. D. Reidel Publishing Company, Dordrecht.
Dessler, A. 2000. The chemistry and physics of stratospheric ozone. 214 pp. Academic Press, London.
Herzberg, G. 1945. Molecular spectra and molecular structure Volume II. Infrared and raman spectra of polyatomic molecules. 636 pp. Krieger Pub. Co., Malabar, Florida.
伊藤泰郎. 1999. オゾンの不思議 毒と効用のすべて. 206 pp. 講談社ブルーバックス.
Liou, K.N. 2002. An introduction to atmospheric radiation (2nd ed.). 583pp. Academic Press, San Diego.
小川利紘. 1991. 大気の物理化学—新しい大気環境科学入門. 第II期気象学のプロムナード 12. 224 pp. 東京堂出版.
[1-2　オゾン層の観測史]
(全般)
小川利紘. 1991. 大気の物理化学—新しい大気環境科学入門. 第II期気象学のプロムナード 12. 224 pp. 東京堂出版.
関口理郎. 2001. 成層圏オゾンが生物を守る. 気象ブックス 009. 162 pp. 成山堂書店.
(対流圏オゾン)
秋元肇・河村公隆・中澤高清・鷲田伸明(編). 2002. 対流圏大気の化学と地球環境. 223 pp. 学会出版センター.
Crutzen, P.J. 1988. Tropospheric ozone: An overview. In "Tropospheric ozone: Regional and global scale interactions" (ed. Isaksen, I.S.A.), pp. 3-32. D. Reidel Publishing Company, Dordrecht.
(成層圏の発見)
松野太郎・島崎達夫. 1981. 成層圏と中間圏の大気. 大気科学講座 3. 279 pp. 東京大学出版会.
(オゾン層研究黎明期)
Mulligan, J.F. 1998. Who were Fabry and Pérot? Am. J. Phys., 66(9): 797-802.
The Dobson Room. http://www.atm.physics.ox.ac.uk/main/dept/dobson.html: URL 参照日 2006年4月30日，2007年3月11日確認
(オゾン観測用測定器)
Andrews, D.G., 2000. An introduction to atmospheric physics. 229 pp. Cambridge University Press, Cambridge.
Kobayashi, J. and Toyama, Y. 1966. On various methods of measuring the vertical

distribution of atmospheric ozone (III) — Carbon-iodine type chemical ozonesonde. Pap. Met. Geophys., 17: 113-126.

Smit, H.G.J. and Kley, D. 1998. Jülich ozone sonde intercomparison experiment (JOSIE), 5 February - 8 March 1996. World Meteorological Organization (WMO) Global Atmosphere Watch (GAW) report series, No.130 (Technical Document No. 926).

Smit, H.G.J. and Straeter, W. 2004. JOSIE-1998 Performance of ECC ozone sondes of SPC-6A and ENSCI-Z type. World Meteorological Organization (WMO) Global Atmosphere Watch (GAW) report series, No.157 (Technical Document No.1218).

Smit, H.G.J. and Sträter, W. 2004. JOSIE-2000 The 2000 WMO international intercomparison of operating procedures for ECC-ozone sondes at the environmental simulation facility at Jülich. World Meteorological Organization (WMO) Global Atmosphere Watch (GAW) report series, No.158 (Technical Document No.1225).

竹内延夫(編). 2001. 地球大気の分光リモートセンシング. 日本分光学会測定法シリーズ 39. 206 pp. 学会出版センター.

田中豊顕・小林隆久・水野量(編). 1999. 気象測器—高層気象観測篇. 気象研究ノート 194. 251 pp. 日本気象学会.

World Ozone and Ultraviolet Radiation Data Centre (WOUDC). http://www.woudc.org/: 2007年3月11日確認

なお，人工衛星に関する情報は，それぞれのwebsiteを検索のこと(たとえばTOMSは http://toms.gsfc.nasa.gov/: 2007年3月11日確認)

第2章 大気圏の構造

北海道大学大学院環境科学院/長谷部文雄

　第1章で解説された地球進化の結果，地球は窒素・酸素を主成分とする大気をもつに至った。二酸化炭素・水蒸気・オゾンなどは，その存在量(混合比)がごく微量であるにもかかわらず，大気環境の形成において重要な役割を担っている。大気圏の厚さは地球半径 6370 km に対して僅か 100 km 程度に過ぎないが，そこでは多様な物理・化学過程が進行している。この節では，オゾン層破壊の理解に必要な事柄を中心に大気圏の構造を概観し(2-1節)，続いて大気運動を記述する理論的枠組みについて学ぶ(2-2節)。最後に，オゾンなど大気微量成分の全球分布を理解するために必要な大気大循環と物質輸送について解説する(2-3節)。

2-1　地球大気圏

　大気中で光化学的に生成・消滅を繰り返す大気組成は，特有の鉛直分布をもつ。これらを含むいくつかの大気組成は，太陽放射・地球放射の吸収・射出を通して大気の温度構造に影響を与える。一方，大気の温度構造は大気の運動と力学法則を介して結びつけられている。大気の運動は寿命の長い大気組成を生成域から遠く離れた領域に輸送する。こうして，大気中では，放射・光化学・力学過程が相互に影響を及ぼし合いながら，さまざまな時空間スケールの変動を引き起こしている。この節では，観測事実に基づいて地球大気圏の構造を記述する。

2-1-1 大気の鉛直構造

(1) 大気圏の分類

　大気圏の空間スケールは，水平方向に 10000 km，鉛直方向に 100 km のオーダーという，薄い層構造をなしているが，1000 m の山に登れば温度が数°C低下することからわかるように，鉛直方向の変動性が卓越する。温度の鉛直構造は，大気運動の力学的特性と最も強く結びついているため，大気圏は温度の鉛直構造に基づいて，下から順に対流圏 troposphere，成層圏 stratosphere，中間圏 mesosphere，熱圏 thermosphere と分類され，それぞれの境界を対流圏界面 tropopause，成層圏界面 stratopause，中間圏界面 mesopause と呼ぶ(図 2-1-1)。

　対流圏の高度は緯度により異なるが，中緯度では地表面から約 12 km までの領域に広がっている。対流圏では上空ほど温度が低いため，地表面で暖められて軽くなった大気が上昇し，鉛直混合がさかんである。このような温度構造は，地球表面における放射吸収による加熱がつくりだしている。下層が高温・上層が低温という温度構造は，鉛直運動の観点から不安定であるという(厳密には，後に式(2-1-19)で定義する温位を用いて議論する必要がある)。大気中

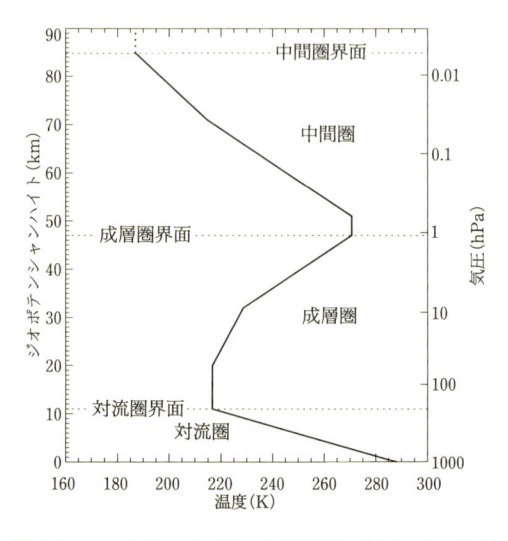

図 2-1-1　中緯度の鉛直温度構造(米国標準大気, 1976)

には，海面などから蒸発した水蒸気が大量に含まれているため，対流により上空に運ばれた大気が冷却されて水分が凝結し，降水となって地上に降り注ぐ．我々が日々経験する多彩な大気現象は，こうした対流圏の特性によりもたらされているのである．

　高度による温度減少の停止する高度領域を対流圏界面と呼ぶ．対流圏界面から上では温度が高度と共に上昇し，高度 50 km 付近で極大となる．これを成層圏界面といい，2 つの圏界面に挟まれた領域を成層圏と呼ぶ．成層圏における加熱源はオゾンによる紫外線吸収であり，気体分子が直接加熱されるという意味で，対流圏の温度構造をつくりだす熱源とは本質的に異なっている．成層圏では上空ほど高温・低密度なので重力的には安定で，これを成層状態にあるという．こうした特性から，成層圏は，その発見された当時，運動学的に静穏な領域と考えられていたが，冬季には高速のジェット気流が吹き，大気波動が砕波したり地球規模の東西風が時として反転するなど，興味深いダイナミックな現象にあふれる高度領域で，オゾンホールはそのような力学場を背景に形成されるのである．

　成層圏における熱源がオゾンによる紫外線吸収であることから容易に想像できるように，成層圏の構造はオゾン分布と密接に関連している．図 2-1-2 は赤道直下のガラパゴス諸島における温度とオゾンの高度分布を南極昭和基地における同様の分布と比較したものである．対流圏界面の高度は，赤道地方では 100 hPa (17 km) 程度であるのに対し，極地方では 400 hPa (7 km) 付近である．極地方においては，高度と共に温度が上昇するという成層圏の特徴は明瞭でなくなるが，対流圏界面を超えるとオゾン量が高度と共に増加するという特徴は維持されている．成層圏オゾンが極大となる高度領域はオゾン層と呼ばれる．大気の圧力が高度と共に減少するので，オゾン量を図 2-1-2 のように分圧で示す場合と混合比（分子数の割合）で示す場合とで極大となる高度は異なる（図 2-3-16 参照）が，一般にオゾン量が極大となる高度は，赤道地方で高く中高緯度で低い．

　オゾン層の変動を支配する要因としては，その化学的生成・消滅と共に大気運動による輸送が重要である．この節では，大気微量成分の輸送過程に関する理解の基礎として，大気運動の物理・数学的記述に必要な事柄を述べる．

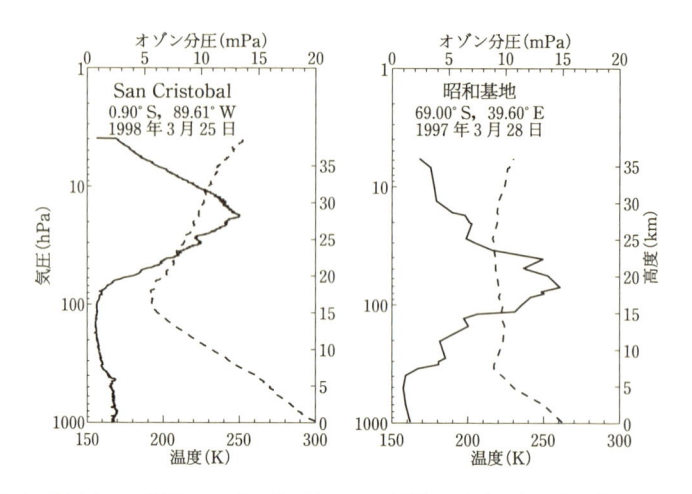

図 2-1-2　温度(K, 破線)とオゾン分圧(mPa, 実線)の高度分布。左が熱帯地方(San Cristóbal), 右が南極地方(昭和基地)におけるゾンデ観測の一例

数式による理解を不要とする読者は, 2-1-2 項に進んでよい。

(2) 大気の熱力学

①理想気体の状態方程式 equation of state

標準状態(0℃, 1気圧)における体積が気体の種類によらず一定値 22.4 リットルを占めるという事実と, 気体の圧力・温度・体積の間に成り立つ経験則, ボイル・シャールの法則を一般化することにより, n モルの気体の圧力 p, 体積 V, 温度 T の間に理想気体の状態方程式

$$pV = nR^*T \tag{2-1-1}$$

の成り立つことが示される。ここで, R^* は気体の種類によらない定数で, 一般気体定数と呼ばれる。気象学では容器に閉じこめられた気体を取り扱うわけではないので, 体積 V・モル数 n を使った式(2-1-1)は気象学に適した表現法ではない。そこで, 気象学で扱う高度領域において乾燥大気が一定の平均分子量 M_d をもつことに注目し, $R = 10^3 \times R^*/M_d$ で定義される乾燥大気の気体定数を用いて式(2-1-1)を書き直すと次式を得る。

$$p = \rho RT \stackrel{\alpha = 1/\rho}{\Longleftrightarrow} p\alpha = RT \tag{2-1-2}$$

気象学ではこれを状態方程式として用いることが多い。ここで, 密度 ρ の

逆数 α は単位質量あたりの体積で比容 specific volume と呼ばれる。各定数の値については，裏見返しの表を参照。

②ジオポテンシャルハイト geopotential height

地球重力場において平均海面高度から高度 z まで物体を持ち上げるのに必要な単位質量あたりのエネルギー($J\,kg^{-1}$)をジオポテンシャルといい，Φ で表わす。さらに，Φ を平均海面高度における重力加速度の大きさの全球平均値 g_s で割ったものをジオポテンシャルハイトといい，Z で表わす。

$$\Phi(z)=\int_0^z g\,dz',\quad Z=\frac{\Phi}{g_s}=\frac{1}{g_s}\int_0^z g\,dz' \qquad (2\text{-}1\text{-}3)$$

気象学で取り扱う通常の高度範囲において，g は一定値 g_s と見なしてもよいので，高度 z とジオポテンシャルハイト Z とはほぼ等しい。以下では，g を定数として扱う。

③静水圧平衡方程式 hydrostatic equation

高度 z における気圧 p は，その高度 z より上空に存在する大気が地球の重力で引かれることにより，高度 z の面を押す単位面積あたりの力($Nm^{-2}=Pa$)である。すなわち

$$p(z)=\int_z^\infty \rho g\,dz' \qquad (2\text{-}1\text{-}4)$$

両辺を z で微分すれば

$$\frac{dp}{dz}=-\rho g \qquad (2\text{-}1\text{-}5)$$

これを静水圧平衡方程式という。この方程式は，流体の層に働く鉛直方向の力のつり合いからも導くことができ，重力場において運動する流体において鉛直加速度の充分小さい場合に一般的に成り立つ重要な方程式である。

④スケールハイト scale height

式(2-1-5)に状態方程式(2-1-2)を代入して密度 ρ を消去すれば

$$\frac{dp}{dz}=-\frac{pg}{RT} \iff \frac{1}{p}dp=-\frac{g}{RT}dz \qquad (2\text{-}1\text{-}6)$$

温度の高度分布が与えられれば，式(2-1-6)の両辺を積分することができる。これにより，図2-1-1における左右2本の縦軸が対応しているのである。簡

単のため，温度 T が高度と共に変化しない等温大気を仮定すれば，この方程式は変数分離法により積分できる．高度 $z=0$ における気圧を p_s とすれば

$$p(z) = p_s e^{-z/H}, \quad H = \frac{RT}{g} \tag{2-1-7}$$

を得る．H は長さの次元をもち，高度 H 上昇するごとに圧力が $1/e$ になることからスケールハイトと呼ばれる．地球大気のスケールハイトは約 7 km である．

⑤気圧座標系 pressure coordinates

式(2-1-5)右辺は常に負だから，静水圧平衡方程式は，圧力 p が高度 z の単調減少関数であることを示している．この性質を利用すれば，高度 z の代わりに圧力 p を鉛直方向の独立変数にとることができる．これを気圧座標系という．気圧座標系における静水圧平衡方程式は，次のように求められる．

$$\text{式(2-1-5)} \iff \frac{dp}{d\Phi}\frac{d\Phi}{dz} = -\rho g \overset{(2\text{-}1\text{-}3)}{\iff} \frac{dp}{d\Phi}g = -\rho g \overset{(2\text{-}1\text{-}2)}{\iff} \frac{d\Phi}{dp} = -\frac{RT}{p} \tag{2-1-8}$$

⑥熱力学の第一法則 first law of thermodynamics

「全エネルギーは保存する」という仮説は，物理学を貫く大前提である．エネルギー保存則の概念の発展の歴史は，科学的方法論の物理学への適用，自然に対する人類の理解の深化の好例として興味深い．20 世紀初頭，アインシュタインは質量がエネルギーの一形態に過ぎないことを示し，それ以降，エネルギー保存則は質量をも含む単一のエネルギー保存則に包摂された．しかし，地球大気の運動を記述する上で相対論的運動を考える必要はないので，エネルギー保存則としては 19 世紀後半の描像，すなわち，熱力学的エネルギーと質量とはそれぞれ独立の保存則にしたがう，という認識で充分である．ここで確立された熱力学的エネルギー保存則が熱力学の第一法則である：

　　任意の系における内部エネルギーの変化は，与えられた熱とその系により外部に対してなされた仕事との差に等しい．

$$\begin{array}{ccc} \text{内部エネルギーの変化} = & \text{与えられた熱} - & \text{外部になされた仕事} \\ \Delta u \quad = & \Delta Q \quad - & \Delta W \end{array} \tag{2-1-9}$$

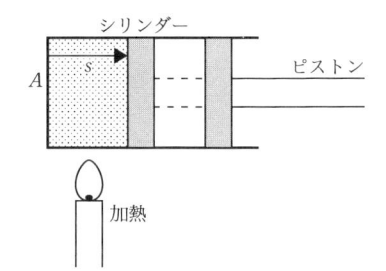

図 2-1-3 断面積 A のシリンダーに閉じこめられた単位質量の理想気体

熱力学の第一法則を大気を含む系において定式化するために，単位質量の気体を封じ込めた断面積 A のシリンダーを考える（図 2-1-3）。シリンダーの底からピストンまでの長さ s の微小変化 Δs にともなって外部になされた仕事 ΔW は

$$\Delta W = pA \times \Delta s = p\, \Delta V$$

ここで，$\Delta V \equiv A\, \Delta s$ は体積の変化量である。単位質量の気体を考えているから $\Delta W = p\, \Delta \alpha$。したがって，式 (2-1-9) は

$$dQ = du + p\, d\alpha \tag{2-1-10}$$

以下では，理想気体を仮定する。このとき，内部エネルギーは分子運動のエネルギーに等しいから，内部エネルギー u は温度 T だけで定まり，体積 V によらない（ジュールの法則）。式 (2-1-10) より，体積一定条件 ($d\alpha = 0$) の下で $dQ = du$ を得るから，比熱 c_v は

$$c_v \equiv \left(\frac{dQ}{dT} \right)_V = \left(\frac{du}{dT} \right)_\alpha \tag{2-1-11}$$

ここで，添字はその値を一定に保ったまま微分することを表わし，c_v を特に定積比熱という。ジュールの法則により，条件「α 一定」を省略することができて

$$c_v = \frac{du}{dT} \iff du = c_v\, dT \tag{2-1-12}$$

式 (2-1-12) を熱力学の第一法則 (2-1-10) に代入すると

$$dQ = c_v\, dT + p\, d\alpha \tag{2-1-13}$$

$d(p\alpha) = p\, d\alpha + \alpha\, dp$ だから，式 (2-1-13) より

$$dQ = c_v\, dT + d(p\alpha) - \alpha\, dp$$

$$\overset{(2-1-2)}{=} c_v\,dT + d(RT) - \alpha\,dp$$
$$= (c_v + R)\,dT - \alpha\,dp \tag{2-1-14}$$

ここで，特に圧力一定($dp=0$)の場合には

$$dQ = (c_v + R)\,dT \iff \left(\frac{dQ}{dT}\right)_p = c_v + R$$

左辺は定圧比熱 c_p に他ならないから，恒等式

$$c_p = c_v + R \tag{2-1-15}$$

が成立する(理想気体に対するマイヤーの関係)。恒等式(2-1-15)を式(2-1-14)に代入することにより，熱力学の第一法則は次式で表わされる。

$$dQ = c_p\,dT - \alpha\,dp \tag{2-1-16}$$

⑦乾燥断熱減率 dry adiabatic lapse rate

大気塊が断熱的に上昇するとき，周囲の気圧の低下にともなって大気塊の体積は膨張する。乾燥大気の場合，膨張に要する仕事は大気塊の内部エネルギーの消費によって賄われるから，大気塊の温度は下がる。その割合 Γ_d を乾燥断熱減率と呼ぶ。Γ_d は次のようにして求められる。熱力学の第一法則(2-1-16)に静水圧平衡方程式(2-1-5)を代入すれば

$$dQ = c_p\,dT + \alpha\rho g\,dz = c_p\,dT + g\,dz \tag{2-1-17}$$

特に，熱の出入りのない断熱過程($dQ=0$)を仮定すれば

$$0 = c_p\,dT + g\,dz \iff \Gamma_d \equiv -\frac{dT}{dz} = \frac{g}{c_p} \sim 9.76 \times 10^{-3}\,\text{K m}^{-1} \tag{2-1-18}$$

大気中の放射伝達過程により定まる放射平衡温度分布は地表面付近で大きな温度減率を示し，その値は Γ_d より大きい。したがって，対流による鉛直混合により対流圏上部の大気は暖められている。現実大気の温度減率(図2-1-1, 2-1-2)は，大気に含まれる水蒸気の凝結による潜熱放出の影響を受けて，Γ_d よりもさらに小さな値となっている。

⑧温位 potential temperature

熱のやりとりがなくても大気の温度は圧力と共に変化するので，ある大気塊が断熱的に鉛直移動して別の気圧面に至ったとき，その大気塊が周囲より

も高温になるか低温になるかは，大気塊の温度だけからは必ずしも明らかではない．このようなとき，温度の代わりに断熱過程において保存される温度の指標を定義しておけば便利である．そこで，断熱過程により大気塊の圧力を標準気圧 $p_s = 1000\,\mathrm{hPa}$ に変えたとき，その大気塊が示す温度を温位 θ と定義する．

熱力学の第一法則(2-1-16)において断熱過程を仮定すれば

$$c_p\,dT - \alpha\,dp = 0 \overset{(2\text{-}1\text{-}2)}{\iff} c_p\,dT - \frac{RT}{p}dp = 0 \iff c_p\frac{dT}{T} = R\frac{dp}{p}$$

圧力 p が p_s になるまで断熱変化させたときの温度 T が温位 θ だから

$$c_p\int_T^\theta \frac{1}{T}\,dT = R\int_p^{p_s}\frac{1}{p}\,dp \iff c_p(\ln\theta - \ln T) = R(\ln p_s - \ln p)$$

これを θ について解けば

$$c_p\ln\frac{\theta}{T} = R\ln\frac{p_s}{p} \iff \frac{\theta}{T} = \left(\frac{p_s}{p}\right)^{\frac{R}{c_p}} \iff \theta = T\left(\frac{p_s}{p}\right)^{\frac{R}{c_p}} \qquad (2\text{-}1\text{-}19)$$

成層圏において温位は高度と共に単調増加するため，高度や気圧に代わって温位を鉛直方向の独立変数に用いることができる．これを等エントロピー座標(4-2-1項)という．断熱過程にしたがう大気塊は一定の温位を保持するため，運動は等温位面上に拘束され，等エントロピー座標で記述される鉛直速度はゼロである．このような便利な性質は，オゾンホールにおける大気運動の記述において有用である．

2-1-2　大気の子午面構造

前節では，大気の変動性が鉛直方向に卓越することに注目して鉛直一次元の大気構造について調べ，その記述に便利ないくつかの物理量を導入した．この節では次元を１つ拡張し，大気圏の構造を二次元平面上で記述してみよう．水平面内の変動性を東西(経度)方向と南北(緯度)方向とで比較してみると，南北方向に地球を４分の１周した熱帯と極地方との間には大きな気候条件の相異があるが，緯度円にそって地球を４分の１周しても大きな変化はない．このように，地球大気は東西よりも南北に大きな変動性を有する．したがって，大気の二次元構造を記述するには，東西方向に緯度円にそって地球

1周分平均した物理量を，横軸に緯度，縦軸に高度をとった緯度 - 高度断面で記述すると便利である。これを帯状平均 zonal mean 値の子午面構造という。この節では，温度と東西風(帯状風ともいう)の帯状平均値の子午面構造を概観し，その気象力学的特徴を定式化する。

図 2-1-4 は，北半球の冬・南半球の夏を代表する季節として1月を選び，帯状平均温度の緯度 - 高度断面を示した図である。緯度ゼロが赤道，N が北半球，S が南半球を表わす。地表面に近い対流圏においては，赤道域が高温で両極に向かって温度は低下する。各緯度で地表から上空へ向けて温度は低下するが，赤道域ではその傾向が 100 hPa (17 km) 付近まで続くのに対し，中高緯度ではそれより低い高度で温度低下は止む。この高度より下が対流圏と定義されるから，高緯度より赤道域の方が対流圏の厚いことがわかる。また，対流圏界面の温度は，温度低下がより上空まで続く赤道域の方が低い。これらの特徴は図 2-1-2 でみたゾンデ観測の結果と対応する。

成層圏から中間圏下部にかけての高度領域(約 15～60 km)において，温度の緯度構造は一変する。温度の極大は，赤道域ではなく南極地方の成層圏界面(約 1 hPa，45 km 付近)に見出される。これは，夏季に一日中太陽放射を受け

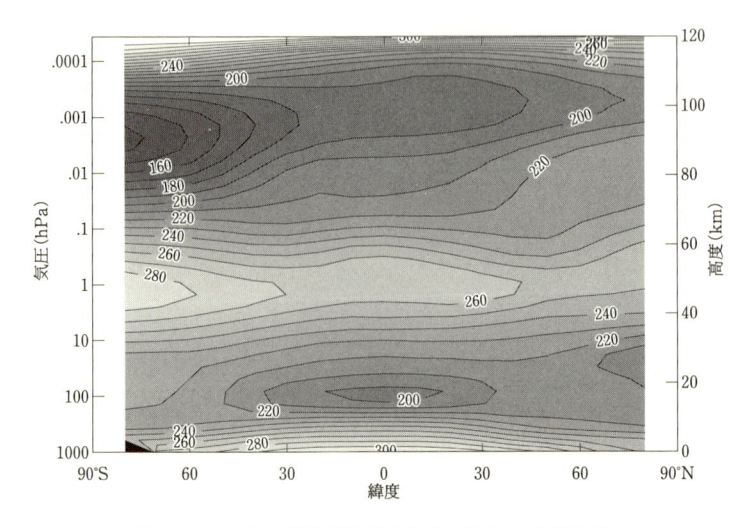

図 2-1-4　1月の帯状平均温度(K)の緯度 - 高度断面

ている南極成層圏が，オゾンによる紫外線吸収により強く加熱されているためである．逆に，太陽放射をまったく受けない冬季の北極成層圏は低温で，25 km 付近に対流圏界面とは別の温度極小が認められる．温度の南北構造は 7 月ころには逆転し，南極上空が低温となる．この低温がオゾンホール形成の鍵となることは第 4 章で述べる．なお，中間圏上部で南北温度勾配は逆転し，中間圏界面(約 90 km)付近では，一日中太陽に照らされている夏極で低温，太陽放射のあたらない冬極で高温という不思議な温度分布がみられる．この特徴は，中間圏界面付近の温度を支配する要因が，放射過程による加熱・冷却と異なることを示唆している．このように，成層圏から中間圏にかけての高度領域で，季節進行は温度分布に対する支配的な要因となっている．

図 2-1-5 は 1 月の帯状平均東西風(帯状風)の子午面断面である．正の値が西風・負の値が東風を表わす．等値線間隔が $10\ \mathrm{m\ s^{-1}}$ であるために低緯度対流圏に閉じた等値線は現われないが，この領域は東風である．これは，低緯度の活発な対流活動にともなう上昇流に向けて中緯度から吹き込む風が，角運動量保存則(2-2-2 項)にしたがって東風成分をともなうために生じる現象で，古来から貿易風として知られていた．その高緯度側には，偏西風と呼ばれる西風が卓越している．このような知見は，大気大循環 general circula-

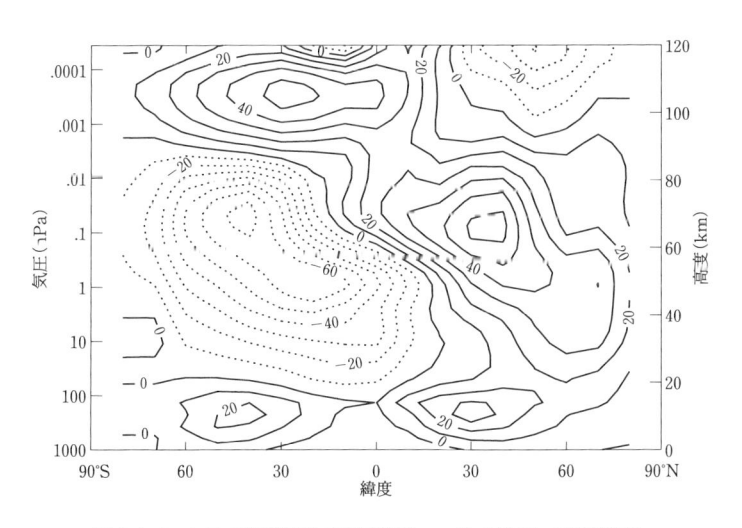

図 2-1-5　1 月の帯状平均東西風速($\mathrm{m\ s^{-1}}$)の緯度 - 高度断面

tionと呼ばれる地球規模での風系の記述の基礎となり，大航海時代の船乗りたちはそれをうまく利用して大西洋を横断していたのである．中緯度の偏西風は，両半球の中緯度対流圏界面付近に風速極大をもち，亜熱帯ジェットsubtropical jetと呼ばれる．亜熱帯ジェットの風速は冬半球の方が速い．

　成層圏から中間圏にかけての高度領域では，対流圏と本質的に異なる風系が認められる．すなわち，冬半球で西風，夏半球で東風という単純な構造が地球規模の風系を支配している．それぞれの風速極大は中緯度の70 km付近にあり，その速度は60～70 m s^{-1}に達する．極地方の成層圏において，この西風は極を周回する極夜ジェット polar night jetとして観測される．このジェット気流は極を中心とする平面内で渦状をなすため，極渦 polar vortexとも呼ばれる．この極渦こそ，オゾンホール形成に至る化学反応の場を提供する力学的基盤である(4-2節)．なお，南北15°より低緯度側の成層圏には準2年周期振動(QBO)と呼ばれる現象が卓越している．QBOは鉛直下方へ向けた位相伝播をともないながら東風と西風が約2年周期で交代する現象で，図の赤道成層圏領域に示されるような東風が1月に一般的に観測されるわけではない．

　図2-1-5に示された月平均帯状風は，赤道のごく近傍を除いて，地衡風geostrophic windの関係を満たしている．地衡風とは，後述のように水平面内において気圧傾度力 pressure gradient forceとコリオリ力 Coriolis forceとがつり合った状態で吹く風で，中高緯度における高低気圧スケールの現象(総観規模擾乱)や地球規模の波動にともなう風に対する近似として重要である．気圧傾度力は気圧の高い方から低い方へ向かって大気が押される力である．コリオリ力は回転系で運動する物体に働く見かけの力(2-2節)で，北半球においては運動方向に対して直角右向きに働く．したがって，コリオリ力とつり合う気圧傾度力は運動方向に対して直角左向きに働いているはずで，北半球で地衡風は低気圧を左にみる方向に吹くことになる．図2-1-5に気圧分布は示されていないが，赤道域を除く全球で地衡風の関係が成り立っていることを認めれば，1月の成層圏では，北極上空に低気圧・南極上空に高気圧の位置することが推察される(2-1-3項参照)．この特徴は，成層圏では冬極上に低気圧・夏極上に高気圧が位置する，と一般化できる．

この節では，温度と東西風の帯状平均値について順に記述してきたが，中高緯度の温度場と風速場とは互いに独立ではなく，温度風 thermal wind の関係により相互に結びつけられている．それを簡潔に表現すれば，

ある一定高度(等圧面)において温度の南北勾配に注目したとき

極向きに温度が $\begin{Bmatrix} 下降 \\ 上昇 \end{Bmatrix}$ する領域では上空で $\begin{Bmatrix} 西風 \\ 東風 \end{Bmatrix}$ が強まる傾向にある

ということができる．たとえば，緯度60°N，高度25 km付近では極に向かって温度が低下している(図2-1-4)が，この付近で東西風速の鉛直構造(図2-1-5)をみると，上空ほど西風が強くなっているのが確認できる．

以下では，地衡風方程式について解説した後，温度風の関係を導出する．

(1) **地衡風方程式** geostrophic equation

中高緯度の高低気圧やそれより大きな規模の現象を理解する際に大気に働く力として考慮しなければならないのは，気圧傾度力とコリオリ力である．これらは2-2-2項で定式化されるが，おおむね，次のように理解することができる．

図2-1-6には，それぞれジオポテンシャル Φ_1，Φ_2 ($\Phi_1<\Phi_2$) をもつ2つの等高度面と，それらと斜めに交差し圧力 p_1，p_2 ($p_1>p_2$) をもつ2つの等圧面が描かれている．等圧面が右上がりであることから，図の左側に低気圧，右側に高気圧の位置していることがわかる．気圧傾度力は等圧面と直交し，高圧側から低圧側を向くから，その水平成分は図の右から左へ向かう(左向き矢印)．これが気圧傾度力の水平成分である．この力を気圧座標系で表現するには，等圧面上におけるジオポテンシャルの傾きを調べればよい．すなわち，高度座標系において水平方向には一定値をとったジオポテンシャル Φ が，気圧座標系では等圧面の傾きに対応して水平方向に値が変化し，気圧傾度力

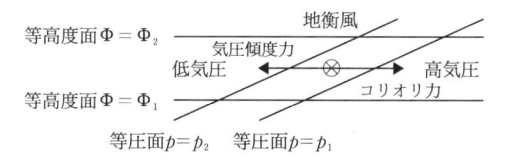

図 2-1-6 鉛直断面内で描いた地衡風における力のつり合い(北半球)

はΦの水平微分から導かれるのである．こうして，気圧座標系における気圧傾度力の水平成分は，東西方向には$-\frac{\partial \Phi}{\partial x}$，南北方向には$-\frac{\partial \Phi}{\partial y}$に比例する力として表わされる．ここでマイナスがついているのは，気圧傾度力がジオポテンシャルの高い方から低い方（勾配と逆）へ向けて働く力だからである．

コリオリ力は，北半球において運動方向と直角右向きに働く．速度の東西成分をu（東向きが正），南北成分をv（北向きが正）と表わすと，コリオリ力の向きは

$u>0 \iff$ コリオリ力は南向き，$v>0 \iff$ コリオリ力は東向き

となる．したがって，コリオリ力は，東西(x)方向にはvに，南北(y)方向には$-u$に比例する力として働く．ここで，力の向きを考慮してuにマイナスを付けてある．図2-1-6ではコリオリ力が右向きだから，地衡風は紙面に垂直で表から裏へ向かって吹いていることになる．

地衡風方程式を導くためには，気圧傾度力とコリオリ力との和がゼロという条件を書き下せばよい．東西(x)成分と南北(y)成分のつり合いの式は，未定の係数をfとして

$$-\frac{\partial \Phi}{\partial x}+fv=0, \quad -\frac{\partial \Phi}{\partial y}-fu=0 \iff fu=-\frac{\partial \Phi}{\partial y}, \quad fv=\frac{\partial \Phi}{\partial x}$$

(2-1-20)

を得る．未定係数として導入したfはコリオリ因子と呼ばれ，地球の自転角速度と緯度の関数であることが2-2-2項で示される．

(2) **温度風方程式** thermal wind equation

気圧座標系における静水圧平衡方程式(2-1-8)は，気圧の微小変化$-dp$に対応するジオポテンシャルの増分$d\Phi$が温度Tに比例することを示している．したがって，水平面内に温度勾配があるとき，等圧面の傾きは高度により変化する．このようにして異なる等圧面の間に生じる地衡風の差を温度風という．図2-1-7は鉛直断面内でみた等圧面の高度分布で，右側ほど高温である($T_A<T_B$)ような状況が示されている．このとき，2つの等圧面p_1, p_2 ($p_1>p_2$)の間のジオポテンシャルの増分$d\Phi$（上向き矢印）は右の方が大きいから，

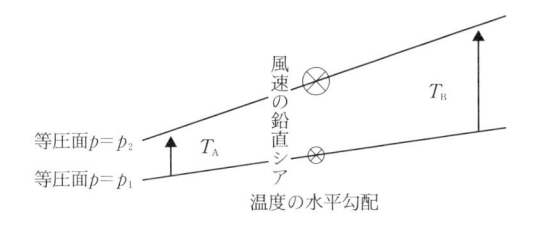

図 2-1-7　北半球における水平温度勾配（$T_A < T_B$）と鉛直シアとの関係（温度風）

等圧面の傾きは p_2 の方が大きい。したがって，気圧傾度力は上空の方が大きく，それに比例する地衡風速も速い。このように風速が高度により異なるとき，風速に鉛直シアがあるという。数式による理解を必要とする読者のために，温度風の定式化を行なっておこう。

　上記の議論から，温度風方程式を得るには，地衡風方程式と静水圧平衡方程式とを組み合わせればよいことが推察される。実際，式(2-1-20)において u の式の両辺を p で微分すれば

$$\frac{\partial}{\partial p}(fu) = \frac{\partial}{\partial p}\left(-\frac{\partial \Phi}{\partial y}\right) \iff f\frac{\partial u}{\partial p} = -\frac{\partial}{\partial y}\left(\frac{\partial \Phi}{\partial p}\right)$$

式(2-1-8)の微分を偏微分と見なして右辺に代入すれば

$$f\frac{\partial u}{\partial p} = -\frac{\partial}{\partial y}\left(-\frac{RT}{p}\right) \iff f\frac{\partial u}{\partial p} = \frac{R}{p}\frac{\partial T}{\partial y} \overset{\frac{1}{p}dp = d\ln p}{\iff} \frac{\partial u}{\partial \ln p} = \frac{R}{f}\frac{\partial T}{\partial y}$$

v の式についても同様の演算を行ない，2つの結果を合わせて記せば

$$\frac{\partial u}{\partial \ln p} = \frac{R}{f}\frac{\partial T}{\partial y}, \quad \frac{\partial v}{\partial \ln p} = -\frac{R}{f}\frac{\partial T}{\partial x} \qquad (2\text{-}1\text{-}21)$$

2つの等圧面 p_1，p_2 における風速差で定義される温度風（$u_T \equiv u_2 - u_1$，$v_T \equiv v_2 - v_1$）は，これらの式の両辺を $\ln p$ について積分することにより得られる。

$$u_T = \frac{R}{f}\frac{\partial}{\partial y}\int_{\ln p_1}^{\ln p_2} T\,d\ln p, \quad v_T = -\frac{R}{f}\frac{\partial}{\partial x}\int_{\ln p_1}^{\ln p_2} T\,d\ln p \quad (2\text{-}1\text{-}22)$$

2-1-3　等圧面上の水平分布

　水平面内における大気構造の特徴を調べるために，適当な高度（気圧）を指

定して，その平面上で物理量の緯度‐経度分布を記述する．ここでは，最初に地表面における特徴を調べ，続いて，成層圏における特徴を議論する．

毎日の天気予報でお馴染みの天気図は，地上の気圧分布を地図上に示したものであるが，観測された気圧をそのまま記したものではない．気象条件にかかわらず，山の上では海面上より気圧が低いので，地形効果により生じる見かけの気圧変動が取り除かれているのである．高度によって気圧が低下する割合を調べるには，静水圧平衡の式を用いればよい．密度を消去した静水圧平衡の式(2-1-6)左式の右辺に，地上の典型的な値として $p = 1000\,\mathrm{hPa}$, $g = 9.8\,\mathrm{m\,s^{-2}}$, $R = 287\,\mathrm{JK^{-1}\,kg^{-1}}$, $T = 300\,\mathrm{K}$ という値を代入してみると，$\frac{dp}{dz} \sim -0.1\,\mathrm{hPa\,m^{-1}}$ という値が得られる．これは，10 m のビルの屋上に上ると気圧が約 1 hPa 下がることを意味する．海抜 500 m の丘に登れば，発達した台風の中心気圧並にまで気圧が下がるのである．このような地形による効果を取り除くためには，適当な温度分布の仮定の下で，静水圧平衡の式を用いて観測高度から平均海面高度までの気圧差を算出し，観測された気圧を平均海面高度の気圧に換算すればよい．これを海面補正という．

こうして得られた平均海面高度における気圧分布を，1989 年 1 月 21 日の北半球について図 2-1-8 に示す．中心が北極，一番外側の円が 20°N 緯度円で，中心から図の左方に向かう子午線がグリニッジ子午線である．右下方に位置する日本付近に注目すると，太平洋側に中心気圧 990 hPa ほどの低気圧があり，シベリアの高気圧と共にいわゆる西高東低の冬型気圧配置を形成している．30°N と 50°N の緯度円に囲まれた領域の気圧を緯度円にそって一周調べてみると，シベリア上空と北米大陸上の気圧が高く，太平洋や大西洋の大陸西岸に近い領域で気圧が低い傾向にある．さらに，それらに重なる小さなスケールの変動として，経度 30°程度の間隔で低気圧と高気圧が交互に現われるのがわかる．前者は大陸と海洋の分布に起因するため位置を変えないプラネタリースケールの変動，後者は傾圧波動にともなう総観規模擾乱で，西から東へ移動する．北極付近は中緯度より全般的に低圧で，この日は，75°N，20°E 付近に中心気圧 980 hPa 程度，82°N，170°E 付近に 995 hPa 程度の低気圧が認められる．

上空の天気図は，高度一定の面の気圧分布ではなく，等圧面の高度分布で

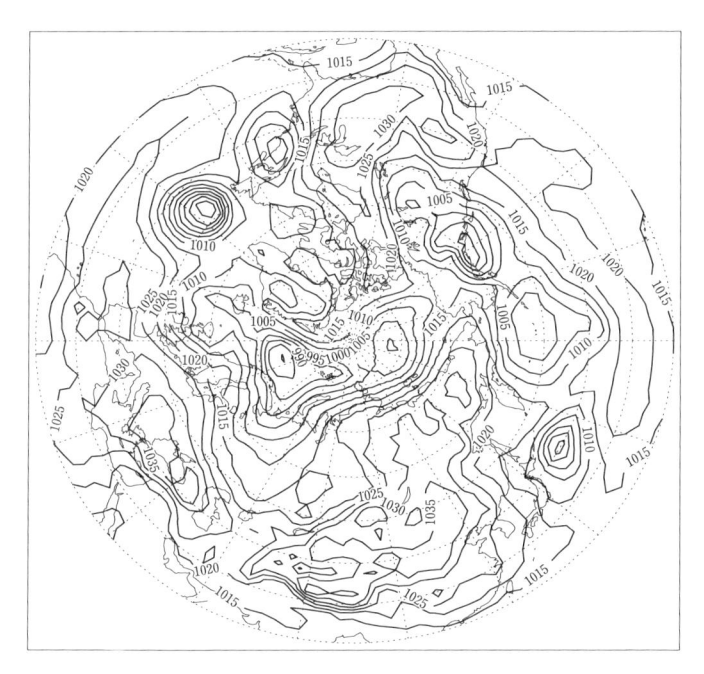

図 2-1-8　1989 年 1 月 21 日世界時 0 時における 20°N 以北の海面気圧分布(hPa)（ヨーロッパ中期予報センター(ECMWF)による解析値から作図）。緯度円の間隔は 10°，子午線の間隔は 20°，等圧線の間隔は 5 hPa

描かれる．図 2-1-6 からわかるように，等圧面の高度は低気圧に対して低く，高気圧に対して高いので，等圧面のジオポテンシャルハイトの分布をみれば，高低気圧の配置とそれに対応した風系を視覚化することができる．

　図 2-1-9 は，図 2-1-8 に対応した時刻のジオポテンシャルハイト分布を上部対流圏の 200 hPa について示したものである．図でたとえば 120 と記されている等値線は，200 hPa 面の高度が 12 km である点をつないだ曲線である．図 2-1-8 と比べて大きく異なる点は，総観規模擾乱にともなう閉じた等値線が姿を消し，北極付近を中心としたほぼ円形の構造が卓越していることである．等高度線は極を中心とする同心円ではなく，緯度円にそって地球を 1 周すると低高度部と高高度部が数回現われる構造をしている．総観規模擾乱は，気圧の谷・峰と呼ばれる構造として上部対流圏まで到達している．このような構造が，組織的な波動として極向き熱輸送を担っていることは，

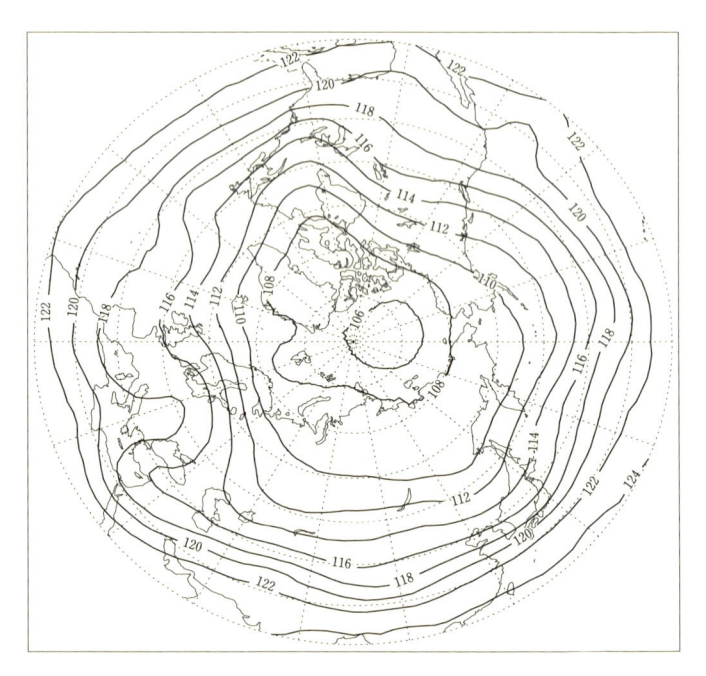

図 2-1-9　1989年1月21日世界時0時における200 hPa，20°N以北のジオポテンシャルハイト分布(ECMWF解析値を用いて作図)。図中の数値はジオポテンシャルハイト(m)を100で割った値で，等高線間隔は200 m

後に 2-3-1 項で述べる。

　図 2-1-10 は，同様の分布を 10 hPa について示したものである。図でたとえば 300 と記されている等値線は，10 hPa 面の高度が 30 km である点をつないだ曲線である。この高度になると総観規模擾乱はすっかり姿を消し，北極付近を中心としたほぼ同心円上の構造が卓越している。北半球で地衡風は低気圧を左にみるように吹くから，10 hPa のジオポテンシャルハイト分布は，地上 30 km 付近の高度で，極を取り巻く西風が吹いていることを示している。これが図 2-1-5 で説明した極夜ジェットの等圧面上における記述である。等高線間隔の狭い 120°E，65°N 付近に注目し，地衡風方程式 (2-1-20) を用いて風速を計算してみよう。120°E の子午線にそって 60°N と 70°N とのジオポテンシャルハイトの差 ΔZ を調べてみると 1400 m ほどと読み取れるので，ジオポテンシャル Φ の差は $\Delta\Phi = g_s \Delta Z = -1.4 \times 10^4 \text{ m}^2$

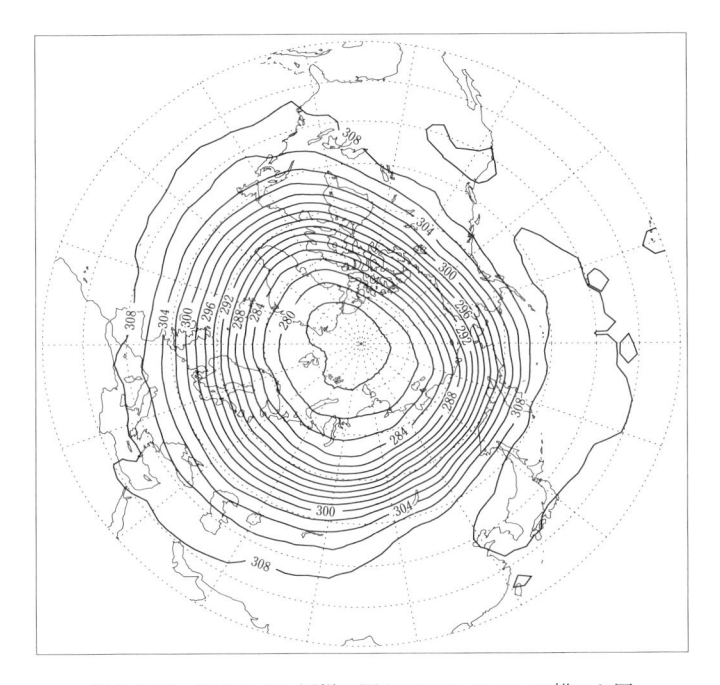

図 2-1-10 図 2-1-9 と同様の図を 10 hPa において描いた図

s^{-2} と求められる。60°N と 70°N との緯度円間の距離 Δy は約 1000 km＝10^6 m だから，式(2-1-20)右辺を差分近似した式に代入すれば

$$fu = -\frac{\Delta \Phi}{\Delta y} = -\frac{-1.4\times 10^4}{10^6} \iff u = \frac{1.4\times 10^{-2}}{f}$$

具体的な値を得るにはコリオリ因子 f の値が必要であるが，2-2-3 項で示されるように，緯度 ϕ において $f = 2\Omega \sin\phi$ と表わされ(Ω は地球の自転角速度)，60°N において $f \sim 1.3\times 10^{-4}$ s^{-1} という値をとる。したがって

$$u = \frac{1.4\times 10^{-2}}{1.3\times 10^{-4}} \sim 100 \text{ m s}^{-1}$$

ジェット気流と呼ぶに相応しい高速の西風であることが確認できる。極を取り囲む密な等高線は 50°N〜70°N 付近に限られているので，極夜ジェットが狭い緯度範囲に集中して存在することがわかる。

　図に現われた 10 hPa の等高線は北極を中心とする同心円に近いが，ゆが

みも認められる。たとえば，60°N の緯度円にそって高度の値を読み取ってみると，グリニッジ子午線上で293，60°E 付近で290，120°E 付近で299，140°W 付近で306，40°W で292 といった値になる。また，40〜50°N，120°E〜140°W の領域には高々度部が存在する。緯度円にそって地球を1周する間にジオポテンシャルハイトが山と谷を1つずつもつような構造を波数1の構造という。中緯度成層圏では，このような波数1から波数3程度のプラネタリースケールの変動が卓越する。

同じ時刻・気圧面における温度分布を図 2-1-11 に示す。北極を取り巻く円形に近い低温域が認められ，極渦内が低温になっていることがわかる。東西波数1の構造は温度場においても顕著で，195 K よりも低温の温度極小がスカンジナビア半島上空の 70〜80°N, 0〜40°E 付近に位置している。この低温域の経度は，図 2-1-10 でジオポテンシャルハイト低高度部が低緯度側に張り出していた経度帯とおおむね対応する。一方，極渦の縁から外部にか

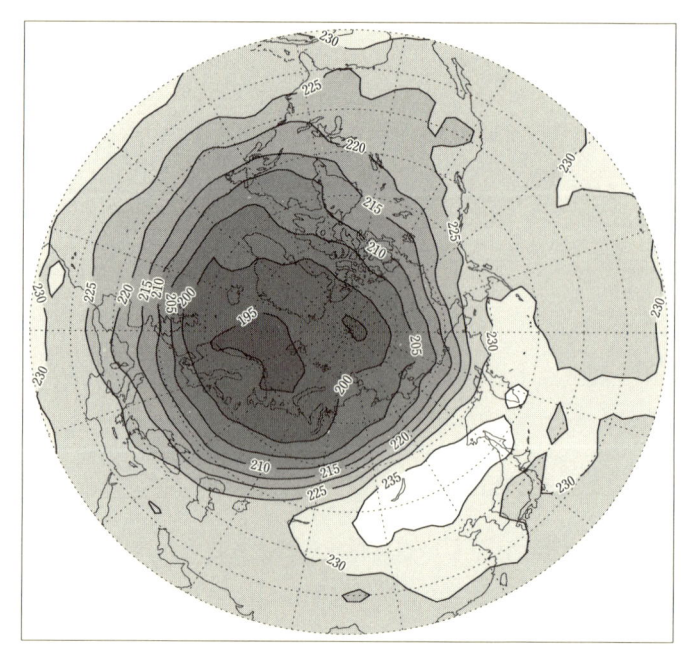

図 2-1-11　図 2-1-10 と同条件で描いた温度(K)の分布。等値線間隔は 5 K

けての領域では，235 K より高温の温度極大域がモンゴルおよびバイカル湖付近のシベリア南端から中国東北部に位置している。この領域は，上でみたジオポテンシャルハイトの高々度部の北西にあたるため，暖かい南西の風によってオホーツク海方向へ熱が輸送されていることを示している。このように地球規模の波動により熱が輸送されると，それにともなって温度分布が変化し，温度風の関係にしたがって風系も変化するはずである。こうして，成層圏大気は地球規模でダイナミックに変動しているのである。

同じ時刻に，南半球ではどのような気象条件になっているのだろうか。図2-1-12 は，南極を中心に描いた同時刻における 10 hPa ジオポテンシャルハイト分布である。図 2-1-10 との大きな違いは，等高線の分布が南極を中心とした同心円にきわめて近いこととその間隔が広いことである。60°S と 70°S とのジオポテンシャルハイトの差は 200 m ほどなので，北半球において行なったのと同様の計算により，風速が 14 m s^{-1} 程度であることがわかる。

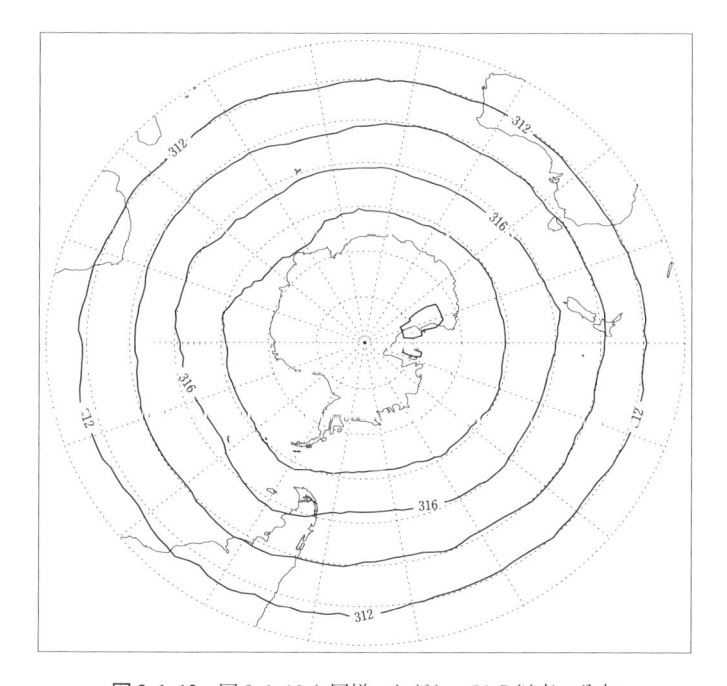

図 2-1-12　図 2-1-10 と同様。ただし，20°S 以南の分布

ただし，極側でジオポテンシャルハイトが高いので東風である．南半球にはヒマラヤやロッキー山脈のような大規模な山岳地形がない上に，南極大陸が海洋に囲まれているため，南半球で励起される地球規模の波動は振幅が小さい．また，夏半球の成層圏では平均東西風が東風のため，惑星規模の大気波動は成層圏まで伝播しない．図 2-1-12 に描き出された特徴は，こうした理論的背景の下に生み出されているのである．プラネタリー波の鉛直伝播については，4-2-2 項において述べる．

　本節では，地球大気圏を観測事実に基づいて記述し，大気に働く力の定式化を後回しとしながらも，若干の定量的考察を試みてきた．次の 2-2 節では，大気運動を記述する枠組みについて述べた後，大気に働く力を導出し，大気運動を支配する法則について述べる．数式による理解を不要とする読者は，2-3 節に進んでよい．

2-2　大気運動の記述

　私たちが日々の生活で感じる風は，地球という回転球面上における流体運動として物理法則に支配されている．天気予報は，偏微分方程式で表現された物理法則をコンピュータ上の数値積分により解き，それを生活用語に翻訳することによってなされる．この節では，大気運動を記述する枠組みについて述べると共に，気象力学の基礎となる事柄を学ぶ．

　経度・緯度・高度を独立変数とする球面座標系 (λ, ϕ, z) の各点において接平面を考え，平面上に，x, y をそれぞれ東向き・北向きの位置の座標として導入する．これを局所直交座標系という（図 2-2-1）．経度 λ の基準はどこにとってもよいので，座標変換にともなう微分量の対応のみを考えると

$$dx = a\cos\phi\, d\lambda, \quad dy = a\, d\phi \tag{2-2-1}$$

を得る．ここで，地球中心からの距離 r と地球の平均半径 a との間にはよい近似で $r = a + z \sim a$ が成り立つから，r が a で置き換えられている．x, y, z 方向の単位ベクトルを $\boldsymbol{i}, \boldsymbol{j}, \boldsymbol{k}$ とし，これらの方向に対する速度ベクトル $\boldsymbol{U}$ の 3 成分をそれぞれ u, v, w とすれば

$$\boldsymbol{U} \equiv \boldsymbol{i}u + \boldsymbol{j}v + \boldsymbol{k}w \tag{2-2-2}$$

図 2-2-1 局所直交座標系

地球規模の現象を記述する場合，考える接平面の位置によりベクトル i, j, k の向きが異なること(球面効果)を考慮しなければならないが，数学的煩雑さを避けるため，以下ではこれらを定ベクトルとして扱う．

2-2-1 保存則を記述する枠組み

大気中における各種物理量の保存則を記述する枠組みには，2 通りの構成法がある．

　①オイラーの方法 Eulerian frame：
　　座標軸に固定された空間要素を考え，物理量の保存則を，その境界面を通して出入りする諸量の差引として見積もる．観測との対応づけが容易．
　②ラグランジュの方法 Lagrangian frame：
　　ある時刻にある位置を占めていた流体の微小要素(素片)に「めじるし」をつけ，その運動を追跡する．考察する流体素片は常に同一の流体粒子から構成されるから，保存則の記述が容易．

流体力学においては，どちらの方法で時間変化を記述しているのかに注意しながら時間微分を行なわなければならない．本書では，以下の記法にしたがう．

　　$\dfrac{\partial}{\partial t}$：座標空間に固定された点における時間変化率
　　　　　局所微分(オイラー微分)

$\dfrac{D}{Dt}$：流体素片の運動を追跡したとき得られる時間変化率 全微分（ラグランジュ微分）

オイラー微分とラグランジュ微分との関係を調べるために，風に流されている気球上で観測される温度変化を考察する。

$$T(x_0, y_0, z_0, t_0) \xrightarrow{\text{風}} T(x_0+\Delta x, y_0+\Delta y, z_0+\Delta z, t_0+\Delta t)$$

気球で観測される温度変化 ΔT が

$$\Delta T = \left(\dfrac{\partial T}{\partial t}\right)\Delta t + \left(\dfrac{\partial T}{\partial x}\right)\Delta x + \left(\dfrac{\partial T}{\partial y}\right)\Delta y + \left(\dfrac{\partial T}{\partial z}\right)\Delta z \qquad (2\text{-}2\text{-}3)$$

と表わされることを利用して $\dfrac{DT}{Dt}$ と $\dfrac{\partial T}{\partial t}$ との関係式を導いてみよう。ΔT は大気の運動を追跡しながら観測される温度変化だから

$$\dfrac{DT}{Dt} = \lim_{\Delta t \to 0} \dfrac{\Delta T}{\Delta t}$$

$\Delta x, \Delta y, \Delta z$ は大気運動にともなう位置の変位だから

$$\boldsymbol{U} = \begin{pmatrix} u \\ v \\ w \end{pmatrix} = \dfrac{D}{Dt}\begin{pmatrix} x \\ y \\ z \end{pmatrix} = \lim_{\Delta t \to 0}\dfrac{1}{\Delta t}\begin{pmatrix} \Delta x \\ \Delta y \\ \Delta z \end{pmatrix}$$

したがって，式(2-2-3)の両辺を Δt で割り $\Delta t \to 0$ の極限をとれば

$$\dfrac{DT}{Dt} = \dfrac{\partial T}{\partial t} + \left(u\dfrac{\partial T}{\partial x} + v\dfrac{\partial T}{\partial y} + w\dfrac{\partial T}{\partial z}\right)$$

$$\Longleftrightarrow \dfrac{\partial T}{\partial t} = \dfrac{DT}{Dt} - \left(u\dfrac{\partial T}{\partial x} + v\dfrac{\partial T}{\partial y} + w\dfrac{\partial T}{\partial z}\right)$$

右辺第2項は移流 advection と呼ばれ，局所的な(温度の)時間変化に対する大気の運動の寄与を表わす。たとえば，$u>0$, $\dfrac{\partial T}{\partial x}>0$ なら冷たい西風が局所的な温度を下げる $\left(-u\dfrac{\partial T}{\partial x}<0\right)$ 効果をもつことを表わす。このように，温度の局所的時間変化 $\dfrac{\partial T}{\partial t}$ は，大気素片自身の加熱・冷却 $\dfrac{DT}{Dt}$ と移流 $(-\boldsymbol{U}\cdot\nabla T)$ との和で表わされる。全微分と局所微分の関係を微分演算子の形で一般化してベクトル表記すれば

$$\frac{D}{Dt} = \frac{\partial}{\partial t} + \boldsymbol{U} \cdot \nabla \iff \frac{\partial}{\partial t} = \frac{D}{Dt} - \boldsymbol{U} \cdot \nabla \tag{2-2-4}$$

2-2-2 大気に働く力

ここでは，質点の力学を大気素片に応用して大気に働く力を定式化する。気象学において重要なのは，地球が自転しているため，大気運動を記述する座標系が慣性系ではないことである。一様回転系でニュートンの運動法則を適用するためには，地球の引力・気圧傾度力・摩擦力に加えて，遠心力とコリオリ力を考慮する必要がある。以下では，これらを順に定式化する。

(1) 引力 gravitational force

万有引力の法則によれば，任意の2つの物体の間には，それぞれの質量の積に比例し，重心間距離の2乗に反比例する引力が働く。地球の質量をM，万有引力定数をGとすれば，地球の重心からの位置ベクトル$\boldsymbol{r}$の点に存在する単位質量の大気素片に働く引力は

$$\frac{\boldsymbol{F}_g}{m} \equiv \boldsymbol{g}^* = -\frac{GM}{r^2}\frac{\boldsymbol{r}}{r}$$

大気科学で取り扱う高度zを地球の平均半径aと比較すると$z \ll a$が成り立つから，

$$\boldsymbol{g}^* = \boldsymbol{g}_0^* = -\frac{GM}{a^2}\frac{\boldsymbol{r}}{r}(一定) \tag{2-2-5}$$

と近似して差し支えない。

(2) 気圧傾度力 pressure gradient force

x軸に垂直で，それぞれ座標x_0, $x_0 + \Delta x$をもつ2つの平面αとβを考え，αとβ上に面積Aの底面をもつ直方体の大気素片に働く力を考察する（図2-2-2）。αにおける圧力をp_0とすると，βにおける圧力は$p_0 + \frac{\partial p}{\partial x}\Delta x$と表わされる。したがって，大気素片に働く力の$x$成分は，面$\alpha$と$\beta$において，それぞれ

$$F_{\alpha x} = p_0 \times A, \quad F_{\beta x} = -\left(p_0 + \frac{\partial p}{\partial x}\Delta x\right) \times A$$

大気素片に働く正味の力のx成分F_xは，

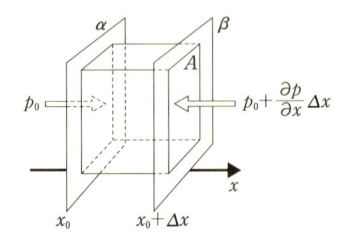

図 2-2-2　気圧傾度力

$$F_x = F_{\alpha x} + F_{\beta x} = -\frac{\partial p}{\partial x} A \Delta x$$

気圧勾配がもたらすこの力を気圧傾度力という。大気素片の体積は $V = \Delta x \times A$ だから，その質量は $m = \rho V = \rho A \Delta x$。したがって，単位質量あたりの気圧傾度力の x 成分は

$$\frac{F_x}{m} = -\frac{1}{\rho}\frac{\partial p}{\partial x}$$

y 成分，z 成分についても同様だから

$$\frac{1}{m}\begin{pmatrix} F_x \\ F_y \\ F_z \end{pmatrix} = -\frac{1}{\rho}\begin{pmatrix} \frac{\partial p}{\partial x} \\ \frac{\partial p}{\partial y} \\ \frac{\partial p}{\partial z} \end{pmatrix} \iff \frac{\boldsymbol{F}}{m} = -\frac{1}{\rho}\nabla p \qquad (2\text{-}2\text{-}6)$$

(3) **摩擦力** friction

大気と地表面との摩擦，大気のもつ粘性により，大気の運動を妨げようとする力 $\boldsymbol{F}_r$ が働く。

(4) **遠心力** centrifugal force

回転する物体には，回転中心の方向に物体を引きつける向心力が働いている(図2-2-3左)。同じ運動をこの物体に固定された座標系で観察すると，物体には向心力が働いているにもかかわらず，物体は静止し続けてみえる。慣性系において導かれた運動の法則によれば，静止し続ける物体に働く正味の力はゼロでなければならないから，回転系においても運動の法則が同様に成立するように，向心力と大きさが等しく逆向きに働く力を「見かけの力」として導入する(図2-2-3右)。これが遠心力である。

運動方程式
$mr\omega^2 = F$

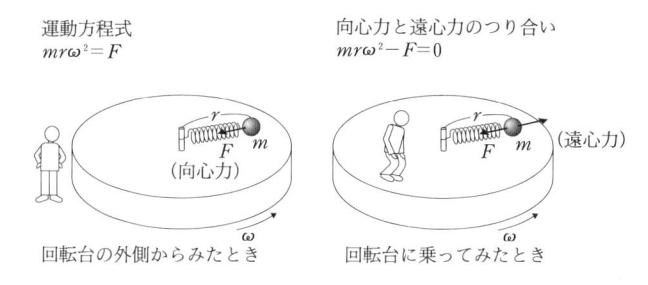

向心力と遠心力のつり合い
$mr\omega^2 - F = 0$

回転台の外側からみたとき　　回転台に乗ってみたとき

図2-2-3　慣性系で記述した向心力と一様回転系で記述した遠心力

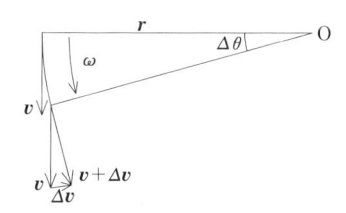

図2-2-4　物体に働く向心力

　等速円運動する単位質量の物体に働く向心力は次のようにして求められる（図2-2-4）。回転の中心をO，半径をr，角速度をωとすると，物体の速さ$|v|$は一定であるが，その向きは刻々変化し，微小時間Δt間の物体の回転角を$\Delta\theta$とすると，速度の微小変化Δvは

　　向き：定点Oの方向，大きさ：$|\Delta v|=|v|\Delta\theta=r\omega\Delta\theta$

したがって，半径r，角速度ωで円運動する大気素片に働く向心加速度，すなわち単位質量あたりの向心力は

$$\lim_{\Delta t \to 0}\frac{\Delta v}{\Delta t}=\lim_{\Delta t \to 0}\frac{r\omega\Delta\theta}{\Delta t}\left(-\frac{r}{r}\right) \iff \frac{dv}{dt}=\omega\frac{d\theta}{dt}(-r) \stackrel{d\theta/dt=\omega}{\iff} \frac{dv}{dt}=-\omega^2 r$$

遠心力は向心力と大きさが等しく逆向きに働くから，単位質量あたり

$$\frac{F_c}{m}=\omega^2 r \tag{2-2-7}$$

　以上の結果を，角速度Ωで等速円運動する半径aの球面上において回転と同じ向きに速さuで運動する単位質量の物体に適用する。これは，地球上で東西方向に運動する大気素片に働く見かけの力を考察することに相当する。大気素片の位置する緯度をϕ，大気素片から回転軸に下ろした垂線の足を基点とする大気素片の位置ベクトルを$\boldsymbol{R}$とする（図2-2-5）。$R=|\boldsymbol{R}|$とし，

図 2-2-5 緯度 ϕ において東向きに速さ u で運動する大気素片

自転する地球に対する相対的な運動を，自転軸の周りの回転角速度 ω に換算すれば

$$u = R\omega \iff \omega = \frac{u}{R}$$

慣性系に対する回転角速度は，この ω と地球の自転角速度 Ω との和であるから，大気素片に働く遠心力は，式(2-2-7)の ω を $\Omega + \omega$，r を R で置き換えることにより

$$(\Omega + \omega)^2 \boldsymbol{R} = \left(\Omega + \frac{u}{R}\right)^2 \boldsymbol{R} = \Omega^2 \boldsymbol{R} + 2\Omega u \times \frac{\boldsymbol{R}}{R} + \frac{u^2}{R} \times \frac{\boldsymbol{R}}{R}$$

展開式の第1項は静止物体に働く遠心力で，地球が及ぼす引力(式2-2-5)との合力として重力に含められる。地球上で通常観測される風速に対して，第3項は，第2項に比べて充分小さく無視できる。第2項は，回転系に対する相対的運動によって生じる見かけの力で，コリオリ力の一成分である。東西方向の運動によって生じるコリオリ力は，運動と直角な南北方向と上下方向に働き(図2-2-6)，それぞれの成分は

$$\left(\frac{dv}{dt}\right)_{\text{Co}} = -2\Omega u \sin\phi \qquad (2\text{-}2\text{-}8)$$

$$\left(\frac{dw}{dt}\right)_{\text{Co}} = 2\Omega u \cos\phi \qquad (2\text{-}2\text{-}9)$$

第 2 章　大気圏の構造　　79

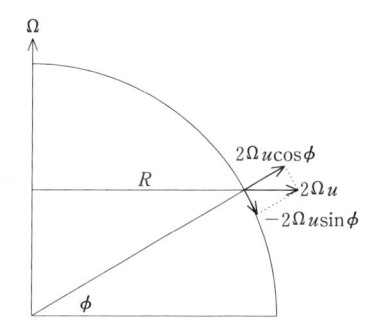

図 2-2-6　東西方向の運動によって生じるコリオリ力の成分分解

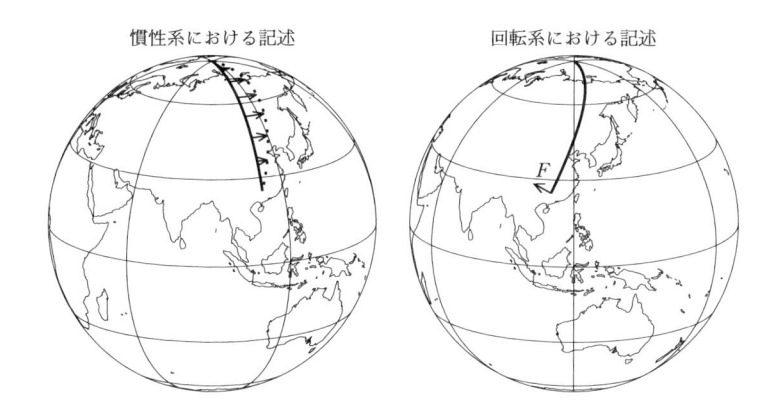

図 2-2-7　北半球を南向きに運動する物体の軌跡。（左）慣性系からみた場合，（右）回転する地球上でみた場合。http://wwwoa.ees.hokudai.ac.jp/~f-hasebe/hasebe-jp.html におかれた動画参照

　地球上で南北方向・上下方向に運動する場合には，運動にともなって自転軸からの距離が変化する。たとえば，北極から南向きに運動を始めた物体は，自転する地球とは無関係にまっすぐ南下を続けるから，宇宙空間からみれば直線的に運動しているようにみえる（図2-2-7左）。ところが，地球上でその軌跡を描くと，西向きに曲がった曲線になる（図2-2-7右）ため，地球に固定された系においてこの運動を観察すると，物体に右向きの力 F が働いたために軌跡が右に曲がったと解釈される。これが，南北方向の運動によって生じるコリオリ力である。この力は，角運動量保存則により定式化される。

(5) 角運動量保存則 conservation of angular momentum

質量 m の質点の位置ベクトル r と運動量 p とのベクトル積

$$l = r \times p \tag{2-2-10}$$

を，原点に関する質点の角運動量という。r が x 軸正方向，$p=mv$ が y 軸正方向を向いているとき，l は z 軸正方向を回転軸とした回転運動に対応するベクトルとなる。式(2-2-10)の両辺を時刻 t で微分すれば

$$\frac{dl}{dt} = \frac{dr}{dt} \times p + r \times \frac{dp}{dt}$$

位置ベクトル r の時間微分が速度ベクトル v だから，質点に作用する力を F とすれば，右辺第1項と第2項は，それぞれ

$$\frac{dr}{dt} \times p = v \times mv = 0, \quad r \times \frac{dp}{dt} = r \times F$$

と変形できる。したがって

$$\frac{dl}{dt} = r \times F \tag{2-2-11}$$

を得る。右辺は原点 O に関する力 F のモーメントである。式(2-2-11)は，ある質点の原点に関する角運動量の時間変化率が，その質点に作用する力の原点に関する力のモーメントに等しいことを表わす。この式は，原点に関する力のモーメントがゼロならば，その原点に関する質点の角運動量は一定に保たれることを意味する。これを角運動量保存則という。万有引力のように，質点に働く力が重心間の引力の場合には F と r は平行であるから式(2-2-11)右辺は 0 であり，角運動量が保存する。すなわち

$$r \times p = 一定 \iff r \times mv = 一定 \iff r \times r\omega = 一定 \iff \omega r^2 = 一定 \tag{2-2-12}$$

角運動量保存則を適用することにより，南北方向に運動する物体に働くコリオリ力は次のように定式化される。緯度 ϕ の点から南北方向に Δy 変位したときの回転軸からの距離の増分を ΔR，回転角速度の増分を $\Delta \Omega$ とすると，この運動により生じる微小時間 Δt 後の東西風速の増分 Δu は

$$\Delta u = (R + \Delta R) \Delta \Omega \iff \Delta \Omega = \frac{\Delta u}{R + \Delta R} \tag{2-2-13}$$

角運動量保存則(2-2-12)により

$$\Omega R^2 = (\Omega + \Delta\Omega)(R + \Delta R)^2$$

$$\stackrel{(2\text{-}2\text{-}13)}{\Longleftrightarrow} \Omega R^2 = \left(\Omega + \frac{\Delta u}{R + \Delta R}\right)(R + \Delta R)^2$$

$$\Longleftrightarrow \Omega R^2 = \Omega(R + \Delta R)^2 + \Delta u(R + \Delta R)$$

右辺を展開し，微小量に関する二次以上の項を無視すれば

$$0 = 2\Omega R\Delta R + R\Delta u \Longleftrightarrow \Delta u = -2\Omega\Delta R \tag{2-2-14}$$

$\Delta R = -\Delta y \sin\phi$ だから(図2-2-8)，$\Delta u = 2\Omega\Delta y \sin\phi$ となる．Δt で割り $\Delta t \to 0$ の極限をとって

$$\lim_{\Delta t \to 0}\frac{\Delta u}{\Delta t} = \lim_{\Delta t \to 0} 2\Omega \frac{\Delta y}{\Delta t}\sin\phi \Longleftrightarrow \left(\frac{du}{dt}\right)_{\text{Co}} = 2\Omega v \sin\phi \tag{2-2-15}$$

同様にして，鉛直方向に速さ w で運動する大気素片に働くコリオリ力は

$$\left(\frac{du}{dt}\right)_{\text{Co}} = -2\Omega w \cos\phi \tag{2-2-16}$$

と求められる．

以上をまとめると，速度 (u, v, w) で運動する大気素片に働く単位質量あたりのコリオリ力は

$$\left(\frac{du}{dt}\right)_{\text{Co}} = 2\Omega v \sin\phi - 2\Omega w \cos\phi \tag{2-2-17}$$

$$\left(\frac{dv}{dt}\right)_{\text{Co}} = -2\Omega u \sin\phi \tag{2-2-18}$$

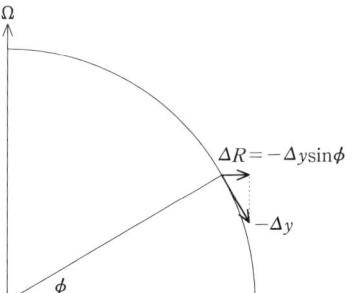

図 2-2-8 緯度方向の変位と地軸からの距離の増分

$$\left(\frac{dw}{dt}\right)_{\text{Co}} = 2\Omega u \cos\phi \qquad (2\text{-}2\text{-}19)$$

コリオリ力は，北半球では運動の方向を右側へ，南半球では左側へ曲げるように働く。コリオリ力は運動と直角方向に働くから，当然のことながら物体に対して仕事をしない。

2-2-3 運動方程式

前節では，局所直交座標系に準拠しながら回転系において大気素片に働く力をラグランジュ的見地から定式化した。この結果に基づいて，地球大気の運動を記述する運動方程式を得ることができる。単位質量の大気素片に対する運動方程式を東西・南北・鉛直方向の3成分に分けて書き下せば

加速度 ＝ 気圧傾度力 ＋ コリオリ力 ＋ 重力 ＋ 摩擦力

$$\frac{Du}{Dt} = -\frac{1}{\rho}\frac{\partial p}{\partial x} + 2\Omega v \sin\phi - 2\Omega w \cos\phi + 0 + F_{rx}$$

$$\frac{Dv}{Dt} = -\frac{1}{\rho}\frac{\partial p}{\partial y} + (-2\Omega u \sin\phi) + 0 + F_{ry}$$

$$\frac{Dw}{Dt} = -\frac{1}{\rho}\frac{\partial p}{\partial z} + 2\Omega u \cos\phi + (-g) + F_{rz}$$

$$(2\text{-}2\text{-}20)$$

(1) **スケールアナリシス** scale analysis

運動方程式は，大気運動に関連したすべての現象を記述し得るが，この方程式系は非線形で数学的取り扱いが困難である。そこで，方程式を構成する各項のなかから重要なものだけを抽出し，注目する大気運動の本質を記述する簡略化された方程式系を導きだす。そのための手法をスケールアナリシス（スケーリング）という。スケールアナリシスにおいては

①場の変数の大きさ

②場の変数の変動の振幅

③変動を特徴づける長さ，深さ，時間のスケール

のそれぞれに，注目する現象を代表する典型的な値を代入し，支配方程式の各項の大きさを比較する。以下では運動方程式(2-2-20)にこの手法を適用す

表2-2-1 中緯度総観規模現象における場の変数の特徴的な値

$U \sim 10 \text{ m s}^{-1}$		水平速度
$W \sim 10^{-2} \text{m s}^{-1}$		鉛直速度
$L \sim 10^{6}\text{m}$		長さ(波長/2π)
$H \sim 10^{4}\text{m}$		深さ
$\delta P/\rho \sim 10^{3}\text{m}^{2}\text{ s}^{-2}$		水平方向の気圧変動
$L/U \sim 10^{5}\text{s}$		時間

る。

総観規模現象を記述する特徴的なスケールが表2-2-1にまとめられている。ここで，気圧は高度と共に指数関数的に減少する(式2-1-7)ので，水平方向の気圧変動 δP の値そのものではなく，密度成層による気圧変動の効果を相殺し対流圏の全高度領域で有効な値を得るために，大気密度 ρ で割った $\delta P/\rho$ が示されている。表の値を用いて，水平方向の運動方程式に現われる各項のスケールを評価してみよう。中緯度の代表として $\phi_0=45°$ ととれば

$$f_0=2\Omega\sin\phi_0=2\Omega\cos\phi_0 \sim 10^{-4}\text{ s}^{-1}$$

東西方向の運動方程式の各項は次のように見積もられる。

$$\frac{Du}{Dt} \sim \frac{U}{L/U}=\frac{U^2}{L}=\frac{10^2}{10^6}=10^{-4} \quad \text{m s}^{-2}$$

$$\frac{1}{\rho}\frac{\partial p}{\partial x} \sim \frac{P_0}{\rho L}=\frac{10^3}{10^6}=10^{-3} \quad \text{m s}^{-2}$$

$$2\Omega v\sin\phi \sim f_0 U=10^{-4}\times 10=10^{-3} \quad \text{m s}^{-2}$$

摩擦力として粘性応力を考えれば

$$\boldsymbol{F}_r=\begin{pmatrix}F_{rx}\\F_{ry}\\F_{rz}\end{pmatrix}=\nu\left(\frac{\partial^2}{\partial x^2}+\frac{\partial^2}{\partial y^2}+\frac{\partial^2}{\partial z^2}\right)\begin{pmatrix}u\\v\\w\end{pmatrix}$$

と表わすことができる。ここで，ν は動粘性係数と呼ばれる定数である。同様にして式(2-2-20)の各項の大きさを比較すれば，水平方向の運動方程式について表2-2-2，鉛直方向の運動方程式について表2-2-3の結果を得る。

(2) **運動方程式の近似形** equation of motion

スケールアナリシスの結果によれば，中緯度における総観規模の現象にお

表 2-2-2　運動方程式の水平成分のスケールアナリシス

	$\dfrac{Du}{Dt}$	$-\dfrac{1}{\rho}\dfrac{\partial p}{\partial x}$	$2\Omega v\sin\phi$	$-2\Omega w\cos\phi$	F_{rx}
x 成分					
y 成分	$\dfrac{Dv}{Dt}$	$-\dfrac{1}{\rho}\dfrac{\partial p}{\partial y}$	$-2\Omega u\sin\phi$		F_{ry}
スケール	$\dfrac{U^2}{L}$	$\dfrac{\delta P}{\rho L}$	$f_0 U$	$f_0 W$	$\dfrac{\nu U}{H^2}$
大きさ(m s⁻²)	10^{-4}	10^{-3}	10^{-3}	10^{-6}	10^{-12}

表 2-2-3　運動方程式の鉛直成分のスケールアナリシス

	$\dfrac{Dw}{Dt}$	$-\dfrac{1}{\rho}\dfrac{\partial p}{\partial z}$	$2\Omega u\cos\phi$	$-g$	F_{rz}
z 成分					
スケール	$\dfrac{UW}{L}$	$\dfrac{P_0}{\rho H}$	$f_0 U$	g	$\dfrac{\nu W}{H^2}$
大きさ(m s⁻²)	10^{-7}	10	10^{-3}	10	10^{-15}

いては

①水平成分：水平運動にともなうコリオリ力と気圧傾度力の間に近似的なつり合いが成立

②鉛直成分：気圧傾度力と重力との間に高精度の近似でつり合いが成立

水平方向の運動方程式の近似形は，式(2-2-20)において水平運動にともなうコリオリ力と気圧傾度力の項だけを残すことにより得られる(地衡風方程式)。そのときの u, v を u_g, v_g と書けば

$$0=-\frac{1}{\rho}\frac{\partial p}{\partial x}+2\Omega v_g\sin\phi \iff -fv_g=-\frac{1}{\rho}\frac{\partial p}{\partial x} \qquad (2\text{-}2\text{-}21)$$

$$0=-\frac{1}{\rho}\frac{\partial p}{\partial y}-2\Omega u_g\sin\phi \iff fu_g=-\frac{1}{\rho}\frac{\partial p}{\partial y} \qquad (2\text{-}2\text{-}22)$$

ここで，$f\equiv 2\Omega\sin\phi$ をコリオリ因子といい，式(2-2-21)，(2-2-22)の関係を満たす風を地衡風という。これらは気圧座標系において既に導いた式(2-1-20)と等価である。地衡風の関係式は時間変化項を含まないから，風速の時間変化の予測に用いることができない。このような方程式を診断方程式 diagnostic equation と呼ぶ。

スケールアナリシスの結果を用いて，地衡風方程式よりも1桁精度の高い

方程式系を導いてみよう。そのためには，式(2-2-20)で加速度項を残した方程式系を考えればよい。

$$\frac{Du}{Dt}=fv-\frac{1}{\rho}\frac{\partial p}{\partial x}, \quad \frac{Dv}{Dt}=-fu-\frac{1}{\rho}\frac{\partial p}{\partial y} \qquad (2\text{-}2\text{-}23)$$

このように，時間変化項を含む方程式系は，予報のために用いることができ，予測方程式 prognostic equation と呼ばれる。地衡風の関係式(2-2-21)，(2-2-22)を利用して気圧傾度力を地衡風速で表わせば

$$\frac{Du}{Dt}=f(v-v_g), \quad \frac{Dv}{Dt}=-f(u-u_g) \qquad (2\text{-}2\text{-}24)$$

このように，加速度項は実際の風速と地衡風との差に比例するから，その大きさはコリオリ力や気圧傾度力より約1桁小さい(表2-2-2)。したがって，風速や気圧傾度力の測定誤差がたとえ僅かであっても，予測方程式において，真の値に対する誤差の割合は大きくならざるを得ない。加速度項の見積りにおけるこの大きな不確定性が，予報精度を上げる障害になる。コリオリ力に対する加速度項の大きさの比をロスビー数 R_0 といい

$$R_0 \equiv \frac{U^2/L}{f_0 U} = \frac{U}{f_0 L} \qquad (2\text{-}2\text{-}25)$$

R_0 は無次元数であり，その値がどのくらい小さいかを指標として，地衡風近似の精度を評価することができる。たとえば，中緯度の低気圧にともなって吹く風に対して

$$R_0 = \frac{10}{10^{-4} \times 10^6} = 10^{-1}$$

鉛直方向については，非常に高い精度で静水圧平衡方程式

$$0=-\frac{1}{\rho}\frac{\partial p}{\partial z}-g \iff \frac{\partial p}{\partial z}=-\rho g \qquad (2\text{-}2\text{-}26)$$

の成り立つことが表2-2-3から直ちにわかる。

(3) 運動方程式の気圧座標系による記述

気圧座標系については既に2-1-1項で紹介し，静水圧平衡方程式や地衡風方程式を導いた。ここでは，その厳密な定義から改めて記述し，気圧座標系における運動方程式を導く。

気圧座標系では，p を独立変数，z を従属変数にとるから，全微分と局所微分とは次のように対応する．

$$\frac{D}{Dt} = \frac{\partial}{\partial t} + \left(\frac{Dx}{Dt} \frac{\partial}{\partial x} + \frac{Dy}{Dt} \frac{\partial}{\partial y} + \frac{Dp}{Dt} \frac{\partial}{\partial p} \right)$$

$$= \frac{\partial}{\partial t} + \left(u \frac{\partial}{\partial x} + v \frac{\partial}{\partial y} + \omega \frac{\partial}{\partial p} \right) \quad (2\text{-}2\text{-}27)$$

ここで，ω(オメガ)は高度座標系における w に対応する鉛直「速度」で，鉛直運動にともなう大気素片の気圧変化率である：

$$\omega \equiv \frac{Dp}{Dt} \quad (2\text{-}2\text{-}28)$$

w と ω とは逆符号であることに注意する．

図 2-2-9 を参照しながら，等高度面上における気圧傾度 $\dfrac{p_B - p_A}{x_B - x_A}$ を等圧面上における高度勾配 $\dfrac{z_C - z_A}{x_C - x_A}$ を用いた式で表わしてみよう．

$$\frac{p_B - p_A}{x_B - x_A} = \frac{p_B - p_C}{x_C - x_A} = \frac{z_C - z_A}{x_C - x_A} \cdot \frac{p_B - p_C}{z_C - z_A} = \frac{z_C - z_A}{x_C - x_A} \cdot \frac{p_B - p_C}{z_C - z_B} \quad (2\text{-}2\text{-}29)$$

C → A の極限を考えれば

$$\left(\frac{\partial p}{\partial x} \right)_z = - \left(\frac{\partial z}{\partial x} \right)_p \left(\frac{\partial p}{\partial z} \right)_x \quad (2\text{-}2\text{-}30)$$

ここで，添字はその変数の値を一定に保ちながら微分することを表わす．式 (2-2-30) に静水圧平衡の関係を用いれば

$$\left(\frac{\partial p}{\partial x} \right)_z = \rho g \left(\frac{\partial z}{\partial x} \right)_p$$

したがって，気圧傾度力の x 成分は

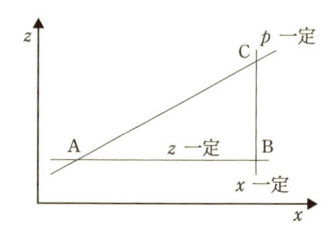

図 2-2-9　気圧座標系への変換

$$-\frac{1}{\rho}\left(\frac{\partial p}{\partial x}\right)_z = -g\left(\frac{\partial z}{\partial x}\right)_p \stackrel{(2\text{-}1\text{-}3)}{=} -\frac{\partial \Phi}{\partial z}\left(\frac{\partial z}{\partial x}\right)_p = -\left(\frac{\partial \Phi}{\partial x}\right)_p \quad (2\text{-}2\text{-}31)$$

同様に y 成分は

$$-\frac{1}{\rho}\left(\frac{\partial p}{\partial y}\right)_z = -\left(\frac{\partial \Phi}{\partial y}\right)_p \quad (2\text{-}2\text{-}32)$$

気圧傾度力が密度 ρ を含まないことは，気圧座標系の有利な点の１つである．この結果，水平方向の運動方程式(2-2-23)は気圧座標系で次のように表わされる．

$$\frac{Du}{Dt} = fv - \frac{\partial \Phi}{\partial x}, \quad \frac{Dv}{Dt} = -fu - \frac{\partial \Phi}{\partial y} \quad (2\text{-}2\text{-}33)$$

左辺をゼロとすることによって導かれる地衡風方程式は，既に式(2-1-20)で利用している．

2-2-4　プリミティブ方程式系

　質点の運動とは異なり，大気運動を初期条件と運動方程式だけで記述することはできない．大気はエネルギーの一形態としての温度を変化させ，流体として変形しながら動き回るからである．大気運動の記述に必要な残りの条件は，エネルギー保存を記述する熱力学方程式と質量保存を記述する連続方程式である．この節では，これらを気圧座標系において定式化し，大気運動を記述する閉じた方程式系としてプリミティブ方程式系を導く．

(1)　熱力学方程式 thermodynamic equation（エネルギー保存則）

　エネルギー保存則は，熱力学の第一法則として既に２.１.１項で紹介した．ここでは，それを気圧座標系における熱力学方程式として再定義しよう．式(2-1-16)における微小変化が，流体素片を追跡しながら得られる変化であることに注意して時間微分を考えれば

$$c_p \frac{DT}{Dt} - \alpha \frac{Dp}{Dt} = J \quad (2\text{-}2\text{-}34)$$

ここで，$J = \dfrac{DQ}{Dt}$ は単位質量あたりの加熱率である．式(2-2-34)に(2-2-28)を代入し，全微分を式(2-2-27)で展開すれば

$$c_p\left(\frac{\partial T}{\partial t}+u\frac{\partial T}{\partial x}+v\frac{\partial T}{\partial y}+\omega\frac{\partial T}{\partial p}\right)-\alpha\omega=J$$
$$\Longleftrightarrow \quad \frac{\partial T}{\partial t}+u\frac{\partial T}{\partial x}+v\frac{\partial T}{\partial y}-S_p\omega=\frac{J}{c_p} \qquad (2\text{-}2\text{-}35)$$

ここで

$$S_p \equiv \frac{\alpha}{c_p}-\frac{\partial T}{\partial p} \stackrel{(2\text{-}1\text{-}2)}{=} \frac{RT}{c_p p}-\frac{\partial T}{\partial p} \qquad (2\text{-}2\text{-}36)$$

であるが，温位の定義式(2-1-19)の対数をとって p で微分すれば

$$\frac{\partial \ln \theta}{\partial p}=\frac{\partial}{\partial p}\left[\ln T+\frac{R}{c_p}(\ln p_s-\ln p)\right]=\frac{1}{T}\frac{\partial T}{\partial p}-\frac{R}{c_p}\frac{1}{p}$$

を得るから，S_p は

$$S_p=-T\frac{\partial \ln \theta}{\partial p} \qquad (2\text{-}2\text{-}37)$$

とも表わされ，気圧座標系における静的安定度の指標であることがわかる。

(2) 連続方程式 equation of continuity（質量保存則）

質量保存則は，運動する大気素片が流れの途中で消滅したり生成したりしないことを記述するので，連続方程式と呼ばれる。点 (x, y, z) に1つの頂点をもち3辺が $\Delta x, \Delta y, \Delta z$ の流体素片に質量保存則を適用することにより，気圧座標系における連続方程式を導いてみよう。

$$\frac{D}{Dt}(\rho \Delta x \Delta y \Delta z)=0 \stackrel{(2\text{-}1\text{-}5)}{\Longleftrightarrow} \frac{D}{Dt}\left(\frac{\Delta x \Delta y \Delta p}{g}\right)=0$$

g は一定と見なし得るから，項別に微分すると

$$\frac{D}{Dt}(\Delta x)\Delta y \Delta p+\Delta x \frac{D}{Dt}(\Delta y)\Delta p+\Delta x \Delta y \frac{D}{Dt}(\Delta p)=0$$

ここで，たとえば x 方向について

$$\frac{D(\Delta x)}{Dt}=\frac{D}{Dt}(x+\Delta x)-\frac{Dx}{Dt}=(u+\Delta u)-u=\Delta u$$

が成り立つ(図2-2-10)ので両辺を $\Delta x \Delta y \Delta p$ で割った式の各項は流体素片を構成する面の速度差

$$\Delta u=\frac{D(\Delta x)}{Dt}, \quad \Delta v=\frac{D(\Delta y)}{Dt}, \quad \Delta \omega=\frac{D(\Delta p)}{Dt}$$

図 2-2-10 流体素片を構成する面の速度差

を用いた式に置き換えることができて

$$\frac{\Delta u}{\Delta x}+\frac{\Delta v}{\Delta y}+\frac{\Delta \omega}{\Delta p}=0 \stackrel{\Delta x,\ \Delta y,\ \Delta p \to 0}{\Longrightarrow} \left(\frac{\partial u}{\partial x}\right)_p+\left(\frac{\partial v}{\partial y}\right)_p+\frac{\partial \omega}{\partial p}=0 \tag{2-2-38}$$

気圧座標系における連続方程式は密度 ρ を含まない三次元非発散の形で表わされ，高度座標系の表式(2-2-44)とは異なり時間微分が現われない。連続方程式の簡潔性も気圧座標系の長所の1つである。

(3) **プリミティブ方程式系** primitive equations

大気運動の支配方程式系は，気圧座標系において次のようにまとめられる。

$$\frac{\partial u}{\partial t}+u\frac{\partial u}{\partial x}+v\frac{\partial u}{\partial y}+\omega\frac{\partial u}{\partial p}=-\frac{\partial \Phi}{\partial x}+fv+F_{rx} \tag{2-2-39}$$

$$\frac{\partial v}{\partial t}+u\frac{\partial v}{\partial x}+v\frac{\partial v}{\partial y}+\omega\frac{\partial v}{\partial p}=-\frac{\partial \Phi}{\partial y}-fu+F_{ry} \tag{2-2-40}$$

$$\frac{\partial \Phi}{\partial p}=-\frac{RT}{p} \tag{2-2-41}$$

$$\frac{\partial T}{\partial t}+u\frac{\partial T}{\partial x}+v\frac{\partial T}{\partial y}-S_p\omega=\frac{J}{c_p} \tag{2-2-42}$$

$$\frac{\partial u}{\partial x}+\frac{\partial v}{\partial y}+\frac{\partial \omega}{\partial p}=0 \tag{2-2-43}$$

この方程式系は，大気運動の議論の出発点となるという意味でプリミティブ(原始)方程式系と呼ばれている。ここで，S_p は式(2-2-37)で与えられる。密度 ρ は状態方程式を用いて既に消去されており，表に現われない。5個の従属変数 u, v, ω, Φ, T は，4個の独立変数 x, y, p, t で記述される上記5個の方程式系により決定される。

2-2-5　化学物質の連続方程式

ここでは，大気中の化学反応によって生成・消滅する組成の変動を取り扱うための連続方程式について考察する。たとえば，オゾンと酸素原子との結合により酸素分子2つができる反応

$$O_3 + O \longrightarrow 2\,O_2$$

は，オゾンの正味の消滅反応として重要である(第3章)。単位時間に単位体積中で起こる反応の割合は，反応に関与する分子の衝突頻度に比例するので，この反応によるオゾン消滅率 L(オゾン数密度の減少率)はオゾン数密度$[O_3]$と酸素原子数密度$[O]$との積に比例する。その比例係数を k とすれば

$$L = k[O_3][O]$$

したがって，化学物質の連続方程式は，高度座標系における数密度の式として定式化するのが便利である。

大気の連続方程式は $\frac{D}{Dt}(\rho \Delta x \Delta y \Delta z) = 0$ の両辺を項別に微分して $\Delta x \Delta y \Delta z$ で割り，各項を

$$\Delta u = \frac{D(\Delta x)}{Dt},\quad \Delta v = \frac{D(\Delta y)}{Dt},\quad \Delta w = \frac{D(\Delta z)}{Dt}$$

により大気素片を構成する面の速度差に置き換えることにより

$$\frac{D\rho}{Dt} + \rho\frac{\Delta u}{\Delta x} + \rho\frac{\Delta v}{\Delta y} + \rho\frac{\Delta w}{\Delta z} = 0 \overset{\Delta x,\,\Delta y,\,\Delta z \to 0}{\Longrightarrow} \frac{D\rho}{Dt} + \rho \nabla \cdot \boldsymbol{U} = 0$$

(2-2-44)

と得られる。全微分を局所微分に展開し，項を整理すれば

$$\frac{\partial \rho}{\partial t} + \nabla \cdot (\rho \boldsymbol{U}) = 0 \tag{2-2-45}$$

が導かれる。式(2-2-44)，(2-2-45)が高度座標系で表わした連続方程式で，気圧座標系における表現(2-2-43)より複雑である。

アボガドロ定数を $N_a (= 6.022 \times 10^{26}\,\text{kmol}^{-1})$，分子量を M として，$nM = \rho N_a$ により大気の密度 ρ を数密度 n に変換すれば

$$\frac{\partial n}{\partial t} + \nabla \cdot (n\boldsymbol{U}) = 0 \tag{2-2-46}$$

数密度 n_i をもつ組成 i の連続方程式は，化学反応による正味の生成率(生成

率 P −消滅率 L)を S_i とすれば，同様の考察により

$$\frac{\partial n_i}{\partial t}+\nabla\cdot(n_i\boldsymbol{U})=S_i \iff \frac{\partial n_i}{\partial t}=-\nabla\cdot(n_i\boldsymbol{U})+S_i \qquad (2\text{-}2\text{-}47)$$

右側の表式は，座標空間に固定された点における組成 i の数密度の局所時間変化 $\frac{\partial n_i}{\partial t}$ が，化学的な生成・消滅 S_i だけでなく，大気運動による輸送効果 $(-\nabla\cdot(n_i\boldsymbol{U})$：フラックス収束)にも依存することを表わしている．この組成の混合比を $\chi_i\equiv\frac{n_i}{n}$ として式(2-2-47)を χ_i の式で表わせば

$$\frac{\partial(n\chi_i)}{\partial t}+\nabla\cdot(n\chi_i\boldsymbol{U})=S_i$$
$$\iff \chi_i\left(\frac{\partial n}{\partial t}+\nabla\cdot(n\boldsymbol{U})\right)+n\left(\frac{\partial\chi_i}{\partial t}+\boldsymbol{U}\cdot\nabla\chi_i\right)=S_i$$

式(2-2-46)により左辺第1項は消え，第2項は χ_i の全微分を用いて書き換えられるから

$$n\frac{D\chi_i}{Dt}=S_i \iff \frac{D\chi_i}{Dt}=\frac{M}{\rho N_a}S_i \qquad (2\text{-}2\text{-}48)$$

化学的に不活性な組成 ($S_i=0$) について式(2-2-48)右辺は 0 となるが，化学変化しない組成の混合比 χ_i がラグランジュ的に保存することは運動学的考察からも明らかである．ここまでは $\frac{D}{Dt}$ を高度座標系の全微分演算子として用いてきたが，全微分は座標系によらない演算であるから，気圧座標系を用いて式(2-2-27)に置き換えることもできる．このとき

$$\frac{D\chi_i}{Dt}=\frac{\partial\chi_i}{\partial t}+\left(u\frac{\partial\chi_i}{\partial x}+v\frac{\partial\chi_i}{\partial y}+\omega\frac{\partial\chi_i}{\partial p}\right)=\frac{MRT}{pN_a}S_i \qquad (2\text{-}2\text{-}49)$$

ただし，S_i は単位体積・単位時間あたりの生成・消滅率であることに注意しなければならない．

2-3　大気大循環と物質輸送

　地球の表面温度は，地球の吸収する太陽放射と地球から宇宙空間へ射出される地球放射とのエネルギーバランスで定まる．固体地球のまとっている大気の衣は，太陽放射に対してほとんど透明であるのに対し，地球放射をよく吸収するという特性をもつ．その結果，全球平均地表面温度は，大気が存在

しないと仮定した場合より30℃以上も高い。これを大気の温室効果という。現在，大きな問題となっている地球温暖化は，二酸化炭素などの温室効果ガスが人間活動により大気中に蓄積された結果，強化された温室効果により地表面付近が高温化するという問題である。

　大気は，温室効果だけでなく，もう1つの重要な役割を担っている。それは，熱や物質の輸送である。太陽放射と地球放射とのバランスは，地球上の各地点で独立に成立するのではなく，地球全体の平均値について成り立つものである。放射過程による加熱の局所的不均衡は，大気と海洋による熱輸送により解消されている。こうした役割を担う大気・海洋の地球規模の流れを大循環と呼ぶ。大気大循環は熱や運動量だけでなく各種の大気微量成分も輸送するために，下部成層圏オゾンなどのように化学的寿命の長い微量気体成分の全球分布は，大気大循環による輸送過程抜きに理解することができない（式2-2-47）。この項では，大気大循環の描像を紹介し，それを理解するための理論的枠組みの基礎について述べる。

2-3-1　対流圏の大気大循環

　地表面が高温で高度と共に温度が低下するという対流圏の特徴は，主要な加熱源が地表面における放射吸収であることに起因する。したがって，対流圏における温度分布に対して，地表面における放射収支は支配的な影響力をもっている。この項では，放射収支の緯度分布について考察した後，局所的なアンバランスを解消する物理過程としての大気大循環像を紹介する。

(1)　**放射エネルギー収支** radiation budget

　地球への入射を考える上で太陽放射は特定の方向を向いた平行光として扱うことができ，その放射エネルギーは，放射の伝播方向に対して垂直な面の面積に比例する。低緯度では太陽放射が地表面をほぼ垂直に照りつけるのに対し，高緯度では太陽天頂角が大きいために，地球が吸収する太陽放射のエネルギーは，低緯度で多く高緯度で少ない。一方，地球放射のエネルギーは温度によって定まり，特定の方向にではなく四方八方に射出される。このような放射のエネルギーは，放射面の面積とその温度の4乗に比例する。これらの考察から，地球の吸収する太陽放射エネルギーも地球の射出する地球放

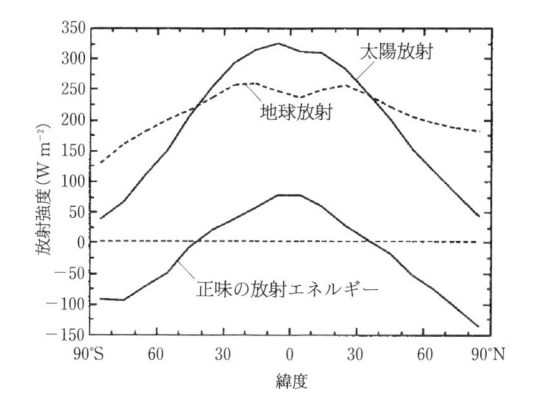

図 2-3-1 地球の吸収する太陽放射，地球の射出する地球放射と正味の放射エネルギーの緯度分布 (Hartmann, 1994)

射エネルギーも，赤道域で極大になると予想される．実際，1年を通して平均した放射エネルギー収支の観測値の緯度分布(図2-3-1)は，この定性的な予想結果を支持している．より精密な議論を展開するためには雲の分布などを考慮する必要があるが，ここでは両者の差(正味の放射加熱率)に注目する．正味の放射エネルギーと書かれた実線で示されたその緯度分布によれば，南北 40°より低緯度では吸収するエネルギーの方が多く，それより高緯度では逆に射出するエネルギーの方が多い．長時間平均すれば各緯度の温度に顕著な時間変化はないから，ここで見出された放射エネルギー収支のアンバランスは，別の物理過程で解消されているはずである．それが，大気と海洋による熱輸送である．

　極と赤道との間の加熱差により地球規模の大気循環が駆動されているという考えは，既に大航海時代から提示されていた．この時代を代表する地球規模の大気の流れの理解を図2-3-2に示す．まず，外側の円環領域に描かれた大気の子午面断面に注目しよう．大気は，低緯度で加熱され軽くなることにより上昇し，高緯度で冷却され重くなることにより下降する．各半球3本の閉曲線で表わされているこの循環をハドレー循環と呼ぶ．ハドレーが卓見だったのは，このような子午面内の循環が地表面における東西風を必然的にともなうことを見ぬいていたことで，内側の円で囲まれた領域に矢印で地表面の風が書き込まれている．当時の船乗りたちは，貿易風と呼ばれる低緯度の東風と偏西風と呼ばれる中緯度の西風をうまく利用して大西洋を横断して

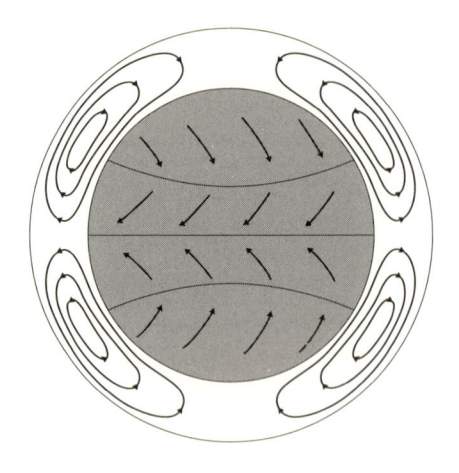

図 2-3-2　Hadley (1735) の考えた地球規模での大気の流れ (Lorenz, 1967)

いたのである。

ハドレー循環のように，加熱されて軽くなった大気が上昇し冷却されて重くなった大気が下降することにより生じる循環を，熱的に駆動される直接循環と呼ぶ。現代の観測によれば，このような循環は低緯度地方に限られており，中緯度の子午面循環は別のメカニズムで駆動されていることが知られている。そこで，現代の観測データに基づいた循環の描像を調べてみよう。

(2) 平均子午面循環 mean meridional circulation

流れの場を帯状平均し，鉛直風と南北風を子午面上に射影して得られる大気の流れを平均子午面循環という。これを視覚的に表現するために，流線関数が用いられる。帯状平均は x 方向の積分で表わされるが，連続方程式(2-2-43)の左辺第 1 項は東西方向の微分であるから，これを緯度円にそって地球 1 周分積分すれば 0 になる。すなわち

$$\int_{x(\lambda)}^{x(\lambda+2\pi)} \frac{\partial u}{\partial x} dx = \int_{u(\lambda)}^{u(\lambda+2\pi)} du = u(\lambda+2\pi) - u(\lambda) = 0$$

物理量 A の帯状平均値を $\overline{A}$ で表わせば，式(2-2-43)を帯状平均することにより

$$\overline{\frac{\partial u}{\partial x}} + \overline{\frac{\partial v}{\partial y}} + \overline{\frac{\partial \omega}{\partial p}} = 0 \iff \frac{\partial \overline{v}}{\partial y} + \frac{\partial \overline{\omega}}{\partial p} = 0 \qquad (2\text{-}3\text{-}1)$$

このような二次元非発散の条件を満たす物理量 ($\overline{v}, \overline{\omega}$) に対して，

$$\bar{v} = \frac{\partial \Psi}{\partial p}, \quad \bar{\omega} = -\frac{\partial \Psi}{\partial y} \tag{2-3-2}$$

を満たすスカラー関数 Ψ が存在する．これを流線関数 stream function と呼び，それは次のような性質をもつ．

①平均子午面循環ベクトル $(\bar{v}, \bar{\omega})$ と流線関数の勾配 $\nabla \Psi = \left(\dfrac{\partial \Psi}{\partial y}, \dfrac{\partial \Psi}{\partial p} \right)$ とは直交するから，平均子午面循環は流線関数 Ψ の等値線にそう．

②平均子午面循環は流線関数の勾配に比例するから，流線関数の等値線の間隔が狭いほど流速は速い．

このような性質により，流線関数の等値線を描けば子午面内の循環場を概観することができる．Ψ を求めるためには，大気上端 $(p=0)$ で $\bar{v} = \bar{\omega} = 0$ という境界条件に注目して式(2-3-2)の $\bar{v}$ を鉛直積分すればよい．

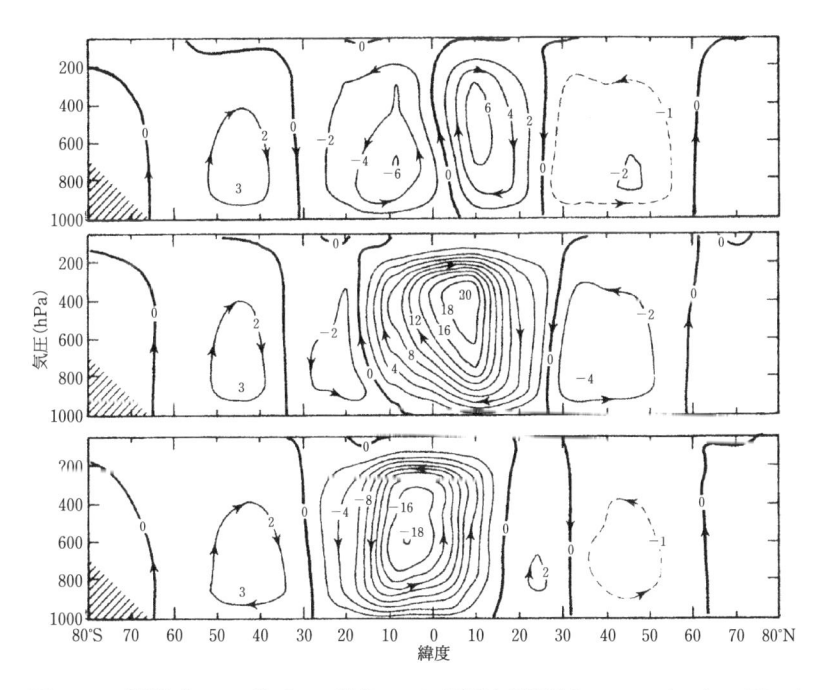

図 2-3-3 観測データに基づいて計算された質量流線関数 $(10^{10}\mathrm{kg\ s^{-1}})$．上：通年平均，中：12，1，2月の平均，下：6，7，8月の平均 (Peixoto and Oort, 1992 の一部)

$$\Psi(y,p) = \int_0^p \bar{v}(y,p')\,dp' \qquad (2\text{-}3\text{-}3)$$

観測データに基づいて計算された流線関数の例を図2-3-3に示す。ただし，地球のもつ球面効果を正しく取り扱い，各点を単位時間に通過する質量を表わすように，式(2-3-3)のΨに$\dfrac{2\pi a\cos\phi}{g}$をかけた値で示されている(詳細はPeixoto and Oort(1992)を参照)。通年の図でみると，赤道付近にハドレーの描いたような上昇域があるが，上部対流圏で両半球に分岐した流れは，高緯度へ到達することなく亜熱帯で下降してしまう。低緯度に限定されたハドレー循環は季節進行に敏感で，季節ごとに描いた図によれば，上昇域が夏半球側に移動すると共に，赤道を覆うように移動してくる冬半球側のハドレー循環の強度が増加している。一方，中緯度には逆向き，すなわち，低温の高緯度側で上昇し高温の低緯度側で下降する循環が見出される。このような循環は，組織化された波動により駆動される流れの場を帯状平均した結果としてみえてくる循環で，間接循環と呼ばれる。そのさらに高緯度側には，弱いながらももう1つの直接循環が認められる。このように，各半球に3つの循環セルが存在する構造を3細胞循環と呼ぶ。

(3) **組織化された波の構造** organized eddies

任意の物理量Aについて，その帯状平均値$\bar{A}$からの偏差をA'と表わせば

$$A = \bar{A} + A', \quad \overline{A'} = 0, \quad \overline{\bar{A}B'} = 0$$

などが成り立つから，任意の2つの物理量A，Bの積について

$$\overline{AB} = \overline{(\bar{A}+A')(\bar{B}+B')} = \overline{\bar{A}\bar{B} + \bar{A}B' + A'\bar{B} + A'B'} = \bar{A}\bar{B} + \overline{A'B'}$$

$$(2\text{-}3\text{-}4)$$

を得る。今，Bとして南北風速vをとれば，Avは物理量Aが南北風vにより北に運ばれる割合を表わすことになる。これをAの北向きフラックスという。式(2-3-4)のように分解すると，展開式における第1項はAの帯状平均値が帯状平均南北風$\bar{v}$で北向きに輸送される割合を表わすのに対し，第2項はAとvとが相関をもつ，すなわち，A'とv'とが同時に同符号(または異符号)となる場合に帯状平均場においてAが北(または南)向きに輸送される割合を表わす。前者を平均流によるフラックス，後者を波による輸送

(渦フラックス)という．A として温度 T をとれば熱，u をとれば帯状運動量について，その北向きフラックスを平均流による寄与と波による寄与とに分解することができるのである．

　大気中で観測される波はでたらめな構造をしているのではなく，その励起メカニズムに依存した組織的な構造をもっている．そのような例は，中緯度上部対流圏における流れの場が気圧の谷・峰で特徴づけられる総観規模擾乱をともなうという事実として，既に図 2-1-9 で概観した．ここに見出される擾乱を，緯度－経度断面上に理想化して描くと図 2-3-4 のようになる．図の曲線は等圧面上におけるジオポテンシャルハイトの等値線で，L と H は等圧面上における低高度(気圧の谷)と高々度(気圧の峰)を表わす．中緯度において水平風は地衡風で近似されるから，風は等高度線にそって吹くと考えてよい．等高度線の間隔の狭いほど風速が大きいことに注意すれば，u' の符号は図に記されているように分布する．このとき，横軸上の位置(経度)によらず $u'v' \geq 0$ となるから，その帯状平均値について $\overline{u'v'} > 0$ が成り立つ．このような特徴は気圧の谷が南西から北東に傾く構造(図の破線)と対応しており，等高度線がゆがみのない正弦波の場合には現われない．図 2-1-9 でみた 200 hPa の例において，このような構造は黒海周辺に認められる．

　総観規模擾乱は，温度場にも組織化された構造をともなう．その構造を T' の分布として図 2-3-4 に書き込んである．同様の考察により，$\overline{T'v'} > 0$ となることは直ちにみて取れよう．このように，大気中の波動は熱と帯状運動量を高緯度に向けて輸送する効果をもっている．ハドレー循環のような軸対称な流れの場は中緯度においても数学的に可能(物理法則に反しない)であるが，自然界は放射収支の不均衡を大気大循環により解消する過程として，中

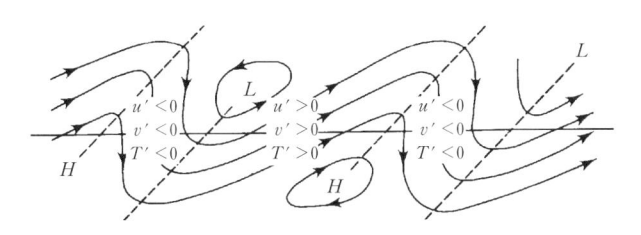

図 2-3-4　北半球中緯度の上部対流圏における理想化された流れの場の緯度－経度分布

緯度において熱の輸送効率のより高い波動を流れの形態として選択しているということができる。

(4) **熱と運動量の南北渦フラックス** meridional eddy flux

実際の観測データに基づいて計算された熱と運動量の北向き渦フラックスを北半球冬季の子午面断面図として，それぞれ図 2-3-5 と 2-3-6 に示す。破線で描かれた等値線は，それぞれの物理量のフラックスが負である(南向きに

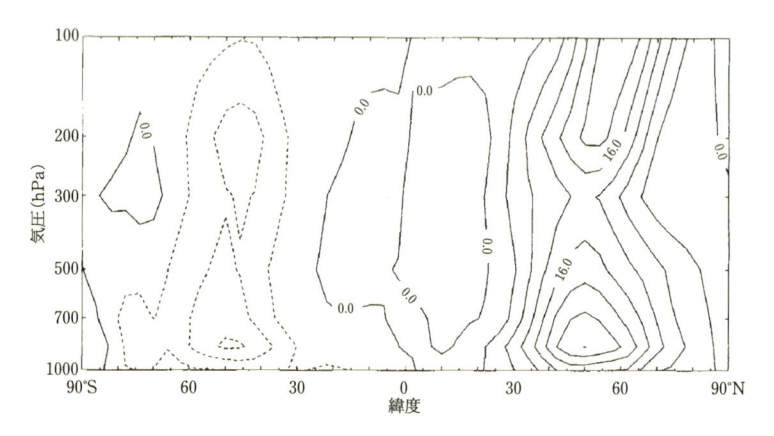

図 2-3-5　北半球冬季における熱の北向き渦フラックス($K\ m\ s^{-1}$)の子午面断面 (Schubert et al., 1990 を基にした Holton, 2004)

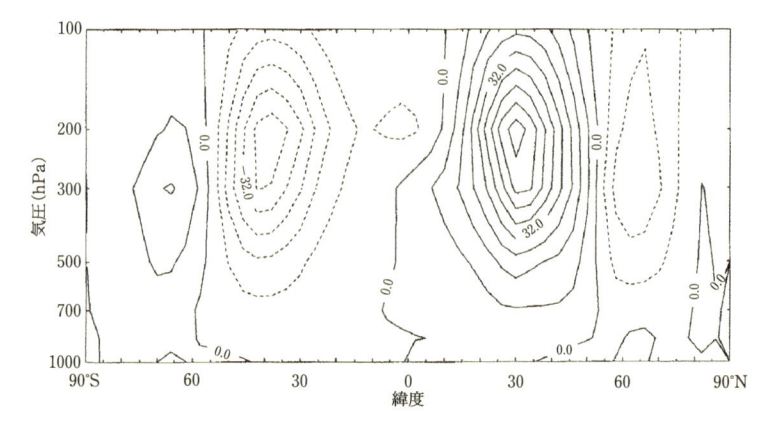

図 2-3-6　北半球冬季における運動量の北向き渦フラックス($m^2\ s^{-2}$)の子午面断面 (Schubert et al., 1990 を基にした Holton, 2004)

輸送されている)ことを示している。いずれの物理量も，低緯度では小さな値に留まるが，赤道から離れるにしたがって大きな値をもつようになる。これは，熱や運動量の南北輸送が，赤道付近ではハドレー循環によって担われているのに対し，中高緯度では大気波動によって駆動されていることと対応している。

　冬半球側に注目して渦フラックスの特徴をもう少し詳しくみておこう。熱フラックスは 50°N 付近に極大をもち，対流圏下層(850 hPa 付近)と上部対流圏から成層圏にかけての高度領域(200 hPa より上)で大きな値を示す。運動量フラックスは 30°N 付近に極大をもち，上部対流圏(200 hPa 付近)で大きな値を示す。これらの特徴が図 2-3-3 に現われた間接循環の駆動とどのようにかかわっているのか，方程式の助けを借りて考察してみよう。数式による理解を不要とする読者は，2-3-2 項に進んでよい。

(5) 帯状平均場の支配方程式 zonal mean equations

　大気運動の支配方程式は，プリミティブ方程式系として 2-2-4 項でまとめた。これらの方程式は，全微分を局所微分に展開した結果として移流項を含む形で表現されている。南北渦フラックスを考える場合には，連続方程式(2-2-43)を用いて，移流項をフラックス形に書き直す必要がある。

　連続方程式(2-2-43)を利用することにより，任意の物理量 A の全微分は

$$\frac{DA}{Dt} = \frac{\partial A}{\partial t} + u\frac{\partial A}{\partial x} + v\frac{\partial A}{\partial y} + \omega\frac{\partial A}{\partial p}$$

$$= \frac{\partial A}{\partial t} + \frac{\partial}{\partial x}(Au) + \frac{\partial}{\partial y}(Av) + \frac{\partial}{\partial p}(A\omega) - A\left(\frac{\partial u}{\partial x} + \frac{\partial v}{\partial y} + \frac{\partial \omega}{\partial p}\right)$$

$$\stackrel{(2\text{-}2\text{-}43)}{=} \frac{\partial A}{\partial t} + \frac{\partial}{\partial x}(Au) + \frac{\partial}{\partial y}(Av) + \frac{\partial}{\partial p}(A\omega) \qquad (2\text{-}3\text{-}5)$$

$$= \frac{\partial A}{\partial t} + \nabla\cdot(A\boldsymbol{U}) \qquad (2\text{-}3\text{-}6)$$

のように変形できる。このようにして，物理量 A の移流$(-\boldsymbol{U}\cdot\nabla A)$をフラックス収束$(-\nabla\cdot(A\boldsymbol{U}))$で書き直すことができる。式(2-3-5)の帯状平均をとり，物理量の積を式(2-3-4)により平均場のフラックスと渦フラックスとに分解すれば

$$\overline{\dfrac{DA}{Dt}} = \overline{\dfrac{\partial A}{\partial t}} + \overline{\dfrac{\partial}{\partial x}(Au)} + \overline{\dfrac{\partial}{\partial y}(Av)} + \overline{\dfrac{\partial}{\partial p}(A\omega)}$$

$$= \dfrac{\partial \overline{A}}{\partial t} + \dfrac{\partial}{\partial y}(\overline{Av}) + \dfrac{\partial}{\partial p}(\overline{A\omega})$$

$$\stackrel{(2\text{-}3\text{-}4)}{=} \dfrac{\partial \overline{A}}{\partial t} + \dfrac{\partial}{\partial y}(\overline{A}\,\overline{v} + \overline{A'v'}) + \dfrac{\partial}{\partial p}(\overline{A}\,\overline{\omega} + \overline{A'\omega'}) \qquad (2\text{-}3\text{-}7)$$

$$= \dfrac{\partial \overline{A}}{\partial t} + \dfrac{\partial}{\partial y}(\overline{A}\,\overline{v}) + \dfrac{\partial}{\partial p}(\overline{A}\,\overline{\omega}) + \dfrac{\partial}{\partial y}(\overline{A'v'}) + \dfrac{\partial}{\partial p}(\overline{A'\omega'})$$

$$(2\text{-}3\text{-}8)$$

この手法を東西方向の運動方程式(2-2-39)と熱力学方程式(2-2-42)に適用し、総観規模以上の現象において有効な中緯度のスケーリングを適用して(詳細は省略)主要な項のみを残せば

$$\dfrac{\partial \overline{u}}{\partial t} + \dfrac{\partial}{\partial y}(\overline{u'v'}) = f_0\overline{v} + \overline{X} \qquad (2\text{-}3\text{-}9)$$

$$\dfrac{\partial \overline{T}}{\partial t} + \dfrac{\partial}{\partial y}(\overline{T'v'}) - \overline{S_p}\overline{\omega} = \overline{\dfrac{J}{c_p}} \qquad (2\text{-}3\text{-}10)$$

を得る。ここで、f_0 は注目する緯度におけるコリオリ因子(定数)、X は粘性や微小スケールの現象による運動量の駆動等の総和、$\overline{S_p}$ は式(2-2-37)右辺を帯状平均値で表わした静的安定度である。同様のスケーリングと帯状平均を南北方向の運動方程式(2-2-40)と静水圧平衡方程式(2-2-41)とに施し、$\overline{\Phi}$ を消去することにより温度風方程式

$$\dfrac{\partial \overline{u}}{\partial \ln p} = \dfrac{R}{f_0}\dfrac{\partial \overline{T}}{\partial y} \qquad (2\text{-}3\text{-}11)$$

を得る。これら3式が、帯状平均場の維持・変動を考察する際に用いられる基礎方程式である。以下では、簡単のため定常状態を仮定する。

(6) 間接循環の駆動メカニズム indirect circulation

熱帯域においては、放射過程や潜熱放出にともなう非断熱加熱が熱の渦フラックスに勝るため、熱力学方程式は鉛直流にともなう断熱膨張・圧縮($-\overline{S_p}\overline{\omega}$)と非断熱加熱$\left(\overline{\dfrac{J}{c_p}}\right)$とのバランスに帰着する。

$$-\overline{S_p}\overline{\omega} \sim \overline{\frac{J}{c_p}}$$

これが熱的に駆動される直接循環(ハドレー循環)である.一方,中緯度では波動により駆動される渦フラックスが重要になり,熱力学方程式では左辺の2項の和が近似的にゼロとなる.

$$\frac{\partial}{\partial y}(\overline{T'v'}) - \overline{S_p}\overline{\omega} \sim 0 \qquad (2\text{-}3\text{-}12)$$

図2-3-5によれば,熱の渦フラックス$\overline{T'v'}$は50°N付近で極大となるから,それより低緯度側で発散$\left(\frac{\partial}{\partial y}(\overline{T'v'})>0\right)$,高緯度側で収束$\left(\frac{\partial}{\partial y}(\overline{T'v'})<0\right)$となる.式(2-3-12)によれば,これとバランスするのが,低緯度発散域での下降流による断熱圧縮($\overline{S_p}\overline{\omega}>0$),高緯度収束域での上昇流による断熱膨張($\overline{S_p}\overline{\omega}<0$)である.こうして,熱の渦フラックスによる加熱・冷却を相殺する過程として高緯度側で上昇し低緯度側で下降する間接循環が形成される.これが熱力学方程式に基づく間接循環の説明である.

間接循環は,式(2-3-9)における運動量のバランス

$$\frac{\partial}{\partial y}(\overline{u'v'}) \sim f_0 \bar{v} \qquad (2\text{-}3\text{-}13)$$

から,次のように説明することもできる.図2-3-6によれば,波による運動量フラックス$\overline{u'v'}$は30°N付近の上部対流圏で極大となり,70°N付近まで高緯度へ向けて減少する.したがって,中緯度上部対流圏に顕著な渦フラックス収束$\left(\frac{\partial}{\partial y}(\overline{u'v'})<0\right)$が存在している.式(2-3-13)によれば,これとバランスするのが帯状平均南北風による負の運動量輸送($f_0\bar{v}<0$)である.上部対流圏の北風は,連続方程式を通して低緯度側に下降流・高緯度側に上昇流をともない,さらに,中緯度下層に南風をともなって閉じた間接循環を形成する.これが運動量バランスに基づく間接循環の説明である.

間接循環の駆動メカニズムに関する以上の説明は,熱と運動量の輸送が互いに独立であるかのように読めるかもしれないがそうではない.式(2-3-9)と(2-3-10)とにおいて,時間変化項のみを左辺に残し他の項をすべて右辺に移項すれば,これら2式は帯状平均場の時間発展を記述する式とみることができる.上記の議論によれば,帯状平均場は近似的にバランスする渦フラッ

クスの発散・収束と平均子午面循環による輸送との差で駆動されていることになるが，帯状平均帯状風$\bar{u}$と帯状平均温度$\bar{T}$とは独立ではなく，温度風方程式(2-3-11)を維持していることを忘れてはならない。この事実は，熱と運動量の渦フラックスが互いに独立ではないことに基づいている。地球大気のもつこのような特徴に立脚して循環を記述する枠組みについては，次項2-3-2の(7)変換オイラー平均において述べる。

2-3-2 成層圏の大気大循環

2-3-1項で学んだ対流圏大気大循環を記述する理論的枠組みを図2-1-4でみた成層圏 - 中間圏領域の温度構造に適用すると，成層圏・中間圏において次のような循環像が提示できるだろう。夏極上空の成層圏界面(〜1 hPa)付近における高温と冬極上空の成層圏(〜30 hPa付近)における低温とは，放射エネルギー収支のアンバランスを示唆しており，夏極上空における正味の加熱・冬極上空における正味の冷却は直接循環を駆動し，それぞれ上昇流・下降流による断熱膨張・圧縮にともなう冷却・加熱により解消されている。こうして生成される鉛直流は，質量保存の要請から，中間圏において夏極から冬極へ・成層圏において冬極から夏極へ向かう平均子午面循環をともなうだろう。角運動量保存則により，中間圏の子午面循環は極から赤道へ向かう夏半球で東風成分・赤道から極へ向かう冬半球で西風成分をもつだろう。これが，図2-1-5でみた成層圏 - 中間圏領域の帯状風分布に対応する。

この説明によれば，中間圏における帯状風は赤道上で風速極大をもつ東風となるはずであるが，赤道上で$\bar{u}\sim 0$とする散逸メカニズムが存在すれば，中間圏における風系については定性的に正しい説明を与える。しかし，夏極から冬極へ向かう高度域の代表として0.1 hPa，逆向きの流れの代表高度として10 hPaをとれば，圧力差，すなわち密度差は1：100に達するから，成層圏において冬極から夏極へ向かう子午面流と中間圏において夏極から冬極へ向かう流れとを比較すれば，質量保存の観点から前者はきわめて弱いはずである。実際，成層圏における子午面循環は，これとはまったく異なるメカニズムで駆動されている。以下では，微量気体成分に関する観測事実を説明するための要請として提起された循環像の紹介から，成層圏大気大循環の

解説を始めよう．

(1) **ブルーワ・ドブソン循環** Brewer-Dobson circulation

　大気中に気体として存在し得る水蒸気量は温度の低下と共に著しく減少する．対流活動などにより大気が上空に運ばれると，大気は水蒸気の飽和温度以下にまで冷却され，凝結した水は落下して大気中から失われる．このような脱水が進行する結果，上部対流圏では，たとえ相対湿度100%という飽和状態にあっても，大気に含まれる水蒸気量はきわめて少ない．測定器を気球に吊して飛揚することにより，成層圏大気の現場観測が行なわれるようになった1940年代に，英国上空で温度と共に露点・霜点温度を測定することにより大気中の水蒸気量を観測したブルーワ Brewer は面白いことに気づいた．ゾンデが上昇を続けて上部対流圏に達すると，霜点温度は気温とほとんど等しくなり，大気がほぼ飽和状態にあることが確認できた．さらに上昇したゾンデが対流圏界面を越えて成層圏にはいったことは気温の上昇で確認できるが，その後もしばらく高度と共に水蒸気混合比は減少を続けたのである．何が面白いのか？　水蒸気の化学的生成が無視できるなら，大気中の水蒸気混合比は，大気塊の曝された最低温度の記録として利用することができる．もし，対流圏大気が英国上空で成層圏に流入しているなら，英国上空の成層圏水蒸気はその場の対流圏界面温度で規定される混合比を維持しているはずである．ところが，成層圏にはいっても水蒸気混合比がさらに減少を続けたということは，英国上空の成層圏大気がどこか別のもっと低温の領域を通過し，そこで脱水された後で英国上空に達したと考えなくてはならない．観測された水蒸気混合比にまで脱水できるような低温の場所は，熱帯域の対流圏界面しか考えられなかった．こうして，ブルーワは対流圏大気が熱帯域で対流圏界面を横切り，成層圏で両半球に広がってゆくという循環像を提案した（図2-3-7）．

　一方，地上で大気オゾン全量を観測していたドブソン Dobson は，オゾン全量が赤道域よりも中高緯度で多いこと，また，中高緯度の春に極大となる顕著な季節変動が認められることを見出した．図2-3-8は，1978年から1980年代前半までの人工衛星観測に基づいて描かれた帯状平均オゾン全量の季節変動を時間‐緯度断面として示している．オゾン全量は，1年を通し

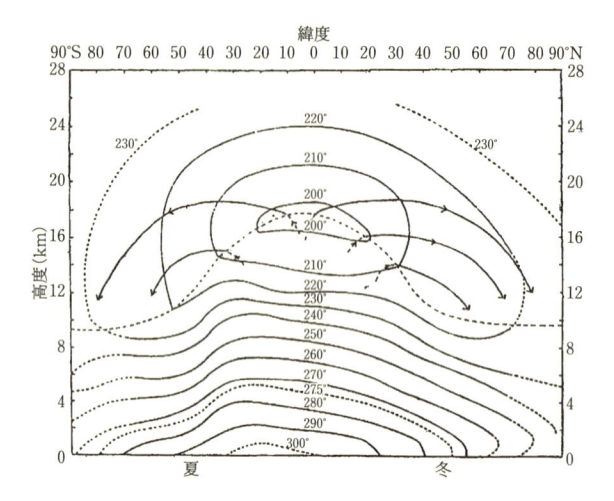

図 2-3-7 成層圏水蒸気観測に基づいて推定された成層圏の大循環(Brewer, 1949)。矢印の付いた曲線が大気の流れを示す。実線は温度(K)の等値線，破線は対流圏界面

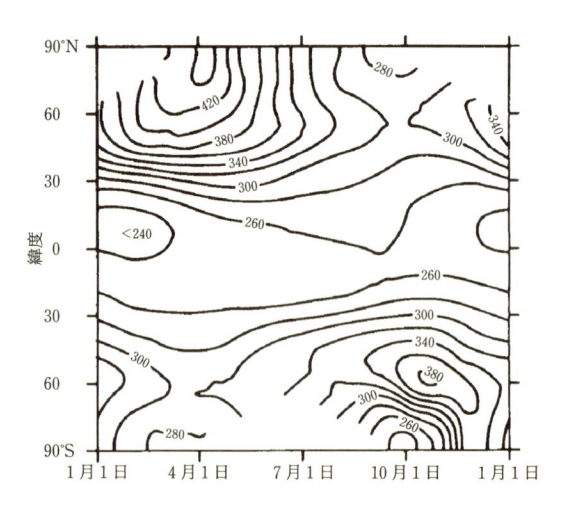

図 2-3-8 帯状平均オゾン全量の年変動(Bowman and Krueger, 1985)。オゾンホールが顕在化する前の人工衛星観測に基づいて作図されている。

て熱帯域で少なく，北半球高緯度・南半球中緯度でそれぞれ春の時期に極大となる。当時，既にチャップマン Chapman が成層圏オゾンの理論を提案しており(第3章)，それによれば，オゾンの主たる生成域は赤道上部成層圏であると考えられていた。生成域から遠く離れた中高緯度で春季にオゾン極大が観測されるということは，オゾン全量の変動が化学過程ではなく輸送過程に支配されていること，その輸送過程を担う成層圏の大循環は，赤道域から中高緯度へと向かう流れで，強い季節性を有することが推定された。水蒸気とオゾンの観測から推定された循環像は互いに整合的だった。

その後の高層気象観測データの蓄積にともなって，熱帯対流圏界面は北半球の冬に高高度・低温となる顕著な年周期変動を示すことが明らかとなった(Reid and Gage, 1981)。対流圏大気の成層圏への流入に関する研究は，その時期と場所を「北半球冬季の熱帯西部太平洋上空」と特定する「成層圏の泉」仮説(Newell and Gould-Stewart, 1981)へと発展した。近年の人工衛星観測は，熱帯域で対流圏から成層圏へ流入する大気が，季節変動する圏界面温度を水蒸気混合比として記録しながら上昇している様子を見事に描き出している(図2-3-9)。最近の研究によれば，対流圏大気は一次元的に上昇して成層圏に到達するのではなく，圏界面付近の亜熱帯高気圧の縁を回りながら赤道上の低温域を水平的に通過する際に脱水を受け，ラセン運動しながら成層圏へ

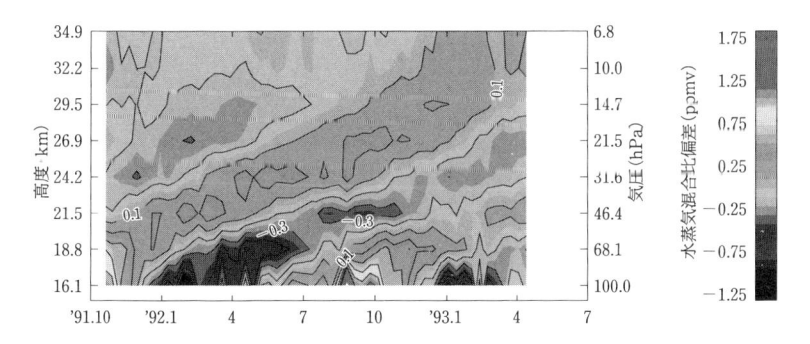

図 2-3-9　水蒸気混合比偏差(ppmv)の時間－高度断面(Mote, 1996 の一部)。熱帯対流圏界面という「ヘッド」が上昇する大気という「テープ」に対流圏界面温度で規定される飽和水蒸気混合比を記録しているという比喩により，大気の「テープレコーダ」と呼ばれる。

はいっていくという仮説(Holton and Gettelman, 2001；Hatsushika and Yamazaki, 2003)が有力になっている。

　しかし，成層圏における大気大循環の描像は，このような物質輸送に基づくラグランジュ的記述のみに基づいて発展してきたわけではない。1960年代から1970年代にかけて，成層圏に特有な現象として注目された成層圏突然昇温(4-2-2項)と準2年周期振動(QBO)とが，波動と平均流との相互作用として解明されたこともあって，1970年代から1980年代にかけては，物質輸送においても平均流と波動(擾乱)との寄与を分離して理解しようという試みが主流であった。このようなオイラー的な輸送の記述は，数値モデルの発達と相まって輸送過程の理解に一定の貢献をしたが，ブルーワ・ドブソンに始まるラグランジュ的記述との間の溝が埋められるには，時間が必要であった。

　以下では，成層圏を特徴づける波動としてロスビー波について学んだ後，オイラー的記述とラグランジュ的記述とを結びつけるための手法として，変換オイラー平均について説明する。

　本節の最後に，成層圏における物質輸送に関する現代的理解について簡単に述べる。

(2) **渦度** vorticity

　蛇行した流れは，平行な流れと渦との重ね合わせとして理解できる。渦を記述する物理量として，渦度が広く用いられる。渦度には，慣性系に準拠した絶対速度 U_a に基づく絶対渦度 absolute vorticity と回転系に固定された座標系に対する相対速度 U に基づく相対渦度 relative vorticity とがある。これらはベクトル量であるが，大規模現象を取り扱う気象力学においては，渦度の鉛直成分のみを取り出して絶対渦度 η・相対渦度 ζ ということが多い。すなわち

$$\eta \equiv \boldsymbol{k}\cdot(\nabla\times\boldsymbol{U}_a), \quad \zeta \equiv \boldsymbol{k}\cdot(\nabla\times\boldsymbol{U}) \qquad (2\text{-}3\text{-}14)$$

局所直交座標系における風速成分により書き下せば

$$\zeta = \frac{\partial v}{\partial x} - \frac{\partial u}{\partial y} \qquad (2\text{-}3\text{-}15)$$

以下では，特に「鉛直成分」と断ることなく，η, ζ をそれぞれ絶対渦度，相対渦度と呼ぶ。

低気圧性循環と高気圧性循環とは渦度 ζ の符号と対応する。北半球では低気圧性の渦のなかで

$$\frac{\partial v}{\partial x} > 0, \quad -\frac{\partial u}{\partial y} < 0 \implies \zeta = \frac{\partial v}{\partial x} - \frac{\partial u}{\partial y} > 0$$

南半球では低・高気圧にともなう風の流れは北半球と逆だから、まとめると

	低気圧	高気圧
北半球	$\zeta > 0$	$\zeta < 0$
南半球	$\zeta < 0$	$\zeta > 0$

となる。

絶対渦度 η と相対渦度 ζ との差は地球の回転にともなう渦度の鉛直成分に相当し、惑星渦度 planetary vorticity と呼ばれる。惑星渦度はコリオリ因子 f に等しく

$$\eta = \zeta + f \tag{2-3-16}$$

と表わされることが次のようにして示される。数式による理解を不要とする読者は以下の解説を飛ばして、(3)ロスビー波に進んでよい。

地球に対して静止している点の位置ベクトルを、地球中心を基点とするデカルト座標系で $\boldsymbol{r} = (X, Y, Z)$ と成分表示し、その点の慣性系における速度ベクトルを $\boldsymbol{U}_e$ とすれば、地球の回転にともなう渦度は $\nabla \times \boldsymbol{U}_e$ である。ここで、ベクトル解析の公式によれば

$$\nabla \times \boldsymbol{U}_e = \nabla \times (\boldsymbol{\Omega} \times \boldsymbol{r}) = \nabla \times (\boldsymbol{\Omega} \times \boldsymbol{R})$$
$$= \boldsymbol{\Omega}(\nabla \cdot \boldsymbol{R}) - \boldsymbol{R}(\nabla \cdot \boldsymbol{\Omega}) - (\boldsymbol{\Omega} \cdot \nabla)\boldsymbol{R} + (\boldsymbol{R} \cdot \nabla)\boldsymbol{\Omega}$$

まず、$\boldsymbol{R} = (X, Y, 0)$ より $\nabla \cdot \boldsymbol{R} = 2$ を得るので $\boldsymbol{\Omega}(\nabla \cdot \boldsymbol{R}) = 2\boldsymbol{\Omega}$ である。$\boldsymbol{\Omega}$ は定ベクトルだから $\nabla \cdot \boldsymbol{\Omega} = 0$、$(\boldsymbol{R} \cdot \nabla)\boldsymbol{\Omega} = \boldsymbol{0}$ を得る。さらに、$(\boldsymbol{\Omega} \cdot \nabla)$ は $\boldsymbol{\Omega}$ すなわち Z 軸方向の勾配を得る微分演算子で、$\boldsymbol{\Omega} \perp \boldsymbol{R}$ だから $(\boldsymbol{\Omega} \cdot \nabla)\boldsymbol{R} = \boldsymbol{0}$。したがって、地球の自転にともなう渦度の鉛直成分は

$$\boldsymbol{k} \cdot (\nabla \times \boldsymbol{U}_e) = \boldsymbol{k} \cdot 2\boldsymbol{\Omega} = 2\Omega \cos\left(\frac{\pi}{2} - \phi\right) = 2\Omega \sin\phi \equiv f \tag{2-3-17}$$

(3) ロスビー波 Rossby wave

密度 ρ が圧力 p だけで定まる、別の言い方をすると、温度 T が圧力 p だけで定まる大気を順圧 barotropic 大気という。深さが一定で摩擦のない順圧

大気中では絶対渦度が保存し，その保存則からロスビー波が導かれる．時刻 $t=t_0$ に相対渦度 $\zeta=0$ であるような流れの場で，ある緯度円にそって地球を1周するようにおかれた流体粒子の鎖に生じる運動を例に，ロスビー波の性質について考察しよう(図2-3-10)．

時刻 $t=t_1(>t_0)$ において鎖の一部に南北変位 Δy を与えたとすると，絶対渦度保存則により

$$(\zeta+f)_{t_1}=f_{t_0} \iff \zeta_{t_1}=f_{t_0}-f_{t_1}$$

右辺を

$$f_{t_1}=f_{t_0}+\frac{df}{dy}\Delta y$$

により近似すれば

$$\zeta_{t_1}=-\beta\Delta y$$

ここで，$\beta\equiv\dfrac{df}{dy}>0$ だから，絶対渦度保存則より

北半球において変位が $\begin{Bmatrix}\text{南向き}(\Delta y<0)\\ \text{北向き}(\Delta y>0)\end{Bmatrix}$ のとき $\begin{Bmatrix}\text{正(低気圧性)}\\ \text{負(高気圧性)}\end{Bmatrix}$

の渦度擾乱が励起される．この渦度擾乱は流体粒子の運動を引き起こし，流体の鎖を

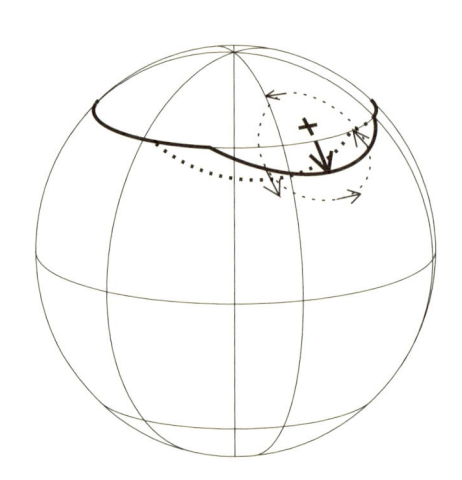

相対渦度 $\begin{Bmatrix}\text{極大}\\ \text{極小}\end{Bmatrix}$ の位置の西側で $\begin{Bmatrix}\text{南向き}\\ \text{北向き}\end{Bmatrix}$

図2-3-10 緯度円にそう流体の鎖に与えられた初期擾乱(太い矢印)と絶対渦度保存則($\zeta+f=$一定)により誘起される渦度擾乱($+$)と速度擾乱(矢印付き円形破線)．さらに，励起された速度場による移流でもたらされる鎖の変形を太い破線で示す．

に変位させる(図2-3-10)。こうして，流体の鎖に与えられた南北変位は相対渦度極大・極小の位置と共に西向きに移動する。この西向きに伝播する渦度場の変位がロスビー波である。ロスビー波において復元力をもたらすものは絶対渦度の緯度依存性であり，擾乱にともなう変位によるコリオリ因子の変化が無視できないくらい大きな空間スケールの擾乱によってロスビー波は励起される。惑星規模の擾乱の卓越する成層圏で，ロスビー波はきわめて重要な力学的役割を担っている。

(4) **砕波による物質の混合** wave breaking

ロスビー波のような大規模波動にともなう大気素片の運動は，断熱の近似が許される充分短い時間スケールで起こるから，運動する大気素片は等温位面上に拘束される。波動にともなう等温位面上の運動は，何らかの不可逆過程をともなわない限り正味の物質輸送に寄与しない。しかし，大気中には分子拡散などによる混合の他に，ロスビー波などが砕波することにともなう混合過程が知られている。砕波とは，浜辺に打ち寄せた波が砕けるように，波の振幅が増大して等位相面が元の位置に戻れなくなる現象である。図2-3-11 は，そのような状況を簡単な数値計算により再現した例で，絶対渦度の等値線(太線)が流れの場によって変形し，やがて，閉じた流線(細線)をもつ領域に巻き込まれてゆく様子が示されている。

実際の大気中でも砕波にともなう混合過程が観測されている。図2-3-12

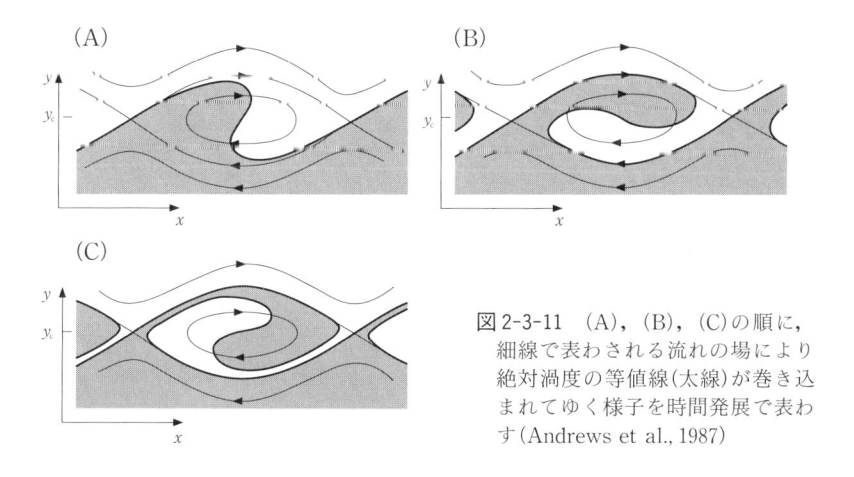

図2-3-11 (A)，(B)，(C)の順に，細線で表わされる流れの場により絶対渦度の等値線(太線)が巻き込まれてゆく様子を時間発展で表わす(Andrews et al., 1987)

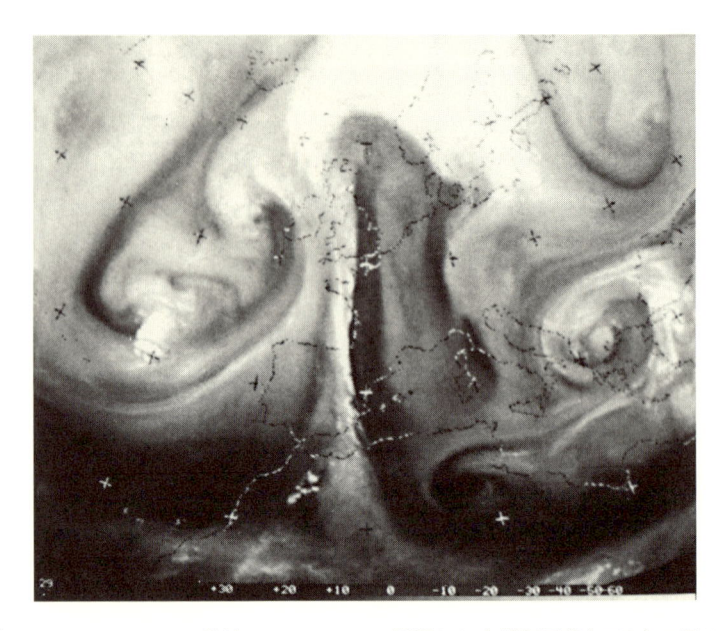

図 2-3-12　Meteosat の波長 5.7〜7.1 μm で観測した水蒸気画像(1992 年 5 月 14 日 12 世界標準時)(Appenzeller et al., 1996)。図の中央をグリニッジ子午線が通過している。

は人工衛星から観測された水蒸気画像で，水蒸気を多く含む大気と乾燥した大気とが，渦を巻く構造を示しながら混合してゆく過程を捉えたものである。このような微細構造は，大気大循環モデルや全球客観解析場の空間分解能では正確に表現できないが，砕波にともなうこのような混合により，大気組成・熱・運動量の交換が行なわれている。物質輸送の観点から，このような混合は場を平滑化して勾配を減少させる効果として重要であるが，その他にも重要な役割を担っている。それは，砕波による平均子午面循環の駆動である。実は，その効果は既に式(2-3-9)右辺に $\overline{X}$ として表現されている。

以下では，数式に親しんだ読者のために，絶対渦度保存則・順圧渦度方程式を導き，これを利用してロスビー波を定式化する。数式による理解を不要とする読者は以下の解説を飛ばして，(7)変換オイラー平均に進んでよい。

(5) 順圧渦度方程式 barotropic vorticity equation

気圧座標系における水平方向の運動方程式

$$\frac{Du}{Dt} - fv = -\frac{\partial \Phi}{\partial x} \tag{2-3-18}$$

$$\frac{Dv}{Dt} + fu = -\frac{\partial \Phi}{\partial y} \tag{2-3-19}$$

において，式(2-3-19)左辺の全微分を局所微分に展開し，両辺を x で微分すれば

$$\frac{\partial}{\partial x}\left(\frac{\partial v}{\partial t} + u\frac{\partial v}{\partial x} + v\frac{\partial v}{\partial y} + \omega\frac{\partial v}{\partial p} + fu\right) = \frac{\partial}{\partial x}\left(-\frac{\partial \Phi}{\partial y}\right)$$

$$\iff \frac{\partial}{\partial t}\frac{\partial v}{\partial x} + u\frac{\partial}{\partial x}\left(\frac{\partial v}{\partial x}\right) + v\frac{\partial}{\partial y}\left(\frac{\partial v}{\partial x}\right) + \omega\frac{\partial}{\partial p}\left(\frac{\partial v}{\partial x}\right)$$

$$+ \left(\frac{\partial u}{\partial x}\frac{\partial v}{\partial x} + \frac{\partial v}{\partial x}\frac{\partial v}{\partial y} + \frac{\partial \omega}{\partial x}\frac{\partial v}{\partial p}\right) + u\frac{\partial f}{\partial x} + f\frac{\partial u}{\partial x} = -\frac{\partial^2 \Phi}{\partial x \partial y} \tag{2-3-20}$$

同様に，式(2-3-18)の全微分を局所微分に展開し y で微分すれば

$$\frac{\partial}{\partial y}\left(\frac{\partial u}{\partial t} + u\frac{\partial u}{\partial x} + v\frac{\partial u}{\partial y} + \omega\frac{\partial u}{\partial p} - fv\right) = \frac{\partial}{\partial y}\left(-\frac{\partial \Phi}{\partial x}\right)$$

$$\iff \frac{\partial}{\partial t}\frac{\partial u}{\partial y} + u\frac{\partial}{\partial x}\left(\frac{\partial u}{\partial y}\right) + v\frac{\partial}{\partial y}\left(\frac{\partial u}{\partial y}\right) + \omega\frac{\partial}{\partial p}\left(\frac{\partial u}{\partial y}\right)$$

$$+ \left(\frac{\partial u}{\partial y}\frac{\partial u}{\partial x} + \frac{\partial v}{\partial y}\frac{\partial u}{\partial y} + \frac{\partial \omega}{\partial y}\frac{\partial u}{\partial p}\right) - v\frac{\partial f}{\partial y} - f\frac{\partial v}{\partial y} = -\frac{\partial^2 \Phi}{\partial y \partial x} \tag{2-3-21}$$

渦度 ζ の定義式(2-3-15)に注意して，式(2-3-20)と(2-3-21)の両辺の差をとれば

$$\frac{\partial \zeta}{\partial t} + u\frac{\partial \zeta}{\partial x} + v\frac{\partial \zeta}{\partial y} + \omega\frac{\partial \zeta}{\partial p} + \left(\frac{\partial u}{\partial x} + \frac{\partial v}{\partial y}\right)(\zeta + f) + \left(\frac{\partial \omega}{\partial x}\frac{\partial v}{\partial p} - \frac{\partial \omega}{\partial y}\frac{\partial u}{\partial p}\right) + v\frac{\partial f}{\partial y} = 0 \tag{2-3-22}$$

ここで，コリオリ因子 f は y だけの関数だから $\frac{Df}{Dt} = v\frac{\partial f}{\partial y}$ と表わせることに注意すれば，式(2-3-22)は

$$\frac{D}{Dt}(\xi+f) = -(\xi+f)\left(\frac{\partial u}{\partial x} + \frac{\partial v}{\partial y}\right) - \left(\frac{\partial \omega}{\partial x}\frac{\partial v}{\partial p} - \frac{\partial \omega}{\partial y}\frac{\partial u}{\partial p}\right) \tag{2-3-23}$$

に帰着する。これを渦度方程式 vorticity equation という。

渦度方程式(2-3-23)は、絶対渦度の全微分が、順に発散項 Divergence Term、立ち上がり項 Tilting Term と呼ばれる右辺の2項の和で表わされることを示している。水平方向の収束にともなう渦度の生成(発散項)は、流体粒子で囲まれる領域の面積の減少により生じる。これは、角運動量を保存する剛体における慣性能率の変化に相当する。このメカニズムによる渦度の変動は熱帯低気圧の発生などの総観規模現象を理解する上で重要である。

運動の場が地衡風で近似できるような中緯度総観規模現象に対して、式(2-3-23)にスケーリングを適用すると、左辺では鉛直移流項が無視され、右辺では発散項が残る。その結果、総観規模現象について有効な渦度方程式として

$$\frac{D_h}{Dt}(\xi+f) = -(\xi+f)\left(\frac{\partial u}{\partial x} + \frac{\partial v}{\partial y}\right) \tag{2-3-24}$$

を得る。ここで

$$\frac{D_h}{Dt} \equiv \frac{\partial}{\partial t} + u\frac{\partial}{\partial x} + v\frac{\partial}{\partial y} \tag{2-3-25}$$

である。連続方程式(2-2-43)を用いて、式(2-3-24)から水平発散項を消去すると共に、地衡風で近似した風の場によって定義される渦度を ξ_g と表わせば、

$$\frac{D_h}{Dt}(\xi_g+f) = (\xi_g+f)\frac{\partial \omega}{\partial p} \tag{2-3-26}$$

を得る。さらに、運動が等圧面内で起こっている($\omega=0$)とすれば、連続方程式より流れの場は水平二次元非発散となり

$$\frac{D_h}{Dt}(\xi_g+f) = 0 \tag{2-3-27}$$

を得る。この式は絶対渦度の鉛直成分が水平運動にともなって保存することを示しており、順圧渦度方程式と呼ばれる。

(6) 順圧ロスビー波 barotropic Rossby wave

理想化された流れの場と順圧渦度方程式を用いて，順圧ロスビー波の特徴を調べてみよう．中緯度において f を y の一次式 $f = f_0 + \beta y$ で近似する方法を，中緯度 β 平面近似という．この近似を渦度方程式(2-3-27)に適用し，添字 g を省略して局所微分に展開すれば

$$\left(\frac{\partial}{\partial t} + u\frac{\partial}{\partial x} + v\frac{\partial}{\partial y}\right)\zeta + \beta v = 0 \qquad (2\text{-}3\text{-}28)$$

大気の運動が帯状流からなる基本場 $\bar{u}$ と微小な水平方向の擾乱 (u', v') とからなっていると仮定し

$$u = \bar{u} + u', \quad v = v', \quad \zeta = \bar{\zeta} + \zeta' \qquad (2\text{-}3\text{-}29)$$

とおく．これらを式(2-3-28)に代入すれば

$$\left(\frac{\partial}{\partial t} + (\bar{u}+u')\frac{\partial}{\partial x} + v'\frac{\partial}{\partial y}\right)(\bar{\zeta} + \zeta') + \beta v' = 0$$

擾乱についての二次の項を無視すれば，擾乱成分を記述する方程式は

$$\left(\frac{\partial}{\partial t} + \bar{u}\frac{\partial}{\partial x}\right)\zeta' + \beta v' = 0 \qquad (2\text{-}3\text{-}30)$$

ここで，流れの場は二次元非発散だから，xy 平面上の流線関数 ψ' を

$$u' = -\frac{\partial \psi'}{\partial y}, \quad v' = \frac{\partial \psi'}{\partial x} \qquad (2\text{-}3\text{-}31)$$

のように定義することができる．このとき

$$\zeta' = \frac{\partial v'}{\partial x} - \frac{\partial u'}{\partial y} = \frac{\partial^2 \psi'}{\partial x^2} + \frac{\partial^2 \psi'}{\partial y^2} = \nabla^2 \psi' \qquad (2\text{-}3\text{-}32)$$

式(2-3-31)，(2-3-32)を(2-3-30)に代入すれば

$$\left(\frac{\partial}{\partial t} + \bar{u}\frac{\partial}{\partial x}\right)\nabla^2 \psi' + \beta \frac{\partial \psi'}{\partial x} = 0 \qquad (2\text{-}3\text{-}33)$$

ψ' について平面波解

$$\psi' = \Psi e^{i\phi}, \quad \phi = kx + ly - \nu t \qquad (2\text{-}3\text{-}34)$$

を仮定すれば

$$(-i\nu + ik\bar{u})\{(ik)^2 + (il)^2\} + \beta \cdot ik = 0$$
$$\iff (-\nu + k\bar{u})(-k^2 - l^2) + k\beta = 0$$

$$\Longleftrightarrow \nu = k\bar{u} - \frac{k\beta}{K^2} \qquad (2\text{-}3\text{-}35)$$

ここで，$K^2 = k^2 + l^2$ は全水平波数の2乗である。

式(2-3-35)のように，波動を記述する波数 k や振動数 ν の間に成り立つ関係式を分散関係式 dispersion relationship という。それによれば，ロスビー波が東西方向に伝播する速さ(位相速度)は

$$c_x \equiv \frac{\nu}{k} = \bar{u} - \frac{\beta}{K^2}$$

と求まる。この値は正にも負にもなり得るが，平均帯状流に対する相対的な東西位相速度は

$$c_x - \bar{u} = -\frac{\beta}{K^2} < 0 \qquad (2\text{-}3\text{-}36)$$

このようにして，ロスビー波の位相伝播は平均帯状流に対して常に西向きであることが示され，図2-3-10を用いて直感的に語られた性質が確認できる。また，ロスビー波の位相速度は水平波数の2乗に反比例し，波長が長くなると(波数が小さくなると)急激に増加することがわかる。このように，位相速度が波数によって異なる波動を分散性波動 dispersive という。重なりあった分散性波動のエネルギーは，一般に位相速度とは異なる群速度 group velocity で伝播する。式(2-3-34)で表わされる平面波の場合，群速度は $\boldsymbol{c}_g = \left(\dfrac{\partial \nu}{\partial k}, \dfrac{\partial \nu}{\partial l}, 0\right)$ で与えられる。

図2-1-10と2-1-11でみた10 hPaの気象場は明らかに順圧構造をしていないが，分散関係式の適用法を紹介するために簡単な試算をしてみよう。2-1-3項で60°Nの緯度円にそった帯状風速は最大で100 m s^{-1}と見積もられたから，$\bar{u} \sim 70$ m s^{-1}ととってみよう。東西方向には波数1が卓越しているから，$k = 2\pi/(2\pi R) = 1/(a \cos 60°) \sim 3.1 \times 10^{-7}$ m^{-1}を得る。南北波数は30°Nと北極との間で半波長として，$l \sim 2\pi/(2\pi a/3) \sim 4.7 \times 10^{-7}$ m^{-1}ととる。$\phi = 60°$において

$$\beta = \frac{df}{dy} = \frac{d}{a\,d\phi}(2\Omega \sin\phi) = \frac{2\Omega}{a}\cos\phi \sim 1.1 \times 10^{-11} \text{ m}^{-1}\text{s}^{-1}$$

よって，東西位相速度は

$$c_x \equiv \frac{\nu}{k} \overset{(2\text{-}3\text{-}35)}{=} \bar{u} - \frac{\beta}{k^2+l^2} \sim 70 - \frac{1.1\times 10^{-11}}{(3.1\times 10^{-7})^2+(4.7\times 10^{-7})^2} \sim 35\,\mathrm{m\,s^{-1}}$$

この値は観測されるロスビー波の位相速度(〜0)と比べてはるかに大きく，該当する構造を順圧ロスビー波と同定することはできない．その理由は，渦の伸縮効果が無視できず順圧渦度方程式(2-3-27)の導出に用いた水平非発散の仮定が成立しないからである．成層圏の循環場においては，海陸分布に起因する東西方向の加熱の非一様性や山岳による物理的な強制により励起される停滞性の強制ロスビー波が重要な役割を果たしている．

(7) **変換オイラー平均** transformed Eulerian mean

2-3-1項では，定常状態を仮定して中緯度の間接循環の駆動過程について考察した．その基礎となったのは，中高緯度において

① 帯状平均された東西方向の運動方程式(2-3-9)と熱力学方程式(2-3-10)に渦フラックス項が現われ

② 熱・運動量の渦フラックス収束と平均子午面循環による効果とが相殺し合う傾向にある

という事実である．このことは，帯状風の加速や温度変化のメカニズムを理解するためには，近似的に相殺し合う帯状平均流と波動との効果を正しく評価し，その残差を求めなければならないことを意味する．したがって，大気大循環を論ずるための理論的枠組みとして，循環場を近似的に相殺し合う平均子午面循環と渦フラックスとに分解する古典的手法は必ずしも都合のよい方法ではない．

オイラー平均を用いた循環の記述の不都合を克服するために提案されたのが変換オイラー平均 Transformed Eulerian Mean (TEM) と呼ばれる考え方である．この TEM 方程式系は，熱力学方程式(2-3-10)において

① 熱の渦フラックス収束 $\left(-\frac{\partial}{\partial y}(\overline{T'v'})\right)$ と断熱加熱 $\left(\bar{S}_p\bar{\omega}\right)$ との間に互いに相殺し合う関係(2-3-12)がある

② 非断熱加熱は小さな残差に過ぎない

ことに注目して導出され，子午面内の流れの場は

　　　　非断熱加熱により駆動される残差循環 Residual Circulation

により記述される．この枠組みでは，波が平均子午面循環に対して必然的に

もたらす効果を平均流から引き去り，その残差により平均子午面循環を記述する．

地球規模の現象を対象とする場合には球面効果を適切に取り扱うことが必要であるが，取り扱う式がやや複雑になるため，以下では多少の厳密さを犠牲としつつ，考え方の理解を目的として局所直交座標のまま定式化を行ない，fと$\overline{S_p}$は定数としてそれぞれf_0，S_pと表わすことにする．前述の考えに基づく残差循環($\overline{v}^*$, $\overline{\omega}^*$)は，気圧座標系において次のように定義される．

$$\overline{v}^* = \overline{v} + \frac{1}{S_p}\frac{\partial}{\partial p}(\overline{T'v'}) \tag{2-3-37}$$

$$\overline{\omega}^* = \overline{\omega} - \frac{1}{S_p}\frac{\partial}{\partial y}(\overline{T'v'}) \tag{2-3-38}$$

残差鉛直速度$\overline{\omega}^*$は，波動による熱輸送の収束によって相殺される分を差し引いた鉛直速度成分を表わし，$\overline{v}^*$は連続方程式(2-3-1)の下で，残差循環が二次元非発散の性質

$$\frac{\partial \overline{v}^*}{\partial y} + \frac{\partial \overline{\omega}^*}{\partial p} = 0 \tag{2-3-39}$$

を保持するように定められている．残差南北速度$\overline{v}^*$，残差鉛直速度$\overline{\omega}^*$を東西方向の運動方程式(2-3-9)と熱力学方程式(2-3-10)に代入すれば，子午面内のベクトル$\boldsymbol{F}$を用いて

$$\frac{\partial \overline{u}}{\partial t} - f_0 \overline{v}^* = \nabla_p \cdot \boldsymbol{F} + \overline{X} \tag{2-3-40}$$

$$\frac{\partial \overline{T}}{\partial t} - S_p \overline{\omega}^* = \frac{\overline{J}}{c_p} \tag{2-3-41}$$

のように表わすことができる．ここで，$\boldsymbol{F} = (F_y, F_p)$はエリアッセン・パーム Eliassen-Palm フラックス(EP フラックス)と呼ばれ

$$F_y = -\overline{u'v'}, \quad F_p = -\frac{f_0}{S_p}\overline{T'v'} \tag{2-3-42}$$

と表わされる．

TEM 方程式系(2-3-39)，(2-3-40)，(2-3-41)による循環の記述は，波動による熱輸送・運動量輸送が帯状平均循環場を別々に駆動するのではなく，

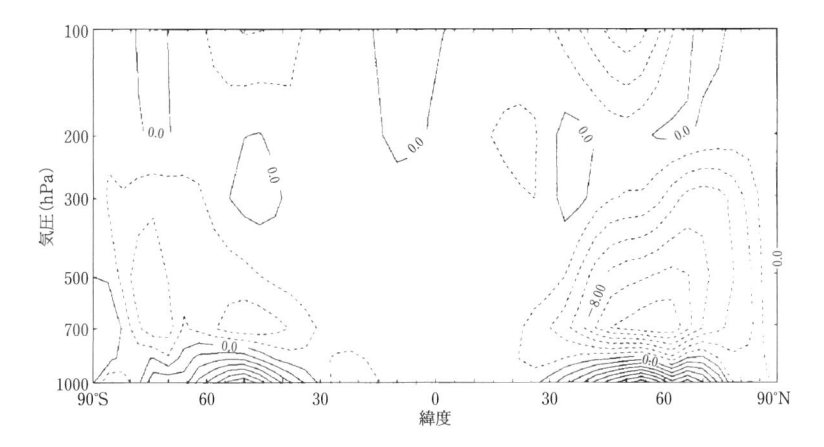

図 2-3-13 北半球冬季における EP フラックスの発散($m\,s^{-1}\,day^{-1}$)の子午面断面（Schubert et al., 1990 をもとにした Holton, 2004）

両者が融合された EP フラックスの発散として作用することを表わしている。波動の本質的な性質は帯状流に対する強制(加速)であり，その様子は EP フラックスとその発散場により視覚化することができる。観測値に基づいて算出されたその実例(図2-3-13)によれば，赤道域を除いた対流圏のほとんどの領域において EP フラックスは収束($\nabla \cdot \boldsymbol{F} < 0$)している，すなわち，波動が平均帯状風 $\bar{u}$ に対して及ぼす効果は，西風を減速(東風加速)する方向に働いていることがわかる。

残差循環の子午面構造を視覚化することのできる残差流線関数 $\overline{\Psi}^*$ が

$$\overline{\Psi}^* = \int_0^p \bar{v}^* \, dp' \qquad (2\text{-}3\text{-}43)$$

により求められることは，式(2-3-43)両辺の p 微分および y 微分に，連続方程式(2-3-39)を適用すれば

$$\bar{v}^* = \frac{\partial \overline{\Psi}^*}{\partial p}, \quad \bar{\omega}^* = -\frac{\partial \overline{\Psi}^*}{\partial y} \qquad (2\text{-}3\text{-}44)$$

が得られることにより確かめられる。図 2-3-14 は観測値に基づいて算出された残差流線関数の例（ただし，$\overline{\Psi}^*$ を重力加速度 g で割った値）で，質量流線関数 Ψ により記述された平均子午面循環(図2-3-3)とは異なり

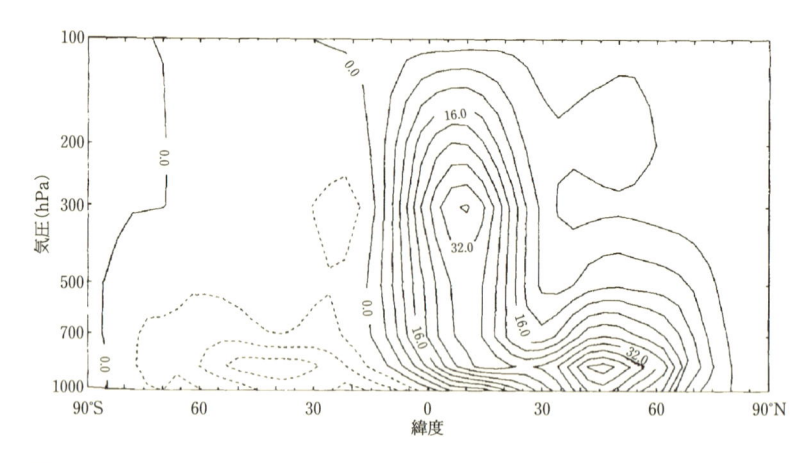

図 2-3-14 北半球冬季における残差流線関数(10^2 kg m^{-1} s^{-1})の子午面断面 (Schubert et al., 1990 を基にした Holton, 2004)

$$\text{北半球で } \overline{\Psi}^* > 0, \text{ 南半球で } \overline{\Psi}^* < 0$$

が対流圏全体で成り立ち，残差循環は各半球で1細胞からなる直接循環を形成することがわかる。古典的な平均子午面循環とは異なり，残差循環は非断熱加熱により駆動される。大気大循環の時空間スケールにおいては式(2-3-41)で $\frac{\partial \overline{T}}{\partial t} \sim 0$ と見なせるので，大気塊の上下運動は非断熱加熱による温位変化によってのみ可能となり，大気塊はその温位が上方ほど値の大きい周囲の温位と一致するように，非断熱加熱により上昇・非断熱冷却により下降する。残差循環は子午面内の質量輸送をともなう循環と対応し，化学的に不活性な微量気体成分の子午面輸送に対するよい近似を与える。これにより，座標系に固定された点におけるオイラー的な場から，物質輸送を担う流れのラグランジュ的描像が得られることになる。

(8) **成層圏の物質輸送** stratospheric transport

成層圏領域で求められた残差流線関数を図 2-3-15 に示す。成層圏においては鉛直流の正確な導出が困難な上，式(2-3-40)右辺の $\overline{X}$ の正確な評価も難しいため，残差流線関数の導出においては，力学場から式(2-3-37)，(2-3-38)を適用して残差循環を求めるのではなく，放射過程による非断熱加熱率を算出することにより熱力学方程式(2-3-41)から $\overline{\omega}^*$ に相当する量を求め，それを連続方程式にあてはめることにより $\overline{v}^*$ を求めている。1月の

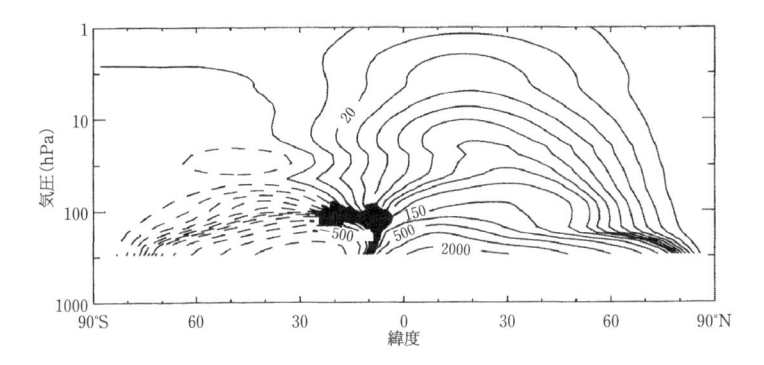

図 2-3-15　1993年1月の条件で計算された成層圏を含む領域の残差流線関数(kg m^{-1} s^{-1})(Rosenlof, 1995)

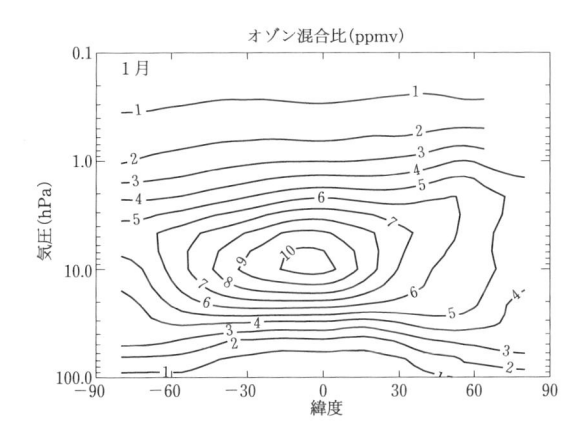

図 2-3-16　1993年1月の帯状平均オゾン混合比(ppmv)の緯度 - 高度断面(Upper Atmosphere Research Satellite (UARS) Reference Atmosphere Project によるデータに基づいて作図)

結果であるから，対流圏の上昇域は南半球側に変位しており，その延長として流線が下部成層圏に延びている．大気塊は赤道域を上昇した後，極方向へ向かい，徐々に下降することがわかる．北半球(冬半球)側の循環が反対半球より強いことを除けば，Brewer(1949)が仮説として提起した循環の正しかったことがわかる．

図 2-3-16 は，帯状平均オゾン混合比の子午面断面である．約 10 ppmv の

オゾン極大が夏半球側に偏った赤道域の7〜8 hPa高度域に位置している。この値は，全大気分子中にオゾン分子の占める割合が$10/10^6$，すなわち，10万個の分子を集めてもそのなかにオゾン分子はたった1個しか含まれていないことを意味する。なお，この高度が図2-1-2でみた極大の高度と異なるのは，図2-1-2がオゾン分圧で描かれているのに対し，図2-3-16は混合比で描かれているからである。オゾン分圧の極大が20 hPa (約28 km)付近にあっても，大気圧は高度と共に指数関数的に減少するので，混合比の極大はそれより高高度に位置するのである。

　オゾン輸送の観点から注目すべき特徴は，下部成層圏におけるオゾン混合比の等値線が，高緯度に向かって下降していることである。たとえば，赤道上で45 hPa付近を通過している2 ppmvの等値線が緯度80°Nでは80 hPa付近にある。したがって，同じ高度でオゾン混合比を比較すると，下部成層圏では中高緯度の方が高い値を示す。第3章で述べられているように，下部成層圏では酸素分子の光解離により供給される酸素原子はほとんど無視でき，赤道域より中高緯度でオゾン生成がさかんだとは考えられない。下部成層圏において赤道より中高緯度でオゾン混合比が高いのは，赤道中部成層圏で生成されたオゾンが図2-3-15に示された循環によって運ばれているからである。残差流線関数で表わされる大気循環により，オゾン混合比の等値線が中高緯度下部成層圏で下向きに引き延ばされている様子が確認できる。こうして中高緯度下部成層圏に輸送されてきたオゾンは，化学的寿命が長いため破壊されることなく下部成層圏に蓄積される。

　化学的に長寿命の大気組成(CFC，メタン，亜酸化窒素(N_2O)，水蒸気など)やエアロゾルと呼ばれる微粒子の分布も，残差循環による物質輸送により理解できる。図2-3-17は，フロンガスの一種であるCFC-12(CF_2Cl_2)の緯度‐高度分布である。CFC-12は安定な化学物質で水にも溶けないため，大気中に放出されると対流圏で分解‐除去されることなく大気大循環に乗って上空へ輸送され，赤道対流圏界面を越えて成層圏に到達する。成層圏では紫外線を浴びて徐々に光解離し，放出された塩素原子が触媒的オゾン消失反応を引き起こす(第3章)。CFCの混合比は高度と共に指数関数的に減少するが，図2-3-15に示された大気大循環による輸送効果のために，その等値線は赤道

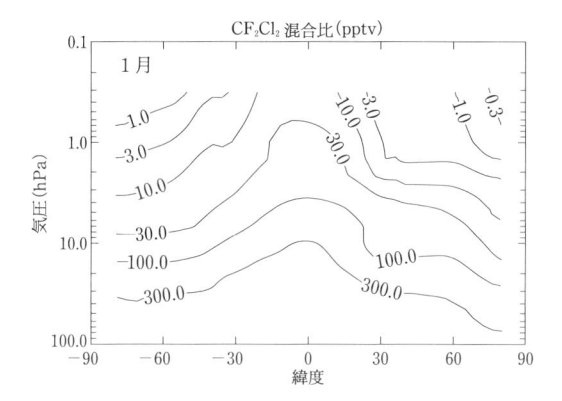

図 2-3-17 UARS 搭載の Cryogenic Limb Array Etalon Spectrometer (CLAES) で観測された 1993 年 1 月の帯状平均 CF_2Cl_2 (CFC-12) 混合比 (pptv) の緯度‐高度断面 (UARS Reference Atmosphere Project によるデータに基づいて作図)

域で上方へ，高緯度で下方へ変位している。それと共に注目すべきことは，冬半球中緯度 (30°N から 60°N) の 30 hPa から 1 hPa の高度領域で，等値線がほぼ水平になっていることである。これは，冬季に成層圏へ伝播する惑星波がこの高度域で砕波することにより，等温位面上の混合が生じて南北方向の勾配が解消されているためであり，夏半球側にはみられない。このように，成層圏における物質分布を決定する力学的要因には，残差循環によるゆっくりとした子午面輸送と砕波による等温位面上の混合過程という性質の異なる 2 つがある。

(9) **ダウンワードコントロール** downward control

図 2-3-15 のように求められた残差循環を式 (2-3-40) に用いることにより，波による平均流の駆動 (EP フラックスの発散と $\overline{X}$ との和) を評価することができる。そのような結果の一例を図 2-3-18 に示す。南半球 40 hPa 付近に特異的な正領域が見出されるが，これは使用データに含まれる誤差で生じた見かけの構造と考えられる。これを除けば，対流圏同様，成層圏においても波は西風を減速する方向に働いていることがわかる。

定常状態を仮定すれば，式 (2-3-40) において波によるこの効果は $-f_0 \overline{v}^*$ (コリオリトルク) とバランスする。したがって，成層圏では極向き (北半球で

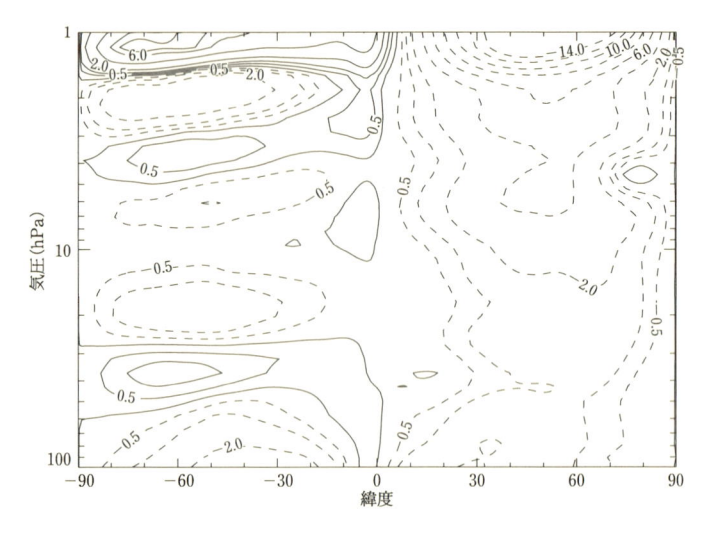

図 2-3-18　1993 年 1 月の条件で計算された波による平均流の駆動 (m s^{-1} day^{-1})
(Rosenlof, 1995)

$\bar{v}^*>0$，南半球で $\bar{v}^*<0$) となる残差南北流が存在するはずである．この流れは，連続方程式 (2-3-39) の要請により，低緯度の上昇流・高緯度の下降流をともなうはずである．総観規模擾乱が成層圏へ伝播できないことは，図 2-1-10 でみた通りである．総観規模擾乱は対流圏界面付近で砕波し，それにより，下部成層圏に極向きの残差子午面循環を駆動する(図 2-3-19 の S とその周囲の矢印)．平均帯状風が西風の冬半球でのみ成層圏へ伝播できるプラネタリー波は成層圏で砕波し，冬半球に限定された極向きの輸送を引き起こす(図 2-3-19 の P とその周囲の矢印)．これが，オゾン全量の春季極大を引き起こすブルーワ・ドブソン循環である．中部・上部成層圏におけるプラネタリー波の砕波により駆動される冬半球の極向きの流れは，赤道域の大気を吸い上げ，極域の大気を下層へ押し込むような残差鉛直流を駆動する．このように，成層圏に原因をもちながら熱帯対流圏界面付近の大気の吸い上げを支配するという性質は，対流圏の影響を受けて受動的に変動する成層圏というそれまでの力学観とは一線を画するもので，ダウンワードコントロール downward control と呼ばれている．

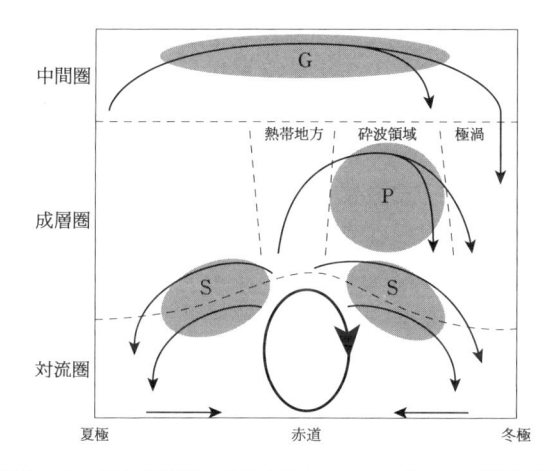

図 2-3-19　砕波による平均流駆動の概念図(Plumb, 2002)。S は総観規模擾乱，P はプラネタリー波，G は重力波の砕波領域で，矢印が駆動される子午面循環。

　残差循環と EP フラックスを用いた TEM 系による平均子午面循環の記述は，成層圏における力学過程と物質輸送過程の理解に画期的な展開をもたらした。等温位面上における不可逆混合(図 2-3-12)と砕波による残差子午面循環の駆動(図 2-3-18)は，成層圏における輸送過程を理解するための鍵である。図 2-3-20 はそれらをまとめたもので，太実線が対流圏界面，細実線が等温位面を表わす。波状の矢印は等温位面上における大気塊の準水平的移動を表わす。温位 380 K より上の領域は等温位面上の運動によっても成層圏に留まるので，オーバーワールドと呼ばれる。一方，380 K より下にある大気塊は，等温位面上の準水平的移動により中緯度下部成層圏と低緯度対流圏とを行き来できるので，380 K より下の中高緯度成層圏領域をミドルワールドと呼ぶ。最近の研究により，「成層圏に貫入する積乱雲」は比較的稀にしか観測されず，水平運動の卓越する熱帯対流圏界層 Tropical Tropopause Layer という概念が導入されるに至ったが，図 2-3-20 に示された物質輸送の理解は，成層圏オゾン変動を理解する基礎となるものである。第 4 章で解説するオゾンホールは，このような大気交換から隔絶された極渦内部に形成される。

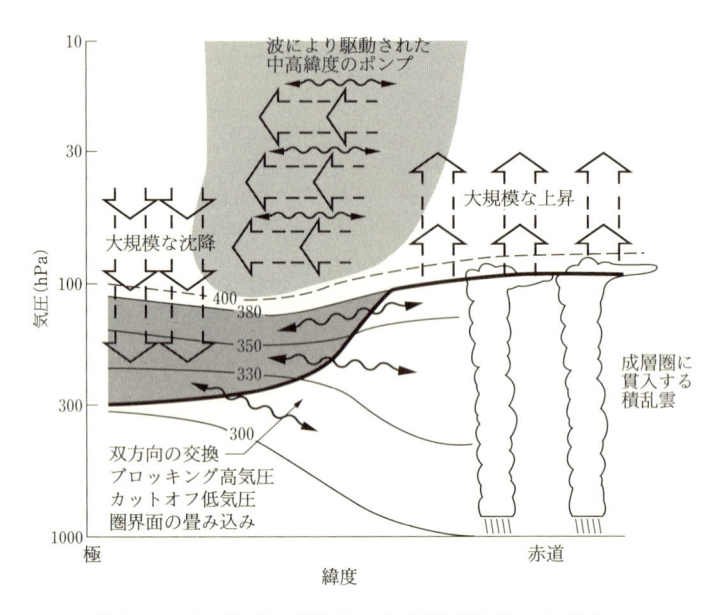

図 2-3-20　対流圏 - 成層圏物質交換過程と成層圏物質輸送の模式図（Holton et al., 1995）

[引用文献]

Andrews, D.G., Holton, J.R. and Leovy, C.B. 1987.　Middle atmosphere dynamics. 489 pp. Academic Press.
Appenzeller, C., Davies, H.C. and Norton, W.A. 1996.　Fragmentation of stratospheric intrusions.　J. Geophys. Res., 101(D1): 1435-1456.
Bowman, K.P. and Krueger, A.J. 1985.　A global climatology of total ozone from the Nimbus 7 Total Ozone Mapping Spectrometer.　J. Geophys. Res., 90: 7967-7976.
Brewer, A.W. 1949.　Evidence for a world circulation provided by the measurements of helium and water vapour distribution in the stratosphere.　Quart. J. Roy. Meteorol. Soc., 75: 351-363.
Hartmann, D.L. 1994. Global physical climatology. 411 pp. Academic Press.
Hatsushika, H. and Yamazaki, K. 2003.　Stratospheric drain over Indonesia and dehydration within the tropical tropopause layer diagnosed by air parcel trajectories.　J. Geophys. Res., 108(D19): 4610. doi:10.1029/2002JD002986.
Holton, J.R. 2004.　An introduction to dynamic meteorology (4th ed.). 535 pp. Elsevier Academic Press.
Holton, J.R. and Gettelman, A. 2001.　Horizontal transport and the dehydration of the stratosphere.　Geophys. Res. Lett., 28: 2799-2802.
Holton, J.R., Haynes, P.H., McIntyre, M.E., Douglass, A.R., Rood, R.B. and Pfister, L. 1995. Stratosphere-troposphere exchange.　Rev. Geophys., 33: 403-439.

Lorenz, E.N. 1967. The nature and theory of the general circulation of the atmosphere. 161 pp. World Meteorological Organization.

Mote, P.W., Rosenlof, K.H., McIntyre, M.E., Carr, E.S., Gille, J.C., Holton, J.R., Kinnersley, J.S., Pumphrey, H.C., Russell III, J.M. and Waters, J.W. 1996. An atmospheric tape recorder: The imprint of tropical tropopause temperatures on stratospheric water vapor. J. Geophys. Res., 101: 3989-4006.

Newell, R.E. and Gould-Stewart, S. 1981. A stratospheric fountain?. J. Atmos. Sci., 38: 2789-2796.

Peixoto, J.P. and Oort, A.H. 1992. Physics of climate. 520 pp. American Institute of Physics.

Plumb, R.A. 2002. Stratospheric transport. J. Meteorol. Soc. Japan, 80(4B): 793-809.

Reid, G.C. and Gage, K.S. 1981. On the annual variation in height of the tropical tropopause. J. Atmos. Sci., 38: 1928-1938.

Rosenlof, K. H. 1995. Seasonal cycle of the residual mean meridional circulation in the stratosphere. J. Geophys. Res., 100: 5173-5191.

Schubert, S., Park, C.-K., Higgins, W., Moorthi, S. and Suarez, M. 1990. An atlas of ECMWF analyses (1980-1987) Part I: First moment quantities. NASA Technical Memorandum 100747.

オゾン層の光化学

第3章

北海道大学大学院環境科学院/廣川　淳

　本章では成層圏においてオゾンの生成と消失にかかわる化学過程を扱う。3-1節では，その基本となるチャップマン機構を説明する。チャップマン機構では酸素原子(O)，酸素分子(O_2)，オゾン(O_3)の3種類の化学種がかかわった4つの化学反応で，成層圏オゾンの化学過程が記述される。そして反応速度論に基づいた比較的簡単な取り扱いによって，成層圏になぜオゾン層が形成されるのかを定性的に知ることができる。しかし，チャップマン機構によって計算されるオゾン濃度は実際のオゾン層の濃度と定量的には一致しない。3-2節では，この定量的な差を説明するための化学過程として，ラジカルが触媒として働く連鎖反応を扱う。具体的には酸素以外の元素，すなわち水素(H)，窒素(N)，塩素(Cl)，臭素(Br)も含んだ化学種が関与したオゾンの消失過程を紹介する。これらのなかで，塩素，臭素はおもに人為起源物質として成層圏へ供給されることから，人間活動によるオゾン層の破壊を理解するうえで重要である。

3-1　オゾン層の生成理論

3-1-1　チャップマン機構

　成層圏におけるオゾン層の生成理論は，チャップマンにより提案されたモデル(Chapman, 1930)に基づいている。このモデルでは，成層圏大気中に普遍的に存在する酸素分子をもとに，オゾンが化学反応を通して生成すると考え

られている。具体的には，成層圏におけるオゾンの生成・消失にかかわる化学反応として以下の4つを考える。

$$O_2 + h\nu \longrightarrow 2O \qquad [3\text{-}1\text{-}1]$$

$$O + O_2 + M \longrightarrow O_3 + M \qquad [3\text{-}1\text{-}2]$$

$$O_3 + h\nu \longrightarrow O + O_2 \qquad [3\text{-}1\text{-}3]$$

$$O + O_3 \longrightarrow 2O_2 \qquad [3\text{-}1\text{-}4]$$

反応[3-1-1]は酸素分子から酸素原子が生成する過程である。酸素分子は242 nmよりも短波長の光を吸収する。光は5-1節で詳しく説明されているように，波動性と粒子性をもち，光の粒子(光子)1個のもつエネルギーEは，波としての光の振動数νとプランク定数hを用いて$E = h\nu$で表わされる。光を吸収した分子は，安定な状態(基底状態)からエネルギー的に高い不安定な状態(励起状態)となる。酸素分子の場合，吸収した光のエネルギーにより，分子内の結合が切れ，2個の酸素原子に解離する。これを光解離あるいは光分解という。つまり反応[3-1-1]は，酸素分子が光のエネルギー$h\nu$を吸収して，2個の酸素原子に光解離することを意味している。次に，反応[3-1-2]は酸素原子と酸素分子からオゾンO_3が生成する反応である。この反応ではまず，酸素原子と酸素分子の間で結合が生成してオゾンになる。このとき，結合が生成した分の安定化のエネルギーが生じるが，孤立したオゾン分子ではそのエネルギーを外に放出できず，内部エネルギーとしてもつ。もしこのままならば，この高い内部エネルギーによって，一度生成した結合が切れ，元の酸素原子と酸素分子とに戻ってしまう。しかし，周囲に別の分子Mが存在する場合は，衝突により余剰の内部エネルギーをMに受け渡すことにより，エネルギー的に安定なオゾンが生成される。このMを第三体といい，大気中では主成分である窒素分子と酸素分子がおもにこの役割を果たす。Mは反応の前後で化学的には変化しないが，反応[3-1-2]が進行するためには必要であり，後述するようにこの反応の速度を議論する際にも重要となる。次いで反応[3-1-3]はオゾンの光解離を表わす。1-1-2項にあるように，オゾンは約200〜360 nmの紫外線領域と400〜850 nmの可視・赤外線領域の波長範囲に吸収をもつ。オゾンの場合も，酸素分子と同様に，光を吸収すると解離を起こす。[3-1-3]に表わしたように，オゾンは1個の酸素原子と1

個の酸素分子とに光解離するが，ここで生成する酸素原子の状態は，オゾンが吸収する光の波長によって異なる。波長が約 340 nm より長い光では，エネルギー的に安定な基底状態の酸素原子が生成するのに対し，これより短い波長の光では，エネルギーの高い励起状態の酸素原子も生成する。そして，約 310 nm より短い波長の紫外光では，この励起状態の酸素原子の生成が主になる。反応[3-1-3]では特にこれらの区別をせずに示してある。最後に反応[3-1-4]は酸素原子とオゾンとの反応である。この反応では，酸素原子とオゾンが衝突し，結果として 2 個の酸素分子が生成する。

3-1-2 反応速度と定常状態の近似

以上 4 つの過程の反応速度を考えてみよう。反応速度とは，反応にかかわる成分濃度の時間変化で定義される。濃度の時間変化は，微小時間 Δt の間の成分濃度の変化量で表わされる。たとえば反応[3-1-1]では，酸素分子が光解離により減少するので，時間 Δt の間に変化する酸素分子濃度を $\Delta[O_2]$ とすると，

$$\text{酸素分子濃度の時間変化} = -\frac{\Delta[O_2]}{\Delta t}$$

で表わされる。今の場合，酸素分子は光解離により減少するので，式には負の符号が現われている。より一般的には，時間 Δt を無限に小さくしていき，次のような濃度 $[O_2]$ の時間微分で表わされることになる。

$$\text{酸素分子濃度の時間変化} = -\frac{d[O_2]}{dt}$$

同様に光解離で生成する酸素原子濃度 $[O]$ の時間変化は，

$$\text{酸素原子濃度の時間変化} = \frac{d[O]}{dt}$$

で表わされる。酸素原子はこの反応により増加するので，時間変化は正になる。反応[3-1-1]では酸素分子 1 分子から酸素原子が 2 原子生成することを考慮にいれると，この反応の速度 r_1 は，反応にかかわる成分濃度の時間変化から次のように表わすことができる。

$$r_1 = -\frac{d[O_2]}{dt} = \frac{1}{2}\frac{d[O]}{dt}$$

この定義から明らかなように，反応速度は濃度/時間の次元をもつ。濃度の単位としては，大気中の反応を扱う場合，分子の数密度，すなわち 1 cm³ あたりに含まれる分子の数(molecules cm⁻³)が一般的に用いられる。したがって，反応速度は通常 molecules cm⁻³ s⁻¹ の単位で表わされる。

以上のように定義される反応速度は，一般的に反応する化学種の濃度に依存する。反応[3-1-1]のような光解離反応では，光解離する酸素分子の濃度に一次で依存し，次のように表わされる。

$$r_1 = J_1[O_2]$$

ここで，J_1 は光解離のしやすさを示した比例定数であり，光解離定数と呼ばれる。前述のように反応速度の単位が molecules cm⁻³ s⁻¹ であり，濃度 $[O_2]$ の単位が molecules cm⁻³ であるので，光解離定数 J_1 の単位は s⁻¹ となり，時間の逆数の次元をもつことがわかる。

反応[3-1-2]の反応速度は，まず反応する2つの化学種，すなわち酸素原子と酸素分子の濃度に比例する。また，前述のように，この反応には第三体 M の存在が必要不可欠であり，その濃度[M]にも反応速度は依存すると考えられる。成層圏大気の圧力条件では，この反応の速度 r_2 は，結局次のように酸素原子，酸素分子，第三体それぞれの濃度に一次で依存する形となる。

$$r_2 = k_2[O][O_2][M]$$

ここで k_2 は反応の起こりやすさを表わす比例定数であり，この反応の速度定数と呼ばれる。反応速度 r_2 とそれぞれの化学種の濃度[O]，$[O_2]$，[M] の単位を考慮にいれると，反応速度定数 k_2 の単位は cm⁶ molecule⁻² s⁻¹ となることがわかる。

反応[3-1-3]はオゾンの光解離反応であるので，その反応速度 r_3 は，反応[3-1-1]の場合と同様に，

$$r_3 = J_3[O_3]$$

のように表わすことができる。ただし，$[O_3]$はオゾンの濃度，J_3はオゾンの光解離定数である(反応速度定数は一般的に k で表わされるが，[3-1-1]，[3-1-3]のような光解離反応の場合だけ J が用いられることが多い)。J_3 も時間の逆数の次元

をもち，単位は一般的に s^{-1} で表わされる。最後に[3-1-4]の反応速度 r_4 は，反応する2つの化学種，酸素原子とオゾンの濃度それぞれに一次で依存し，次のように表わされる。

$$r_4 = k_4[\text{O}][\text{O}_3]$$

ここで k_4 はこの反応の速度定数である。この反応では速度 r_4 は2つの化学種の濃度に比例するので，k_4 の単位は $\text{cm}^3\,\text{molecule}^{-1}\,\text{s}^{-1}$ となる。以上4つの反応の速度は，それぞれの反応にかかわる成分濃度の時間変化を表わしていることになるが，実際には1つの成分が複数の反応にかかわっているので，その濃度の時間変化を表わすためには，かかわっている反応をすべて考慮にいれなければならない。たとえば，酸素原子は反応[3-1-1]から[3-1-4]のすべてにかかわっている。[3-1-1]と[3-1-3]では生成し，[3-1-2]と[3-1-4]では消失するので，酸素原子濃度の時間変化は4つの反応の速度を用いて次のように表わされる。

$$\begin{aligned}\frac{d[\text{O}]}{dt} &= 2r_1 - r_2 + r_3 - r_4 \\ &= 2J_1[\text{O}_2] - k_2[\text{O}][\text{O}_2][\text{M}] + J_3[\text{O}_3] - k_4[\text{O}][\text{O}_3]\end{aligned} \quad (3\text{-}1\text{-}1)$$

ここで，右辺第一項に係数2がついているのは，反応[3-1-1]で酸素原子が2個生成することに対応している。一方，オゾンは[3-1-2]で生成し，[3-1-3]と[3-1-4]で消失するので，その濃度の時間変化は次のようになる。

$$\begin{aligned}\frac{d[\text{O}_3]}{dt} &= r_2 - r_3 - r_4 \\ &= k_2[\text{O}][\text{O}_2][\text{M}] - J_3[\text{O}_3] - k_4[\text{O}][\text{O}_3]\end{aligned} \quad (3\text{-}1\text{-}2)$$

これらの式に現われる光解離定数 J_1，J_3 の値は光化学の実験などをもとにして求められている。また反応速度定数 k_2，k_4 の値も室内の実験研究から得られている。これらの値と，典型的な濃度を用いてそれぞれの反応速度を計算すると，[3-1-2]と[3-1-3]の反応速度は[3-1-1]と[3-1-4]に比べてはるかに大きいことがわかる。すなわち，

$$r_2,\ r_3 \gg r_1,\ r_4 \quad (3\text{-}1\text{-}3)$$

の関係が成り立つ。反応[3-1-2]は酸素原子と酸素分子が結合してオゾンが生成する反応であり，[3-1-3]はその逆に，オゾンが酸素原子と酸素分子と

に分解する反応である。つまり，酸素原子とオゾンは，[3-1-2]と[3-1-3]を通じて，非常に速く相互変換をしていることになる。このような場合，酸素原子とオゾンをひと括りにして考えると扱いやすくなる。これらは，いずれも奇数個の酸素からできていることから，ひと括りにして奇数酸素 $O_x (x=1, 3)$ と呼ばれる。奇数酸素の立場でみると，チャップマン機構の4つの反応は，奇数酸素の実質的な生成，消失過程である[3-1-1]，[3-1-4]と，奇数酸素同士の相互変換過程である[3-1-2]，[3-1-3]とに大きく分けることができる。そこでこれらを別々に取り扱う。まず，奇数酸素の相互変換過程である[3-1-2]と[3-1-3]を考える。式(3-1-3)の下では，酸素原子濃度とオゾン濃度の時間変化を表わす式(3-1-1)と(3-1-2)は次のように書き換えられる。

$$\frac{d[O]}{dt} = 2J_1[O_2] - k_2[O][O_2][M] + J_3[O_3] - k_4[O][O_3]$$
$$\cong -k_2[O][O_2][M] + J_3[O_3] \qquad (3\text{-}1\text{-}1')$$

$$\frac{d[O_3]}{dt} = k_2[O][O_2][M] - J_3[O_3] - k_4[O][O_3]$$
$$\cong k_2[O][O_2][M] - J_3[O_3] = -\frac{d[O]}{dt} \qquad (3\text{-}1\text{-}2')$$

これらの式は，先に述べたように奇数酸素であるオゾンと酸素原子が相互変換していることを表わしている。そしてこれらの相互変換が非常に速いため，オゾンと酸素原子は[3-1-2]と[3-1-3]の反応速度により決められた一定の割合を常に保つと考えることができる。たとえば，[3-1-1]の反応により酸素原子が生成しても，[3-1-2]と[3-1-3]により酸素原子とオゾンの濃度は，ある一定の割合に速やかに落ち着く。また，[3-1-4]で酸素原子とオゾンが1分子ずつ減少しても，すぐに[3-1-2]と[3-1-3]で支配される一定の割合に達すると考えることができる。このように時間に依存せずに保たれる一定の状態を定常状態と呼ぶ。定常状態では，酸素原子およびオゾンの濃度が時間に対して変化しないと近似することができ，式(3-1-1′)，(3-1-2′)とから次のような関係が得られる。

$$\frac{d[O_3]}{dt} = -\frac{d[O]}{dt} = k_2[O][O_2][M] - J_3[O_3] = 0$$

ここから$[O]$と$[O_3]$との間で近似的に

$$[\mathrm{O}] = \frac{J_3}{k_2[\mathrm{O}_2][\mathrm{M}]}[\mathrm{O}_3] \qquad (3\text{-}1\text{-}4)$$

が成り立つ。式(3-1-4)は，定常状態での酸素原子とオゾンの濃度比，つまりは奇数酸素の内訳を決めている。

次いで，奇数酸素の生成・消失過程である[3-1-1]と[3-1-4]の2つの反応に着目する。奇数酸素は[3-1-1]で生成し，[3-1-4]で消失するので，その濃度$[\mathrm{O}_x]$の時間変化は，次のように表わされる。

$$\frac{d[\mathrm{O}_x]}{dt} = \frac{d[\mathrm{O}]}{dt} + \frac{d[\mathrm{O}_3]}{dt} = 2J_1[\mathrm{O}_2] - 2k_4[\mathrm{O}][\mathrm{O}_3] \qquad (3\text{-}1\text{-}5)$$

反応[3-1-1]では酸素原子が2個生成し，[3-1-4]では，奇数酸素である酸素原子とオゾンが合わせて2個消失するので，右辺の各項に係数2がついている。ここでも奇数酸素が定常状態にある，すなわちO_xの濃度は時間に対して変化しないと仮定すると次式が得られる。

$$J_1[\mathrm{O}_2] - k_4[\mathrm{O}][\mathrm{O}_3] = 0$$

これに式(3-1-4)を代入して

$$J_1[\mathrm{O}_2] - \frac{J_3 k_4}{k_2[\mathrm{O}_2][\mathrm{M}]}[\mathrm{O}_3]^2 = 0$$

が得られる。これをオゾン濃度$[\mathrm{O}_3]$に対して解くと，

$$[\mathrm{O}_3] = \sqrt{\frac{J_1 k_2 [\mathrm{O}_2]^2 [\mathrm{M}]}{J_3 k_4}} \qquad (3\text{-}1\text{-}6)$$

のように表わされる。このように定常状態を仮定すると，オゾンの濃度は反応[3-1-1]から[3-1-4]の反応速度を決めている光解離定数，反応速度定数と酸素分子および空気の濃度のみで表わされる。これがチャップマン機構を仮定したときの，定常状態におけるオゾンの濃度，すなわちオゾンの定常濃度となる。

3-1-3　オゾン定常濃度の高度依存性

式(3-1-6)で表わされたオゾンの定常濃度が高度に対してどのように変化するかを簡単に調べよう。式(3-1-6)に現われている定数はいずれも実験室での研究や観測などから値を得ることができる。まず$[\mathrm{M}]$は空気分子の数密

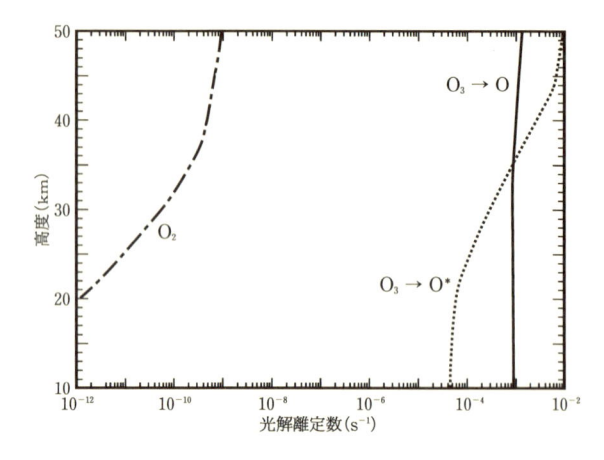

図 3-1-1 酸素分子およびオゾンの光解離定数(Brasseur et al., 1999をもとに作成)。太陽天頂角 0°での計算値。オゾンについては，基底状態の酸素原子 O と励起状態の酸素原子 O* を生成する経路を別々に示している。

度であるので，高度と共に指数関数的に減少する。また，酸素分子は空気中に一定の割合(約21%)で存在するので，[O_2]も[M]と同じような挙動を示す。J_1とJ_3は，それぞれ酸素分子とオゾンの光解離定数である。これらの値を図 3-1-1 に示す。図からわかるように光解離定数は高度に対して変化する値である。このような高度依存性は，分子による光吸収のしやすさ(光吸収断面積)が波長の関数であること，および太陽光の波長分布が高度によって異なること(これについては 5-1 節を参照)から説明される。酸素分子は 3-1-1 項で説明したように 242 nm より短波長の光を吸収して解離するが，この波長領域の太陽光は，上層の酸素分子に吸収されるため，高度が低くなると共に急激に減衰する。その結果，酸素分子の光解離定数J_1も高度が低くなると共に急激に減少する(図3-1-1の一点鎖線)。一方，オゾンの光解離定数は酸素分子ほど高度に対する依存性が大きくない。3-1-1 項で触れたように，オゾンの光解離では波長によって生成する酸素原子の状態が異なる。図 3-1-1 には，基底状態の酸素原子，励起状態の酸素原子それぞれが生成する経路に分けて，光解離定数を示している。基底状態の酸素原子が生成する光解離過程は，おもに可視から赤外の光で起こる。この比較的波長の長い領域の光は，地表付

近までほとんど減衰することなく到達するため，光解離定数の高度に対する依存性はほとんどない（図3-1-1の実線）。また，励起状態の酸素原子を生成する経路は，波長340 nm以下の紫外線領域で起こる。この波長領域の光の内，特に290 nmよりも短波長の光は，成層圏でオゾンによる吸収を受けるため，高度50 km以下で大幅に減衰する。これを反映して光解離定数も地表に近づくにつれ減少するが，まだ290 nmより長波長の光による解離の寄与は残るため，酸素分子の光解離定数ほど急激な減少にはならない（図3-1-1の点線）。J_3はこれらを合わせたものとなるため，結果として高度に対する依存性は小さくなる。最後に反応速度定数k_2とk_4の高度依存性を考える。一般に反応速度定数は温度に対する依存性をもつ。k_2は温度の上昇と共に僅かに減少し，k_4は逆に温度の上昇と共に増加する。したがってこれらの値も高度に対して変化する。ただし変化の度合いは，J_1や[M]，[O_2]に比べると小さい。k_2の値は成層圏を通してだいたい10^{-33} cm^6 molecule^{-2} s^{-1}であり，k_4の値は10^{-15} cm^3 molecule^{-1} s^{-1}程度である。

これらの値をもとに，式(3-1-6)からオゾン濃度を計算すると，高度20〜30 kmで極大値をもつ。これが，成層圏にオゾン濃度の高い領域すなわちオゾン層が形成されることの説明になる。上で考えてきたように式(3-1-6)に現われる各定数のなかで特に高度に対して変化が大きいのは，空気分子と酸素分子の数密度[M]および[O_2]，そして酸素分子の光解離定数J_1であり，[O_3]の高度依存性もこれらを反映している。つまり，地表付近では，O_2，Mの濃度は高いが，O_2の光解離がほとんど起こらず[O_3]は低くなり，高度が50 km以上では，逆に光解離定数J_1は大きいが，分子の数密度が低すぎて[O_3]は低くなってしまう。そして，これらの高度の中間で[O_3]は極大値をもつことになる。

チャップマン機構の妥当性を検証する前に，奇数酸素における酸素原子とオゾンの内訳についてみておく。既に述べたように，酸素原子とオゾンは反応[3-1-2]と[3-1-3]により相互変換しており，この2つの反応の速度が内訳を決めている。式(3-1-4)から[O]/[O_3]を計算すると，下部成層圏で10^{-7}程度であり，高度と共に増加するが，上部成層圏でも0.1未満である。また酸素原子の数密度は式(3-1-4)と(3-1-6)とから

$$[O] = \sqrt{\frac{J_1 J_3}{k_2 k_4 [M]}} \tag{3-1-7}$$

のように表わされ，具体的に数値を代入すると，上部成層圏で 10^9 atoms cm^{-3} 程度，高度が下がると共に単調に減少し，下部成層圏では約 10^6 atoms cm^{-3} という非常に低い値となる。これらのことから成層圏全体にわたって，奇数酸素の大部分はオゾンの形で存在しており，酸素原子の占める割合は非常に小さいということがわかる。すなわち，奇数酸素の濃度とオゾン濃度との間には，$[O_x] \cong [O_3]$ の関係が成り立つ。

3-1-4　光化学寿命

チャップマン機構では，オゾンの生成・消失にかかわる光化学反応がオゾン濃度を決めているという前提の下に議論が進められた。しかし実際の大気には水平方向，上下方向の流れがある。他の高度(他の場所)で生成したオゾンが輸送されてくれば，その場での光化学反応だけではオゾン濃度が決まらないかもしれない。したがって光化学反応がオゾン濃度を決めているという前提が妥当であったかどうかを検証しておく必要がある。これには光化学寿命というものを用いて議論するのが便利である。光化学寿命とは，ある大気成分が光化学反応により消失するまでに大気中に留まる時間スケールを表わすものであり，成分の濃度を消失反応の速度で割り込むことによって与えられる。具体的にいくつかの化学種について光化学寿命を計算してみよう。まず酸素原子は，チャップマン機構において反応[3-1-2]と[3-1-4]で消失するが，既に述べたように[3-1-2]の方がはるかに速いので，酸素原子の光化学寿命は反応[3-1-2]により決められると考えられる。[3-1-2]の反応速度は $r_2 = k_2[O][O_2][M]$ であったので，酸素原子の光化学寿命は次のように表わされる(寿命は通常ギリシャ文字の τ(タウ)で表わされる)。

$$\tau_O = \frac{[O]}{r_2} = \frac{[O]}{k_2[O][O_2][M]} = \frac{1}{k_2[O_2][M]} \tag{3-1-8}$$

具体的に k_2，$[O_2]$，$[M]$ に値をいれて成層圏での τ_O の値を計算してみると，下部成層圏でミリ秒程度，高度と共に増加して上部成層圏で数秒という値が得られ，成層圏の全高度にわたって酸素原子の寿命は非常に短いことがわか

る．次にオゾンの光化学寿命を計算してみる．オゾンの消失についても[3-1-3]と[3-1-4]の2つの反応があったが，この内，圧倒的に速い[3-1-3]がオゾンの光化学寿命を決めていると考えることができるので，次のように表わされる．

$$\tau_{O_3} = \frac{[O_3]}{r_3} = \frac{[O_3]}{J_3[O_3]} = \frac{1}{J_3} \qquad (3\text{-}1\text{-}9)$$

このように光解離反応による寿命は，光解離定数の逆数で表わされる．オゾンの光解離定数 J_3 の値をもとに計算すると，オゾンの寿命は成層圏においてだいたい $\tau_{O_3} = 10^3 \sim 10^2$ s と見積もられる．すなわちオゾンの寿命は上部成層圏で数分，下部成層圏ではそれより長くなって十数分となる．ここで見積もった酸素原子の寿命はオゾンに変換される反応によるもの，オゾンの寿命は酸素原子に光解離する反応によるものなので，このことは酸素原子が数秒以下の時間スケールでオゾンに，オゾンは遅くとも十数分の時間スケールの間に酸素原子に変換されていることを示す．すなわち，酸素原子とオゾンは水平，垂直方向の輸送に比べてはるかに速い時間スケールで相互変換をしていることになる．言い換えれば，仮に輸送によりある場所のオゾン濃度が増えた(減った)としても，オゾンと酸素原子は速やかに相互変換し，これらの内訳はその場での光化学反応により支配され，式(3-1-4)の関係を満たすということになる．これらのことから，酸素原子とオゾンのそれぞれに対して定常状態の近似を仮定すること，および酸素原子とオゾンを奇数酸素 O_x としてまとめて扱うことの妥当性が確かめられる．ただし，以上の考察は，オゾン濃度が輸送の影響を受けないことを示したものではない．あくまでも反応[3-1-2]と[3-1-3]は酸素原子とオゾンの間の相互変換の過程であり，式(3-1-4)で決められるオゾンと酸素原子との内訳が輸送の影響を受けないことを意味しているに過ぎない．オゾン濃度に対する輸送の影響を判断するためには，奇数酸素としての光化学寿命を見積もる必要がある．これまでの議論から奇数酸素の実質的な消失過程は反応[3-1-4]であった．式(3-1-5)から奇数酸素の消失速度は $2k_4[O][O_3]$ となるので，光化学寿命は次のように表わすことができる．

$$\tau_{O_x} = \frac{[O_x]}{2k_4[O][O_3]} \simeq \frac{1}{2k_4[O]} \tag{3-1-10}$$

ここでは，成層圏の全高度においてオゾン濃度が酸素原子濃度に比べはるかに高く，$[O_x] \simeq [O_3]$と近似できることを用いている。これを計算してみると，奇数酸素の寿命は下部成層圏で10^8 s程度と長く，上空に行くほど短くなり，上部成層圏で10^4 s程度となる。反応[3-1-4]が奇数酸素の実質的な消失過程であること，奇数酸素の大部分はオゾンの形態で存在していることを考えると，式(3-1-10)により見積もった奇数酸素の寿命が，オゾンの実質的な消失に対する光化学寿命であると見なすことができる。計算結果から，上部成層圏では寿命は1日以内であり，輸送によるオゾン濃度の変動があったとしても，光化学反応による定常状態に速やかに落ち着くと考えられるが，下部成層圏では寿命は数年にも及ぶため，輸送の影響を多分に受け，その場での化学反応だけではオゾン濃度を正しく記述できない可能性が高いと推測される。以上のような考察から，化学反応による定常状態が成り立っているというチャップマン機構の仮定は，下部成層圏のオゾン濃度を議論する際には成り立たない可能性が高いが，少なくとも上部成層圏では妥当であると考えることができる。それでは，実際の観測値とチャップマン機構による計算値を比較してみよう。

3-1-5　成層圏オゾン濃度——チャップマン機構による計算値と観測値

前述したようにチャップマン機構は成層圏にオゾン濃度が極大値をもつことを定性的に示すことに成功した。その後，オゾン濃度を決めている4つの反応の速度定数，光解離定数が精度よく得られるようになり，またこれらの反応を用いてオゾン濃度を計算するためのモデル研究も進んだ。このようにして，チャップマン機構によって計算されるオゾン濃度と実際に観測される濃度とを定量的に比較することが可能となった。その結果，モデルによる計算値は観測値よりも高い値となることがわかってきた。図3-1-2はその一例として Hunt(1966)がチャップマン機構に基づいて行なったモデル計算の結果を観測値と比較したものである。ここで観測値としてはロケット観測により得られた値(Johnson et al., 1954)を用いている。図から明らかなように全高

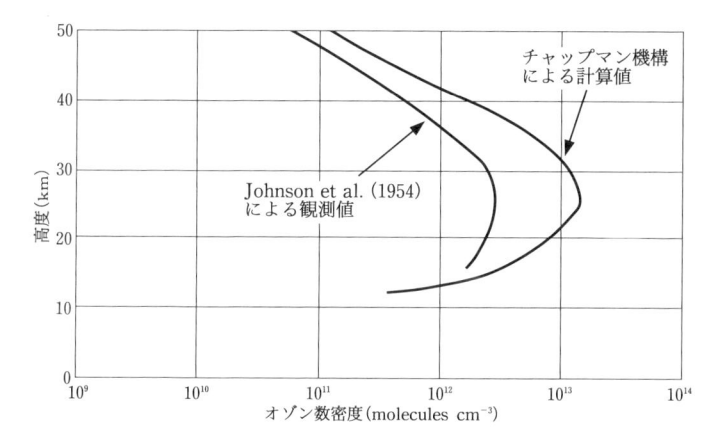

図 3-1-2　オゾン濃度の高度分布(Hunt, 1966 をもとに作成)。チャップマン機構による計算値と Johnson et al.(1954)による観測値との比較

度にわたってチャップマン機構に基づいたオゾン濃度の計算値は観測値を上回っている。ここで注意すべきことは，この計算がなされた後も，反応速度定数をより精度よく決定する実験的な試みがなされ，その結果，現在最新で得られている速度定数を用いると，Hunt(1966)による計算結果とは必ずしも一致しないという点である。しかし，チャップマン機構による計算値が観測値を上回ってしまうという事実は本質的に変わっていないことが重要である。寿命に基づいた考察から，下部成層圏ではオゾン濃度が必ずしもチャップマン機構で提案された化学反応過程だけで決められているわけではないので，定量的な不一致は起こり得るが，化学的な定常状態の仮定が妥当であるはずの上部成層圏にわたって，モデル値が観測値を上回っているということは，チャップマン機構における化学反応の記述(あるいは反応速度の記述)が不充分であることを意味している。オゾン(奇数酸素)の実質的な生成過程である反応[3-1-1]の反応速度を決めている酸素分子の濃度$[O_2]$と光解離定数J_1の値はどちらも精度よく決められており，反応速度r_1を過大評価していることはない。したがってモデルによる計算値が実測値よりも高くなってしまうということは，奇数酸素の消失過程を過小評価していることを意味しており，チャップマン機構では考慮にいれていない消失過程が存在している可能性が

示唆される。実際，成層圏大気中には，チャップマン機構で対象とした酸素原子，酸素分子，オゾンの他にもさまざまな微量成分が存在し，オゾン(奇数酸素)の消失過程に関与している。次節ではこれについて具体的にみていく。

3-2　ラジカルによるオゾン消失反応

3-2-1　ラジカル連鎖反応と HO$_x$ によるオゾンの消失反応

前節で述べたように，チャップマン機構で計算される成層圏オゾンの濃度は実際の観測値よりも高く，これを修正するためには反応[3-1-4]以外の消失反応を考慮する必要がある。チャップマン機構では，元素として酸素(O)のみを含む3つの化学種，すなわち酸素原子，酸素分子，オゾンの間の反応だけを考えた。これに対し，酸素以外の元素を含んだ大気成分がオゾンの消失反応にかかわっている可能性が指摘されるようになった。このなかで最初に考えられたのは水素を含んだ成分の関与である。これはもともと，成層圏より上層の中間圏で，水蒸気に由来する水素原子などが化学反応にかかわっていることを Bates and Nicolet (1950) が提案したことに始まる。水蒸気は 200 nm より短波長の光により次のように光解離する。

$$\mathrm{H_2O} + h\nu \longrightarrow \mathrm{H} + \mathrm{OH} \qquad [3\text{-}2\text{-}1]$$

この反応で水素原子 H と共に生成している OH はラジカルと呼ばれる化学種である。ラジカルとは不対電子をもった化学種として定義される。電子は2個で1組の対をつくることによって安定化すると通常考えられている。たとえば水素原子は1個の電子しかもたず，この電子は対をつくることができない(図3-2-1A)。このような対をつくっていない電子を不対電子と呼ぶ。酸

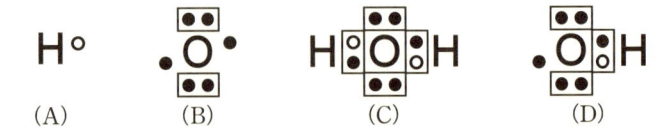

図 3-2-1　水素原子(A)，酸素原子(B)，水分子(C)，OH ラジカル(D)の電子式。水素原子由来と酸素原子由来の電子をそれぞれ○と●で区別してある。また，電子対をつくっているものは四角で囲って示している。

素原子は全部で8個の電子をもっているが,内側のK殻に2個,外側のL殻に6個の電子が配置されている。そして,L殻の6個の電子の内,4個が2組の電子対をつくり,残りの2個が不対電子となっている(図3-2-1B)。一方,水分子はこのような水素原子と酸素原子から構成されているが,不対電子をもたない。これは,水素原子と酸素原子がそれぞれの不対電子をだしあい,電子対をつくって共有していると考えられるからである(図3-2-1C)。これが共有結合の古典的な表現である。すなわち酸素原子と水素原子はそれぞれ1個ずつの不対電子をだしあって電子対をつくり,これを2個の原子が共有することによりO‐H間の共有結合ができる。そして酸素原子は2個の不対電子をもつため,2個のO‐H結合をつくることができるのである。これに対し,水分子から水素原子を1個取り除いたOHでは,酸素原子のもつ2個の不対電子の内1個が対をつくれず残ってしまう(図3-2-1D)。つまり分子(OH)全体として1個の不対電子をもつことになる。このような不対電子をもった化学種がラジカルである。

このように分子に残ってしまった不対電子は他の分子中の電子と対をつくりたがる。したがって,不対電子をもつラジカルは他の分子との反応性が一般的に高い。Bates and Nicolet(1950)の考えは,不対電子をもって反応性の高い水素原子やOHラジカルなど(不対電子をもった原子も広い意味ではラジカルの一種として見なされる)が中間圏での奇数酸素の消失反応に関与しているというものであった。水蒸気の光解離は200 nmよりも短波長の光でしか起こらないため,これらラジカルによるオゾン消失反応は成層圏では寄与しないと考えられたが,その後,成層圏でもOHラジカルが次のような反応によって生成されることが明らかとなってきた(McGrath and Norrish, 1960)。

$$H_2O + O^* \longrightarrow 2OH \qquad [3\text{-}2\text{-}2]$$

ここでO*は,エネルギー的に高い励起状態の酸素原子を表わし,3-1-1項で触れたように成層圏では約340 nmよりも短い波長の光によるオゾンの光解離で生成する。O*の多くは周りの空気分子との衝突によって,基底状態の酸素原子に安定化するが,一部は水蒸気との反応[3-2-2]を通じて2分子のOHラジカルを生成することになる。このようにして生成したOHは,オゾンと次のような反応を起こす。

$$\text{OH} + \text{O}_3 \longrightarrow \text{HO}_2 + \text{O}_2 \qquad [3\text{-}2\text{-}3]$$

この反応によりオゾンは消失し，酸素分子が生成しているが，同時に HO_2 という化学種も生成している。HO_2 も OH と同様に不対電子をもったラジカルで，これもオゾンと反応する。

$$\text{HO}_2 + \text{O}_3 \longrightarrow \text{OH} + 2\text{O}_2 \qquad [3\text{-}2\text{-}4]$$

この反応でもオゾンが消失し，酸素分子が生成しているが，同時に OH ラジカルが生成している。つまり反応[3-2-3]で消失した OH ラジカルは反応[3-2-4]で再生される。逆に，反応[3-2-3]で生成した HO_2 ラジカルは反応[3-2-4]で消失しているので，これらのラジカルは 2 つの反応を通して増えも減りもしないことになる。正味で減っているのは，両方の反応で消失するオゾンであり，正味で増えているのは両方の反応で生成する酸素分子である。これらから，反応[3-2-3]と[3-2-4]を組み合せると，見かけ上，次のような反応が進行していることになる。

$$2\text{O}_3 \longrightarrow 3\text{O}_2 \qquad [3\text{-}2\text{-}5]$$

注意すべき点は，2 分子のオゾンが直接反応して 3 分子の酸素分子を生成することはなく，OH と HO_2 が介在しないとこの反応は進むことができないということ，および OH と HO_2 は反応[3-2-3]と[3-2-4]を通して増減しないため，見かけ上[3-2-5]には現われないということである。この OH と HO_2 のように自らは増減せずに，反応にかかわる化学種を触媒という。OH と HO_2 はこのように触媒としてオゾン消失反応を進める。さらに重要なことは，反応[3-2-3]で消失した OH は反応[3-2-4]により再生されるので，再び反応[3-2-3]によりオゾンと反応することができるという点である。このようにして OH と HO_2 は消失と再生を繰り返しながら反応[3-2-3]と[3-2-4]を何回も進めることができる。このような反応を連鎖反応という。連鎖反応が進むことで，仮にこれらのラジカル濃度がオゾンに比べきわめて低い場合でも，オゾンの消失に重要な寄与を及ぼすことが可能となる。実際に，成層圏におけるこれらのラジカルの濃度はオゾンに比べ桁違いに低いが，連鎖反応を起こすことによりオゾン消失に対する寄与は無視できないものとなるのである。

ラジカルは反応性が高いため，オゾン以外の分子とも反応を起こす。OH

とHO₂は上に挙げた反応[3-2-3]と[3-2-4]を含むいくつかの反応を通して非常に速やかに相互変換し合っている。これは 3-1-2 項で説明した酸素原子とオゾンの関係に非常に似ており，この場合も OH と HO₂ をひと括りにして取り扱うことができる。OH と HO₂ をまとめて HO$_x$ ラジカルと呼ぶ。上に挙げたものの他に，HO$_x$ ラジカルのかかわる反応のなかでオゾンの消失過程において重要なものとして，次のような HO₂ ラジカルと酸素原子との反応がある。

$$HO_2 + O \longrightarrow OH + O_2 \qquad [3\text{-}2\text{-}6]$$

今度は反応[3-2-3]と[3-2-6]とを組み合せて考えると，やはり OH と HO₂ はこれら 2 つの反応を通して増減しない。正味で減少するのは反応[3-2-3]で消失するオゾンと反応[3-2-6]で消失する酸素原子であり，正味で増加するのは酸素分子である。つまり見かけ上進行するのは，次のような反応である。

$$O + O_3 \longrightarrow 2O_2 \qquad [3\text{-}2\text{-}7]$$

この反応は，3-1-1 項で示したチャップマン機構の反応[3-1-4]と見かけ上同じである。しかし，[3-1-4]では酸素原子とオゾンが直接衝突して進行する反応であったのに対し，反応[3-2-7]は HO$_x$ ラジカルを触媒として進行するところに違いがある。3-1-2 項でみてきたように反応[3-1-4]は奇数酸素(すなわちオゾン)の実質的な消失反応であった。したがって，[3-2-3]と[3-2-6]との組み合せも，HO$_x$ を触媒とした奇数酸素の消失反応になる。

3-2-2　NO$_x$ によるオゾンの消失反応

HO$_x$ を触媒としたオゾンの消失反応を考慮にいれることにより，モデルによるオゾン濃度の計算値はチャップマン機構による予測値に比べ低くなり，より観測値に近づくことになった。しかしそれでも，観測値に比べると依然高い値を与えていた。そこで，HO$_x$ 以外のラジカルによるオゾン消失の可能性が考えられるようになった。Crutzen(1970)は成層圏大気中に存在する NO ラジカルが，OH と同じようにオゾンと反応すると考えた。

$$NO + O_3 \longrightarrow NO_2 + O_2 \qquad [3\text{-}2\text{-}8]$$

ここで生成する NO₂ もラジカルであり，酸素原子 O と反応する。

$$NO_2 + O \longrightarrow NO + O_2 \qquad [3\text{-}2\text{-}9]$$

これらの反応は，HO_x ラジカルによる反応[3-2-3]と[3-2-6]の組み合せときわめて類似していることがわかる。HO_x の場合と同様に考えると，ここでは NO と NO_2 が触媒として働いて，奇数酸素を消失する反応[3-2-7]が連鎖的に進行することになる。NO と NO_2 は反応[3-2-8]と[3-2-9]を含むいくつかの反応を通して非常に速やかに相互変換しており，NO_x としてひと括りにして取り扱われる。NO_x 内の相互変換過程において上記の2つ以外で重要な反応としては，NO_2 の光解離反応がある。

$$NO_2 + h\nu \longrightarrow NO + O \qquad [3\text{-}2\text{-}10]$$

NO_2 は波長約 400 nm と比較的長い波長まで光解離が可能であるので，反応[3-2-10]は成層圏のみならず対流圏でも起こり得る。この反応では奇数酸素である酸素原子が生成しているので，反応[3-2-8]で生成した NO_2 が反応[3-2-9]の代わりに[3-2-10]を通して NO へと戻る場合は，奇数酸素は正味で消失しないことになる。NO_2 が反応[3-2-9]を経るか，それとも[3-2-10]を経て NO へと戻るかは，オゾン消失への NO_x ラジカルの寄与に大きな影響を与える。反応[3-2-9]と[3-2-10]の反応速度の相対的な重要性は酸素原子濃度に依存する。酸素原子濃度が高いほど，反応[3-2-9]は相対的に重要性を増し，その結果 NO_x によるオゾン消失過程が進むことになる。

NO_2 は HO_2 と異なりオゾンとの反応により NO を直接再生することはない。NO_2 とオゾンとの反応では，さらに別のラジカル NO_3 が生成する。

$$NO_2 + O_3 \longrightarrow NO_3 + O_2 \qquad [3\text{-}2\text{-}11]$$

NO_3 ラジカルは可視領域の光で光解離する。

$$\begin{aligned} NO_3 + h\nu &\longrightarrow NO + O_2 & [3\text{-}2\text{-}12a] \\ &\longrightarrow NO_2 + O & [3\text{-}2\text{-}12b] \end{aligned}$$

成層圏における NO_3 の光解離定数は約 $10^{-1}\,s^{-1}$ と非常に大きいため，[3-2-11]で生成した NO_3 は速やかに光解離し，NO，NO_2 を与える。NO_3 はその大きな光解離定数ゆえに昼間の濃度はきわめて低く，夜間の化学にのみ重要となる。

成層圏における NO_x の発生源として，Johnston(1971)は，成層圏を航行する超音速旅客機から NO が直接排出される可能性を指摘した。一方 Crutzen(1971)はそれに加え，一酸化二窒素 N_2O からの NO の生成過程を提案した。N_2O は波長約 240 nm よりも短波長の光で解離するため，成層圏ではおもに光解離により失われる。光解離では生成物として窒素分子 N_2 と酸素原子を与えるため，成層圏における NO_x の発生源としては寄与しない。しかし，N_2O の一部は，H_2O と同様に励起状態の酸素原子 O^* と反応を起こす。

$$N_2O+O^* \longrightarrow N_2+O_2 \quad (42\%) \qquad [3\text{-}2\text{-}13a]$$
$$\longrightarrow 2NO \quad (58\%) \qquad [3\text{-}2\text{-}13b]$$

この反応では 2 つの経路があるが[3-2-13b]により NO ラジカルが生成する。N_2O は地表付近において土壌や海洋から自然起源で発生する他，人間活動によっても大気中に排出されるため，NO_x ラジカルによるオゾン消失反応は人間活動によって影響を受けることになる。

3-2-3 ClO_x と BrO_x によるオゾン消失

NO_x に次いでオゾン消失への寄与が指摘されたのはハロゲンの一種である塩素を含んだ成分であった。Stolarski and Cicerone(1974)，Molina and Rowland(1974)は塩素原子と ClO ラジカルが触媒として働いた連鎖反応によるオゾン消失を提案した。

$$Cl+O_3 \longrightarrow ClO+O_2 \qquad [3\text{-}2\text{-}14]$$
$$ClO+O \longrightarrow Cl+O_2 \qquad [3\text{-}2\text{-}15]$$

HO_x，NO_x の場合と同様に，これらの反応により奇数酸素の消失反応[3-2-7]が見かけ上進行することがわかる。Cl と ClO ラジカルはこれらの反応を含むいくつかの反応を通して非常に速く相互変換され，ClO_x としてひと括りに扱われる。

成層圏における ClO_x の発生源として Molina and Rowland(1974)が指摘したのは，人間活動により地表付近で排出されたフロンであった。ここでフロンとはより厳密には，炭素，フッ素，塩素からなるクロロフルオロカーボン(CFC)をさす。CFC は，きわめて安定な化合物で，無色，無臭，人体に対しても無毒であるため，冷媒，発泡剤，洗浄剤などとして広く用いられていた。CFC が安定なのは，水への溶解度や他の分子(ラジカル)との反応性が低く，光解離の波長も約 200 nm と短いためであり，実際に対流圏ではほとん

ど分解しない(Lovelock et al., 1973)。このため，人間活動により排出された CFC は対流圏に蓄積され，さらにその一部は成層圏へと輸送される。成層圏では波長約 200 nm の紫外光が高度 20 km 程度まで到達するため(図 5-1-7 参照)，CFC は光解離を起こし，塩素原子が生成する。たとえば CFC の一種である $CFCl_3$(CFC-11)は，次のように光解離する。

$$CFCl_3 + h\nu \longrightarrow Cl + CFCl_2 \qquad [3\text{-}2\text{-}16]$$

ここで生成した塩素原子が反応[3-2-14]，[3-2-15]によるオゾン消失の連鎖反応を引き起こす。

　Wofsy et al.(1975)は，塩素と同じハロゲンの一種である臭素も，オゾンの消失反応に関与することを提案した。

$$Br + O_3 \longrightarrow BrO + O_2 \qquad [3\text{-}2\text{-}17]$$
$$BrO + O \longrightarrow Br + O_2 \qquad [3\text{-}2\text{-}18]$$

この場合も，これまでの他のラジカルの場合と同様に，Br 原子と BrO ラジカルが触媒となって，奇数酸素消失の連鎖反応が進行する。また，Br と BrO はひと括りして BrO_x として扱われる。成層圏における臭素の発生源も，塩素の場合と同様に，臭素を含んだ炭素化合物であると考えられている。特に，炭素，フッ素，臭素からなるハロン(Halon)は，おもに消火剤として用いられた人為起源の化合物であり，成層圏における臭素の有力な発生源である。ハロンも CFC と同様に，対流圏では安定に存在するが，成層圏に輸送されると約 260 nm より短波長の紫外線により光解離する。たとえばハロンの一種である CF_3Br(H-1301)は成層圏で次のような光解離反応を起こし，臭素原子を生成する。

$$CF_3Br + h\nu \longrightarrow Br + CF_3 \qquad [3\text{-}2\text{-}19]$$

このようにして生成した臭素原子が反応[3-2-17]と[3-2-18]によるオゾン消失反応を起こす。

3-2-4　連鎖反応の停止──ラジカルの消失とリザーバーの生成

　ここまでみてきたように，HO_x，NO_x，ClO_x，BrO_x ラジカルは触媒としてオゾン消失の連鎖反応を進める。これらの反応ではラジカルが生成と消失を繰り返しながら反応するため，オゾンに比べ非常に低い濃度のラジカルが

オゾン消失に寄与することができる。しかし連鎖反応は無限に続くわけではない。ラジカル自身の消失反応が起こることにより，連鎖反応が停止するからである。一般的にラジカルの消失反応はラジカル同士が反応して(不対電子をもたない)分子を生成するような反応である。たとえば，HO_x ラジカル同士の反応としては，次の2つが考えられる。

$$OH + HO_2 \longrightarrow H_2O + O_2 \qquad [3\text{-}2\text{-}20]$$
$$HO_2 + HO_2 \longrightarrow H_2O_2 + O_2 \qquad [3\text{-}2\text{-}21]$$

これらの反応で生成する水 H_2O，過酸化水素 H_2O_2 はいずれも不対電子をもたない分子である。これらの反応により HO_x ラジカルが消失すると連鎖反応は停止する。

ラジカル同士の反応は HO_x と NO_x，HO_x と ClO_x，NO_x と ClO_x の間でも起こる。HO_x と NO_x の間では，次のような反応が起こることによりラジカルは消失する。

$$OH + NO_2 + M \longrightarrow HNO_3 + M \qquad [3\text{-}2\text{-}22]$$
$$HO_2 + NO_2 + M \longrightarrow HNO_4 + M \qquad [3\text{-}2\text{-}23]$$

ここで生成する硝酸 HNO_3，過硝酸 HNO_4 はいずれも不対電子をもたない分子である。また，これらの反応に現われている M は，反応[3-1-2]と同じく第三体を表わしている。一方，HO_x と ClO_x では

$$HO_2 + Cl \longrightarrow HCl + O_2 \qquad [3\text{-}2\text{-}24]$$
$$HO_2 + ClO \longrightarrow HOCl + O_2 \qquad [3\text{-}2\text{-}25]$$

により塩化水素 HCl，次亜塩素酸 HOCl が生成し，NO_x と ClO_x の間では

$$ClO + NO_2 + M \longrightarrow ClNO_3 + M \qquad [3\text{-}2\text{-}26]$$

により硝酸塩素 $ClNO_3$ が生成することによりラジカルが消失する。また BrO_x ラジカルに対しても，ClO_x と同様の反応による消失が考えられる。

これらラジカル同士の反応により生成する分子がたどる経路は大きく2つに分けることができる。1つは，成層圏大気から除去される経路である。具体的には気体分子のまま輸送により除去される過程に加え，気体から液体あるいは固体の粒子(エアロゾルという)を形成する過程，および既に大気中に浮遊している粒子に取り込まれていく過程などが挙げられる。たとえば硝酸，塩化水素など，極性が高く水との相性がよい分子は，既存のエアロゾルへの

取り込みが重要な過程となる。このように成層圏から分子が除去される経路は，ラジカルの実質的な消失過程となる。

これに対し，もう1つの経路は，一度できた分子が大気中の光化学反応を通して再び不対電子をもったラジカルを再生する過程である。その最も代表的な反応が光解離である。これまで挙げてきた分子の多くが，成層圏に到達する太陽紫外線によって光解離を起こす。おもな例をいくつか示す。

$$H_2O_2 + h\nu \longrightarrow 2\,OH \qquad [3\text{-}2\text{-}27]$$
$$HNO_3 + h\nu \longrightarrow OH + NO_2 \qquad [3\text{-}2\text{-}28]$$
$$HOCl + h\nu \longrightarrow OH + Cl \qquad [3\text{-}2\text{-}29]$$
$$ClNO_3 + h\nu \longrightarrow Cl + NO_3 \qquad [3\text{-}2\text{-}30a]$$
$$\longrightarrow ClO + NO_2 \qquad [3\text{-}2\text{-}30b]$$

これらの過程によりラジカルが再生すると，いったん停止したオゾン消失の連鎖反応が再び始まることになる。つまり，これらの分子はラジカルを一時的に蓄える働きをすることになる。このため，これらの分子はリザーバーと呼ばれる。リザーバーとなる分子はそれぞれ異なった波長範囲の光を吸収して解離する。また，光を吸収する度合い(すなわち光吸収断面積)も分子によってさまざまである。したがって，これらリザーバー分子の光解離定数は分子の種類によって異なる値となる。図3-2-2および図3-2-3にNO_xおよび

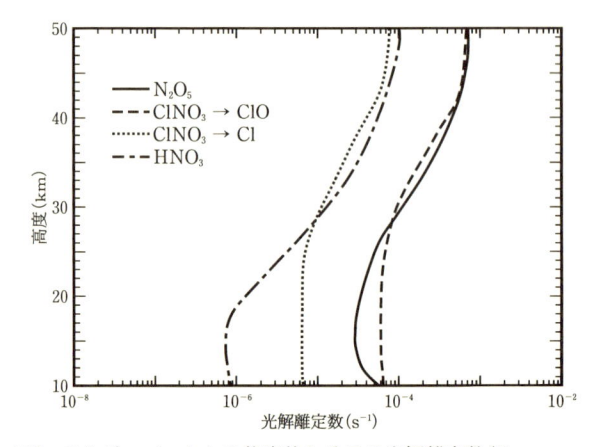

図 3-2-2 NO_x のリザーバーとなる代表的な分子の光解離定数(Brasseur et al., 1999 をもとに作成)

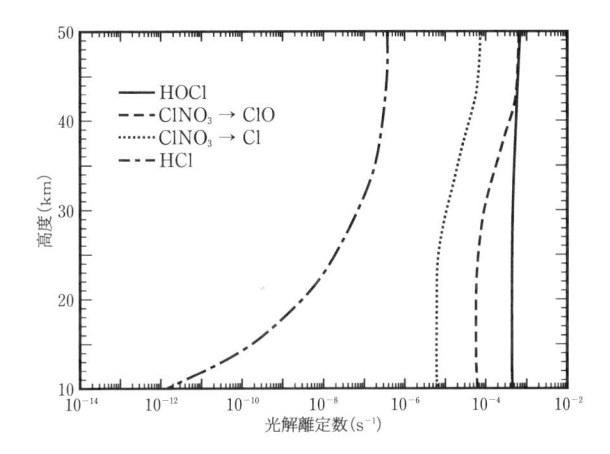

図 3-2-3　ClO_x のリザーバーとなる代表的な分子の光解離定数（Brasseur et al., 1999 をもとに作成）

ClO_x のリザーバーとして働くいくつかの分子に対する光解離定数を示す。光解離定数が大きいということは，それだけ光解離しやすい，すなわちラジカルを再生しやすいことを意味している。たとえば ClO_x のリザーバーとしては，塩化水素 HCl，次亜塩素酸 HOCl，硝酸塩素 $ClNO_3$ が考えられるが，光解離定数は次亜塩素酸＞硝酸塩素≫塩化水素の順になっており，次亜塩素酸は比較的ラジカルを再生しやすいリザーバーであると考えられる。一方，塩化水素は光解離しにくいため，ラジカルを再生するよりも，粒子などに取り込まれて，成層圏からの実質的なラジカルの除去に向かう可能性が高くなる。

3-2-5　夜間の化学

夜間，太陽光が照射しない条件下では，CFC やハロンの光解離による塩素原子，臭素原子の生成が起こらなくなるだけでなく，オゾンの光解離による励起状態酸素原子の生成もなくなるため，OH，NO ラジカルも生成しなくなる。また，リザーバーの光解離によるラジカルの再生も起こらない。一方で，ラジカル同士の反応によるリザーバー生成は，光に関係なく進むので，その結果として，夜間のラジカル濃度は極端に低くなり，その分リザーバー

分子が蓄積されていくことになる。

3-2-2項で触れたように，NO_2とオゾンとの反応[3-2-11]で生成するNO_3ラジカルは，日中は非常に速やかに光解離するためほとんど存在しないが，夜間はこのラジカルがさらにNO_2と次のように反応し，五酸化二窒素N_2O_5という分子を生成する。

$$NO_3 + NO_2 + M \longrightarrow N_2O_5 + M \qquad [3\text{-}2\text{-}31]$$

五酸化二窒素は，粒子中の水分と次のような加水分解反応を起こす。

$$N_2O_5 + H_2O(p) \longrightarrow 2 HNO_3(p) \qquad [3\text{-}2\text{-}32]$$

ここで(p)は粒子中の成分であることを示す。このような気体分子と液体・固体粒子中の成分との化学反応を異相反応(不均一反応)と呼ぶ。異相反応は通常の成層圏でも起こるが，極域のオゾンホール生成過程において特に重要な役割を果たしており，これについては4-3節で詳しく説明する。反応[3-2-32]では，2分子の硝酸が粒子中に生成するため，NO_xラジカルの消失過程となる。異相反応により失われなかったN_2O_5は，日の出と共に次のように光解離する。

$$N_2O_5 + h\nu \longrightarrow NO_3 + NO_2 \qquad [3\text{-}2\text{-}33]$$

ここで生成するNO_3も速やかに光解離し(反応[3-2-12])，NO，NO_2を再生する。したがって，N_2O_5は夜間におけるNO_xのリザーバーとして働く。

[引用文献]

Bates, D.R. and Nicolet, M. 1950. The photochemistry of atmospheric water vapour. J. Geophys. Res., 55: 301-327.

Chapman, S. 1930. On ozone and atomic oxygen in the upper atmosphere. Phil. Mag., 10: 369-383.

Crutzen, P.J. 1970. The influence of nitrogen oxides on the atmospheric ozone content. Quart. J. Roy. Meteorol. Soc., 96: 320-325.

Crutzen, P.J. 1971. Ozone production rates in an oxygen-hydrogen-nitrogen oxide atmosphere. J. Geophys. Res., 30: 7311-7327.

Johnson, F.S., Purcell, J.D. and Tousey, R. 1954. Studies of the ozone layer over New Mexico. In "Rocket exploration of the upper atmosphere", pp. 189-199. Pergamon Press, London.

Johnston, H.S. 1971. Reduction of stratospheric ozone by nitrogen oxide catalysts from supersonic transport exhaust. Science, 173: 517-522.

Hunt, B.G. 1966. The need for a modified photochemical theory of the ozonosphere, J. Atmos. Sci., 23: 88-95.

Lovelock, J.E., Maggs, R.J. and Wade, R.J. 1973. Halogenated hydrocarbons in and over the Atlantic. Nature, 241: 194-196.
McGrath, W.D. and Norrish, R.G.W. 1960. Studies of the reactions of excited atoms and molecules produced in the flash photolysis of ozone. Proc. Roy. Soc. London A, 254: 317-326.
Molina, M.J. and Rowland, F.S. 1974. Stratospheric sink for chlorofluoromethanes: Chlorine atom-catalyzed destruction of ozone. Nature, 249: 810-812.
Stolarski, R.S. and Cicerone, R.J. 1974. Stratospheric chlorine: A possible sink for ozone. Can. J. Chem., 52: 1610-1615.
Wofsy, S.C., McElroy, M.B. and Yung, Y.L. 1975. The chemistry of atmospheric bromine. Geophys. Res. Lett., 2: 215-218.

[参考図書]
Brasseur, G.P., Orlando, J.J. and Tyndall, G.S. 1999. Atmospheric chemistry and global change. 654 pp. Oxford University Press, New York.
Dessler, A. 2000. The chemistry and physics of stratospheric ozone. 214 pp. Academic Press, London.
D.J. ジェイコブ著, 近藤豊訳. 2002. 大気化学入門. 278 pp. 東京大学出版会.（Jacob, D.J. 1999. Introduction to atmospheric chemistry. 266 pp. Princeton University Press, Princeton.）
島崎達夫. 1989. 成層圏オゾン. 224 pp. 東京大学出版会.
Zellner, R. 1999. Global aspects of atmospheric chemistry. 334 pp. Springer, New York.

オゾンホール

第4章
北海道大学大学院環境科学院/長谷部文雄・廣川　淳

　大気オゾンが人々の注目を集めるようになったのは，残念なことに，南極オゾンホールという大規模な環境破壊の結果である。人間活動によるオゾン層破壊を実際に招いてしまったという点で遅きに失したとはいえ，フロンガス規制は地球環境問題に対する科学・社会の対応が功を奏しつつある例といってよかろう。本格的な規制が始まって既に20年近く経過したが，大気中に放出され蓄積されているオゾン破壊物質の自然浄化には長時間を要し，2006年の南極オゾンホールは史上最大の面積に発達したと報告されている (WMO, 2006)。このように，地球環境は一度破壊されてしまうと回復に長い時間がかかる。この章では，4-1節で南極オゾンホール発見に至る過程を私見を交えて振り返り，続く4-2節でオゾンホールを引き起こす大気力学過程，4-3節でオゾンホールに関連した大気化学過程について解説する。

4-1　南極オゾンホールの発見

　成層圏オゾンに対する関心は1970年代から徐々に昂まっていた。その端緒となったのは，光化学理論の進歩と人間の生存を脅かし始めた「公害」に対する意識の昂揚であった。1960年代から1970年代初め，第3章に解説された触媒的オゾン消滅反応の重要性が認識されると，超音速旅客機による成層圏汚染，窒素肥料使用による亜酸化窒素放出，スプレー・冷却剤へのフロンガス使用の加速度的進行などにより，成層圏オゾンが人為的に破壊される

可能性が指摘されるようになった。これを機に Climatic Impact Assessment Program(CIAP)と名づけられた共同研究が実施され(Grobecker, 1975),大気科学における新しい分野としてオゾン研究は発展を始めた。

　研究の発展を促進した基盤として,大型コンピュータによる計算処理能力の向上と人工衛星を用いた全球的オゾン観測技術の進歩が挙げられる。オゾン変動に関与する30種以上の大気微量成分を含む系で鉛直オゾン分布が計算されるようになり(Shimazaki and Ogawa, 1974),大気大循環モデルに簡略化された光化学過程を組み込むことにより,オゾンの全球的振る舞いが他の気象要素と共にシミュレートされるようになった(Cunnold et al., 1975)。太陽紫外線の後方散乱を利用した天底観測型オゾン測定器 Backscatter Ultraviolet (BUV)が Nimbus 4号に搭載されて全球オゾン分布を観測するようになったのは1970年,大気辺縁の赤外放射を観測する Limb Radiance Inversion Radiometer(LRIR)が Nimbus 6号で打ち上げられたのが1976年である。これらの成果は Nimbus 7号の Total Ozone Mapping Spectrometer(TOMS), Solar Backscattered Ultraviolet(SBUV), Limb Infrared Monitor of the Stratosphere(LIMS)へと引き継がれ,人類が手にし得るオゾンデータの質的転換がもたらされた。1980年代にはいると,Middle Atmosphere Program(MAP)と名づけられた国際協同研究が開始され,オゾン研究にはさらなる飛躍がはかられた。当時の最先端の知見によれば,フロンガスに起因するオゾン破壊は中部成層圏に現われ,その予想破壊量は20世紀末でもせいぜい数％程度とされていた。これは下部成層圏の輸送過程に支配されている日々の変動と比較すればはるかに小さく,全球平均などの操作を施して可能な限り精密な解析を行なっても,実際の観測値から人為起源のオゾン破壊量を分離・抽出することは当面不可能なことと思われた。

　この常識を覆したのが Farman et al.(1985)であった。彼らは,難しい統計処理を施すこともなく高校生が夏休みの自由研究で作図可能なくらい単純な図4-1-1をもとに,人類史に残る驚くべき事実を明らかにしたのである。この図は,英国の南極基地ハレーベイにおける10月の月平均オゾン全量を1957年から1984年まで時系列として並べたもの(変動幅を示すバーのついた＋印)で,1960年代には320 DU 程度あったオゾン全量が1970年代になって急

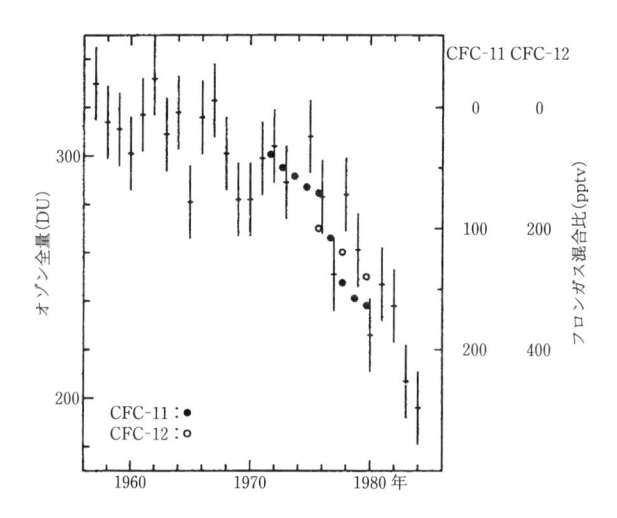

図 4-1-1 南極のハレーベイ (75°S, 27°W) における 10 月の月平均オゾン全量(変動幅を示すバーのついた＋印)と南半球対流圏におけるフロンガス混合比(下向きに増加)の時系列(Farman et al., 1985)

激に減少を始め，1984 年には 200 DU を下回る値にまで激減してしまった様子が示されている．減少量は 30％を上回っており，当時の科学者の予測を超える何かが起こっていることは明らかであった．彼らはオゾン量を大気中のフロン濃度と対比させて示し(図の黒丸と白丸)，このオゾン減少が大気中のフロン濃度増加と関連していることを示唆した．現在の知見では，彼らの推定したオゾン破壊メカニズムは正しくないと考えられるが，オゾン科学に与えたその衝撃はさわめて大きかった．

南極観測については日本も長い実績をもっており，1982 年 2 月から 1983 年 1 月にかけて，第 23 次越冬隊が MAP への貢献の一環として強化観測を行なっていた．観測の 1 つの目玉は，太陽の昇らない極夜の時期に月面反射光を利用して行なうオゾン全量観測であった．極寒の南極の冬に月面で反射された微かな太陽光を分光してオゾン全量を観測した隊員の努力には頭が下がる．その結果が国際舞台で最初に発表されたのは，1984 年 9 月のギリシャにおけるオゾンシンポジウムであった．1985 年に発行されたそのプロシーディンングスからその結果を引用しよう．図 4-1-2 は Chubachi (1985)

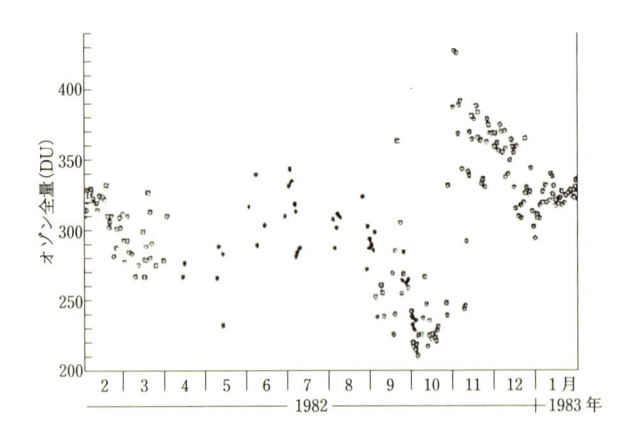

図 4-1-2　南極昭和基地(69°S, 40°E)で観測されたオゾン全量(DU)の変動 (Chubachi, 1984, 1985)。白丸が太陽直達光，矩形が曇天の天頂観測，黒丸が月面反射光による観測値を表わす。

による Fig.1 で，忠鉢氏の越冬生活1年の努力がこの1枚の図に凝縮されている。この論文はポスターセッションでの発表であり，会場にいた筆者は忠鉢氏がポスターを貼るのを手伝っている。忠鉢氏は月光観測による観測精度を大変気にしており，観測隊員としての責務に忠実な方だと感心させられたのを今でも記憶している。月光観測により見出された6～7月の極大と共に忠鉢氏が注目していたのは，1982年10月末から11月にかけてのオゾン急増であった。10月上旬には230 DU程度であったオゾンが10月28日に急増し，11月初旬には380 DU程度に達している。これは確かに劇的な変化であるが，その原因が力学過程にあることは明らかであった。

　何が起こっていたのかを知るには，人工衛星による面的観測が役立つ。図4-1-3はNimbus 7号TOMSで観測された1982年10月27日と28日のオゾン全量分布である。陰影を施した領域はオゾン全量が280 DU以下の領域で，1990年代ほどには発達していないものの，極渦に対応したオゾン極小が明瞭にみて取れる。矩形で示した昭和基地付近を通過するオゾン全量等値線に注目すると，27日には240 DUであったものが28日には360 DUになっており，衛星観測は地上観測で見出された劇的な変動を裏づけている。しかし，それを南極スケールでみれば，27日には極渦内部にあった昭和基

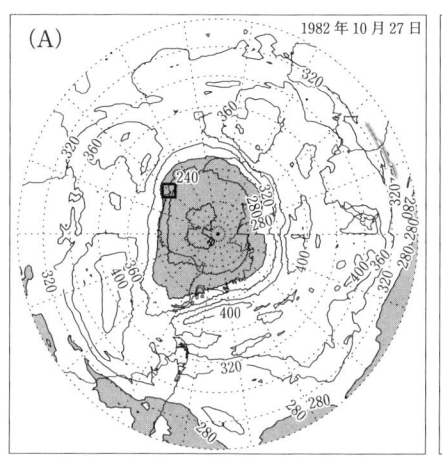

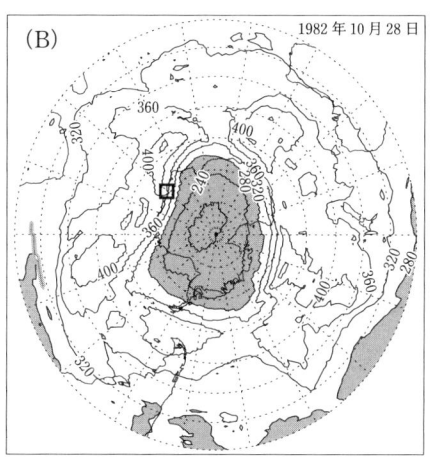

図 4-1-3 Nimbus 7 号搭載の Total Ozone Mapping Spectrometer で観測された 1982 年 10 月 27 日(A) と 28 日(B) におけるオゾン全量(DU)の分布．図の中心が南極で，一番外側の緯度円が 20°S．等値線間隔は 40 DU，陰影は 280 DU よりも値の小さい領域，矩形は昭和基地の位置を示す．

　地が 28 日にはその外にでただけのことである．特別な事象が生じたわけではなく，極渦がちょっと形を変えたに過ぎないのである．もちろん，このような描像は後からわかったことであって，忠鉢氏が論文を執筆した当時，このような衛星データは公開されていなかった．極域のこの季節における観測値があまりにも小さかったために，データを管理していた NASA の研究者が疑問を抱き，信頼できないデータとして欠測扱いしていたという話は有名である．こうして後から考えてみると，10 月 28 日より前の 200 DU 台前半という低いオゾン量とそれが極渦内部に限られているという特徴に注目すべきだったことがわかる．しかし，そこまで見通すことのできた研究者は当時一人もいなかった．

　Chubachi(1985)に戻ろう．その論文の Fig. 2 で，彼は 22 回のオゾンゾンデ観測に基づいたオゾン鉛直分布の年変動を示している．そこで述べられているのは，冬季(6〜7月)のオゾン全量極大は 90 hPa 高度におけるオゾン増大に，11 月のオゾン急増は 60〜40 hPa 高度における増大によるという指摘であり，10 月のオゾン極小期におけるオゾン分布には言及していない．結

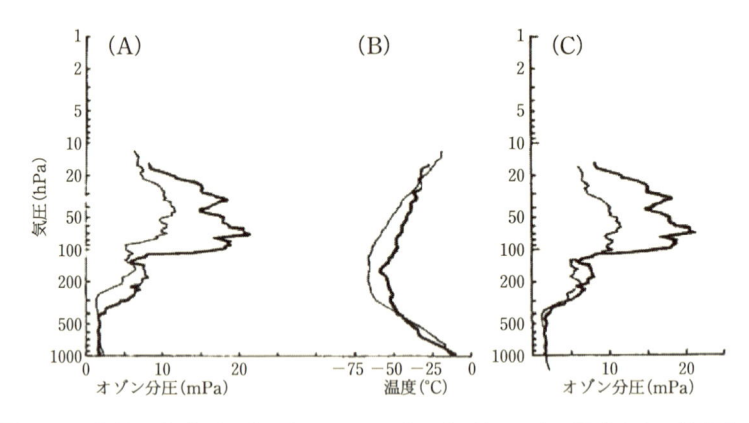

図4-1-4 南極昭和基地で観測されたオゾン分圧(A, C)と温度(B)の鉛直分布 (Chubachi, 1985)。細線が1982年10月27日、太線が同年同月28日の結果で、(C)のオゾン分布は、27日の観測値を約2km下方へ平行移動させたもの。

　果の節はこれで終わり、その後に続く議論の節でオゾン急増前後のオゾン分布を比較しているのでその図を引用しよう(図4-1-4)。この図は、オゾン分圧(A)と温度(B)の鉛直分布をオゾン全量急増前の10月27日(細線)と急増後の28日(太線)について比較したものである。その結果によれば、オゾン分圧は気温と共に下部成層圏の広い高度域で増大しており、この現象が力学過程によるオゾンと熱の輸送によってもたらされたことを示唆している。観測精度に注意を払っていた忠鉢氏は、オゾン分布にみられる鉛直構造のずれが気圧計の誤差によって生じている可能性を心配し、27日の分布を下方へ約2km平行移動することにより両者がよく一致することを示している(C)。ここにも忠鉢氏の几帳面な性格がみて取れるが、今になってみれば、この2つのオゾン分布の差は、オゾンホール内外におけるオゾン分布を比較する格好のデータだったのである。

　図4-1-5は昭和基地におけるオゾン(実線)と気温(破線)の高度分布を1969年10月22日(A)と1997年10月25日(B)とについて比較したものである。(B)の図だけをみると、オゾン層が2つ存在するようにみえるが、何が起こっているかは(A)の図と比べれば明瞭である。両者の差は200hPaから30hPaまでの高度域で現われ、なかでも本来オゾン分圧の最も高いはずの

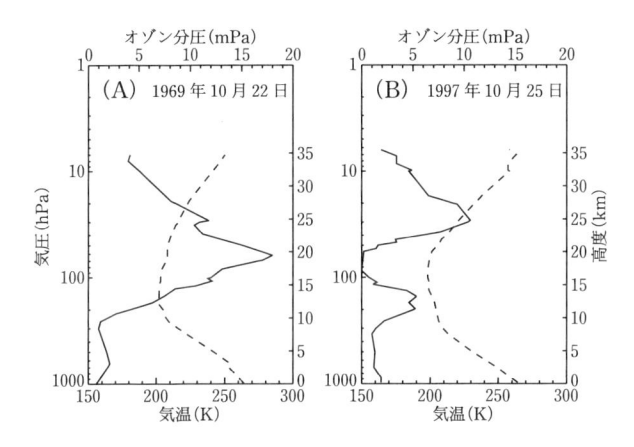

図 4-1-5　昭和基地におけるオゾン(実線)と気温(破線)の高度分布。
(A)1969年10月22日, (B)1997年10月25日

70 hPa 付近の高度で,1997年にはオゾンがほぼ100%消滅してしまっているのである。これほどまでに極端な事例を自然界でみつけるのは難しい。オゾンホール内で進行しているオゾン破壊が,いかに激烈なものであるかを端的に示す図である。Chubachi(1985)の図 4-1-4 を見直してみると,確かに 100 hPa から 20 hPa にかけての高度域で顕著なオゾン量の相異がみられるが,悩ましい高度補正の問題がある上,1982年の時点では,1997年の分布にみられるような 2 山構造にはなっていないため,オゾン減少の高度域を特定するのは難しい。極渦境界は高度方向に傾いていることも多いので,10月28日の時点では 50 hPa 付近は極渦の外にでていても 100〜200 hPa 高度ではまだ極渦内部に留まっていた可能性もある。いずれにしても,誰の目にも明らかになる前に異変の兆候をつかむには,注意深い現象の観察と研ぎ澄まされた感性とが必要である。

　Chubachi(1985)は会議のプロシーディングスとして査読を経ずに公表されたが,忠鉢氏はほぼ同一の解析結果を査読付き論文として出版している(印刷はこちらが先で,Chubachi, 1984)。こちらでは,図 4-1-2 と同様の図に 1966年から 1980年までの観測値を重ねた図が Fig. 4 として追加されている。しかし,Farman et al.(1985)に示されているような時系列はなく,Fig. 4 に関

する記述としては "the annual cycle of total ozone observed from February 1982 to January 1983 is essentially similar to those in 1966-1980 at Syowa Station" とあるに過ぎない。ただし，Chubachi(1985)にはなかった10月のオゾン極小についての記述が認められ，"However, in September and October 1982, the total ozone was as small as 220×10^{-3} atm・cm. Similar values were observed at Amundsen-Scott in October and November" とある。また，Summary の節には "The smallest value of total ozone since 1966 was observed in the present observation from September to October." という記述もある。この時点で 1982 年 10 月のオゾン量が記録的に少なかったことに忠鉢氏が気づいていたのは確かであるが，それに関する記述はこれがすべてであり，大気中のフロンガス濃度増大と対応させてオゾン減少を論じた Farman et al.(1985)と比べると，その問題意識と観測結果の重大性に対する認識に決定的な差があったことは否めない。これは忠鉢氏個人の問題ではなく，彼の観測データを間近にみていた当時の日本のオゾン研究者総体についての問題である。

　オゾンホールの発見により，オゾン研究は大人気となった。多くの研究者がオゾンホールのメカニズムを解明するために集まり，独自の仮説を提示した。その結果は 1986 年の Nature, Vol. 321 に特集されている。当然のことながら，それらのなかにはまったく見当違いであることが後に判明したものもあるが，各研究者が自らの研究基盤の上にオゾンホールを解明しようと試みた結果であり，後に間違っていることがわかっても決して不名誉なことではない。読み比べて当時の活気を感じ取って欲しい。本書では最新の知見に基づき，オゾンホールのメカニズムに関する大気力学的背景と大気化学的知見を，それぞれ 4-2 節と 4-3 節にまとめている。この節では，オゾンホールのメカニズムの解明に貢献した観測的事実を簡潔にまとめておこう。

　米国を中心とした科学者は，熱帯域の観測のために準備していた観測機材を，急遽，南極オゾンホール観測に向け，1987 年の 8 月から 9 月にかけてAirborne Antarctic Ozone Experiment という集中観測を実施した。オゾンホール内のオゾン破壊に塩素系のオゾン消滅反応が関与していることを決定づけた観測結果を図 4-1-6 に示す。これは，南米チリ南端のプンタ・アレナ

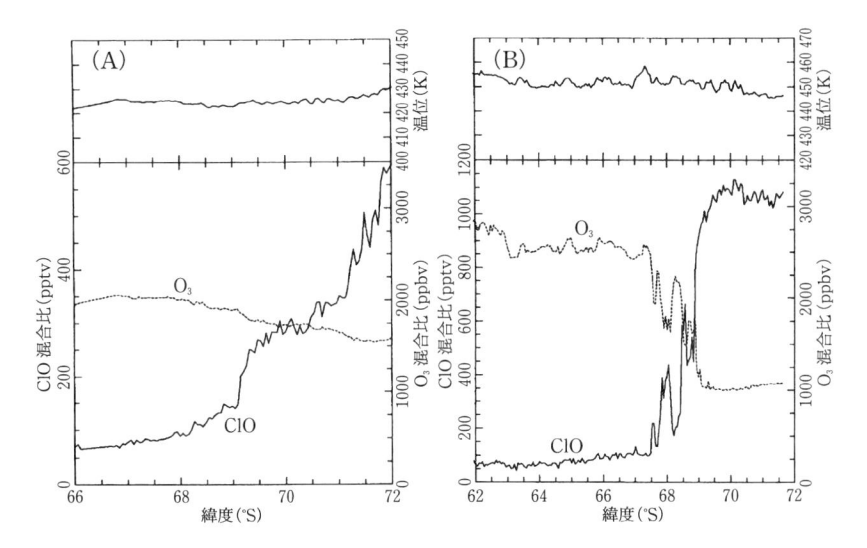

図 4-1-6　1987 年 8 月 28 日 (A) と 9 月 16 日 (B) の航空機観測により同時観測された
オゾン(O_3) と一酸化塩素 (ClO) の緯度分布 (Anderson et al., 1989 による図の一部)。
上段は飛行高度の温位 (K)

ス基地を拠点に，高高度 (約 19 km) を飛行可能な航空機 ER-2 で極渦境界を横断する等温位面上の飛行により，オゾンと一酸化塩素 (ClO) を同時観測した結果である。8 月 28 日の観測 (A) では 68〜70°S 付近の極渦境界より高緯度側に ClO の蓄積が認められるが，極渦内外のオゾンにめだった相異はない。ところが，約 20 日後の 9 月 16 日の観測 (B) では，68°S より高緯度側の極渦内部でオゾンが激減している。注目すべきことは，オゾンと ClO が強い逆相関をもって分布していることである。これだけの事実から，塩素系消滅反応がオゾン破壊の主要な原因であると断定することはできないが，オゾンホール内のオゾン消滅過程が

$$Cl + O_3 \longrightarrow ClO + O_2$$

という反応を含む塩素系の触媒サイクルであることを強く示唆する (4-3 節参照)。理論的・観測的研究はその後も精力的に続けられ，1991 年にはオゾン層破壊の解明を主たる目的とした Upper Atmosphere Research Satellite (UARS) が打ち上げられた。この衛星に搭載された Microwave Limb Sounder (MLS) が観測した ClO とオゾンの分布を図 4-1-7 に示す。航空機観

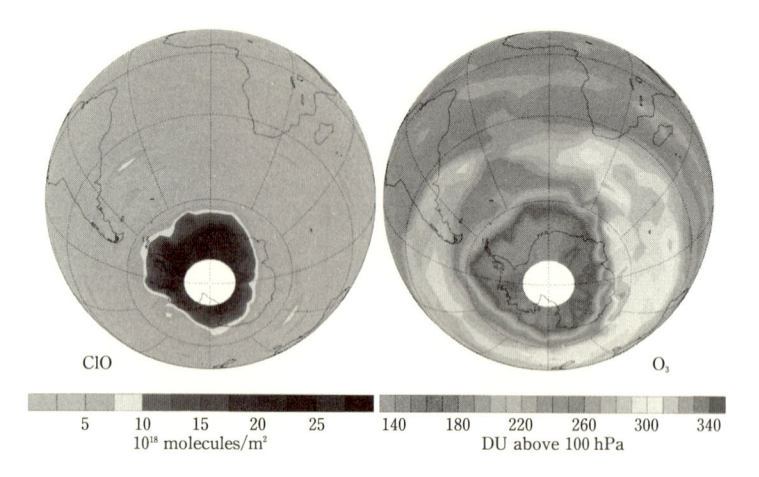

図 4-1-7 Upper Atmosphere Research Satellite 搭載の Microwave Limb Sounder で観測された 1992 年 9 月 20 日の一酸化塩素 (ClO) とオゾン (O_3) の分布 (Waters et al., 1993 の結果を WMO, 1995 から引用)。それぞれの値は 100 hPa より上空の積算量。南極上空の白色域は衛星データの得られない欠測域。

測により線的情報として捉えられた一酸化塩素とオゾンとの逆相関が，南極大陸を取り囲むスケールでみごとに描き出されている。

1990 年代になると，当初は南極固有の現象と思われていた春季極域オゾン破壊が北極域にも見出されるようになった。3 月の月平均オゾン全量は，1970 年代には北極上で極大となるように分布していたが，1997 年には北極上で極小をもつ構造に置き換わった (Newman et al., 1997)。一例として 1997 年 3 月 21 日のオゾン全量分布を図 4-1-8 に示す。北極域においては南極域ほど激しいオゾン破壊は観測されていないが，4-2-2 項で述べるように，その理由は極渦の強度・安定性という力学的背景場の相異にあり，オゾン破壊の化学過程は同じである。地球温暖化の進行にともない，下部成層圏の温度低下とそれにともなう極渦の強化・安定化が予想されており，オゾンホールが完全に消滅すると予想される時期は当初より遅れている。春季極域オゾン破壊に関する今後の予測については，終章に詳しく述べられている。

ここまで，南極オゾンホールの発見と題して観測事実の一端を述べてきた。オゾンホールの発見に対する忠鉢氏の功績を日本人として高く評価する立場

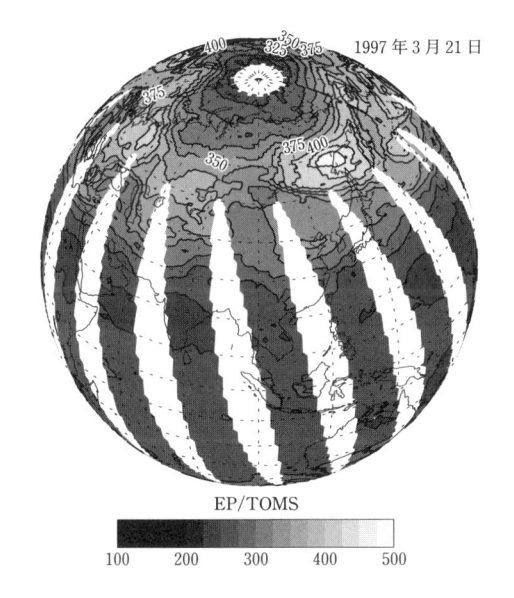

図 4-1-8 人工衛星 Earth Probe 搭載の Total Ozone Mapping Spectrometer で観測された 1997 年 3 月 21 日のオゾン全量 (DU) 分布。白色はデータの欠測域を表わす。

は理解できるが，当時，オゾン研究に従事していた者の一人としては，それで満足することは許されない。研究者が自らの過去の研究基盤に則ってオゾンホールのメカニズムを論じたことは既に述べたが，オゾンホールを見逃した失敗に対する反省も各研究者の基盤により異なってよい。このような場で個人的な反省を述べるのは適当ではないかもしれないが，これから地球環境問題を学び社会に貢献しようと志す若い学生諸君に向けた私見を記すことをお許しいただきたい。当時の中層大気科学は，大気力学分野で輝かしい世界的な業績を残した先達が中心となって牽引していたために，国内のオゾン研究が力学の分野に偏重していた感がある。オゾンを生成・破壊するのはもちろん化学反応であるが，観測データの比較的豊富だったオゾン全量の日々の変動は輸送過程に支配されており，力学を知らずにオゾン変動を議論することはできなかった。それが，いつの間にか「力学至上主義」とでもいうべきオゾン観を自分自身に植え付けてしまった。最初に全球データを整備して客

観解析を施しオゾン変動を定量的に見積もる，次にオゾン輸送量を評価した上で残差として化学的生成・消滅量を評価する，とすると人為起源オゾン破壊を同定するのは当面無理だ……。中部成層圏におけるオゾン破壊という予測に限界があることを認識し，極低温の極渦内部という異次元の世界に思いをめぐらすほど聡明でなかったのは致し方ないが，図4-1-1のようなシンプルな図を世界の代表的な観測点について書いてみることはできたはずである。なぜこんな簡単なことをしなかったのか！

　オゾンホール発見前夜に関する以上の記述は，筆者の限られた経験・記憶と印刷物として残されている文献に基づくものであり，必ずしも歴史的事実を網羅していないし誤解もあるかもしれない。1995年のノーベル化学賞は人為起源オゾン破壊の理解に対する貢献としてP. J. クルッツェン，F. S. ローランド，M. J. モリナに授与されたが，R. J. シセロン，R. S. ストラルスキー，S. ソロモンなどは紙一重の差で受賞から漏れた。1996年のオゾンシンポジウムに際して開かれた祝賀会では，受賞者も受賞から漏れた者も喜びを分かち合うように互いに談笑しながら酔っぱらっていたが，心中はいかばかりのものであったか。章末に挙げておいた参考文献を読み比べ，当時の様子を思い描いてみると面白い。オゾンホールの発見と解明の歴史から何を学び取るかは，それぞれの読者に委ねられている。

4-2　オゾンホールにかかわる力学過程

　オゾンホール内でオゾンを破壊するのはもちろん光化学反応であるが，オゾンホールがいつでもどこにでもできるわけではないのは，オゾンホールの形成に極渦という力学場の存在が不可欠だからである。冬季の極成層圏は一日中太陽のあたらない極夜の状態にある。2-1-1項で述べたように，成層圏の温度構造を形成する上でオゾンの紫外線吸収による加熱が本質的に重要であるが，極夜状態では大気に対する放射加熱源が地表面と下層大気からの赤外放射に限られるため，成層圏はきわめて低温になる。2-1-2項で解説した温度風方程式(2-1-21)は，等圧面上で高緯度ほど低温であれば上空ほど西風が強くなることを示している。こうして，極夜ジェット・極渦が形成される

ことは既に 2-1-2 項で述べた。

　この節では第 2 章で学んだ気象力学の基礎を発展させることにより，オゾンホールに関連した力学過程について解説する。ここで導入されるポテンシャル渦度は数学的に難しい顔をしているように感じるかもしれないが，オゾンホールの構造とその変動性の記述のみならず，成層圏大気力学過程を記述する際に便利な物理量であり，それを用いることにより 2-2 節でみた成層圏気象場の基本的特徴が鮮やかに説明される。ぜひ，最後まで読み通して欲しい。

4-2-1　ポテンシャル渦度

　成層圏が安定成層状態にあること，すなわち温位 θ が高度 z と共に増加していることは 2-1-1 項において述べた。このとき，温位と高度とは 1 対 1 に対応するから，温位を高度座標として用いることができる。温位が断熱保存量であり，断熱過程によるエントロピーの変化 $dS = \dfrac{dQ}{T}$ が 0 であることから，このような座標系を等エントロピー座標系という。この座標系における支配方程式系は数学的にやや複雑であるが，これに準拠してオゾン変動を記述すれば，流れ場の短期的変動によって生じる効果を取り除いた残差を抽出して考察することができる上，オゾンホールの力学過程の記述に必須の物理量であるポテンシャル渦度 potential vorticity (PV)

$$P \equiv (\zeta_\theta + f)\left(-g\frac{\partial \theta}{\partial p}\right), \quad \zeta_\theta = \left(\frac{\partial v}{\partial x}\right)_\theta - \left(\frac{\partial u}{\partial y}\right)_\theta$$

が等エントロピー座標系で定義されるため，必要最小限の事柄に限って以下で説明しよう。数学的理解を不要とする読者は(6)渦管の伸縮に進んでよい。

(1)　**等エントロピー座標系** isentropic coordinates

　温位 θ を高度方向の独立変数とする等エントロピー座標系では，全微分と局所微分とが次のように対応する。

$$\frac{D}{Dt} = \frac{\partial}{\partial t} + u\frac{\partial}{\partial x} + v\frac{\partial}{\partial y} + \dot{\theta}\frac{\partial}{\partial \theta}, \quad \dot{\theta} \equiv \frac{D\theta}{Dt} \qquad (4\text{-}2\text{-}1)$$

ここで，$\dot{\theta}$ は鉛直方向に運動する大気素片の温位変化率で，高度座標系における w，気圧座標系における ω と対応する。

(2) 連続方程式 equation of continuity

底面積 ΔA，高さ Δz をもつ密度 ρ の大気素片の質量 ΔM を，等エントロピー座標系における高さ $\Delta\theta$ を用いて表わすと

$$\Delta M = \rho\Delta A\Delta z \overset{(2\text{-}1\text{-}5)}{=} \Delta A\left(-\frac{\Delta p}{g}\right) = \left(-\frac{1}{g}\frac{\Delta p}{\Delta \theta}\right)\Delta A\Delta\theta$$

を得るから

$$\sigma \equiv -\frac{1}{g}\frac{\partial p}{\partial \theta} \qquad (4\text{-}2\text{-}2)$$

で定義される量が等エントロピー座標系において密度に対応する物理量である。等エントロピー座標系で記述した質量保存則

$$\frac{D}{Dt}(\Delta M) = \frac{D}{Dt}(\sigma\,\Delta x\Delta y\Delta\theta) = 0$$

を項別に微分すると

$$\frac{D\sigma}{Dt}\Delta x\Delta y\Delta\theta + \sigma\frac{D}{Dt}(\Delta x)\Delta y\Delta\theta + \sigma\Delta x\frac{D}{Dt}(\Delta y)\Delta\theta + \sigma\Delta x\Delta y\frac{D}{Dt}(\Delta\theta) = 0$$

となる。両辺を $\Delta x\Delta y\Delta\theta$ で割り，各項を

$$\Delta u = \frac{D(\Delta x)}{Dt},\quad \Delta v = \frac{D(\Delta y)}{Dt},\quad \Delta\dot\theta = \frac{D(\Delta\theta)}{Dt}$$

により大気素片を構成する面の速度差に置き換えれば

$$\frac{D\sigma}{Dt} + \sigma\left(\frac{\Delta u}{\Delta x} + \frac{\Delta v}{\Delta y} + \frac{\Delta\dot\theta}{\Delta\theta}\right) = 0 \overset{\Delta x,\Delta y,\Delta\theta\to 0}{\Longrightarrow} \frac{D\sigma}{Dt} + \sigma\left\{\left(\frac{\partial u}{\partial x}\right)_\theta + \left(\frac{\partial v}{\partial y}\right)_\theta + \frac{\partial\dot\theta}{\partial\theta}\right\} = 0$$

に帰着する。全微分を局所微分に展開して項を整理することにより，連続方程式は

$$\frac{\partial\sigma}{\partial t} + u\frac{\partial\sigma}{\partial x} + v\frac{\partial\sigma}{\partial y} + \dot\theta\frac{\partial\sigma}{\partial\theta} + \sigma\frac{\partial u}{\partial x} + \sigma\frac{\partial v}{\partial y} + \sigma\frac{\partial\dot\theta}{\partial\theta} = 0$$

$$\Longleftrightarrow \frac{\partial\sigma}{\partial t} + \frac{\partial}{\partial x}(\sigma u) + \frac{\partial}{\partial y}(\sigma v) + \frac{\partial}{\partial\theta}(\sigma\dot\theta) = 0 \qquad (4\text{-}2\text{-}3)$$

(3) 気圧傾度力 pressure gradient force

図 4-2-1 を参照しながら，等圧面上における気圧傾度力 $-\left(\frac{\partial\Phi}{\partial x}\right)_p = -\lim_{A\to B}\frac{\Phi_B - \Phi_A}{x_B - x_A}$ を等温位面上における Φ の勾配で表わしてみよう：

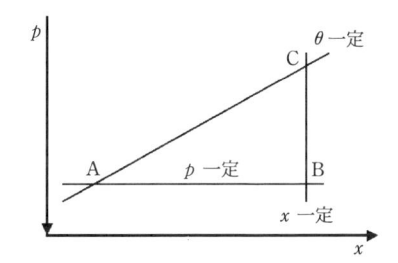

図 4-2-1 気圧傾度力の等エントロピー座標系への変換

$$\frac{\Phi_B-\Phi_A}{x_B-x_A}=\frac{\Phi_C-\Phi_A}{x_C-x_A}+\frac{\Phi_B-\Phi_C}{x_C-x_A}$$

$$=\frac{\Phi_C-\Phi_A}{x_C-x_A}+\frac{\Phi_B-\Phi_C}{p_B-p_C}\cdot\frac{p_B-p_C}{x_C-x_A}$$

$$=\frac{\Phi_C-\Phi_A}{x_C-x_A}+\frac{\Phi_B-\Phi_C}{p_B-p_C}\cdot\frac{p_A-p_C}{x_C-x_A}$$

$\varDelta x, \varDelta y, \varDelta p \to 0$ の極限をとって

$$\left(\frac{\partial\Phi}{\partial x}\right)_p=\left(\frac{\partial\Phi}{\partial x}\right)_\theta+\left(\frac{\partial\Phi}{\partial p}\right)_x\left(-\frac{\partial p}{\partial x}\right)_\theta$$

$$\stackrel{(2\text{-}2\text{-}41)}{=}\left(\frac{\partial\Phi}{\partial x}\right)_\theta+\frac{RT}{p}\left(\frac{\partial p}{\partial x}\right)_\theta$$

ここで，温位の定義式(2-1-19)の両辺の対数をとり，θ 一定のもとで x で微分すれば

$$0=\frac{1}{T}\left(\frac{\partial T}{\partial x}\right)_\theta-\frac{R}{c_p}\frac{1}{p}\left(\frac{\partial p}{\partial x}\right)_\theta \tag{4-2-4}$$

これを上の式に代入して $\left(\dfrac{\partial p}{\partial x}\right)_\theta$ を消去すれば

$$\left(\frac{\partial\Phi}{\partial x}\right)_p=\left(\frac{\partial\Phi}{\partial x}\right)_\theta+c_p\left(\frac{\partial T}{\partial x}\right)_\theta \iff \left(\frac{\partial\Phi}{\partial x}\right)_p=\left(\frac{\partial}{\partial x}\right)_\theta(\Phi+c_pT)$$

y 方向についても同様だから，等エントロピー座標系において，気圧傾度力は

$$\Psi\equiv\Phi+c_pT \tag{4-2-5}$$

で定義されるモンゴメリー流線関数の等温位面上における水平微分により得られる。

$$-\left(\frac{\partial \Phi}{\partial x}\right)_p = -\left(\frac{\partial \Psi}{\partial x}\right)_\theta, \quad -\left(\frac{\partial \Phi}{\partial y}\right)_p = -\left(\frac{\partial \Psi}{\partial y}\right)_\theta \tag{4-2-6}$$

(4) 渦度方程式 vorticity equation

等エントロピー座標系における水平方向の運動方程式は，式(2-3-18)，(2-3-19)における気圧傾度力を式(4-2-6)で置き換えることにより

$$\frac{Du}{Dt} - fv = -\left(\frac{\partial \Psi}{\partial x}\right)_\theta \tag{4-2-7}$$

$$\frac{Dv}{Dt} + fu = -\left(\frac{\partial \Psi}{\partial y}\right)_\theta \tag{4-2-8}$$

と表わされる。式(2-3-18)，(2-3-19)から順圧渦度方程式を導いたのとまったく同じ手順により，式(4-2-7)，(4-2-8)から等エントロピー座標系における渦度方程式が

$$\frac{D_\theta}{Dt}(\zeta_\theta + f) = -(\zeta_\theta + f)\left(\frac{\partial u}{\partial x} + \frac{\partial v}{\partial y}\right) - \left(\frac{\partial \dot\theta}{\partial x}\frac{\partial v}{\partial \theta} - \frac{\partial \dot\theta}{\partial y}\frac{\partial u}{\partial \theta}\right) \tag{4-2-9}$$

のように得られる。ただし，水平微分は等温位面上における微分で，

$$\frac{D_\theta}{Dt} \equiv \frac{\partial}{\partial t} + u\left(\frac{\partial}{\partial x}\right)_\theta + v\left(\frac{\partial}{\partial y}\right)_\theta \tag{4-2-10}$$

である。

(5) ポテンシャル渦度方程式 potential vorticity equation

渦度方程式(4-2-9)右辺の二次元発散項を左辺に取り込むことにより，保存則を導き出すことができる。そのために連続方程式(4-2-3)を用いればよいことは容易に見当がつくが，ちょっと工夫が必要である。連続方程式(4-2-3)の両辺を σ^2 で割って整理すると

$$\frac{1}{\sigma^2}\frac{\partial \sigma}{\partial t} + \frac{1}{\sigma^2}\left(u\frac{\partial \sigma}{\partial x} + v\frac{\partial \sigma}{\partial y}\right) + \frac{1}{\sigma}\left(\frac{\partial u}{\partial x} + \frac{\partial v}{\partial y}\right) + \frac{1}{\sigma^2}\frac{\partial}{\partial \theta}(\sigma \dot\theta) = 0$$

この式は，恒等式

$$\frac{\partial(\sigma^{-1})}{\partial t} = -\frac{1}{\sigma^2}\frac{\partial \sigma}{\partial t}, \quad \frac{\partial(\sigma^{-1})}{\partial x} = -\frac{1}{\sigma^2}\frac{\partial \sigma}{\partial x}, \quad \frac{\partial(\sigma^{-1})}{\partial y} = -\frac{1}{\sigma^2}\frac{\partial \sigma}{\partial y}$$

を用いて書き直すことができて

$$\frac{\partial(\sigma^{-1})}{\partial t}+u\frac{\partial(\sigma^{-1})}{\partial x}+v\frac{\partial(\sigma^{-1})}{\partial y}-\frac{1}{\sigma}\left(\frac{\partial u}{\partial x}+\frac{\partial v}{\partial y}\right)-\frac{1}{\sigma^2}\frac{\partial}{\partial \theta}(\sigma\dot{\theta})=0$$

$$\iff \frac{D_\theta(\sigma^{-1})}{Dt}=\frac{1}{\sigma}\left(\frac{\partial u}{\partial x}+\frac{\partial v}{\partial y}\right)+\frac{1}{\sigma^2}\frac{\partial}{\partial \theta}(\sigma\dot{\theta}) \qquad (4\text{-}2\text{-}11)$$

式(4-2-9)の両辺を σ で割り，式(4-2-11)の両辺に $(\zeta_\theta+f)$ をかけた式と辺々加えれば

$$\frac{D_\theta}{Dt}\left(\frac{\zeta_\theta+f}{\sigma}\right)=\frac{\zeta_\theta+f}{\sigma^2}\frac{\partial}{\partial\theta}(\sigma\dot{\theta})-\frac{1}{\sigma}\left(\frac{\partial\dot{\theta}}{\partial x}\frac{\partial v}{\partial\theta}-\frac{\partial\dot{\theta}}{\partial y}\frac{\partial u}{\partial\theta}\right)$$

したがって，（エーテル Ertel の）ポテンシャル渦度（渦位ともいう）P を

$$P\equiv\frac{\zeta_\theta+f}{\sigma}\overset{(4\text{-}2\text{-}2)}{=}(\zeta_\theta+f)\left(-g\frac{\partial\theta}{\partial p}\right) \qquad (4\text{-}2\text{-}12)$$

により定義すれば，ポテンシャル渦度方程式

$$\frac{D_\theta P}{Dt}=\frac{P}{\sigma}\frac{\partial}{\partial\theta}(\sigma\dot{\theta})-\frac{1}{\sigma}\left(\frac{\partial\dot{\theta}}{\partial x}\frac{\partial v}{\partial\theta}-\frac{\partial\dot{\theta}}{\partial y}\frac{\partial u}{\partial\theta}\right) \qquad (4\text{-}2\text{-}13)$$

を得る。温位 θ は断熱保存量だから断熱過程において $\dot{\theta}=0$ である。よって，断熱過程においては式(4-2-13)右辺が0，すなわちポテンシャル渦度 P が保存する。オゾンホールの境界のように力学場が激しく変化する状況では P は大きな水平勾配をもち，流れの場により移流される。しかし，P が断熱保存量であるために，P はその値を変化させることなく化学的に不活性な物質であるかのように振る舞う。

(6) **渦管の伸縮** vortex tube

オゾンホールにおける P の分布をみる前に，P の保存が大気中の流れ場のどのような性質と対応するかについて考察してみよう。ポテンシャル渦度は，等エントロピー座標系では式(4-2-12)により定義されるが，依拠する座標系に応じて数学的表現は異なってくる。しかし，ポテンシャル渦度が絶対渦度と渦の「深さ」との比として定義されることはそれらにおいて共通である。式(4-2-12)分母の σ は，式(4-2-2)で等エントロピー座標系における密度にあたる概念として導入されたが，$\frac{\partial p}{\partial\theta}$ は温位に対する圧力の変化率だから，等温位面の物理的間隔が広ければ一定の温位増分に対する気圧変動は大きくなり，σ も大きな値をとる。したがって，σ は等温位面の間の物理的な

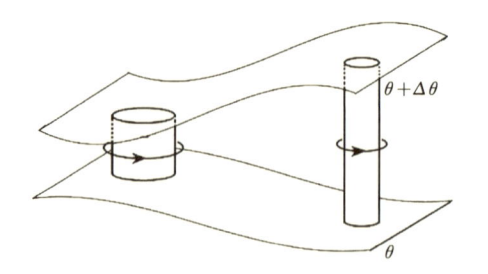

図 4-2-2 渦管の伸縮とポテンシャル渦度の保存

深さに対応するといってもよい。今，2つの等温位面に挟まれた大気素片が等温位面間隔の広い領域に移流してきたとしよう（図4-2-2）。このとき，流体の深さが深くなる（σ が増加する）から，P が一定値を保つために分子（$\zeta_\theta + f$）も同じ割合で増加しなければならない。したがって，移流にともなう f の変化が無視できれば，流体のもつ相対渦度 ζ_θ が増加することになる。これは，角運動量を保存する質点系において慣性能率の変化に回転角速度が応答することと等価である。

等温位面の間隔がその高度領域の温度と対応することは，次のようにして示される。式(4-2-4)によれば，等温位面にそって x 方向に温度が低下している（$\left(\frac{\partial T}{\partial x}\right)_\theta < 0$）とき，等温位面にそった圧力も低下（$\left(\frac{\partial p}{\partial x}\right)_\theta < 0$）するから，等温位面は等圧面に対して x 方向に盛り上がっていることになる。もし何らかのメカニズムで力学的に維持されている低温域に大気塊が移流してくれば，等温位面の盛り上がりに対応して渦管が鉛直に引き延ばされ，P が一定値を保つように大気塊の相対渦度が増加し，曲率が変化するような流れ場が形成されていることになる。一方，相対渦度の空間分布が一様と見なせるような流れの場で P が空間的に極値をもっていれば，P の分布に対応して温度分布も極値をもつであろう。

(7) オゾンホールにおけるポテンシャル渦度分布

温位 θ とポテンシャル渦度 P とは共に断熱保存量であるが，これらは互いに独立な物理量であるから，等温位面 $\theta =$ 一定と等ポテンシャル渦度面 $P =$ 一定とは一般に交線をもって交わる（図4-2-3）。断熱条件を満たしながら運動する大気塊は，拘束条件「$\theta =$ 一定かつ $P =$ 一定」を満たさなければならないから，運動の軌跡は2つの面の交線上に留まることになる。したがっ

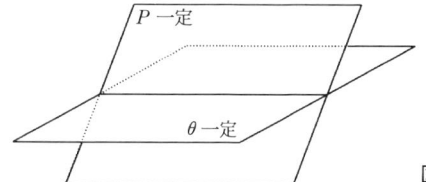

図 4-2-3　等温位面と等ポテンシャル渦度面

て，等温位面上に描いたポテンシャル渦度の等値線は，大気塊の移動を忠実に追跡するはずである．オゾンホールに限らず，下部成層圏におけるオゾン分布の短期的変動にとって流れ場による移流は支配的な要因であるため，それを視覚化することのできる等温位面上の P はきわめて有用である．

　図 4-1-7 に対応する日の 450 K 等温位面上におけるポテンシャル渦度分布を，70 hPa のジオポテンシャルハイトと温度，オゾン全量分布と共に図 4-2-4 に示す．70 hPa はオゾンホール内におけるオゾン破壊の最も進む高度域(図 4-1-5)の代表として選ばれている．450 K 等温位面は 70 hPa 等圧面と一致しないが，70 hPa 面の極渦の縁付近にみられる温度 210 K がちょうど温位 450 K に対応するので，オゾン破壊の進行している高度域をみるのに適した温位面である．さらに，オゾン全量の空間分布は下部成層圏の力学場の変動に支配されるので，図に示された 4 つの物理量の間には，よい対応が認められる．ジオポテンシャルハイトの分布(A)から，東西波数 3 の惑星波による蛇行をともないながら強い極夜ジェットの形成されていることがわかる．温度場(B)をみると 70〜80°S，40°W 付近に極小をもつ低温域が大西洋側に張り出している様子が認められる．東西波数 3 の構造はポテンシャル渦度場(C)でより顕著であるが，低温域に対応したポテンシャル渦度 P の極小(南半球なので値が負の極小だが絶対値は極大)が波数 1 構造をつくりだしている．その外側に位置する等値線間隔の狭い帯状の構造が極渦境界である．断熱条件下で P の等値線は物質面と見なすことができるから，断熱過程にしたがう大気塊は極渦境界を横切って運動することができない．風の場は P の等値線と常に平行であるとは限らないから，P はオゾンやオゾン破壊に関与する物質(図 4-1-7)と共に移流し，結果的に大気塊がその等値線を横切らないように空間分布は変形する．P の急勾配で特徴づけられる極渦境界にお

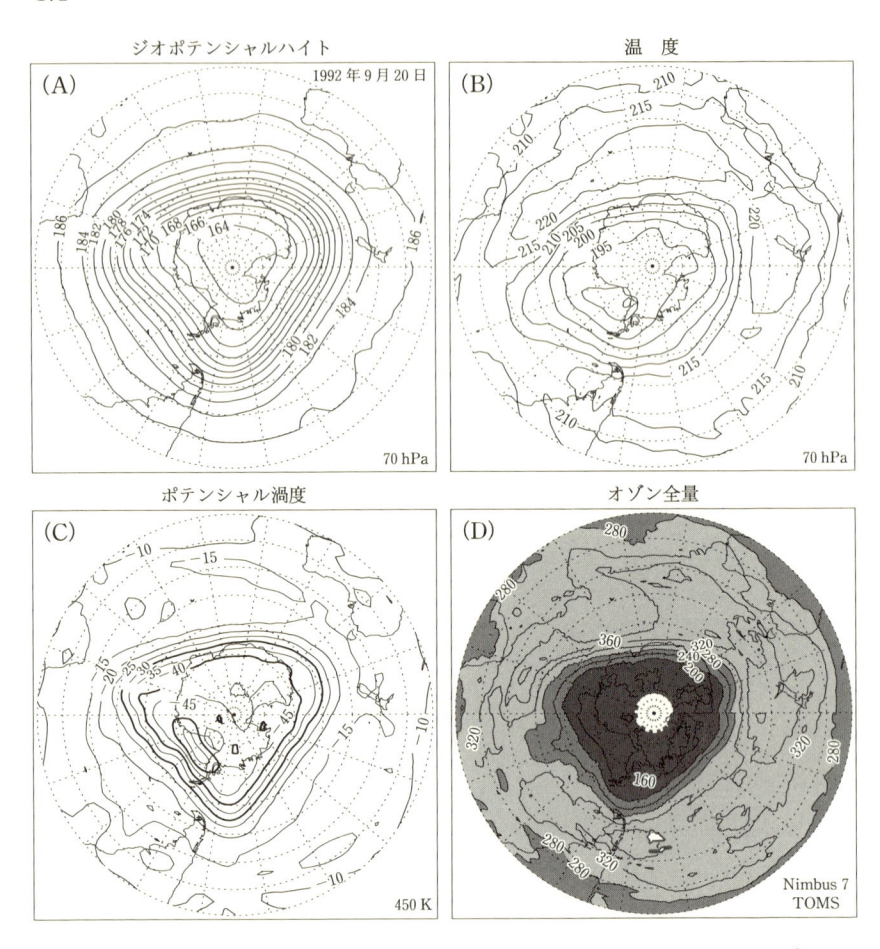

図 4-2-4 1992年9月20日における，(A) 70 hPa のジオポテンシャルハイト (100 m)，(B) 70 hPa の温度 (K)，(C) 450 K 等温位面上におけるポテンシャル渦度 (PVU≡10^{-6} km² kg^{-1} s^{-1})，(D) オゾン全量 (DU，白抜きの領域は欠測) の分布．図の中心が南極で一番外側の緯度円が 20°S．

いては，散逸過程などにより大気塊のもつ P の値が多少変化したとしても，その変動幅は急勾配の場のもつ空間的変動と比べてはるかに小さいため，極渦内外の物質交換はほとんど起こらないはずである．これは，P を緯度方向の空間座標とする平面上で，緯度方向の流れがゼロであると言い換えることもできる．このような考えに基づいて定義される緯度を (渦位) 等価緯度

(PV-based) equivalent latitude という。このポテンシャル渦度障壁に囲まれた領域内で，オゾン破壊物質は失われることなく無限連鎖の形(4-3節)でオゾンを破壊し尽くす(図4-1-5)のである。なお，極渦の現況は国立環境研究所のホームページ(http://www-cger2.nies.go.jp/new/analysis/pv/index_stras.html)でみることができる。

4-2-2　極渦の変形と崩壊

中緯度から水平に，あるいは対流圏から鉛直に伝播してくる惑星波により極渦は変形する。変形された極渦が分裂や崩壊を引き起こすと，極渦内外の大気が交換され，化学反応によるオゾン破壊率は著しく低下する。オゾンホールが南極で発達し北極でそれほど顕著でない理由は，極渦内の温度と共に極渦の安定性が両極で異なるためである。図4-2-5は，北極(A)と南極(B)の30 hPa面における温度の季節変動を，1979年から1997年までの重ね書きにより示したものである。両極の季節進行を合わせるために，半年ずらして並べてある。最低温度の気候値(太線)は，北極が12月下旬の196 K程度であるのに対し南極は7月下旬に184 K程度という低い値をとる。また，冬季の温度の年々変動幅は，南極では10 K程度であるのに対し北極では平均的に30 K程度あり，日によって50 Kに達する。このように，北極の方が南極より最低温度が高く年々の変動幅が大きい。これは，極渦が北極では南極ほど発達せず安定して存在できないことと対応している。このような両極間の相異は，大規模山岳による力学的強制や海陸分布に起因する熱的強制の違いにより，励起される惑星波の活動度が両半球で異なることによって生じている((7)地表面における力学的強制を参照)

温度風の関係から明らかなように，冬の西風ジェットが夏の東風と交代する際に極渦は崩壊する。これを最終昇温という。季節進行にともなって生じるこのような昇温の他に，真冬の成層圏で数日の内に気温が数十℃も上昇する現象が知られている。これを成層圏突然昇温 stratospheric sudden warming という。これらの内，緯度60°より高緯度の10 hPaより下層で帯状平均東西風が西風から東風に置き換わってしまうものを大昇温 major warming と呼ぶことがある。北半球では2〜3年に1度くらいの割合で大昇温が起こっ

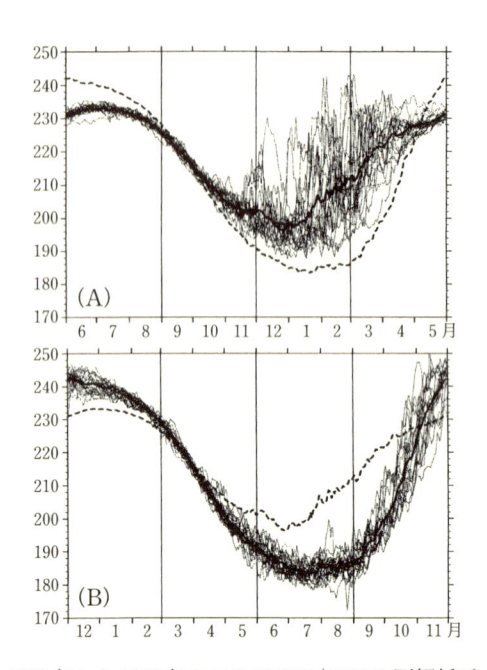

図4-2-5 1979年から1997年までのNCEP/NCAR再解析データに基づく北極(A)と南極(B)における30 hPa温度(K)の日付をそろえた重ね書き(Yoden et al., 2002による図の一部)。太実線は各日付の19年平均値で、季節進行を合わせるために北極は6月から、南極は12月から開始している。破線は反対半球の太実線を書き写したもの。

ており、図4-2-5で北極の12〜3月に年々の変動幅が大きいのは、突然昇温に対応した極上空の温度変動を反映しているからである。それに対し、帯状風が強く惑星波の振幅が比較的小さい南半球では極渦が安定して存在するため、2002年9月に初めて観測されるまで大昇温は起こらないと思われていた。極渦とオゾンホールとの対応から予想されるように、この年のオゾンホールは通常の年とはまったく異なる時間発展を示した。そこで、2002年9月に南半球で発生した成層圏突然昇温を例に、興味深いその現象を概観し気象学的メカニズムについて考察する。

(1) **成層圏突然昇温** stratospheric sudden warming

図4-2-6は、2002年9月の60°Sにおける帯状平均温度(A)と東西風速(B)の時間-高度断面である。温度分布(A)をみると、9月上旬には250 hPaか

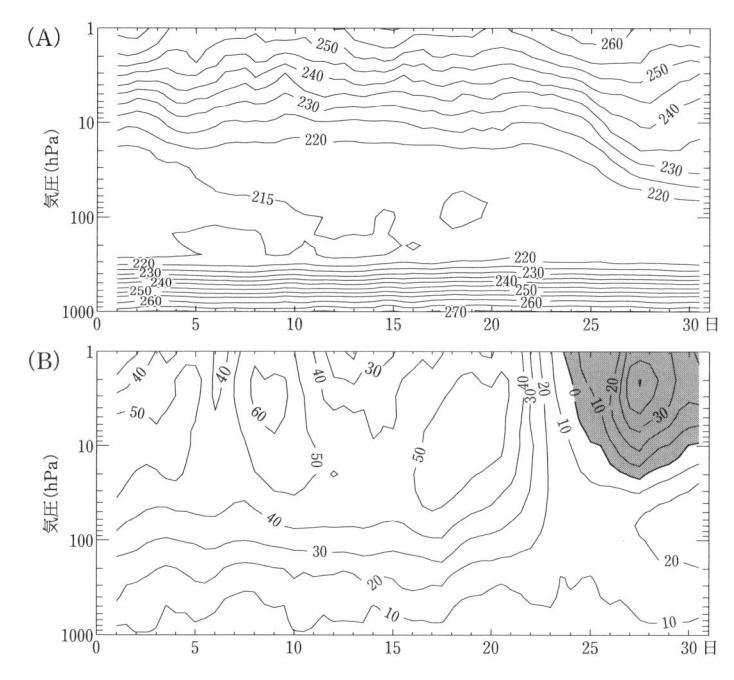

図 4-2-6 2002 年 9 月の 60°S における(A)帯状平均温度(K)と(B)帯状平均東西風速($m\,s^{-1}$)の時間 - 高度断面。等値線間隔は(A)が 5 K，(B)が $10\,m\,s^{-1}$ で，(B)の陰影は東風領域。ECMWF 解析値を用いて作図

ら 20 hPa までの広い高度領域が 215 K より低温で覆われているが，温度極小の高度域がしだいに狭まってきて，下旬には 215 K 以下の温度領域は消滅している。昇温は上層ほど早く始まり先に終息する。たとえば，1 hPa 高度では 12 日に 255 K の等温線が，23 日には 260 K の等温線が現われるが，27 日にはみえなくなる。一方，10 hPa 付近で昇温が始まるのは 23 日ごろで，26 日ごろに急激な昇温が認められ，28 日を過ぎると降温に転ずる。50 hPa では，9 月末においても昇温が続いている。東西風(B)をみると，100 hPa より上空で強弱を繰り返していた西風が 21 日以降急激に弱まり，23 日になると 1 hPa 高度に東風が現われ，27 日には 20 hPa まで下降する。東風の極大は 28 日の 2 hPa 付近で，$50\,m\,s^{-1}$ に達する。20 日には $50\,m\,s^{-1}$ を超える西風が吹いていたのだから，僅か 1 週間余りで成層圏の風系がいかにダ

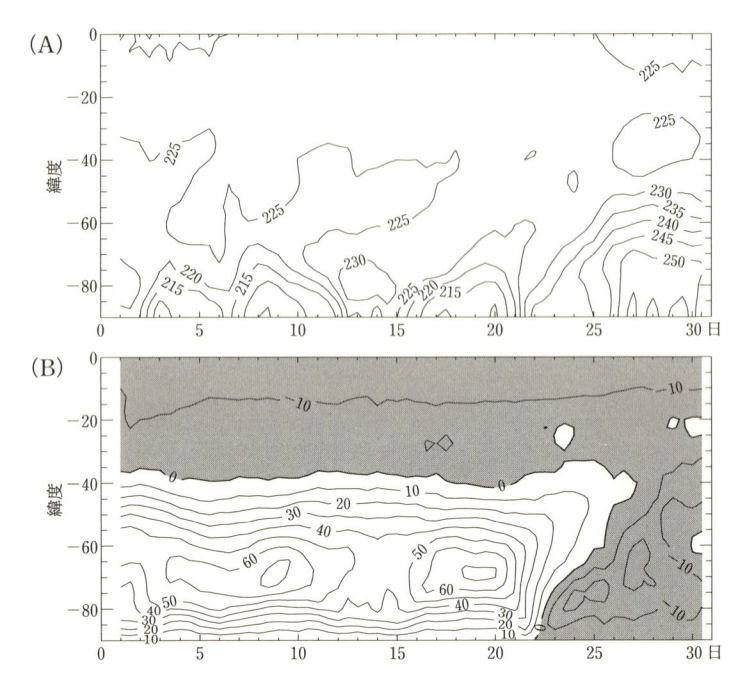

図 4-2-7 2002 年 9 月の 10 hPa 面における(A)帯状平均温度(K)と(B)帯状平均東西風速($m\,s^{-1}$)の時間 - 緯度(0°〜90°S)断面。その他の構成は図 4-2-6 と同じ。

イナミックに変動したかがわかる。

　図 4-2-7 は同じ現象を 10 hPa 面の時間 - 緯度断面でみたものである。温度分布(A)をみると 225 K の等温線が 9 月中旬まで中緯度を蛇行して走っており，これを境に低緯度側が高温・極側が低温である。南極上空には数日周期で 210 K を下回る低温が現われているが，13 日ごろ 80°S 付近に現われた 230 K を超える高温域は，低温域に置き換わった後に再び盛り返し，21 日には 225 K の等温線が南極まで達している。その後，南極上空は 250 K を超えるまで昇温し，逆に温度が低下する中緯度よりも高温になる。温度風の関係(2-1-21)によれば，このような南北温度勾配の逆転は東風シアをともなうはずで，その様子は図 4-2-6 で確認できる。東西風分布(B)をみると，70°S 付近に軸(風速の極大)をもち最大で 70 $m\,s^{-1}$ に達する極夜ジェットが 20 日過ぎに急激に減速し，23 日には極から中緯度へ向けた位相伝播を示しなが

ら半球規模で東風に転じている．僅か 10 日余りの間に 70 m s^{-1} を超える西風が 20 m s^{-1} を超える東風に反転するという劇的な変動が起こっているのである．注目すべきことは，このような極域の昇温・東風加速と同時に，中緯度の降温・西風加速が起こっていることである．これは，成層圏突然昇温が太陽活動のような外的要因で生じているのではなく，何らかの大気力学過程の関与した運動量とエネルギーの空間的再配分をともなっていることを示唆している((8)オゾンホールの分裂参照)．

以上が帯状平均場の記述であるが，成層圏突然昇温は東西波数 1〜2 の惑星波の振幅増大をともなっており，その駆動メカニズムは鉛直伝播する惑星波と平均帯状流との相互作用として理解されている．そこで，成層圏の力学過程を記述するのに適した支配方程式系を新たに導入し，ロスビー波の鉛直伝播について学ぶ．数式による理解を不要とする読者は(7)地表面における力学的強制に進んでよい．

(2) 対数気圧座標系 log-pressure coordinates

気圧座標系は，気圧傾度力が密度 ρ を含まず，連続方程式が三次元非発散の形で表わされるなど多くの利点をもっている．しかし，物理的空間としては 15〜50 km もの広大な領域に広がる成層圏が，座標変換の結果，0〜1000 hPa までの有限領域のなかの 1〜100 hPa までという小さな区間に押し込められてしまうため不都合の生じることがある．そこで，気圧座標系の長所を損なうことなくこうした欠点を取り除くために，鉛直座標として長さの次元をもつ z^* を用いる対数気圧座標系を導入する：

$$z^* = -H \ln \frac{p}{p_s}, \quad H = \frac{RT_s}{g} \tag{4-2-14}$$

ここで，H は全球平均気温 T_s を使って定義される標準スケールハイトで約 7 km という値をとる．対数気圧座標系は圧力 p に標準高度 z^* を対応させた座標系ということができ，標準密度 ρ_0 を z^* のみの関数として

$$\rho_0(z^*) = \rho_s e^{-z^*/H} \tag{4-2-15}$$

で定義し，鉛直速度を

$$w^* \equiv \frac{Dz^*}{Dt} \tag{4-2-16}$$

で表わす．対数気圧座標系における基礎方程式は，気圧座標系の式から次のように導かれる．

1. 水平方向の運動方程式：気圧傾度力は気圧座標系と同じ形で

$$\frac{\partial u}{\partial t}+u\frac{\partial u}{\partial x}+v\frac{\partial u}{\partial y}+w^*\frac{\partial u}{\partial z^*}=-\frac{\partial \Phi}{\partial x}+fv+F_{rx} \qquad (4\text{-}2\text{-}17)$$

$$\frac{\partial v}{\partial t}+u\frac{\partial v}{\partial x}+v\frac{\partial v}{\partial y}+w^*\frac{\partial v}{\partial z^*}=-\frac{\partial \Phi}{\partial y}-fu+F_{ry} \qquad (4\text{-}2\text{-}18)$$

粘性項を無視した式は次のようにベクトル表記することができる．

$$\frac{D\boldsymbol{V}}{Dt}=-\nabla\Phi-f\boldsymbol{k}\times\boldsymbol{V} \qquad (4\text{-}2\text{-}19)$$

ただし，全微分は水平風ベクトル $\boldsymbol{V}$ を用いて次のように表わされる．

$$\frac{D}{Dt}\equiv\frac{\partial}{\partial t}+\boldsymbol{V}\cdot\nabla+w^*\frac{\partial}{\partial z^*} \qquad (4\text{-}2\text{-}20)$$

2. 静水圧平衡方程式：気圧座標系における式(2-2-41)を変形して

$$\frac{\partial \Phi}{\partial p}=-\frac{RT}{p} \iff \frac{\partial \Phi}{\partial \ln p}=-RT \iff \frac{\partial \Phi}{\partial z^*}=\frac{RT}{H} \qquad (4\text{-}2\text{-}21)$$

3. 連続方程式：式(4-2-16)に(4-2-14)を代入すれば

$$w^*=-H\frac{D}{Dt}\ln\frac{p}{p_s}=-\frac{H}{p}\frac{Dp}{Dt}=-\frac{H\omega}{p} \qquad (4\text{-}2\text{-}22)$$

よって

$$\frac{\partial \omega}{\partial p}=\frac{\partial}{\partial p}\left(-\frac{pw^*}{H}\right)=-\frac{w^*}{H}-\frac{p}{H}\frac{\partial w^*}{\partial p}=-\frac{w^*}{H}+\frac{\partial w^*}{-H\partial \ln p}=-\frac{w^*}{H}+\frac{\partial w^*}{\partial z^*}$$

一方

$$\frac{\partial (\rho_0 w^*)}{\partial z^*}=-\frac{1}{H}\rho_0 w^*+\rho_0\frac{\partial w^*}{\partial z^*}=\rho_0\left(-\frac{w^*}{H}+\frac{\partial w^*}{\partial z^*}\right)$$

したがって，気圧座標系における連続方程式(2-2-43)を書き換えて

$$\frac{\partial (\rho_0 u)}{\partial x}+\frac{\partial (\rho_0 v)}{\partial y}+\frac{\partial (\rho_0 w^*)}{\partial z^*}=0 \iff \frac{\partial u}{\partial x}+\frac{\partial v}{\partial y}+\frac{1}{\rho_0}\frac{\partial (\rho_0 w^*)}{\partial z^*}=0$$

$$(4\text{-}2\text{-}23)$$

4. 熱力学方程式：気圧座標系における熱力学方程式(2-2-35)の ω を式

(4-2-22)を用いて w^* に換え，水平風を V で表わせば

$$\frac{\partial T}{\partial t} + V \cdot \nabla T + S_p \frac{p}{H} w^* = \frac{J}{c_p} \tag{4-2-24}$$

左辺第3項は

$$S_p \frac{p}{H} w^* \stackrel{(2-2-36)}{=} \left(\frac{RT}{c_p p} - \frac{\partial T}{\partial p} \right) \frac{p}{H} w^* = \left(\frac{RT}{c_p H} + \frac{\partial T}{-H \partial \ln p} \right) w^* = \left(\frac{\kappa T}{H} + \frac{\partial T}{\partial z^*} \right) w^* \tag{4-2-25}$$

ここで，$\kappa \equiv \dfrac{R}{c_p}$ である．したがって，対数気圧座標系における熱力学方程式は

$$\left(\frac{\partial}{\partial t} + V \cdot \nabla + w^* \frac{\partial}{\partial z^*} \right) T + \frac{\kappa T}{H} w^* = \frac{J}{c_p} \tag{4-2-26}$$

T の代わりに Φ を用いた表現も可能である．式(4-2-24)の両辺に R/H をかけ，静水圧平衡の式(4-2-21)を用いて $\dfrac{RT}{H}$ を $\dfrac{\partial \Phi}{\partial z^*}$ に置き換えれば

$$\left(\frac{\partial}{\partial t} + V \cdot \nabla \right) \frac{\partial \Phi}{\partial z^*} + N^2 w^* = \frac{\kappa}{H} J \tag{4-2-27}$$

ここで，N はブラント・バイサラ Brunt-Väisälä 振動数で，

$$N^2 \equiv \frac{R}{H} S_p \frac{p}{H} \stackrel{(4-2-25)}{=} \frac{R}{H} \left(\frac{\kappa T}{H} + \frac{\partial T}{\partial z^*} \right) \tag{4-2-28}$$

以下では，簡単のため z^*, w^* におけるアステリスクを省略し，z, w と表記する．

(3) 準地衡風方程式系 quasi-geostrophic system

水平風速 V を地衡風成分 V_g とそれからの偏差 V_a とに分解すると，中緯度における大規模な風系は，地衡風成分に対する非地衡風成分の大きさの比がロスビー数(2-2-25)と同等程度に小さい($|V_a|/|V_g| \sim O(R_o)$)．さらに，水平風速に対する鉛直風速の比が充分小さい($W/U \sim O(10^{-3})$)という特徴をもつために

① 運動量は地衡風運動量で近似される．
② 水平運動にともなう運動量・温度の時間変化率は地衡風運動にともなう変化率で近似される．

すなわち

$$\frac{DV}{Dt} \sim \frac{D_g V_g}{Dt}, \quad \frac{DT}{Dt} \sim \frac{D_g T}{Dt} \tag{4-2-29}$$

ここで

$$\frac{D_g}{Dt} = \frac{\partial}{\partial t} + V_g \cdot \nabla, \quad V_g = \frac{1}{f_0} \boldsymbol{k} \times \nabla \Phi, \quad V_a = V - V_g \tag{4-2-30}$$

である。以下では V_g の定義に際して f を定数 f_0 として扱うが，時間発展を記述する加速度項のなかに，コリオリ力と気圧傾度力との残差としてコリオリ力の緯度依存性を y の一次式として残す(中緯度 β 平面近似)。すなわち，運動方程式における加速度項を

$$f\boldsymbol{k} \times V + \nabla \Phi = (f_0 + \beta y) \boldsymbol{k} \times (V_g + V_a) - f_0 \boldsymbol{k} \times V_g$$
$$\sim f_0 \boldsymbol{k} \times V_a + \beta y \boldsymbol{k} \times V_g \tag{4-2-31}$$

と表わす。このような簡略化により得られる方程式系を準地衡風方程式系と呼ぶ。

対数気圧座標系に準拠した準地衡風方程式系は次のようにまとめられる：

$$\frac{D_g V_g}{Dt} = -f_0 \boldsymbol{k} \times V_a - \beta y \boldsymbol{k} \times V_g \tag{4-2-32}$$

$$\frac{\partial \Phi}{\partial z} = \frac{RT}{H} \tag{4-2-33}$$

$$\nabla \cdot (\rho_0 V_a) + \frac{\partial (\rho_0 w)}{\partial z} = 0 \tag{4-2-34}$$

$$\frac{D_g T}{Dt} + \frac{N^2 H}{R} w = \frac{J}{c_p} \tag{4-2-35}$$

ここで，$T(x, y, z, t) = T_0(z) + T'(x, y, z, t)$ と分解すると $\left|\frac{dT_0}{dz}\right| \gg \left|\frac{\partial T'}{\partial z}\right|$ が成り立つから

$$N^2 = \frac{R}{H}\left(\frac{\kappa T}{H} + \frac{\partial T}{\partial z}\right) \sim \frac{R}{H}\left(\frac{\kappa T_0}{H} + \frac{dT_0}{dz}\right) \tag{4-2-36}$$

地衡風 $V_g = \frac{1}{f_0} \boldsymbol{k} \times \nabla \Phi$ が二次元非発散であることは容易に確かめられ，式(4-2-34)で既に利用している。また，式(4-2-30)より

$$u_g = -\frac{1}{f_0}\frac{\partial \Phi}{\partial y}, \quad v_g = \frac{1}{f_0}\frac{\partial \Phi}{\partial x} \tag{4-2-37}$$

だから，地衡風渦度 ξ_g は Φ のラプラシアンで表わすことができる：

$$\xi_g = \frac{\partial v_g}{\partial x} - \frac{\partial u_g}{\partial y} = \frac{1}{f_0}\left(\frac{\partial^2 \Phi}{\partial x^2} + \frac{\partial^2 \Phi}{\partial y^2}\right) = \frac{1}{f_0}\nabla^2 \Phi \tag{4-2-38}$$

式(4-2-38)が

①既知の $\Phi(x,y)$ から ξ_g の決定

②既知の ξ_g と Φ の境界条件から $\Phi(x,y)$ の決定

と，双方向に利用することができるため，地衡風渦度 ξ_g は非常に有用な物理量である．その ξ_g の時間発展を記述する準地衡風渦度方程式は，式(4-2-32)を成分表示した

$$\frac{D_g u_g}{Dt} - f_0 v_a - \beta y v_g = 0 \tag{4-2-39}$$

$$\frac{D_g v_g}{Dt} + f_0 u_a + \beta y u_g = 0 \tag{4-2-40}$$

をもとに，$\dfrac{\partial (4\text{-}2\text{-}40)}{\partial x} - \dfrac{\partial (4\text{-}2\text{-}39)}{\partial y}$ を演算することにより

$$\frac{\partial \xi_g}{\partial t} + \boldsymbol{V}_g \cdot \nabla (\xi_g + f) - \frac{f_0}{\rho_0}\frac{\partial (\rho_0 w)}{\partial z} = 0 \tag{4-2-41}$$

のように求められる．ここで，$\dfrac{D_g f}{Dt} = \boldsymbol{V}_g \cdot \nabla f = \beta v_g$ を利用している．

(4) 準地衡風ポテンシャル渦度方程式 quasi-geostrophic potential vorticity equation

式(4-2-30)，(4-2-33)，(4-2-38)からわかるように，$\boldsymbol{V}_g$，T，ξ_g はいずれも Φ だけの関数だから，準地衡風渦度方程式(4-2-41)と熱力学方程式(4-2-35)は，Φ と w だけを従属変数にもつ式として表わすことができる．さらに，この2式から w を消去すれば，Φ だけを従属変数にもち Φ の時間発展を記述する方程式が得られる．それを導くために，Φ の時間変化率を $\chi \equiv \dfrac{\partial \Phi}{\partial t}$ と表わし，静水圧平衡方程式(4-2-33)を用いて断熱条件下で熱力学方程式(4-2-35)から T を消去する．

$$\left(\frac{\partial}{\partial t} + \boldsymbol{V}_g \cdot \nabla\right)\frac{H}{R}\frac{\partial \Phi}{\partial z} + \frac{N^2 H}{R}w = 0 \iff \frac{\partial \chi}{\partial z} + \boldsymbol{V}_g \cdot \nabla\left(\frac{\partial \Phi}{\partial z}\right) + N^2 w = 0 \tag{4-2-42}$$

式(4-2-38)を準地衡風渦度方程式(4-2-41)に代入して

$$\frac{1}{f_0}\frac{\partial}{\partial t}\nabla^2\Phi + \boldsymbol{V}_g\cdot\nabla\left(\frac{1}{f_0}\nabla^2\Phi + f\right) - \frac{f_0}{\rho_0}\frac{\partial(\rho_0 w)}{\partial z} = 0$$

$$\iff \nabla^2\chi + f_0\boldsymbol{V}_g\cdot\nabla\left(\frac{1}{f_0}\nabla^2\Phi + f\right) - \frac{f_0^2}{\rho_0}\frac{\partial(\rho_0 w)}{\partial z} = 0 \quad (4\text{-}2\text{-}43)$$

$\dfrac{\partial}{\partial z}\left(\dfrac{\rho_0}{N^2}\times(4\text{-}2\text{-}42)\right)$ より

$$\frac{\partial}{\partial z}\left[\frac{\rho_0}{N^2}\left\{\frac{\partial\chi}{\partial z} + \boldsymbol{V}_g\cdot\nabla\left(\frac{\partial\Phi}{\partial z}\right)\right\}\right] + \frac{\partial}{\partial z}(\rho_0 w) = 0 \quad (4\text{-}2\text{-}44)$$

式(4-2-43) $+\dfrac{f_0^2}{\rho_0}\times$(4-2-44) により w が消去できて

$$\nabla^2\chi + f_0\boldsymbol{V}_g\cdot\nabla\left(\frac{1}{f_0}\nabla^2\Phi + f\right) + \frac{f_0^2}{\rho_0}\frac{\partial}{\partial z}\left[\frac{\rho_0}{N^2}\left\{\frac{\partial\chi}{\partial z} + \boldsymbol{V}_g\cdot\nabla\left(\frac{\partial\Phi}{\partial z}\right)\right\}\right] = 0$$

χ を含む項を左辺にまとめ，残りを右辺に移せば

$$\left[\nabla^2 + \frac{f_0^2}{\rho_0}\frac{\partial}{\partial z}\left(\frac{\rho_0}{N^2}\frac{\partial}{\partial z}\right)\right]\chi = -f_0\boldsymbol{V}_g\cdot\nabla\left(\frac{1}{f_0}\nabla^2\Phi + f\right) - \frac{f_0^2}{\rho_0}\frac{\partial}{\partial z}\left\{\frac{\rho_0}{N^2}\boldsymbol{V}_g\cdot\nabla\left(\frac{\partial\Phi}{\partial z}\right)\right\}$$

$$(4\text{-}2\text{-}45)$$

これは複雑な式であるが，図2-1-9や4-2-4に示されたようなジオポテンシャルハイトの三次元分布がある時刻において与えられれば，式(4-2-45)右辺は一意に定まるから，これを χ に関する線形偏微分方程式として解くことができる。その結果得られる $\chi\equiv\dfrac{\partial\Phi}{\partial t}$ を用いて，微小時間 Δt 後の Φ を求めれば，その分布から前述のように $\boldsymbol{V}_g$, T, ζ_g が定まるから，これにより気象場を記述する物理量がすべて求まることになる。これが準地衡風方程式系に基づく数値予報の理論的枠組みである。

このように式(4-2-45)は大変有用であるが，これをさらに変形することにより，準地衡風ポテンシャル渦度

$$q \equiv \frac{1}{f_0}\nabla^2\Phi + f + \frac{f_0}{\rho_0}\frac{\partial}{\partial z}\left(\frac{\rho_0}{N^2}\frac{\partial\Phi}{\partial z}\right) \quad (4\text{-}2\text{-}46)$$

の保存則を導くことができる。式(4-2-45)の右辺第2項の積の微分を実行すれば

$$-\frac{f_0^2}{\rho_0}\frac{\partial}{\partial z}\left\{\boldsymbol{V}_g\cdot\frac{\rho_0}{N^2}\nabla\left(\frac{\partial\Phi}{\partial z}\right)\right\} = -\frac{f_0^2}{\rho_0}\left[\frac{\partial\boldsymbol{V}_g}{\partial z}\cdot\frac{\rho_0}{N^2}\nabla\left(\frac{\partial\Phi}{\partial z}\right) + \boldsymbol{V}_g\cdot\frac{\partial}{\partial z}\left\{\frac{\rho_0}{N^2}\nabla\left(\frac{\partial\Phi}{\partial z}\right)\right\}\right]$$

ここで，式(4-2-30)より $\frac{\partial \boldsymbol{V}_g}{\partial z} = \frac{1}{f_0} \boldsymbol{k} \times \nabla\left(\frac{\partial \Phi}{\partial z}\right)$ だから，この式の右辺第1項は直交する2つのベクトルの内積となり0である．残りの項を組み合せることにより，式(4-2-45)は

$$(右辺) = -f_0 \boldsymbol{V}_g \cdot \nabla\left(\frac{1}{f_0}\nabla^2\Phi + f\right) - \frac{f_0^2}{\rho_0} \boldsymbol{V}_g \cdot \frac{\partial}{\partial z}\left\{\frac{\rho_0}{N^2}\nabla\left(\frac{\partial \Phi}{\partial z}\right)\right\}$$

$$= -f_0 \boldsymbol{V}_g \cdot \left[\nabla\left(\frac{1}{f_0}\nabla^2\Phi + f\right) + \frac{f_0}{\rho_0}\frac{\partial}{\partial z}\left\{\frac{\rho_0}{N^2}\nabla\left(\frac{\partial \Phi}{\partial z}\right)\right\}\right]$$

$$= -f_0 \boldsymbol{V}_g \cdot \nabla\left[\frac{1}{f_0}\nabla^2\Phi + f + \frac{f_0}{\rho_0}\frac{\partial}{\partial z}\left(\frac{\rho_0}{N^2}\frac{\partial \Phi}{\partial z}\right)\right]$$

$$(左辺) = f_0\left[\frac{1}{f_0}\nabla^2 + \frac{f_0}{\rho_0}\frac{\partial}{\partial z}\left(\frac{\rho_0}{N^2}\frac{\partial}{\partial z}\right)\right]\frac{\partial \Phi}{\partial t}$$

$$\stackrel{\frac{\partial f}{\partial t}=0}{=} f_0 \frac{\partial}{\partial t}\left[\frac{1}{f_0}\nabla^2\Phi + f + \frac{f_0}{\rho_0}\frac{\partial}{\partial z}\left(\frac{\rho_0}{N^2}\frac{\partial \Phi}{\partial z}\right)\right]$$

したがって，両辺を f_0 で割って左辺にまとめれば

$$\left(\frac{\partial}{\partial t} + \boldsymbol{V}_g \cdot \nabla\right)\left[\frac{1}{f_0}\nabla^2\Phi + f + \frac{f_0}{\rho_0}\frac{\partial}{\partial z}\left(\frac{\rho_0}{N^2}\frac{\partial \Phi}{\partial z}\right)\right] = 0 \iff \frac{D_g q}{Dt} = 0$$

(4-2-47)

準地衡風ポテンシャル渦度方程式(4-2-47)は，式(4-2-46)で定義される準地衡風ポテンシャル渦度 q が等 z^* 面(等圧面)上の地衡風運動にともなって保存することを表わす．

成層圏突然昇温においてみられるような帯状風の変動メカニズムを理解するために，準地衡風ポテンシャル渦度方程式(4-2-47)を元に，帯状平均流の加速について考察しよう．式(4-2-47)を局所微分に展開し，地衡風が二次元非発散であることを用いてフラックス形に変形すれば

$$\frac{\partial q}{\partial t} + \frac{\partial(qu_g)}{\partial x} + \frac{\partial(qv_g)}{\partial y} = 0$$

と書ける．両辺の帯状平均をとり，q と v_g を帯状平均値とそれからの偏差とに分離し，地衡風方程式(4-2-37)の帯状平均から得られる式 $f_0\overline{v_g}=0$ を利用すれば

$$\frac{\partial \bar{q}}{\partial t}+\frac{\partial \overline{(q'v'_g)}}{\partial y}=0 \iff \frac{\partial \bar{q}}{\partial t}=-\frac{\partial \overline{(q'v'_g)}}{\partial y} \tag{4-2-48}$$

を得る。ここで，式(4-2-46)より

$$\bar{q}=f_0+\beta y+\frac{1}{f_0}\frac{\partial^2 \overline{\Phi}}{\partial y^2}+\frac{f_0}{\rho_0}\frac{\partial}{\partial z}\left(\frac{\rho_0}{N^2}\frac{\partial \overline{\Phi}}{\partial z}\right) \tag{4-2-49}$$

$$q'=\frac{1}{f_0}\left(\frac{\partial^2 \Phi'}{\partial x^2}+\frac{\partial^2 \Phi'}{\partial y^2}\right)+\frac{f_0}{\rho_0}\frac{\partial}{\partial z}\left(\frac{\rho_0}{N^2}\frac{\partial \Phi'}{\partial z}\right) \tag{4-2-50}$$

式(4-2-48)は，断熱条件下における地衡風運動に対して

「帯状平均準地衡風ポテンシャル渦度 $\bar{q}$ は，ポテンシャル渦度の渦フラックス $\overline{q'v'_g}$ の発散があるときにのみ変化し得る」

ことを示している。適当な境界条件が与えられれば

$$\bar{q} \stackrel{(4-2-49)}{\Longrightarrow} \overline{\Phi} \stackrel{(4-2-37),\ (4-2-33)}{\Longrightarrow} \overline{u_g},\ \overline{T}$$

のように，帯状平均準地衡風ポテンシャル渦度から帯状平均場が定まるから

「帯状平均場の変動を起こすためにはポテンシャル渦度の渦フラックスの発散が必要」

であることがわかる。

ポテンシャル渦度の渦フラックス $\overline{q'v'_g}$ を波による運動量フラックス $\overline{u'_g v'_g}$ と熱フラックス $\overline{v'_g \frac{\partial \Phi'}{\partial z}}$ を用いて表わしてみよう。式(4-2-50)により

$$\overline{q'v'_g}=\frac{1}{f_0}\left(\overline{v'_g\frac{\partial^2 \Phi'}{\partial x^2}}+\overline{v'_g\frac{\partial^2 \Phi'}{\partial y^2}}\right)+\frac{f_0}{\rho_0}\overline{v'_g\frac{\partial}{\partial z}\left(\frac{\rho_0}{N^2}\frac{\partial \Phi'}{\partial z}\right)} \tag{4-2-51}$$

式(4-2-37)の関係を利用すれば

$$\overline{v'_g\frac{\partial^2 \Phi'}{\partial x^2}}=\frac{1}{f_0}\overline{\frac{\partial \Phi'}{\partial x}\frac{\partial^2 \Phi'}{\partial x^2}}=\frac{1}{2f_0}\overline{\frac{\partial}{\partial x}\left(\frac{\partial \Phi'}{\partial x}\right)^2}=0$$

$$\overline{v'_g\frac{\partial^2 \Phi'}{\partial y^2}}=\frac{1}{f_0}\overline{\frac{\partial \Phi'}{\partial x}\frac{\partial^2 \Phi'}{\partial y^2}}$$

$$=\frac{1}{f_0}\left\{\overline{\frac{\partial}{\partial y}\left(\frac{\partial \Phi'}{\partial x}\frac{\partial \Phi'}{\partial y}\right)}-\overline{\frac{\partial^2 \Phi'}{\partial y \partial x}\frac{\partial \Phi'}{\partial y}}\right\}$$

$$=\frac{1}{f_0}\left\{\overline{\frac{\partial}{\partial y}\left(\frac{\partial \Phi'}{\partial x}\frac{\partial \Phi'}{\partial y}\right)}-\frac{1}{2}\overline{\frac{\partial}{\partial x}\left(\frac{\partial \Phi'}{\partial y}\right)^2}\right\}$$

$$= \frac{1}{f_0}\frac{\partial}{\partial y}\left\{\overline{f_0 v'_g \cdot (-f_0 u'_g)}\right\} = -f_0 \frac{\partial}{\partial y}(\overline{u'_g v'_g})$$

$$\overline{v'_g \frac{\partial}{\partial z}\left(\frac{\rho_0}{N^2}\frac{\partial \Phi'}{\partial z}\right)} = \frac{1}{f_0}\overline{\frac{\partial \Phi'}{\partial x}\frac{\partial}{\partial z}\left(\frac{\rho_0}{N^2}\frac{\partial \Phi'}{\partial z}\right)}$$

$$= \frac{1}{f_0}\left\{\frac{\partial}{\partial z}\overline{\left(\frac{\partial \Phi'}{\partial x}\cdot\frac{\rho_0}{N^2}\frac{\partial \Phi'}{\partial z}\right)} - \frac{\rho_0}{N^2}\overline{\frac{\partial \Phi'}{\partial z}\frac{\partial^2 \Phi'}{\partial z \partial x}}\right\}$$

$$= \frac{1}{f_0}\left\{\frac{\partial}{\partial z}\left(\frac{\rho_0}{N^2}\overline{\frac{\partial \Phi'}{\partial x}\frac{\partial \Phi'}{\partial z}}\right) - \frac{\rho_0}{2N^2}\frac{\partial}{\partial x}\overline{\left(\frac{\partial \Phi'}{\partial z}\right)^2}\right\}$$

$$= \frac{\partial}{\partial z}\left(\frac{\rho_0}{N^2}\overline{v'_g \frac{\partial \Phi'}{\partial z}}\right)$$

したがって,式(4-2-51)は

$$\overline{q'v'_g} = -\frac{\partial}{\partial y}(\overline{u'_g v'_g}) + \frac{f_0}{\rho_0}\frac{\partial}{\partial z}\left(\frac{\rho_0}{N^2}\overline{v'_g \frac{\partial \Phi'}{\partial z}}\right) \tag{4-2-52}$$

このように,準地衡風ポテンシャル渦度の渦フラックスは,運動量フラックスと熱フラックスとを共に含む式として表わされる.したがって,帯状平均場の変動を引き起こすのは,運動量フラックスと熱フラックスとの融合として定義されるポテンシャル渦度フラックスである.ここで,yz 平面内のベクトル $\boldsymbol{F}$ を

$$F_y = -\rho_0 \overline{u'_g v'_g}, \quad F_z = \frac{\rho_0 f_0}{N^2}\overline{v'_g \frac{\partial \Phi'}{\partial z}} \tag{4-2-53}$$

により定義すれば,式(4-2-52)は

$$\overline{q'v'_g} = \frac{1}{\rho_0}\nabla \cdot \boldsymbol{F} \tag{4-2-54}$$

と書ける.このベクトル $\boldsymbol{F}$ は,対数気圧座標系で表わした EP フラックスに他ならない(ただし,気圧座標系で定義した式(2-3-42)の ρ_0 倍であることに注意).この結果を式(2-3-40)に適用すれば,帯状平均流の駆動に寄与するのは準地衡風ポテンシャル渦度の南北渦フラックスであるということができる.

(5) 非加速定理 nonacceleration theorem

以下では,簡単のためブラント・バイサラ振動数 N を z によらない定数とする.準地衡風ポテンシャル渦度方程式(4-2-47)を局所微分に展開し,各

物理量を帯状平均値と攪乱とに分離すると，攪乱成分についての線形化された方程式は

$$\left(\frac{\partial}{\partial t}+\overline{u_g}\frac{\partial}{\partial x}\right)q'+v_g'\frac{\partial \bar{q}}{\partial y}=0 \iff \left(\frac{\partial}{\partial t}+\overline{u_g}\frac{\partial}{\partial x}\right)q'+\frac{\partial \bar{q}}{\partial y}\frac{\partial \psi'}{\partial x}=0$$
(4-2-55)

と表わされる。ここで，ψ は $\psi=\Phi/f_0$ により定義される地衡風流線関数で

$$u_g'=-\frac{\partial \psi'}{\partial y}, \quad v_g'=\frac{\partial \psi'}{\partial x}$$
(4-2-56)

である。式(4-2-50)の q' を ψ を用いて書き直せば

$$q'=\nabla^2\psi'+\frac{f_0^2}{\rho_0 N^2}\frac{\partial}{\partial z}\left(\rho_0\frac{\partial \psi'}{\partial z}\right)$$
(4-2-57)

波動の伝播について考察するために，一定の振幅と位相速度をもち粘性などによる減衰のない(非散逸的な)波数 k の波が x 方向に位相速度 c で伝播していると仮定する。q' の攪乱成分は $\exp[ik(x-ct)]$ の形で表わされるから $\frac{\partial q'}{\partial t}=-c\frac{\partial q'}{\partial x}$ が恒等的に成り立つ。これを利用して，式(4-2-55)の時間微分を空間微分に置き換えることにより

$$(-c+\overline{u_g})\frac{\partial q'}{\partial x}+\frac{\partial \bar{q}}{\partial y}\frac{\partial \psi'}{\partial x}=0 \iff (c-\overline{u_g})\frac{\partial q'}{\partial x}=\frac{\partial \psi'}{\partial x}\frac{\partial \bar{q}}{\partial y}$$
(4-2-58)

両辺に ψ' をかけて帯状平均をとれば

$$(c-\overline{u_g})\overline{\psi'\frac{\partial q'}{\partial x}}=\overline{\psi'\frac{\partial \psi'}{\partial x}}\frac{\partial \bar{q}}{\partial y}$$
(4-2-59)

ここで

$$(左辺)=(c-\overline{u_g})\left\{\overline{\frac{\partial(\psi'q')}{\partial x}}-\overline{q'\frac{\partial \psi'}{\partial x}}\right\}\stackrel{(4-2-56)}{=}(\overline{u_g}-c)\overline{q'v_g'},$$

$$(右辺)=\frac{1}{2}\overline{\frac{\partial(\psi'^2)}{\partial x}}\frac{\partial \bar{q}}{\partial y}=0$$

したがって，式(4-2-59)は

$$(\overline{u_g}-c)\overline{q'v_g'}=0$$
(4-2-60)

に帰着する。式(4-2-60)によれば，$\overline{u_g}-c\neq 0$ ならば $\overline{q'v_g'}=0$ であることが

わかるが，$\overline{q'v'_g}$ と $\bar{q}$ との間には式(4-2-48)の関係があるから，重要な命題

「$\overline{u_g}-c \neq 0$ ならば $\bar{q}$ は一定に保たれる」

が導かれる。$\overline{u_g}-c=0$ を満たす緯度(高度)のことを臨界緯度(臨界高度)と呼ぶ。ポテンシャル渦度の渦輸送による帯状平均流の加速・減速を理解する上で，臨界緯度(高度)はきわめて重要である。$\bar{q}$ が一定ならば $\overline{u_g}$，$\overline{T}$ も一定だから，上記のような線形化近似が許されるくらい充分に小さい振幅の波について

「臨界緯度(高度)が存在しなければ，非散逸的な定常波は平均流を加速しない」

これを非加速定理(Charney and Drazin, 1961)という。

(6) ロスビー波の鉛直伝播 vertically propagating Rossby waves

ロスビー波が鉛直伝播可能な条件を調べるために，水平流速場が，一定の帯状平均地衡流 $\overline{u_g}$ とそれに重畳した微小振幅の擾乱 u'，v' とからなる，すなわち

$$u = \overline{u_g} + u', \quad v = v', \quad \frac{\partial \bar{q}}{\partial y} = \beta \qquad (4\text{-}2\text{-}61)$$

と表わされる場合について考察する。このとき $\frac{\partial \overline{\psi}}{\partial y} = -\overline{u_g}$ だから，両辺を y で積分することにより $\overline{\psi} = -\overline{u_g}y + (y$ によらない任意関数$)$ と表わされる。よって，地衡風流線関数は

$$\psi = -\overline{u_g} y + \psi' \qquad (4\text{-}2\text{-}62)$$

とおくことができる。線形化された準地衡風ポテンシャル渦度方程式 (4-2-55)は，帯状波数 k，南北波数 l，帯状位相速度 c の調和関数解

$$\psi'(x, y, z, t) = \tilde{\psi}(z) e^{i(kx + ly - kct) + z/2H} \qquad (4\text{-}2\text{-}63)$$

をもつ。ここで，$e^{z/2H}$ は $\rho_0^{-1/2}$ に比例する密度項で，これを付加することにより，上空における密度減少にともなって擾乱の振幅が増大する効果を分離し，鉛直構造を記述する $\tilde{\psi}(z)$ のしたがう方程式を簡略化することができる。さらに $E \equiv i(kx + ly - kct) + z/2H$ とおけば

$$\frac{\partial \psi'}{\partial t} = -ikc\psi', \quad \frac{\partial \psi'}{\partial x} = ik\psi', \quad \frac{\partial \psi'}{\partial y} = il\psi', \quad \frac{\partial \psi'}{\partial z} = \frac{d\tilde{\psi}}{dz}e^E + \frac{1}{2H}\psi'$$

が成り立つから，式(4-2-57)より

$$q' = \{(ik)^2 + (il)^2\}\psi' + \frac{f_0^2}{\rho_0 N^2}\frac{\partial}{\partial z}\left\{\rho_0\left(\frac{d\widetilde{\psi}}{dz}e^E + \frac{1}{2H}\psi'\right)\right\}$$

$$= -(k^2+l^2)\psi' + \frac{f_0^2}{\rho_0 N^2}\left\{-\frac{\rho_0}{H}\left(\frac{d\widetilde{\psi}}{dz}e^E + \frac{1}{2H}\psi'\right)\right.$$

$$\left. +\rho_0\left(\frac{d^2\widetilde{\psi}}{dz^2}e^E + \frac{d\widetilde{\psi}}{dz}\frac{e^E}{2H}\right) + \frac{\rho_0}{2H}\left(\frac{d\widetilde{\psi}}{dz}e^E + \frac{1}{2H}\psi'\right)\right\}$$

$$= -(k^2+l^2)\psi' + \frac{f_0^2}{N^2}\left(\frac{d^2\widetilde{\psi}}{dz^2}e^E - \frac{1}{4H^2}\psi'\right)$$

$$= \left\{-(k^2+l^2)\widetilde{\psi} + \frac{f_0^2}{N^2}\left(\frac{d^2\widetilde{\psi}}{dz^2} - \frac{1}{4H^2}\widetilde{\psi}\right)\right\}e^E$$

これを式(4-2-55)に適用して

$$(-ikc + \overline{u_g}ik)\left\{-(k^2+l^2)\widetilde{\psi} + \frac{f_0^2}{N^2}\left(\frac{d^2\widetilde{\psi}}{dz^2} - \frac{1}{4H^2}\widetilde{\psi}\right)\right\} + \beta ik\widetilde{\psi} = 0$$

$$\iff \frac{f_0^2}{N^2}\frac{d^2\widetilde{\psi}}{dz^2} + \left\{\frac{\beta}{\overline{u_g}-c} - (k^2+l^2) - \frac{f_0^2}{4H^2N^2}\right\}\widetilde{\psi} = 0$$

したがって、求める $\widetilde{\psi}$ の満たす式は

$$\frac{d^2\widetilde{\psi}}{dz^2} + m^2\widetilde{\psi} = 0, \quad m^2 \equiv \frac{N^2}{f_0^2}\left\{\frac{\beta}{\overline{u_g}-c} - (k^2+l^2)\right\} - \frac{1}{4H^2} \quad (4\text{-}2\text{-}64)$$

となる。式(4-2-64)はよく知られた波動方程式で、その解は定数 $\widetilde{\psi}_0, \widetilde{\psi}_1, \widetilde{\psi}_2$, z_0 を用いて

$$\begin{cases} m^2 > 0 \text{ のとき} \quad \widetilde{\psi} = \widetilde{\psi}_0 \cos m(z-z_0) \\ m^2 < 0 \text{ のとき} \quad \widetilde{\psi} = \widetilde{\psi}_1 e^{m'z} + \widetilde{\psi}_2 e^{-m'z} \quad (m'=im) \end{cases} \quad (4\text{-}2\text{-}65)$$

と表わされる。波が鉛直伝播するための条件は $m^2>0$ で、このとき、m は鉛直波数を表わす。

この結果を利用して、東西方向に移動しない停滞波を例に波が鉛直伝播可能な条件を求めてみよう。位相速度 c を 0 とおくことにより、求める条件は

$$m^2 > 0 \stackrel{(4\text{-}2\text{-}64)}{\iff} \frac{\beta}{\overline{u_g}} > \frac{f_0^2}{4H^2N^2} + k^2 + l^2 \quad (>0)$$

$$\iff 0 < \overline{u_g} < \frac{\beta}{k^2+l^2+\dfrac{f_0^2}{4H^2N^2}} \quad (\equiv U_c) \tag{4-2-66}$$

この結果は，停滞波がロスビーの臨界速度 U_c を超えない西風中のみ伝播可能で，

① 平均帯状流が東風である夏半球側の成層圏
② U_c を超える強い西風の領域

には鉛直伝播できないことを示している。地球大気のスケールハイトは $H \sim 7\times 10^3$ m，ブラント・バイサラ振動数は $N\sim 2.2\times 10^{-2}\,\mathrm{s}^{-1}$，緯度 60°N を仮定すれば $f_0 = 1.3\times 10^{-4}\,\mathrm{s}^{-1}$，$\beta = 1.1\times 10^{-11}\,\mathrm{m}^{-1}\,\mathrm{s}^{-1}$ であるから，南北波数として 30°N から北極の間で半波長 ($l = 4.7\times 10^{-7}\,\mathrm{m}^{-1}$) を仮定する (2-3-2 項参照) と，東西波数 1 ($k = 3.1\times 10^{-7}\,\mathrm{m}^{-1}$)，2 ($k = 6.3\times 10^{-7}\,\mathrm{m}^{-1}$)，3 ($k = 9.4\times 10^{-7}\,\mathrm{m}^{-1}$) の波に対して，それぞれ $U_c \sim 23$，15，9 m s^{-1} という値を得る。

上記の結果を具体的な風の場に適用し，どのような波が鉛直伝播可能かを調べてみよう。2-1-3 項でみた 1989 年 1 月 21 日は，60°N において対流圏から中部成層圏までの全層で強い西風シアがあり (図 4-2-8)，極渦が発達している例である。東西波数 3 の波は 600 hPa 付近で，2 の波は 400 hPa 付近で，1 の波でも 200 hPa 付近で U_c が $\overline{u_g}$ に達してしまい，それより上方へ伝播することができない。一方，図 2-1-5 に示されている標準的な 1 月の場を

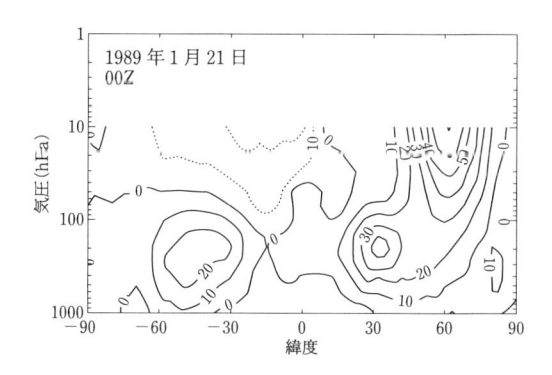

図 4-2-8　1989 年 1 月 21 日における帯状平均帯状風 (m s^{-1}) の緯度 - 高度断面。負の値 (破線) は東風，等値線の間隔は 10 m s^{-1}。ECMWF 解析値を用いて作図

仮定すれば，東西波数3の波でも200 hPa，2の波なら100 hPa，1の波は40 hPa付近まで伝播可能であることになる．このように，冬季北半球の標準的な気象場の下では，波長の長い停滞性ロスビー波だけが成層圏まで伝播可能である．以上の結果は単純化された条件下で導かれたものではあるが，第2章でみた成層圏気象場の特徴が，季節に依存する背景場とロスビー波の鉛直伝播特性により理解されるのである．

(7) 地表面における力学的強制 surface forcing

次に，惑星波の励起源について考察しよう．中緯度に吹く偏西風がヒマラヤやロッキー山脈のような大規模山岳にあたると，それを乗り越えたり迂回したりするような風の場の変形が生じる．また，海陸の比熱の違いは，夏季に陸上で高温，海上で低温(冬季は逆)となるような温度分布を生じさせ，地球表面に接する大気の加熱差を通して大気大循環を変調する．このようにして生じた地球規模の流れの場の非一様性が，停滞性ロスビー波の励起源となる．北半球と南半球における地形や海陸分布の違いが，南北両極間の極渦の特性の相異(図4-2-5)，ひいてはオゾンホールの発達の仕方を支配していることは4-2-2項の最初に述べた．ここでは，地表面における力学的強制に対する成層圏大気の応答特性を明らかにするために，簡略化された大気大循環モデルに単純化された地形を与えた一連の数値実験の結果を紹介する．実験では南半球を完全に平坦とし，北半球にのみ緯度45°に高度 h_0 のピークをもつ東西波数1の山をおく．すなわち，経度 λ，緯度 ϕ における地表面の高度 h を

$$h(\lambda, \phi) = \begin{cases} 4h_0\mu^2(1-\mu^2)\sin\lambda & (\mu \geq 0), \\ 0 & (\mu < 0) \end{cases}$$

と与える．ここで，$\mu = \sin\phi$ である．図4-2-9はこのモデルを100年間積分した結果得られた86°Nの26 hPaにおける温度の季節変動を重ね書きしたものである．その結果によれば，全球が完全に平坦な場合($h_0=0$)，日々の変動は季節進行にともなうゆっくりとした変動に支配されるが，h_0 の値を大きくすると惑星波の励起にともなって冬季の日々の変動幅がしだいに大きくなり，500 mの実験では3月から6月にかけて30 K程度の変動幅を示すようになる．これは，6か月ずらした場合の南極上空の特徴(図4-2-5B)とよ

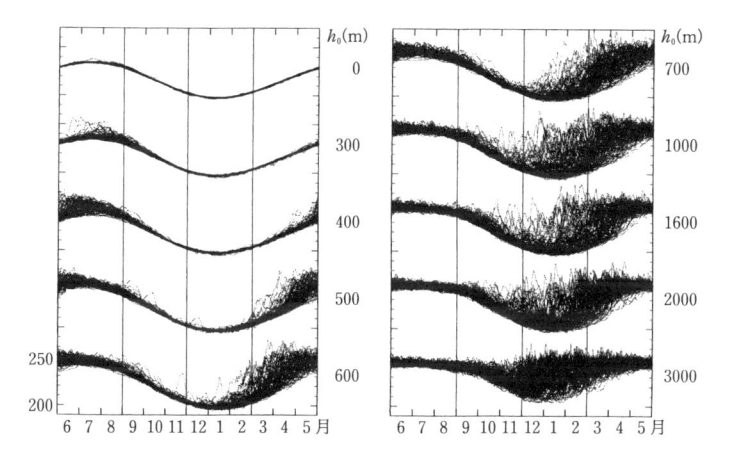

図 4-2-9 簡略化された大気大循環モデルに北半球のみ高度 h_0 の山岳を与え，100 年間積分したときの 86°N，26 hPa における温度(K)の年変動の重ね書き(Yoden et al., 2002 による図の一部)。左端の数字が温度のスケール。地形の詳細については本文参照。

く似ている。惑星波による影響は日々の値の年々変動としても現われ，h_0 の値をさらに増大させて 1000 m にすると，11 月ごろから明瞭な年々変動が認められるようになり，3 月にかけて顕著な変動性を示すようになる。これは，図 4-2-5A でみた北極の温度変動をシミュレートしたものと解釈することができる(Yoden et al., 2002；Taguchi and Yoden, 2002)。このように，太陽活動度のような外部条件が一定でも大気の有する内的変動性により年々変動が生じ，その変動性は表面地形が高いほど大きくなる。ヒマラヤやロッキー山脈のような高い山岳をもつ北半球とアンデス山脈しかめだった地形のない南半球との違いが，南極と北極の極渦の強度と安定性，ひいては春季極域オゾン破壊におけるオゾン破壊量の相異を支配する要因である。

(8) **オゾンホールの分裂** split ozone hole

図 4-2-6 と 4-2-7 では，2002 年 9 月の南半球における成層圏突然昇温において帯状平均場がダイナミックに変化する様子を紹介した。しかし，これらは突然昇温の 1 つの側面をみているに過ぎない。もう 1 つの重要な観点は，帯状平均場の変動と対応した東西方向の構造，すなわち波動成分の振る舞いを明らかにすることである。極渦はオゾンホールの背景場を形成するから，

これにより，オゾンホールの分裂に至る極渦の変形と崩壊の様子を詳しく知ることができる．図4-2-10は，図4-2-4と同様の図を2002年9月25日について描いたものである(http://wwwoa.ees.hokudai.ac.jp/~f-hasebe/hasebe-jp.html参照)．オゾンホールは2つに分裂しており(D)，2つのホールのそれぞれに対応して，ポテンシャル渦度(C)の極小(値が負で絶対値は極大)，ジオポテンシャルハイト(A)の極小(低気圧に対応)，温度(B)の極小が認められる．東西

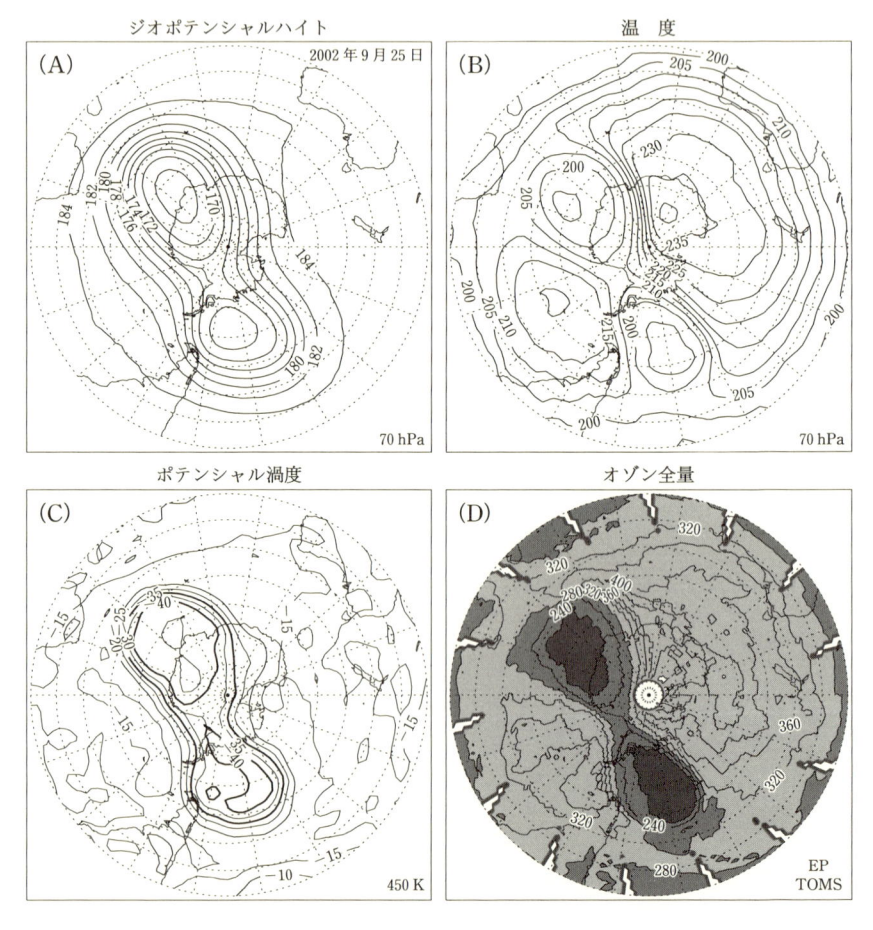

図4-2-10 図4-2-4と同様の図を2002年9月25日において描いたもの．説明は図4-2-4と同じ．

波数 2 の構造が卓越していることは明らかである．また，これらの構造が 40°W 方向に偏位していることから，波数 1 の構造も重なっていることがわかる．このように，突然昇温が惑星規模の波動をともなうことは，その駆動過程において惑星波が重要な寄与をしていることを示唆する．成層圏突然昇温の駆動メカニズムは，対流圏から鉛直伝播する惑星波と平均帯状流の相互作用として Matsuno(1971) により解明されたが，以下では，数式による理解を志す読者を対象に，変換オイラー平均(2-3-2 項)の手法を用いて成層圏突然昇温の駆動メカニズムについて考察しよう．

　突然昇温の時間スケールは，非断熱効果や消散効果が無視できるくらい充分短い．惑星波の振幅は現象の発達にともなって増大するが，ここでは，線形化されたポテンシャル渦度方程式で記述できる程度の振幅であるとして議論を進めよう．支配方程式は右辺に減衰項 $-s'$ を付加した式(4-2-55)である．添字 g を省略すれば，両辺に q' をかけることにより

$$q'\left(\frac{\partial}{\partial t}+\bar{u}\frac{\partial}{\partial x}\right)q' + q'v'\frac{\partial \bar{q}}{\partial y} = -q's'$$

$$\Longleftrightarrow \frac{1}{2}\left(\frac{\partial}{\partial t}+\bar{u}\frac{\partial}{\partial x}\right)q'^2 + q'v'\frac{\partial \bar{q}}{\partial y} = -q's'$$

両辺の帯状平均をとり，$\overline{q'v'}$ の部分に式(4-2-54)を代入して EP フラックスで表わせば

$$\frac{1}{2}\frac{\partial(\overline{q'^2})}{\partial t} + \frac{1}{\rho_0}\nabla\cdot\boldsymbol{F}\frac{\partial \bar{q}}{\partial y} = -\overline{q's'} \Longleftrightarrow \frac{\partial A}{\partial t} + \nabla\cdot\boldsymbol{F} = D \quad (4\text{-}2\text{-}67)$$

ここで，波の活動度(wave activity) A と散逸(dissipation) D とは

$$A \equiv \frac{\rho_0}{2}\left(\frac{\partial \bar{q}}{\partial y}\right)^{-1}\overline{q'^2}, \quad D = -\rho_0\left(\frac{\partial \bar{q}}{\partial y}\right)^{-1}\overline{q's'}$$

で定義される．非散逸的($D=0$)な定常波 $\left(\frac{\partial A}{\partial t}=0\right)$ は，平均流を加速しない ($\nabla\cdot\boldsymbol{F}=0$) という非加速定理の要請は式(4-2-67)からも確認できる．対流圏で地形的に励起された惑星波は，U_c を超えない西風の吹く冬季成層圏へと伝播する．式(4-2-67)において，通常は $D<0$ であると共に，冬季成層圏では $\frac{\partial \bar{q}}{\partial y}>0$ なので，振幅が増大しつつある波 $\left(\frac{\partial A}{\partial t}>0\right)$ においては $\nabla\cdot\boldsymbol{F}<0$ が成り立つ．式(2-3-40)によれば，EP フラックスの収束は極向きの残差南北循環

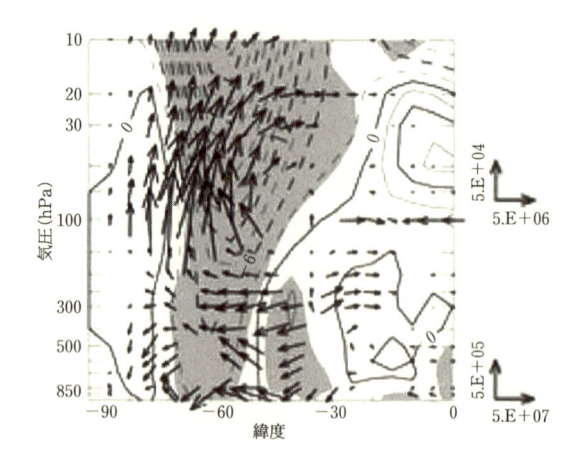

図 4-2-11 2002 年 9 月の月平均帯状風(等値線)と EP フラックス(矢印)の緯度‐高度断面(Hio and Yoden, 2005 による図の一部)。ただし、それぞれの値は極夜ジェットの減速の遅かった年(LD 年)に対する偏差で、実線は西風、破線は東風偏差の等値線。EP フラックスのスケール(右欄外)は 100 hPa の上下で 1 桁異なる。陰影部は LD 年と標準偏差の 1.5 倍以上異なる領域。

$\bar{v}^*$ を駆動すると共に、東風加速をもたらすはずである。したがって、平均帯状風が西風から東風に反転するような突然昇温においては、東風加速域において EP フラックスの顕著な収束がみられるはずである。図 4-2-11 は、この成層圏突然昇温の発達過程を EP フラックスにより解析した一例で、2002 年 9 月の月平均された EP フラックスを平均帯状風分布に重ねて示している。ただし、各値は季節進行にともなって極夜ジェットが減速・衰退する時期の遅かった年(LD 年)の値の平均値に対する偏差で示されている。この図によれば、9 月の上向き EP フラックスが帯状風の強い極域対流圏全体で LD 年よりもはるかに強く、成層圏で大きな収束をともなっていたことがわかる。このように、例年ならば極渦が安定して存在しオゾンホールの発達するはずの 9 月に、2002 年の場合は上向き EP フラックスが増大して成層圏に東風加速が生じ、平年よりも早い時期に極渦が崩壊してしまってオゾンホールの分裂が引き起こされたのである。

春季南極域における 2002 年の特異性は、南半球中緯度の 100 hPa における上向き EP フラックスの季節進行(図 4-2-12)からもみて取れる。図の太実

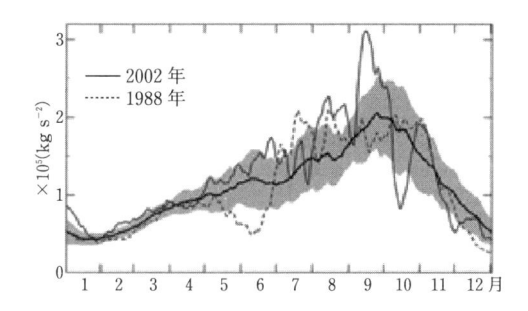

図 4-2-12　緯度 45〜75°S で平均した 100 hPa における上向き EP フラックスの季節進行(Hio and Yoden, 2005)．太実線が平年値，陰影がその標準偏差で，31 日の移動平均が施されている．細実線は 2002 年，点線は 1988 年の値．

線とそれを挟む陰影領域は，上向き EP フラックスの気候学的な季節進行とその年々変動の幅を示したもので，それに重ねて描かれている細実線が 2002 年の値である．平年の上向き EP フラックスは 9 月末に最大になるが，2002 年の場合には 8 月と 9 月にきわめて大きな値を示し，10 月は逆に小さな値だったことがわかる．点線で示されているのは 1988 年の例で，この年には 7 月と 8 月に上向き EP フラックスが平年より大きかったが，突然昇温には至らなかった．このように，EP フラックスとその収束の鉛直断面は，突然昇温の診断的記述に対して有用である．

　式(4-2-66)が記述するように，惑星波の鉛直伝播特性は帯状風速に依存し，鉛直伝播する惑星波は EP フラックスの収束を通して帯状風を減速する．このように，惑星波と帯状風は相互に依存しながら平均場と擾乱との時間変動を駆動する．成層圏突然昇温はそのような相互作用の最も典型的な例である．このような波と平均流との相互作用が成層圏突然昇温を引き起こすことは，大気大循環モデルのような数値モデルを構築し，その仮想的な大気中で対流圏に惑星波を強制として与え，それが時間発展して突然昇温を引き起こすことを確かめればよい．ここでは，ある時刻に下部境界に与えられた惑星波の強制が上方に伝播する際に平均場の示す応答を，図 4-2-13 のような単純化された条件下における思考実験で考察しよう．

①下部境界で励起された波が鉛直伝播して臨界高度 z_c に到達する．

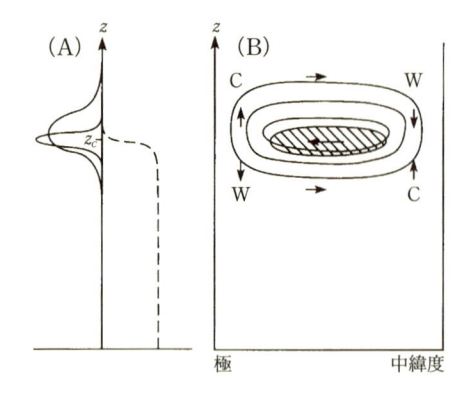

図 4-2-13 TEM 系に基づいた成層圏突然昇温の駆動メカニズムの説明(Andrews et al., 1987 をもとに作図)。詳細は本文参照。

②波は z_c より上へ伝播できないため，一定値をもっていた EP フラックスが急激に 0 に近づく((A)の破線)。

③これは z_c 近傍における EP フラックスの収束を意味する((A)の高度幅の狭い実線と(B)の斜線部)。

式(2-3-40)によれば，EP フラックスの収束は

$$\begin{cases} 東風加速の生成 \\ -f_0 \bar{v}^* < 0 \text{ を満たす残差南北循環 } \bar{v}^* \text{ の駆動} \end{cases}$$

をともなうから，前者により

④(i) 西風帯状流が急激に減速される((A)の高度幅の広い実線と(B)の等値線)。

後者の残差南北循環は，北半球($f_0>0$)でも南半球($f_0<0$)でも赤道から極へ向かい((B)斜線部の矢印)，質量保存の要請により

④(ii) z_c より下では高緯度側に下降流(下向き矢印)・断熱加熱(W)，低緯度側に上昇流(上向き矢印)・断熱冷却(C)をともなう。これにより，極域で昇温・中緯度で降温が生じる。

このような一連の事象に引き続いて

⑤西風の減速にともなって z_c が下降し，

⑥EP フラックスの収束高度も下降する。

こうして，極域の昇温と EP フラックスの収束による東風加速はしだいに下層へと伝播する。もし，鉛直伝播する波の振幅が充分大きければ平均帯状風は東風になり，大昇温へと発達する。これが，成層圏突然昇温の駆動メカ

ニズムである。昇温が上空から始まり下方へと位相伝播するにもかかわらず，その原因は下から伝播してくる波動であるところが興味深い。

　この節では，先人の努力により築き上げられてきた気象力学の理論体系が成層圏気象場に関する我々の理解を着実に前進させてきたこと，また，そのような知見がオゾンホールの構造とその時間変動の理解に対しても大いに役立つことを紹介した。しかし，2002年9月に南半球で上向きEPフラックスの増大を引き起こすような惑星波が対流圏でなぜ発達したのか，それは単なる偶然に過ぎないのか，それとも地球温暖化のような人間活動による影響なのかなどという疑問について，残念ながら我々ははっきりとした答えを持ち合わせていない。

4-3　オゾンホールにかかわる化学過程

　4-1節で述べられているように，Farman et al.(1985)はオゾンホールの現象を，人間活動により排出されるフロン類，すなわちクロロフルオロカーボン(CFC)と結びつけて考えた。3-2-3項で説明したように，CFCは成層圏においてオゾン消失の連鎖反応を進めるClO_x(Cl原子およびClOラジカル)の主要な発生源である。CFCは対流圏大気中できわめて安定であるため，大気への放出にともなって大気中濃度が増加し，成層圏オゾンの消失を引き起こすおそれが指摘されていた(Molina and Rowland, 1974)。Farman et al.(1985)は図4-1-1に示されているように，年々拡大傾向にあったオゾンホールと，増加傾向にあったCFC濃度とが相関していると考え，オゾンホールにClO_xのかかわる化学過程が関与していることを示唆したのである。実際に，1980年代中ころからの観測研究により，オゾンホールの生成時にはClOラジカルの濃度が高いことが見出され(図4-1-6参照)，ClO_xが南極春季，下部成層圏でのオゾン破壊反応に関与していることが確かめられた。

　3-2-3項で示したように，ClO_xによるオゾン消失の連鎖反応は次の2つの反応からなる。

$$Cl + O_3 \longrightarrow ClO + O_2 \qquad [4\text{-}3\text{-}1]$$

$$ClO + O \longrightarrow Cl + O_2 \qquad [4\text{-}3\text{-}2]$$

反応[4-3-1]は，CFCなどの光解離によって生成した塩素原子がオゾンと反応して，ClOラジカルと酸素分子を生成する反応であり，反応[4-3-2]はClOラジカルが酸素原子と反応して，塩素原子を生成する反応である。塩素原子とClOラジカルは消失と再生を繰り返しながらこれら2つの反応を進め，それにしたがって奇数酸素であるオゾンと酸素原子が失われていく。ところが，この連鎖反応はオゾンホールが現われる高度20 km以下の下部成層圏では効率よく働かない。下部成層圏では酸素原子濃度が低く，反応[4-3-2]による塩素原子の再生が進まないからである。このため反応[4-3-1]で生成したClOラジカルはおもにNO_2との反応によりリザーバーである硝酸塩素$ClNO_3$を生成する。

$$ClO + NO_2 + M \longrightarrow ClNO_3 + M \qquad [4\text{-}3\text{-}3]$$

また，塩素原子も大気中の微量成分との反応により失われる。3-2-4項で示したHO_2ラジカルとの反応の他に，大気中のメタンとの反応で塩化水素HClを生成する。

$$Cl + CH_4 \longrightarrow HCl + CH_3 \qquad [4\text{-}3\text{-}4]$$

これらの反応が効率よく起こることにより，通常の下部成層圏で塩素を含んだ無機化合物はおもにHClと$ClNO_3$の形態で存在し，反応性の高い塩素原子，ClOラジカルの占める割合は非常に小さくなる。

このようにして，通常考えられてきた成層圏化学では，オゾンホールの生成を説明することができない。これに対し，1980年代中ころから1990年代前半にわたって，さまざまな提案がなされた。その結果，オゾンホール形成には，非常に低温となる南極冬季に特徴的な化学反応過程と，春季にClOラジカル濃度の高い状況で働く新たな触媒反応機構が深くかかわっていることが明らかとなってきた。これらを詳しくみていくことにする。

4-3-1 極夜成層圏雲の生成と異相反応

オゾンホールは極域の春季に起こる現象であるが，これを説明するためには，まず冬季の化学過程から考える必要がある。前述のように，通常の下部成層圏で塩素はおもにHCl，$ClNO_3$の形で存在し，ClO_xの形態で存在する割合は非常に小さい。3-2-4項で触れたように$ClNO_3$，HClはClO_xのリ

ザーバーであるが，光解離定数が比較的小さいため，ClO_x を再生しにくい。Solomon et al.(1986)は，極域成層圏雲(PSC)という粒子が関与した化学反応によって，光解離しにくいリザーバーである HCl, $ClNO_3$ から光解離しやすい分子への変換過程が，極域冬季の間に起こるのではないかと考えた。

極域の冬季は，太陽光がほとんど(あるいはまったく)照射しない極夜の状態になる。このような状況では 3-2-5 項で説明されているように，ラジカルの光化学的な生成が抑えられる一方，ラジカル同士の反応によるリザーバー生成は光に関係なく進むため，ラジカルは減少し，リザーバー分子が蓄積されていくはずである。ClO_x ラジカルについては先に挙げた塩化水素，硝酸塩素がおもに生成する。また，NO_x については硝酸塩素の他に，硝酸 HNO_3，五酸化二窒素 N_2O_5 が重要なリザーバーとして生成する。

$$NO_2 + OH + M \longrightarrow HNO_3 + M \qquad [4\text{-}3\text{-}5]$$
$$NO_2 + NO_3 + M \longrightarrow N_2O_5 + M \qquad [4\text{-}3\text{-}6]$$

極域冬季の特徴の 1 つは，下部成層圏の気温が極端に低くなることである。4-2 節で説明されているように，南極冬季では，約 190 K(約−80℃)まで温度が低下する。下部成層圏の水蒸気濃度は 3〜5 ppmv で，通常は気体として存在できるが，気温がこのように低下すると，飽和蒸気圧も温度と共に減少するので，一部が凝結し粒子となる。これが PSC と呼ばれる微粒子になる。ただし観測からこれら PSC は単純に水が凝結してできたものだけではないことが明らかになってきている。観測された粒子の大きさから PSC は粒子径が 1 μm 程度のタイプ I と，これより大きく数 μm から 100 μm 程度の粒径のタイプ II とに大別されている(Poole and McCormick, 1988)。タイプ I は水が凝結して氷となる温度よりも高い温度で観測されており，水蒸気だけでなく大気中にリザーバーとして存在していた硝酸，塩化水素が取り込まれて生成したものと考えられる。特に，硝酸は 1〜10 ppbv と比較的高い濃度で存在しているため，この粒子の主要成分は水と硝酸であり，この温度での粒子と気体との相平衡から硝酸三水和物($HNO_3 \cdot 3H_2O$)という組成をもった固体粒子であると考えられている(Hanson and Mauersberger, 1988)。また，最近の観測から，タイプ I の粒子のなかには，硝酸三水和物の他に，硝酸二水和物の固体粒子(Worsnop et al., 1993)や，硫酸・硝酸・水の 3 成分からなる液体粒

子(Carslaw et al., 1994)も含まれていることが指摘されている。一方，タイプⅡの粒子はタイプⅠよりもさらに低温でのみ観測され，おもに水を成分とする固体粒子(すなわち氷の粒子)であると考えられている。

このようにして極域冬季に生成するPSCは，重力により沈降し，最終的には成層圏から失われるため，粒子内に取り込んだ硝酸や水などを成層圏から除去する働きがあるが，それに加えて化学的に重要な役割を果たしていると考えられている。それは，通常の気体中では起こりにくい反応が，PSCの表面を場として進行するというものである。その最も重要な反応は，硝酸塩素$ClNO_3$と塩化水素HClとの反応である。HClは前述のようにPSCに取り込まれていると考えられるが，大気中の$ClNO_3$がPSCと衝突すると，その表面に吸着していたHClと次のような反応を起こす。

$$ClNO_3(g) + HCl(p) \longrightarrow Cl_2(g) + HNO_3(p) \quad [4\text{-}3\text{-}7]$$

ここで(g)は気体分子，(p)は粒子に吸着した分子を表わす。すなわち，この反応式は気体中の$ClNO_3$と粒子上に吸着したHClとが反応し，塩素分子Cl_2と硝酸HNO_3が生成すること，生成したCl_2は気体中に放出されるが，HNO_3は粒子上に吸着することを表わしている。このように，気体分子と液体・固体粒子上の分子との間の反応は，3-2-5項でも少し触れたように異相反応あるいは不均一反応と呼ぶ。$ClNO_3$は，PSC中の水分子とも次のような異相反応を起こす。

$$ClNO_3(g) + H_2O(p) \longrightarrow HOCl(g) + HNO_3(p) \quad [4\text{-}3\text{-}8]$$

また，ここで生成した次亜塩素酸HOClも次のような異相反応を起こすと考えられている。

$$HOCl(g) + HCl(p) \longrightarrow Cl_2(g) + H_2O(p) \quad [4\text{-}3\text{-}9]$$

このようにしてClO_xのリザーバーである$ClNO_3$とHClは異相反応を通じてHOClへ，さらにCl_2へと変換されていく。3-2-4項で説明したように，ClO_xのリザーバーの光解離定数の大きさはHOCl>$ClNO_3$≫HClの順である。また，Cl_2はHOClよりもさらに大きい光解離定数をもつ分子である。このことから，PSC上の異相反応は光解離定数の小さなClO_xのリザーバーから，光解離によりClO_xを再生しやすい分子種への変換を進める。同様の異相反応はBrO_xラジカルのリザーバーに対しても起こる。たとえば硝酸臭

素 BrNO$_3$ は，PSC に吸着した HCl と次のような異相反応を起こすと考えられている。

$$\mathrm{BrNO_3(g) + HCl(p) \longrightarrow BrCl(g) + HNO_3(p)} \qquad [4\text{-}3\text{-}10]$$

ここで生成する一塩化臭素 BrCl も光解離しやすい分子である。

異相反応は ClO$_x$，BrO$_x$ だけでなく NO$_x$ のリザーバーにも影響を与える (Solomon et al., 1986; Crutzen and Arnold, 1986)。ClNO$_3$，BrNO$_3$ は NO$_x$ のリザーバーでもある。反応[4-3-7]，[4-3-8]，[4-3-10]により，これら NO$_x$ のリザーバーは硝酸に変換される。また，極夜の間の重要な NO$_x$ のリザーバーである N$_2$O$_5$ も粒子上の H$_2$O と次のような異相反応を起こし，硝酸を生成することが知られている。

$$\mathrm{N_2O_5(g) + H_2O(p) \longrightarrow 2HNO_3(p)} \qquad [4\text{-}3\text{-}11]$$

これらの反応で生成する硝酸は PSC に吸着している。大気中の硝酸は PSC の生成過程を通じて大気中から取り除かれたが，異相反応を通じてさらに他の NO$_x$ リザーバーも，粒子に吸着した硝酸の形で大気から除かれることになる。粒子は最終的に成層圏から沈降して失われていくので，これらの過程は成層圏からの NO$_x$ の除去につながる。このように PSC の生成と PSC 上の異相反応は，NO$_x$ リザーバーの大気からの除去過程も進行させることになる。

これらの反応の時間スケールは 1～10 日程度と非常に短い。したがって，冬季に極渦が形成され，成層圏温度が低下して PSC が生成すると，上記のような反応は速やかに起こり，Cl$_2$，HOCl が生成されると共に，NO$_x$ のリザーバーは大気から除去される。

4-3-2　ClO$_x$ の生成と ClO の自己反応

異相反応の結果，光解離定数の小さな ClO$_x$ のリザーバーである HCl と ClNO$_3$ は，光解離しやすい分子 Cl$_2$，HOCl へと変換された。これらの分子は光解離定数が大きいため，極夜の光が弱い条件でも光解離して塩素原子を生成すると考えられる。

$$\mathrm{Cl_2} + h\nu \longrightarrow 2\mathrm{Cl} \qquad [4\text{-}3\text{-}12]$$

$$\mathrm{HOCl} + h\nu \longrightarrow \mathrm{Cl} + \mathrm{OH} \qquad [4\text{-}3\text{-}13]$$

ここで生成した塩素原子は，反応[4-3-1]によりオゾンと反応し，ClOラジカルを生成する。前述のように下部成層圏では酸素原子濃度が低いため，反応[4-3-2]は起こりにくい。また，極夜の間はNO_x濃度も低い。これは，太陽光強度が弱く，もともとラジカル濃度が低いだけでなく，NO_xのリザーバーが前述のように，PSCの生成とPSC上の異相反応を通じて大気中から取り除かれているからである。このようにNO_x濃度が低いと，反応[4-3-3]によるClOの消失反応も起こりにくい。その結果，ClOラジカルが大気中に蓄積されていく。ClO濃度が高くなると，次のようなClO同士の自己反応が重要となる(Molina and Molina, 1987)。

$$ClO + ClO + M \longrightarrow ClOOCl + M \qquad [4\text{-}3\text{-}14]$$

ここで生成するClOOClはClOラジカルの二量体である。ClOOClは通常の成層圏温度では熱解離によりもとのClOラジカルへと戻る。

$$ClOOCl + M \longrightarrow 2ClO + M \qquad [4\text{-}3\text{-}15]$$

この反応で現われるMは，これまでの他の反応と同様に第三体を表わすが，これまでMは生成した分子からエネルギーを奪って安定化する働きをしていたのに対し，この反応[4-3-15]ではClOOCl分子にエネルギーを与えて不安定化し，熱的な解離反応を進める。このように第三体は，反応によってエネルギーを奪う場合とエネルギーを与える場合の2通りの働きをもつ。

極夜の低温条件下では，このような熱解離が効率よく進まない。また，後述するようにClOOClは紫外光により光解離を起こすが，極夜の光強度の弱い条件では光解離も進みにくい。その結果，極夜の下部成層圏ではClOラジカルが蓄積され，それがさらに反応して二量体ClOOClも蓄積されていく。3-1-2項で導入した反応速度を反応[4-3-14]に対して考えると，反応速度はClOの濃度の2乗に比例することがわかる。したがってClOの濃度が2倍になるとClOOClの生成速度は4倍になり，ClOの濃度が3倍になるとClOOClの生成速度は9倍になる。すなわちClO濃度が高いほど，この反応の重要性は急激に増す。通常の成層圏では無視できたこのような反応が，ClO濃度の高い極域冬季から春季で特に重要となるのはこのためである。

4-3-3 オゾンホールの生成

このようにして極域冬季の間に，まず異相反応によりCl_2，$HOCl$が生成し，次いでClOラジカルさらには二量体$ClOOCl$が生成していく。一方でHNO_3，N_2O_5などのNO_xのリザーバーは大気中から除かれ，PSC内にHNO_3の形で取り込まれる。このような状況の下で極に春が訪れると，太陽光が本格的に照射し始める。光解離定数の大きいCl_2，$HOCl$が速やかに光解離する（反応[4-3-12]，[4-3-13]）だけでなく，蓄積していた$ClOOCl$も光解離する。

$$ClOOCl + h\nu \longrightarrow ClOO + Cl \qquad [4\text{-}3\text{-}16]$$

ここで生成する$ClOO$は熱的に不安定で，次のように熱解離する。

$$ClOO + M \longrightarrow Cl + O_2 + M \qquad [4\text{-}3\text{-}17]$$

これらの反応で着目すべき点は，反応[4-3-1]でオゾンと反応して消失した塩素原子が，反応[4-3-16]〜[4-3-17]を通して再生される点にある。すなわち反応[4-3-1]，[4-3-14]，[4-3-16]，[4-3-17]によりClO_xを触媒としたオゾン破壊の新たな連鎖反応が形成される。特に重要なことは，3-2-3項で示したClO_xの連鎖反応（すなわち反応[4-3-1]と[4-3-2]で構成される連鎖反応）と異なり，この連鎖反応には酸素原子が介在していない点である。すなわちこの連鎖反応は酸素原子濃度が低い下部成層圏でも充分進行することができる。この連鎖反応により正味で起こる反応は，$2O_3 \rightarrow 3O_2$となり，見かけ上2分子のオゾンが3分子の酸素分子に破壊される過程が進行することがわかる。

春季になり光が照射しても，NO_xの濃度は低い。これはPSCの生成と異相反応によりNO_xのリザーバーが大気から取り除かれているからである。その結果，春季になってもClOは反応[4-3-3]でリザーバーへ変換されにくい。また，仮にNO_2との反応で$ClNO_3$が生成したとしても，春季の初期には温度が低いので，PSC上の異相反応によりCl_2や$HOCl$へ変換され，速やかに光解離してCl原子を再生することができる。このようにClO_xの除去過程が働かないことにより，上記の連鎖反応は非常に効率よく進み，オゾンが破壊されていくと考えられる。

4-3-4　臭素の関与した触媒反応

　上述の連鎖反応だけでなく，臭素が触媒としてかかわった連鎖反応もオゾンホールの形成に寄与していることが明らかになってきている。4-3-1項で少し触れたように，PSC上の異相反応はBrO$_x$のリザーバーもBrClなどの光解離しやすい分子へと変換する。したがって太陽光が照射するとこれらの分子の光解離により生成した臭素原子がオゾンと反応する。

$$BrCl + h\nu \longrightarrow Br + Cl \qquad [4\text{-}3\text{-}18]$$

$$Br + O_3 \longrightarrow BrO + O_2 \qquad [4\text{-}3\text{-}19]$$

塩素の場合と同様に，BrOラジカルと酸素原子との反応によるBr原子の再生は，下部成層圏では働かない。そこで次のようなBrOとClOとの間の反応が起こるものと考えられる(McElroy et al., 1986)。

$$BrO + ClO \longrightarrow Br + Cl + O_2 \qquad [4\text{-}3\text{-}20a]$$

$$\longrightarrow BrCl + O_2 \qquad [4\text{-}3\text{-}20b]$$

[4-3-20a]の経路では臭素原子と塩素原子が再生される。これらは反応[4-3-19]と[4-3-1]により再びオゾンを破壊することができるため，連鎖反応が形成される。また，[4-3-20b]の経路ではBrCl分子が生成するが，既に触れたようにこの分子は光解離しやすいため，太陽光照射下で臭素原子と塩素原子を容易に再生する。その結果，[4-3-20a]の経路を経た場合と同様に，オゾン破壊の連鎖反応を進めることになる。ClOの二量体が関与する連鎖反応と同じように，これらの連鎖反応にも酸素原子は関与していない。したがって酸素原子濃度の非常に低い下部成層圏でも有効に働くことができる。

4-3-5　オゾンホールの解消

　春季になり極渦が解消すると，より低緯度の空気との混合が起こり，そこに含まれていた硝酸が次のような光解離によりNO$_x$を再生する。

$$HNO_3 + h\nu \longrightarrow NO_2 + OH \qquad [4\text{-}3\text{-}21]$$

このため，オゾンホール生成時にはほとんど働かなかったClOラジカルの消失反応[4-3-3]が起こるようになる。また，メタンも極域に供給されるので，反応[4-3-4]の効率も増加する。この結果，ClOラジカル濃度は減少し，二量体が生成する反応[4-3-14]のかかわるオゾン破壊の連鎖反応は非効率と

なる。また，PSC も生成しなくなるので，ClNO₃ や HCl から Cl₂ や HOCl への異相反応による変換も起こらなくなる。結果として，通常の下部成層圏の化学へと戻っていき，それにともなってオゾンホールも解消される。

　ここまで南極の冬季から春季にわたるオゾンホールの化学過程を，ほぼ時系列にそって示してきた。図 4-3-1 はこれを模式的に表わしたものである(WMO, 1995)。上の図は南極の秋から春にかけての塩素化合物濃度の変化を示している。また，下の図は同じ時期の気温の変動を表わしている。南極の冬に気温が低下して PSC が生成すると共に，ClO_x のリザーバー(HCl, ClNO₃)は異相反応を通して活性な塩素(Cl₂, ClO, ClOOCl)へと変換されていく。そして春に本格的に太陽光が照射することで，4-3-3 項で示したような連鎖反応によりオゾンが破壊され，オゾンホールが形成される。やがて気温の上昇と共に PSC が消滅し，極渦が崩壊すると，HNO₃ さらには NO_x が復活し，活性な塩素はリザーバーに変換されて，第 3 章で示したような本来

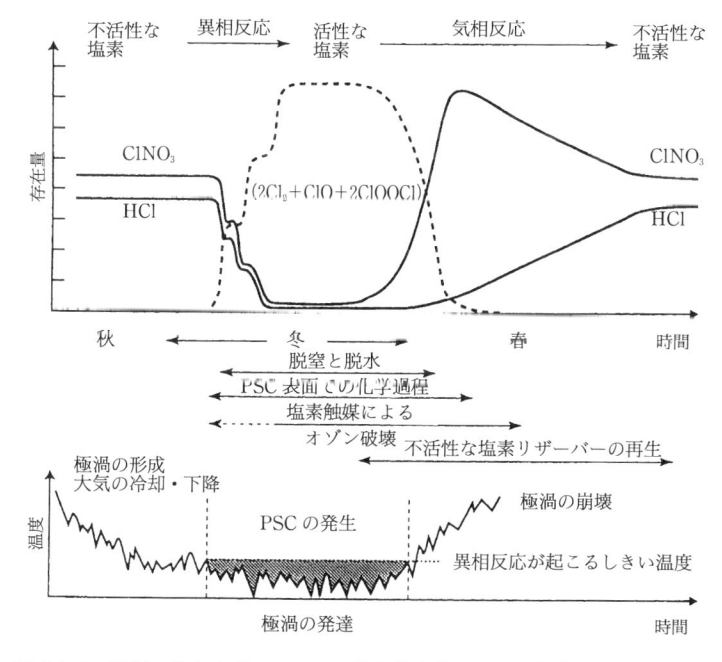

図 4-3-1　南極の秋から春にかけての塩素化合物と気温の推移(WMO, 1995)

の下部成層圏での化学過程に戻る。

[引用文献]

Anderson, J.G., Brune, W.H. and Profitt, M.H. 1989. Ozone destruction by chlorine radicals within the Antarctic vortex: The spatial and temporal evolution of ClO-O$_3$ anticorrelation based on in situ ER-2 data. J. Geophys. Res., 94: 11465-11479.

Andrews, D.G., Holton, J.R. and Leovy, C.B. 1987. Middle atmosphere dynamics. 489 pp. Academic Press.

Carslaw, K.S., Luo, B.P., Clegg, S.L., Peter, T., Brimblecombe, P. and Crutzen, P.J. 1994. Stratospheric aerosol growth and HNO$_3$ gas phase depletion from coupled HNO$_3$ and water uptake by liquid particles. Geophys. Res. Lett., 21: 2479-2482.

Charney, J.G. and Drazin, P.G. 1961. Propagation of planetary-scale disturbances from the lower into the upper atmosphere. J. Geophys. Res., 66(1): 83-109.

Chubachi, S. 1984. Preliminary result of ozone observations at Syowa station from February 1982 to January 1983. In "Mem. Natl. Inst. Polar Res., Spec. Issue No. 34, Proc. Sixth Annual Symp. Polar Meteorology and Glaciology," pp. 13-19. National Institute of Polar Research, Tokyo.

Chubachi, S. 1985. A special ozone observation at Syowa station, Antarctica from February 1982 to January 1983. In "Atmospheric ozone" (eds. Zerefos, C. S. and Ghazi, A.), Proceedings of the Quadrennial Ozone Symposium—Halkidiki, Greece 1984—, pp. 285-289. D. Reidel Publishing Company.

Crutzen, P.J. and Arnold, F. 1986. Nitric acid cloud formation in the cold Antarctic stratosphere: A major cause for the springtime 'ozone hole'. Nature, 324: 651-655.

Cunnold, D., Alyea, F., Phillips, N. and Prinn, R. 1975. A three-dimensional dynamical-chemical model of atmospheric ozone. J. Atmos. Sci., 32: 170-194.

Farman, J.C., Gardiner, B.G. and Shanklin, J.D. 1985. Large losses of total ozone in Antarctica reveal seasonal ClO$_x$/NO$_x$ interaction. Nature, 315: 207-210.

Grobecker, A.J. (ed.). 1975. CIAP Monograph vol. 1-6, Department of Transportation, Climatic Impact Assessment Program, Washington, D. C., DOT-TST-75-51/56.

Hanson, D.R. and Mauersberger, K. 1988. Laboratory studies of the nitric acid trihydrate: Implications for the south polar stratosphere. Geophys. Res. Lett., 15: 855-858.

Hio, Y. and Yoden, S. 2005. Interannual variations of the seasonal march in the Southern Hemisphere stratosphere for 1979-2002 and characterization of the unprecedented year 2002. J. Atmos. Sci., 62: 567-580.

Matsuno, T. 1971. A dynamical model of the stratospheric sudden warming. J. Atmos. Sci., 28: 1479-1494.

McElroy, M.B., Salawitch, R.J., Wofsy, S.C. and Logan, J.A. 1986. Reduction of Antarctic ozone due to synergistic interactions of chlorine and bromine. Nature, 321: 759-762.

Molina, L.T. and Molina, M.J. 1987. Production of Cl$_2$O$_2$ from the self-reaction of the ClO radical. J. Phys. Chem., 91: 433-436.

Molina, M.J. and Rowland, F.S. 1974. Stratospheric sink for chlorofluoromethanes: Chlorine atom-catalyzed destruction of ozone. Nature, 249: 810-812.

Newman, P.A., Gleason, J.F., McPeters, R.D. and Stolarski, R.S. 1997. Anomalously

low ozone over the Arctic. Geophys. Res. Lett., 24(22): 2689-2692.
Poole, L.R. and McCormick, M.P. 1988. Airborne lider observation of Arctic polar stratospheric clouds: Implication of two distinct growth stages. Geophys. Res. Lett., 15: 21-23.
Shimazaki, T. and Ogawa, T. 1974. A theoretical model of minor constituent distributions in the stratosphere including diurnal variations. J. Geophys. Res., 79: 3411-3423.
Solomon, S., Garcia, R.R., Rowland, F.S. and Wuebbles, D.J. 1986. On the depletion of Antarctic ozone. Nature, 321: 755-758.
Taguchi, M. and Yoden, S. 2002. Internal interannual variability of the troposphere-stratosphere coupled system in a simple global circulation model. Part I: Parameter sweep experiment. J. Atmos. Sci., 59: 3021-3036.
Waters, J.W., Froidevaux, L., Read, W.G., Manney, G.L., Elson, L.S., Flower, D.A., Jarnot, R.F. and Harwood, R.S. 1993. Stratospheric ClO and ozone from the Microwave Limb Sounder on the Upper Atmosphere Research Satellite. Nature, 362: 597-602.
WMO (World Meteorological Organization). 1995. Scientific assessment of ozone depletion: 1994, Report No. 37. WMO Global Ozone Research and Monitoring Project.
WMO (World Meteorological Organization). 2006. antarctic ozone hole is most serious on record. http://www.wmo.ch/news/news.html.
Worsnop, D.R., Fox, L.E., Zahniser, M.S. and Wofsy, S.C. 1993. Vapor pressures of solid hydrates of nitric acid: Implications for polar stratospheric clouds. Science, 259: 71-74.
Yoden, S., Taguchi, M. and Naito, Y. 2002. Numerical studies on time variations of the troposphere-stratosphere coupled system. J. Meteorol. Soc. Japan, 80: 811-830.

[参考図書]
忠鉢繁. 1990. 南極オゾンホールとの出会い. 日本気象学会機関誌 天気, 37(6)：393-396.
Dessler, A. 2000. The chemistry and physics of stratospheric ozone. 214 pp. Academic Press, London.
廣田勇. 1992. 運と勘―気象学における発見的研究の舞台裏. 日本気象学会機関誌 天気, 39(6)：355-361.
岩坂泰信. 1990. オゾンホール―南極から眺めた地球の大気環境. 裳華房.
環境庁「オゾン層保護検討会I(編). 1989. オゾン層を守る(NHK ブックス 574).
川口貞男・神沢博(編著). 1988. 南極の科学 3 気象. 古今書院.
川平浩二・牧野行雄. 1989. オゾン消失(読売科学選書 21).
「南極・北極の百科事典」編集委員会(編). 2004. 南極・北極の百科事典. 丸善.
関口理郎. 2001. 成層圏オゾンが生物を守る(気象ブックス 009). 成山堂書店.
富永健・巻出義紘・F.S. ローランド. 1990. フロン 地球を蝕む物質(UP 選書 263). 東京大学出版会.
山崎道夫・廣岡俊彦(共編). 1993. 気象と環境の科学―天気予報の科学からエル・ニーニョまで. 養賢堂.

第5章 　地表・水中の紫外線環境

北海道大学大学院環境科学院/藤原正智・鈴木光次

オゾン層によって大部分が吸収されるものの，生物に重大な影響を与えている太陽からの紫外線。そもそも，紫外線，つまり，放射(あるいは光，電磁波)とは一体何なのだろうか。そして，太陽光はどのようにして大気中を伝達し，地表，水中に到達しているのだろうか。5-1節では，放射の基礎，放射と分子・微粒子との相互作用，そして，太陽紫外線が大気中を伝達する過程を詳しく説明する。5-2節では，特に人間の皮膚に"紅斑"日焼けを引き起こす地表到達紫外線に着目し，その量を支配する諸過程，観測手法，そして，実際の観測結果について議論する。第3節では，水中における紫外線の透過過程とそれを制御する要因について述べる。

5-1　大気中の放射伝達

5-1-1　放射とは

放射とは，真空中を光速 $c=2.99792458\times10^8$ m s^{-1} で進む電磁波つまり光であり，その波長 λ ("ラムダ")[m]と振動数 ν ("ニュー")[s^{-1}=Hz(Heltz)=cps (cycle per second)]の間には次のような関係がある。

$$\lambda = \frac{c}{\nu} \tag{5-1-1}$$

さらに，大気放射学では，特に赤外線領域の議論をする際，波長の代わりにその逆数である波数 $\tilde{\nu}$ ("ニュー・チルダ")[m^{-1}]を用いることも多い。

$$\tilde{\nu} = \frac{1}{\lambda} = \frac{\nu}{c} \tag{5-1-2}$$

ただし，慣習(CGS単位系)として，しばしば cm⁻¹(kayser，カイザー，あるいは，reciprocal centimeter などと読む)を用いる。赤外線の 10 μm が 1000 cm⁻¹ に等しいと覚えておけば便利である。

一方，光は波動性と同時に粒子性もあわせもつ。波長 λ の光とは，エネルギーE[J]，

$$E = \frac{hc}{\lambda} = h\nu \tag{5-1-3}$$

をもつ光子 photon の集合体である。ここで $h = 6.6260693 \times 10^{-34}$ J s はプランク定数であり，波動性と粒子性という光の2つの異なる描像を結びつける定数である。この式は，波長が短いほどエネルギーが高いことを示している。つまり，放射・電磁波・光とはエネルギーの流れなのである。そのエネルギー量は，放射輝度 I_λ(intensity あるいは radiance, 単位は W＝J s⁻¹を用いて W m⁻² sr⁻¹ m⁻¹)や，放射フラックス密度 F_λ(radiant flux density あるいは irradiance, 単位は W m⁻² m⁻¹)で表現する。放射輝度 I_λ は次のように定義される。空間中のある単位面積 dA[m²]を，その法線に対して角度(天頂角)θ で通過し，単位立体角 $d\Omega$[sr]内を進む波長帯 $\lambda \sim \lambda + d\lambda$ の単位放射エネルギーdE_λ[J]を，単位時間 dt[s]の間，観測することにしよう(図5-1-1)。この時，観測量 dE_λ は，$\cos\theta\, dA$ と $d\Omega$ と $d\lambda$ と dt に比例する。その比例定数が放射輝度 I_λ である。すなわち，

$$I_\lambda = \frac{dE_\lambda}{\cos\theta\, dA \cdot d\Omega \cdot d\lambda \cdot dt} \tag{5-1-4}$$

つまり，放射輝度とは，単位面積あたり単位立体角あたり単位波長あたり単位時間あたりの放射エネルギーである。一般的には，I_λ は等方的ではなく，天頂角 θ と方位角 ϕ に依存した量である。さらに，I_λ の面 dA の法線方向成分 $I_\lambda \cos\theta$ について，半球積分を行なったものを，放射フラックス密度 F_λ と定義する。すなわち，

$$F_\lambda = \int_{\text{半球}} I_\lambda \cos\theta\, d\Omega = \int_{\phi=0}^{2\pi}\int_{\theta=0}^{\pi/2} I_\lambda(\theta, \phi)\cos\theta \sin\theta\, d\theta\, d\phi \tag{5-1-5}$$

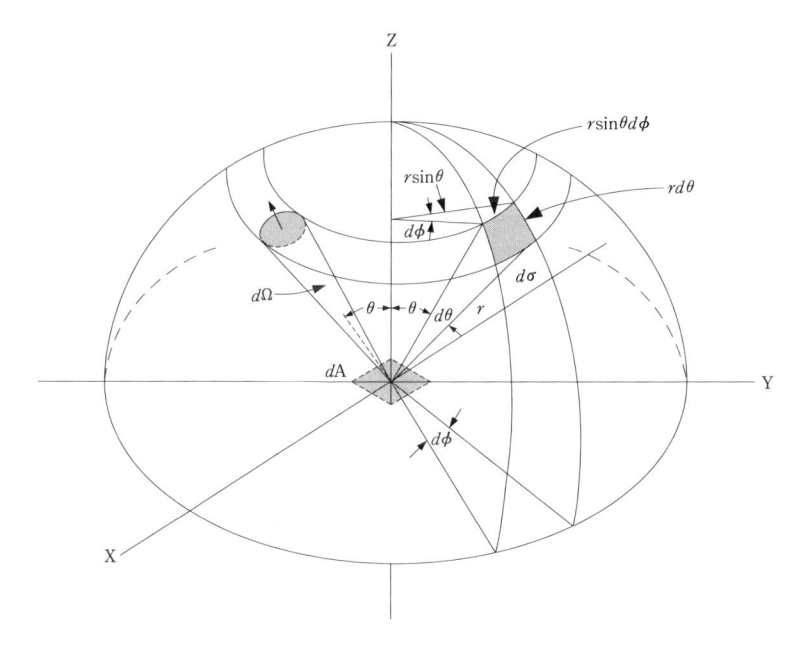

図 5-1-1　極座標系における単位立体角 $d\Omega = d\sigma/r^2 = \sin\theta\, d\theta\, d\phi$(右上の灰色長方形)の説明図，および，単位面積 dA を通り単位立体角 $d\Omega$ の方向に進む放射(左上の灰色円)の概念図(Liou, 2002)

つまり，放射フラックス密度とは，面 dA の法線方向についての有効な放射輝度の総量である。ここで，もしも I_λ が等方的であれば，簡単な積分計算により $F_\lambda = \pi I_\lambda$ を得る。なお，放射輝度と放射フラックス密度の単位中に，m^{-1} が区別して書かれているのは，単位波長あたり，を明示するためである。地球大気中の放射過程や放射エネルギー収支を議論する際には，ここで定義された放射輝度，放射フラックス密度，あるいは，放射フラックス密度をさらに波長や面積で積分した量を用いることになる。

5-1-2　地球大気中の放射とプランク関数

地球大気中に存在する放射の波長範囲はおおよそ次の通りである。なお，μm(micro-meter) $= 10^{-6}$ m，nm(nano-meter) $= 10^{-9}$ m である。紫外線には nm，他には μm がしばしば使われる。

①短波放射 shortwave radiation あるいは太陽放射 solar radiation と呼ばれる波長帯
- 紫外線 ultraviolet (UV) radiation：$0.4\,\mu$m(400 nm)以下の波長帯
- 可視光線 visible (VIS) radiation：$0.4 \sim 0.8\,\mu$m の波長帯
- 近赤外線 near-infrared (NIR) radiation：$0.8 \sim 5\,\mu$m の波長帯(大気科学・気象学特有の定義)

②長波放射 longwave radiation あるいは地球放射 earth radiation と呼ばれる波長帯
- 赤外線 infrared (IR) radiation：$5 \sim 100\,\mu$m の波長帯

短波放射は，太陽から地球へやってくる放射である。後で詳しく示すように，$0.6\,\mu$m 付近にエネルギーの極大をもち，$5\,\mu$m より短い光を含んでいる。因に，人間の目に感度がある光，すなわち可視光線は，$0.38 \sim 0.78\,\mu$m 付近であり，$0.38 \sim 0.45\,\mu$m が紫色，$0.45 \sim 0.50\,\mu$m が青色，$0.50 \sim 0.56\,\mu$m が緑色，$0.56 \sim 0.60\,\mu$m が黄色，$0.60 \sim 0.64\,\mu$m が橙色，$0.64 \sim 0.78\,\mu$m が赤色にみえる。一方，長波放射は，地表面のさまざまな物質，大気中の赤外活性分子(温室効果気体)，雲粒子やエアロゾルが，それぞれの温度や内部構造などに応じて射出する赤外線である。

上記のような短波放射と長波放射の波長範囲は，実は，太陽表面の温度(約 5800 K)と地球表面や地球大気の温度(200〜300 K)によってそれぞれ決まっている。一般に，物体は，その温度(および表面物質)に応じた波長の光を放射する。これを熱放射と呼ぶ。物体が高温なほど波長の短い光がでる。19 世紀の末，エジソンによって白熱電球が発明されたり，製鉄業の発展にともなって溶鉱炉内の温度を熔けた鉄の色で推定する必要が生じたりして，熱放射の実験や理論的研究が進んだ。放射の観点から理想的な物体を黒体と呼ぶ。黒体は，黒体放射と呼ばれる温度と波長のみに依存した理想的な熱放射をだし，同時にすべての波長の光を完全に吸収する(現実の物体がだす放射は黒体放射よりも少なく，吸収も不完全であるが，太陽表面や地表面はしばしば黒体放射で近似できる)。別の言い方をすれば，黒体とは，すべての波長の電磁波と相互作用できる理想的な物体であり，黒体放射とは，黒体の温度に対応した熱振動と熱力学平衡の状態にある電磁波の集合なのである。ある温度，ある波長にお

ける黒体放射の放射輝度 $B_\lambda(T)$ [W m⁻² sr⁻¹ m⁻¹] はプランク関数とも呼ばれ，その表式は，

$$B_\lambda(T) = \frac{2\,hc^2}{\lambda^5\{\exp(\frac{hc}{k\lambda T})-1\}} \tag{5-1-6}$$

である(図5-1-2)。ここで，$k=1.3806505\times10^{-23}$ J K⁻¹ は，ボルツマン定数である。この式は一見大変複雑であるが，実は，光のエネルギーが量子化されていること，つまり，波長 λ の光とはエネルギー hc/λ をもった光子の集合体であること，および，熱力学平衡にある系ではエネルギー E をもつ状態の数はボルツマン分布 $\exp\{-E/(kT)\}$ にしたがうこと(統計力学は量子論においても成立する)により導かれる($B_\lambda(T)$ の表式が，無限等比級数 $\sum_{n=1}^{\infty} r^{n-1} = \frac{1}{1-r}$ の形をしていることに注意しよう)。プランク Max Karl Ernst Ludwig Planck (1858～1947) は，1900年に，古典論ではどうしても説明がつかなかった熱放射の波長分布を，光のエネルギーの量子化という革命的な仮説を導入することによって初めて説明したのである。これが，量子論の始まりであった(ただし，プランクの量子仮説の物理的意味を明らかにしたのは，1905年のアインシュタイン Albert Einstein (1879～1955) による光量子仮説であった)。なお，黒体放射のフラックス密度の全波長積分 F_B は，気温の4乗に比例する。

$$F_B = \int_{\lambda=0}^{\infty} d\lambda \int_{半球} (B_\lambda(T)\cos\theta)\,d\Omega = \sigma T^4 \tag{5-1-7}$$

これをステファン・ボルツマンの法則と呼ぶ。$\sigma = \frac{2\,\pi^5 k^4}{15\,c^2 h^3} = 5.670400\times10^{-8}$ W m⁻² K⁻⁴ は，ステファン・ボルツマン定数である(この導出には，$\int_0^{\infty}\frac{x^3}{e^x-1}dx = \frac{\pi^4}{15}$ の関係を使う。なお，散乱断面積や吸収断面積にも慣習上同じ記号 σ を使うので注意のこと)。

5-1-3 放射と物質の相互作用(Ⅰ)——分子による吸収や射出

5-1-1項で述べたように，光は波長に応じたエネルギーをもつ粒子(光子)の集合体でもあって，波長が短いほどエネルギーが高い。ここでは，光子と分子との相互作用がどのような形で生じるかみていこう。分子のエネルギー

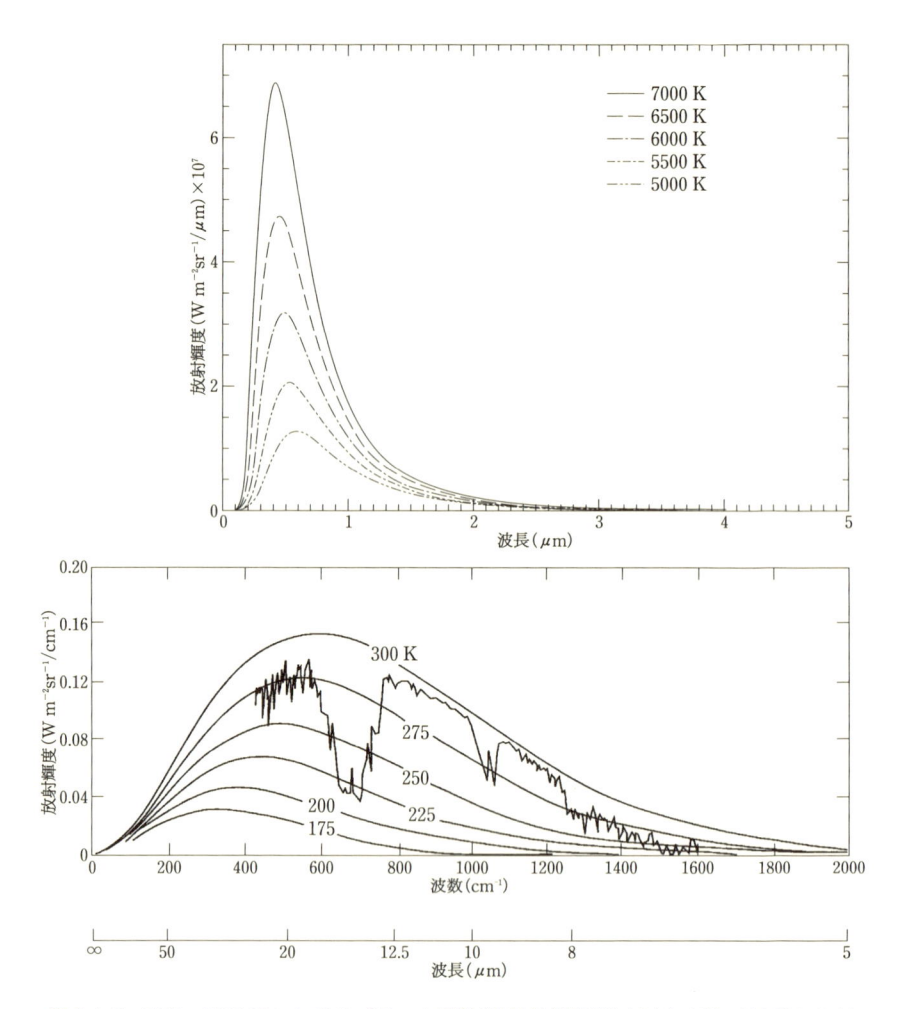

図 5-1-2　5000〜7000 K におけるプランク関数(黒体放射輝度)(上)と 175〜300 K におけるプランク関数(下)(Liou, 2002)。太陽の表面温度はおよそ 5800 K である。一方，地表面，大気の温度は 200〜300 K である。上下のパネルで，横軸(波長軸)の向きが逆であること，プランク関数の波長域とピーク値が大きく異なること，および，両者の波長域にほとんど重なりがなく，ちょうど 5 μm を境にして短波放射(上)と長波放射(下)を独立に扱えることに注意。なお，下図中には，人工衛星から観測した地球からの赤外放射スペクトルの例も含めてある。観測地点の地表気温は 300 K 弱程度だったと思われるが，波長域によってはそれよりずっと低い温度を示している。これは，大気中の赤外活性気体(主として，H_2O, CO_2, O_3, CH_4)による赤外線閉じ込め効果，つまり温室効果が生じているためである(5-1-3 項参照のこと)。「大気の窓」領域(8〜12 μm，ただし 9.6 μm 付近を除く)以外の波長域においては，宇宙空間まで抜けてくる光は地表面からではなく，より低温の大気中層・上層から射出されたものとなっているのである。たとえば，CO_2 と相互作用する 15 μm 付近の赤外線は 225 K 程度，O_3 と相互作用する 9.6 μm 付近の赤外線は 275 K 程度に対応する高度の大気層をでたものが最も多く宇宙空間まで到達していることをこの図は示している。

状態は，原子核のレベル，電子のレベル(すなわち化学結合のレベル)，分子の振動のレベル・回転のレベル，分子の並進運動のレベルなどと，高い方から低い方へ階層構造をなしている。この内，原子核のレベルは，初期宇宙や恒星内部(あるいは原子力)のエネルギーに対応する大変高いものである。地球大気中における放射過程にかかわるのは，電子(化学結合)エネルギーと，振動・回転エネルギーのレベルである。分子がもつこれらのエネルギーは量子化されており，多くの場合とびとびの値しかとらない。分子があるエネルギー状態 E_1 から別のエネルギー状態 E_2 に移る際に，そのエネルギー差にちょうど対応する波長の光子が分子内に入るなり出るなりして，状態遷移にともなうエネルギー保存を成立させる。すなわち，

$$|E_1-E_2|=\Delta E=\frac{hc}{\lambda}=h\nu \tag{5-1-8}$$

の関係を満たすような形で，分子と光子の相互作用が生じる。

では，具体的には，どの波長帯の光が，分子の電子・振動・回転状態の遷移に対応しているのであろうか。実は，紫外線と可視光線が分子の電子(化学結合)状態遷移に対応するエネルギーをもち，より波長が長くエネルギーの低い赤外線が分子の振動・回転状態遷移に対応するエネルギーをもっている。別の言い方をすれば，地球大気中における放射環境(短波放射と長波放射)においては，分子の電子状態遷移，振動・回転状態遷移を引き起こすような波長帯の光が満ちているため，放射と分子の相互作用はそのような形で生じているというわけである。

太陽からの紫外線や可視光線によって分子の電子状態の遷移が激しい形で起こる時，分子の化学結合の切断，すなわち，光解離が引き起こされる。その最もよい例がオゾン分子である。1-1-2項で紹介したように，ハートリ帯・ハギンス帯の紫外線，シャピュイ帯の可視光線を吸収したオゾン分子は，酸素分子と酸素原子とに光解離する。その後，酸素原子はすぐに再度結合して酸素分子やオゾンを生成するが，第3章にあるように再結合反応はいずれも発熱反応であり，その熱は大気主成分気体(窒素分子や酸素分子など)の並進運動エネルギー，すなわち熱運動に転化される。このようにして，太陽紫外線・可視光線のエネルギーが，成層圏・中間圏などにおいて，いったんオゾ

ン分子の光解離に消費された後，大気加熱を引き起こしているわけである。なお，オゾンのシャピュイ帯の吸収は大変弱いため，短波放射中で最も大きな放射輝度をもつ可視光線は，大気にほとんど吸収されないことに注意しよう。大気上端に達した短波放射の内，3割程度が次の5-1-4項で述べる散乱過程によって宇宙空間へ戻され，2割程度が大気分子による吸収(酸素分子・オゾンによる紫外線吸収，水蒸気などによる近赤外線吸収)を受け，5割もの量が直接地表面に到達しているのである。

　一方，赤外線のエネルギーは，水蒸気，二酸化炭素，オゾン，メタン，一酸化二窒素，各種フロンなど，3つ以上の原子で構成された大気微量成分分子の振動・回転状態の遷移エネルギーにちょうど対応している。空気塊(1-1-3項参照)中のこれらの分子は，周囲の他の分子(主として大気主成分気体 N_2, O_2)との衝突にともなって，ある頻度で振動・回転状態を変化させながら，各分子固有の波長の赤外線を吸収したり射出したりしている(図5-1-3)。つまり，空気塊中の分子の熱運動(つまり気温)と放射とが局所的に(ある小さな空気塊のなかでは)熱力学平衡の状態にあるのである。これを，Local Ther-

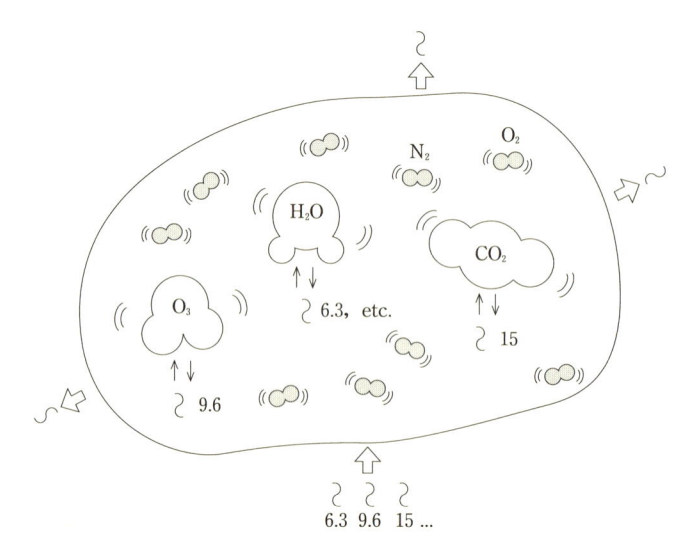

図5-1-3 局所熱力学平衡(LTE)にある空気塊における赤外線の出入りの様子。図中の数値の単位は μm。〜印は光子を表わす。詳しくは本文を参照のこと。

modynamic Equilibrium(LTE)と呼ぶ(中間圏中部より上空へいくと，大気分子の衝突頻度が下がるため一般に平衡状態にはない。これを，non-LTEと呼ぶ)。たとえば，オゾン分子が吸収・射出できる $9.6\,\mu m$ の赤外線に着目してみよう。上記のような熱力学平衡にある空気塊に，たとえば地表面から熱放射によりでてきた $9.6\,\mu m$ の赤外線が加わると，オゾン分子を通して空気塊中の全分子の熱運動エネルギーに変換される。すなわち，空気塊の気温が上がることになる。一方，赤外線の立場からみると，いったんこの空気塊に取り込まれた後，仮に外部へ実質的に射出されることになるにしても，その方向は，入射の方向(今の例の場合は鉛直上向き)とは必ずしも同じではない。このように，地表面をでた $9.6\,\mu m$ の赤外線は，多数の空気塊による吸収と別の方向への射出を繰り返し受けるわけであるから，なかなか宇宙空間までたどり着かないことになる。一部は再度地表面へ戻り，地表面を暖めることになる。これが，赤外線閉じ込め効果，すなわち，大気の温室効果なのである。したがって，温室効果にかかわる赤外線の波長域は，大気中に含まれる分子の個々の事情によって決まってくる。最も重要な温室効果気体は水蒸気で，回転帯(10 μm 以上の広い範囲にわたる)，弱い連続吸収帯(8〜12 μm)，$6.3\,\mu m$ 帯などと，赤外線領域のほとんどを覆っている。また，二酸化炭素の $15\,\mu m$ 帯，オゾンの $9.6\,\mu m$ 帯，メタンの $7.7\,\mu m$ 付近の吸収帯なども重要である。ただし，8〜12 μm 領域はオゾンによる $9.6\,\mu m$ 付近を除けば，大気成分(特に水蒸気)による吸収はかなり弱いため，地表付近をでた赤外線が"閉じ込め"効果をあまり受けずに宇宙空間まででてくる。この波長領域を「大気の窓」領域と呼ぶのはそのためである。なお，大気の主成分である窒素分子と酸素分子は赤外線と相互作用しないことに注意しよう。

5-1-4　放射と物質の相互作用(II)
　　　　——分子や雲粒子・エアロゾル粒子による散乱

　散乱過程とは，入射してくる電磁波が粒子の影響を受けて進行方向を変える物理過程である。5-1-3項で述べた分子の内部状態の遷移にかかわる吸収・射出過程とは異なり，原理的にはあらゆる波長の光がかかわる。散乱の強度と再放射の方向依存性は，おもに光の波長と粒子の大きさとの相対関係

により決まる。地球大気において散乱過程にかかわる粒子は，大気分子（～$10^{-4}\mu$m），エアロゾル粒子（～1μm），雨粒（～10μm），氷晶（～100μm）などである。このことにより，実際には，紫外線と可視光線（波長 0.1～1μm）が，散乱過程の影響を強く受けることになる。

一般に，散乱光の放射輝度 I_λ は，入射光の放射輝度を $I_{\lambda 0}$ として，

$$I_\lambda = I_{\lambda 0} \frac{\sigma_S(\lambda)}{r^2} \frac{P(\Theta)}{4\pi} \tag{5-1-9}$$

と書ける。ここで，r は粒子と観測者間の距離，$\sigma_s(\lambda)$ は散乱断面積と呼ばれる量で，散乱の強度（入射方向から取り除かれるエネルギー量）に対応し，面積の次元（m²）をもち，一般に波長依存性をもつ。Θ は入射方向に対する散乱方向の角度で，$P(\Theta)$ は散乱方向の依存性を表現する規格化された位相関数である。散乱にかかわる粒子の大きさと光の波長との大小関係によって，$\sigma_s(\lambda)$ と $P(\Theta)$ は大きく変わってくる。

粒子の大きさが入射光の波長よりもずっと小さい場合，すなわち，大気分子による紫外線・可視光線の散乱を，レイリー Rayleigh 散乱と呼ぶ。この散乱過程の重要な特徴は，散乱強度 σ_R が波長の4乗に逆比例することである。このため，たとえば，青い光は赤い光よりも 5～6 倍も強く散乱されることになる。日中の晴れた空が青いこと，夕日が赤いこと，宇宙から地球をみると雲のない領域が青くみえることなどは，すべて，大気分子によるレイリー散乱過程で説明されるのである（図 5-1-4）。なお，目にはみえない紫外線も，当然大気分子によるレイリー散乱を受ける。

一方，粒子の大きさが入射光の波長と同程度かそれより長い場合，すなわち，エアロゾル粒子や雲粒子による紫外線・可視光線の散乱を，ミー散乱と呼ぶ。この散乱過程は，レイリー散乱に比べれば散乱強度の波長依存性は弱い。一方で，特に水滴や氷晶粒子の具体的な形状によって，特徴的な散乱位相関数をもつ。たとえば，10μm の球形粒子に 0.63μm の可視光線が入射する場合，散乱光強度は入射方向に対して 138° と 180° の方向に極大値をもつ。これらがそれぞれ，虹のアークの形とグローリー・ブロッケン現象（山頂などで太陽に背を向けて立つと霧のなかに自分の影を囲む光の輪がみえる現象）を説明する。また，上層雲を構成する氷晶粒子は六角柱型や砲弾型や六角板型など

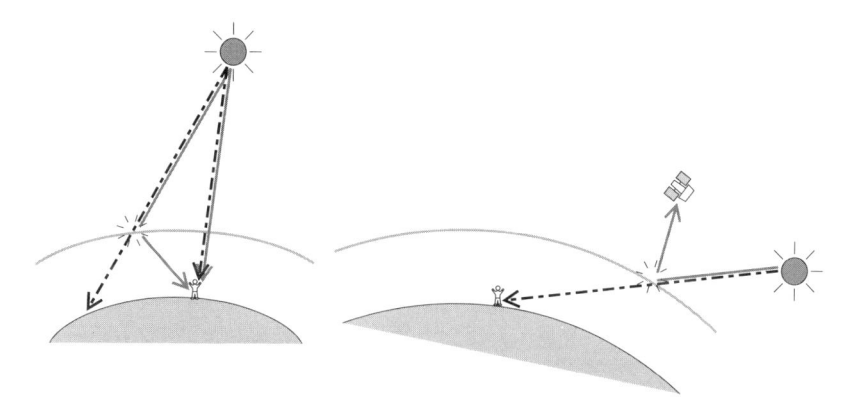

図5-1-4 空や太陽の色は，大気分子による太陽光のレイリー散乱過程によって説明される。図中の実線は青い光，鎖線は赤い光を表わす。昼間に太陽と異なる方向の空からやってくる光は，大気分子によって1回以上散乱を受けた光であるため，散乱をより強く受ける青い光の量が相対的に多くなっている。これが，青空の理由である(左)。一方，夕刻の太陽光は大気中を長く透過してくるため，散乱による青い光の減り方が強調される。これが夕日が赤くみえる理由である(右)。さらに，宇宙から地球をみると，雲のない領域が青くみえることも，右図で説明される。

さまざまな形をもつが，多くの場合，その散乱強度は22°や46°の方向に極大値をもつ。これがハロ現象(太陽や月の周りにまるくかかる"傘")を引き起こす。大気中の分子や粒子による太陽光の散乱過程は，ここで紹介したような光学現象のみならず，大気・地表系の熱収支の問題や，今特に興味のある太陽紫外線の地表までの伝達過程において，大変重要な要素の1つである。

5-1-5 紫外線の放射伝達方程式

ある波長 λ の光が，ある媒質中を単位長さ ds[m]だけ通過する時，その放射輝度が dI_λ だけ変化するとしよう。変化分 dI_λ は，入射光の放射輝度 I_λ，光路の長さ ds，および，この光を吸収あるいは散乱する媒質中の分子・粒子それぞれの数密度 n[m^{-3}]に比例する。すなわち，

$$dI_\lambda = -\left(\sum_i \sigma_\lambda{}^i n^i\right) I_\lambda ds \qquad (5\text{-}1\text{-}10)$$

ここで，効果の異なる分子・粒子を区別するために添え字 i を導入した。たとえば，紫外線の場合，酸素分子による吸収，オゾン分子による吸収，大気

分子によるレイリー散乱,エアロゾル・雲粒子によるミー散乱を独立に考慮する必要がある。比例定数の σ_λ は面積の次元(m^2)をもち,吸収の場合は吸収断面積,散乱の場合は散乱断面積と呼ばれる。散乱断面積については5-1-4項にてごく簡単に説明した。図5-1-5に,紫外線の波長域,310〜350 nm におけるオゾンの吸収断面積 $\sigma_{oz}(\lambda)$ を示す(図1-1-2も参照のこと)。

式(5-1-10)で表わされた放射減衰の法則は,1729年にブーゲー Pierre Bouguer が,1760年にランバート Johann Heinrich Lambert が,1852年にビーア August Beer が独立に発見し,異なる数式表現で発表したので,「ビーア・ブーゲー・ランバートの法則」や「ランバート・ビーアの法則」などと呼ば

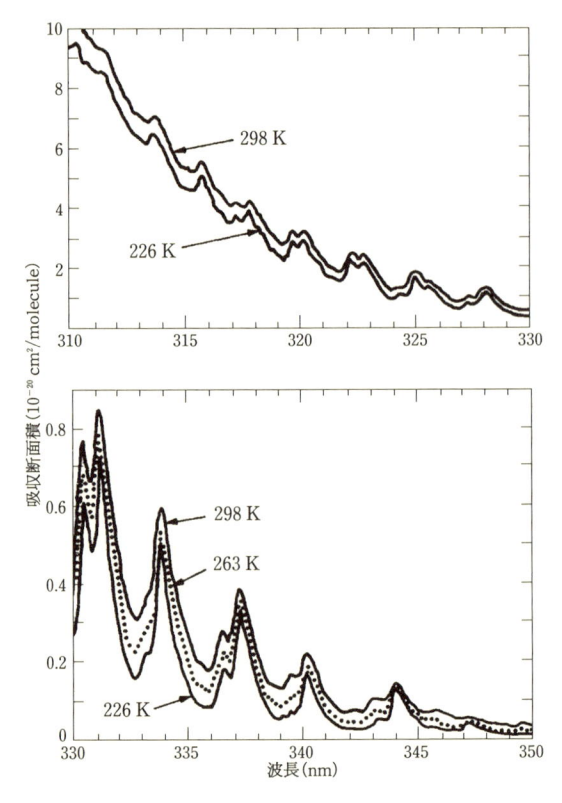

図 5-1-5　オゾンのハギンス帯の吸収断面積 $\sigma_{oz}(\lambda)$ (Molina and Molina, 1986)。温度による違いも示す。

れている。なお，本来は，減衰過程だけでなく，熱放射による射出(赤外線の場合)や他の方向からきて I_λ の方向に散乱される光による増強・生成過程もあり，これらも含めることで放射伝達方程式が完成する。しかしここでは，太陽紫外線・可視光線のみを扱うため射出は考慮する必要がないこと，および，2回以上散乱(多重散乱)した光の寄与は概して小さいことから，減衰過程のみを考えることにする。

$s=s_1$ における放射輝度が $I_\lambda(s_1)$ の光が媒質中を s_1 から s_2 まで減衰しながら進むと，s_2 における放射輝度 $I_\lambda(s_2)$ は，式(5-1-10)を積分して，

$$I_\lambda(s_2) = I_\lambda(s_1) \exp\left\{-\left(\int_{s=s_1}^{s_2}\sum_i \sigma_\lambda^i n^i ds\right)\right\} = I_\lambda(s_1)\exp(-\tau_\lambda(s_1,\ s_2)) \tag{5-1-11}$$

と表わされる。ここで，$\tau_\lambda(s_1,\ s_2) = \int_{s=s_1}^{s_2}\sum_i \sigma_\lambda^i n^i ds$ は波長 λ の光に対する s_1 から s_2 までの光学的厚さと呼ばれる量である。つまり，放射は光学的厚さに対して指数関数的に減衰するわけである(ここで s は一般的な距離であるが，鉛直方向の距離 z の場合は，τ を特に光学的深さと呼ぶことが多い)。

次に，太陽光が大気上端から地表面まで伝達する際の光路を具体的に考えてみよう。s_1 は大気上端，s_2 は地表面なので，$s_1=\infty$，$s_2=0$ である。ある大気層に入射する太陽光の天頂角を χ ("カイ")とし，距離の座標 s の代わりに鉛直座標(高度) z を使うことにしよう。その変換係数を $\mu=\mu(\chi,\ z)$ として $ds=-\mu(\chi,\ z)dz$ とおく。負号がかかるのは太陽光の伝達の場合 ds と dz の向きが逆だからである。$\chi<60°$ の範囲では，地球が球面であることはほとんど意識されない，つまり，平行平面大気の近似がよく成り立つので，

$$ds = -\frac{1}{\cos\chi}dz \tag{5-1-12}$$

しかし，χ が 90° に近づいてくると球面効果が徐々に無視できなくなる。極端な例として，日の出と日没の前後を考えてみればよい。ds は平行平面大気近似では無限大になってしまうが，現実には大気層に曲率があるため有限となる。この場合は，地球半径を $R_E=6.37\times10^6$ m として，図5-1-6において，$a=R_E+z$，$b=R_E+z+dz$ ($\chi\leq90°$ の場合)，$\alpha=\sin^{-1}\left(\dfrac{a}{b}\sin\chi\right)$ として，

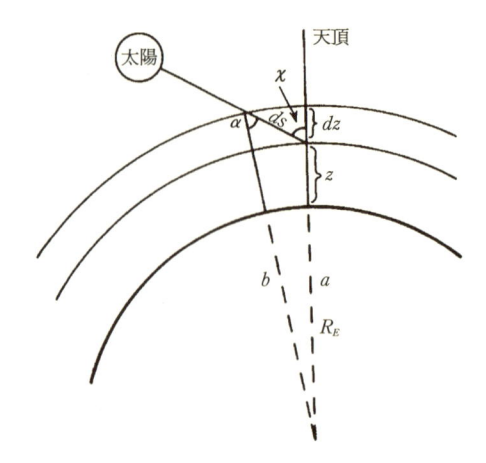

図 5-1-6 曲率をもつ大気層の高度幅 dz と光路長 ds との関係(Solomon et al., 1987)。この図は同時に，天頂からの散乱光の伝達(高度 z でレイリー散乱を受け鉛直方向に伝達)の様子も示している。5-1-4で青空の説明をしたが，目にみえない紫外線もレイリー散乱過程により全天から降り注いでいる。

$$ds = -\{a^2 + b^2 - 2ab\cos(\chi - \alpha)\}^{1/2} \tag{5-1-13}$$

となる。

これで準備が整ったので，酸素分子やオゾンにより吸収を受ける波長100～400 nm 付近の太陽紫外線が，大気中を伝達し地表面に届くまでを式で表わしてみよう。ここでは，直達光(太陽の方向からの光)の場合に話を絞ろう。大気上端から高度 $z=z_1$ までの光学的深さは次のように書ける。

$$\tau_\lambda = \int_{z=z_1}^{\infty} \{\sigma_{O_2}(\lambda)\cdot n_{O_2}(z) + \sigma_{OZ}(\lambda)\cdot n_{OZ}(z) + \sigma_R(\lambda)\cdot n_M(z) + \beta(z)\}\mu(\chi, z)dz \tag{5-1-14}$$

ここで，{ } 内の第1項は酸素分子による吸収，第2項はオゾンによる吸収，第3項は大気分子によるレイリー散乱，第4項 $\beta(z)$ はエアロゾル・雲粒子によるミー散乱の効果を表わしている。この τ_λ を用いて，高度 $z=z_1$ で観測される波長 λ の光の放射輝度は，

$$I_\lambda(z=z_1) = I_\lambda(z=\infty)\exp(-\tau_\lambda) \tag{5-1-15}$$

と表わされる。$\sigma_{O_2}(\lambda)$ と $\sigma_{OZ}(\lambda)$ は図1-1-2や図5-1-5にて与えられる。大気密度分布 $n_M(z)$ や酸素分布 $n_{O_2}(z)$ やオゾン分布 $n_{OZ}(z)$ やエアロゾル・雲

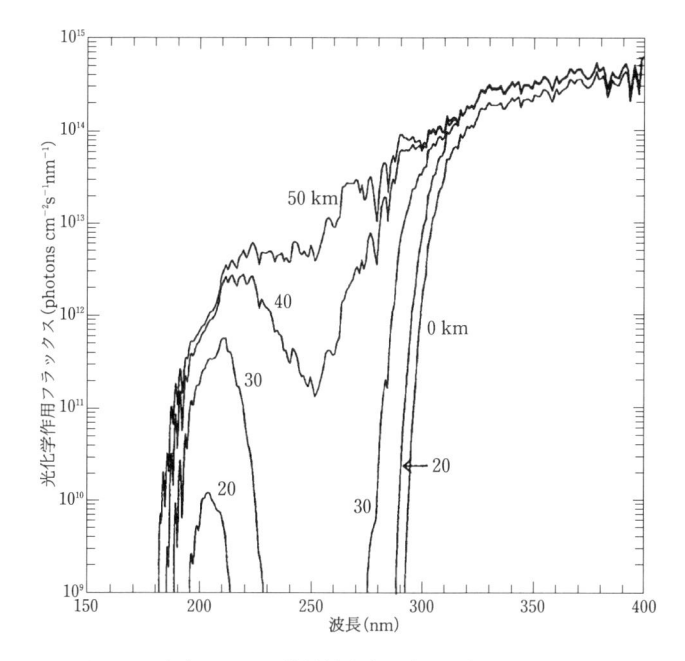

図 5-1-7 いくつかの高度における紫外線強度の波長分布（DeMore et al., 1997）。太陽天頂角 30° の場合。縦軸は放射エネルギーではなく光子の数のフラックス密度（actinic flux，光化学作用フラックス）になっていることに注意。図 1-1-2($\sigma_{O_2}(\lambda)$ と $\sigma_{oz}(\lambda)$) と見比べると，200 nm 以下の紫外線は酸素分子にて，250 nm を中心とした 200〜300 nm の領域の紫外線はオゾンによって上空で吸収されていることがわかる。地表に到達するのは 300 nm 弱より波長の長い光である。

粒子分布 $\beta(z)$ を正しく与えることができれば，各高度における波長別の紫外線強度が求まるわけである（図 5-1-7）。なお，1-2-3 項にて紹介したドブソン型分光光度計やブリューワ型分光光度計は紫外線量の測定器であり，オゾン濃度を未知数として式 (5-1-14)，式 (5-1-15) を利用し，いくつかの工夫を施すことで，オゾン全量（$N_{oz} \equiv \int_{z=0}^{\infty} n_{oz}(z)\,dz$）やオゾン高度分布（$n_{oz}(z)$）を求める。

5-2 地表に到達する紫外線

5-2-1 3種類の紫外線と生物への作用

紫外線は 100〜400 nm の波長範囲の光であるが，利便上，波長の短い方

からUV-C，UV-B，UV-Aの3種類に分類される。これはもともと，皮膚病の治療の際に，透過特性の異なるガラスを用いて，紫外線を3つの波長帯に分けて利用したことに由来する。それぞれの波長域は，その後の学問の発展にともない，工学(照明)，気象学，医学，生物学などの分野によって若干異なってきている。ここでは，Commission Internationale de l'Eclairage (CIE: International Commission on Illumination, 国際照明委員会)によるもともとの定義を用いることにする。気象学などでしばしば用いられているものである。UV-Cの波長域は100〜280 nmである。この内，180 nm以下は真空紫外とも呼ばれる。UV-Cは大気によって完全に吸収され地表には届かないので，地表生態系に対しては重要でない。2つめのUV-Bの波長域は280〜315 nmである。オゾンによって強く吸収を受ける波長域(ハートリ帯の長波長側〜ハギンス帯；図1-1-2参照)に対応しており，オゾン層によって地表到達量が強く支配されている。一方で，生物の遺伝情報とその発現を担う核酸(デオキシリボ核酸DNA，リボ核酸RNA)は，特にUV-Bを強く吸収する性質をもっている(図5-2-1)。つまり，オゾン層の変動・破壊にともなって地表に到達するUV-B量が増加することが，地表生態系の改変を引き起こすと危

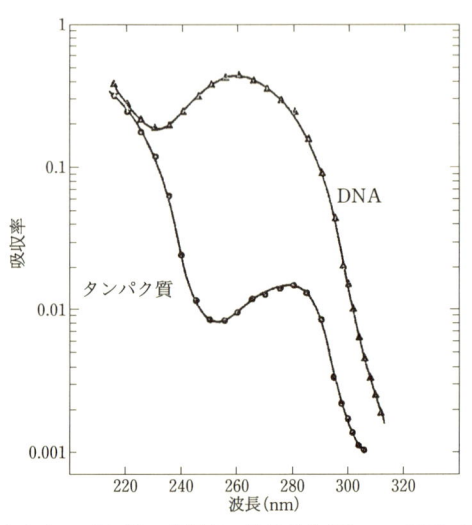

図5-2-1　DNAとタンパク質の吸収率の波長分布(Harm, 1980；Diffey, 1991)

惧されるわけである。オゾン全量が1%減るとUV-B量が2%増えると見積もられている。人体への影響としては，これにより，皮膚癌，白内障，感染症などの症例が3〜6%増加すると推定されている。3つめのUV-Aの波長域は315〜400 nmである。この波長域はオゾンによる吸収が弱いため，オゾン層の変動によって地表到達量が変化することはない。UV-Aの生物への作用は複雑で，DNAやRNAに損傷を与える能力は弱いが，たとえば皮膚癌の発生にはかかわっている可能性がある。一方で，UV-Aにより活性化する酵素によってUV-Bにより損傷を受けたDNAが修復されるというメカニズムも知られている。つまり，地表生態系にとっては，オゾン層変動により地表に到達するUV-B量が変化することに加えて，UV-B量とUV-A量との相対関係(つまり紫外線スペクトルの形)が変化することも重要である可能性がある。現状では，地表紫外線量の内，約94%がUV-A，約6%がUV-Bである。なお，最近の医学や生物学においては，CIEの定義とは異なり，UV-Cを200〜290 nm，UV-Bを290〜320 nm，UV-Aを320〜400 nmと定義することが多い。

「地表に到達する紫外線」と一口にいっても，上記のように波長によって生物への作用は大きく異なる。我々人間にとって最も身近な紫外線の作用は日焼けであろう。強い日差しのなかで皮膚を露出していると，数時間後に皮膚が赤みを帯び痛みを感じるようになる。これを紅斑 erythemal 日焼け，もしくはサンバーン sunburn と呼ぶ。以後，紅斑日焼けと記す。その後，皮膚は小麦色に変色する。これをサンタン suntan あるいはタンニング tanning と呼ぶ。紅斑日焼けは皮膚の防御能力を超える紫外線を浴びた結果生じるものであり，他方，サンタンは紫外線防御機能の向上を意味する。UV-C，UV-Bの波長域の紫外線が紅斑日焼けを引き起こす能力を1とすると，UV-A領域の能力は1000分の1以下である。国際照明委員会(CIE)ではこのことを考慮して，図5-2-2に示すような紅斑作用スペクトル(紅斑に関する重み関数)を定めた。日本気象庁を含む世界の気象機関では，地表紫外線観測データ(あるいはその推定値)にこの重み関数をかけて25 mW m^{-2}で割った量を「紅斑日焼けを引き起こすUVインデックス」と定義し，日々の紫外線情報として提供している(なお，場合によっては，正午で雲のない状態を仮定したものをUV

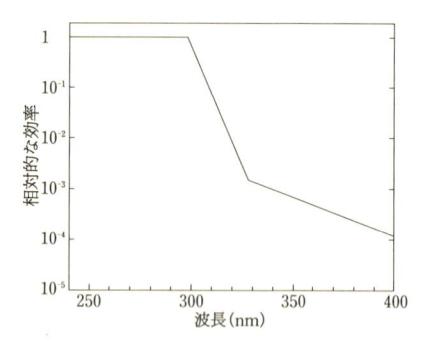

図 5-2-2 CIE により採用されている紅斑作用スペクトル erythemal UV action spectrum(Mckinlay and Diffey, 1987；Diffey, 1991)。紫外線の波長域における紅斑日焼けを引き起こす能力に応じた重み関数。UV-C と UV-B の重みを 1 とすると，UV-A の重みは 1000 分の 1 から 1 万分の 1 程度となる。日本気象庁などが提供している紫外線情報(紅斑 UV インデックス)はこの紅斑に関する重み関数を考慮したものである。

表 5-2-1　紅斑 UV インデックス値に対する紫外線の強さと紫外線対策の具体例

UV インデックス	紫外線の強さ	紫外線対策の具体例
1〜2	弱い	安心して戸外で過ごせる
3〜5	中程度	日中はできるだけ日陰を利用する 長袖シャツ，日焼け止めクリーム，帽子をできるだけ利用する
6〜7	強い	
8〜10	非常に強い	日中の外出はできるだけ控える 長袖シャツ，日焼け止めクリーム，帽子を必ず利用する
11 以上	極端に強い	

インデックスとしている場合があるので注意が必要である。日本気象庁が現在提供しているものには，雲の存在も考慮されている)。世界保健機関(WHO)，世界気象機関(WMO)，国連環境計画(UNEP)などでは，この紅斑 UV インデックスを用いて，太陽紫外線を直接浴びることの危険性を人々に警告している。表 5-2-1 に，紅斑 UV インデックス値に応じた紫外線対策の具体例をまとめる。さらに，肌のタイプ(色)に応じて，紅斑日焼けを起こすのに必要な紫外線曝露量(時間積分量)や，日焼け止めローションの適切な SPF (Sun Protection Factor)の値が変わってくる。なお，UV-A 自体は紅斑を引き起こす能力は大変弱いが，地表紫外線量の大部分，約 94% をも占めているので，実際には紅斑

日焼けに 15〜20% 程度の寄与がある。また，DNA 損傷，皮膚癌，白内障など，紅斑日焼け以外の問題に対する作用スペクトルは当然紅斑作用スペクトルとは形が異なるので，問題に応じて適切なものを使う必要がある。たとえば，DNA 損傷に関する作用スペクトルは，紅斑作用スペクトルに比べて UV-C と UV-B の重みが 100 倍ほど大きい。

5-2-2 地表紫外線量を支配する要素

5-1-5 項にて説明した紫外線の放射伝達方程式に表現されているように，地表紫外線量を支配する要素は，(1)大気上端に到達する太陽放射輝度，(2)オゾンによる吸収，(3)大気分子によるレイリー散乱，(4)雲粒子による散乱，(5)エアロゾルによる散乱や吸収，である。さらにこれらに加えて，(6)地表面反射も重要となる。以下に，それぞれ詳しく説明する。

(1) **大気上端に到達する太陽放射輝度 $I_\lambda(z=\infty)$**

$I_\lambda(z=\infty)$ の最も大きな変化は，太陽高度（あるいは太陽天頂角）の変化によりもたらされる。太陽高度を決定する要因は，地球の自転による太陽の見かけの日周運動，地球がほぼ球体であることによる緯度依存性，および地球の自転軸が公転面に対して 23.44°傾いていることによる季節依存性である。さらに，地球の公転軌道は円形ではなく太陽を 1 つの焦点とする楕円形であるので，太陽地球間の距離には 1 年の周期がある。現在は，北半球夏季の方が南半球夏季よりも 3.4% ほど距離が長い。放射輝度は距離の 2 乗に反比例するため，たとえ太陽高度が同じでも約 7% の違いが生じることになる。なお，地球の軌道要素は，月や惑星の引力，地球の形のゆがみによっく，1.9 万年や 10 万年などの各種周期の摂動を受ける。1941 年にミランコビッチ Milutin Milankovitch が明らかにした。このような摂動により，地球が受ける太陽放射量は数万〜数十万年のスケールで変動しており，これをミランコビッチ・サイクルと呼ぶ。現在，第四紀(170 万年前以降)の気候変動(氷期・間氷期の変動)の原因を説明する最も有力な仮説となっている。一方，太陽活動自体にも各種時間スケールの変動が存在する。太陽表面の黒点は，強い磁場により対流が妨げられて周囲よりも低温になっている領域である。この黒点の数は太陽活動のよい指標であり，少なくともここ 300 年間，約 11 年の周期で大

きく変動していることが知られている。また，マウンダー極小期と呼ばれる1650〜1700年ころには黒点がほとんどみられなかったことも知られており，太陽活動にはより長周期の変動もあることが示唆される。実際，樹木年輪の炭素同位体データには88年や2000年や2300年などの周期性がみられるが，これらは太陽活動の変動に起因するものであると考えられている。100年スケールの気候変動の原因の1つとして，このような太陽活動の変動が考えられている(なお，太陽磁場には22年周期の反転という現象もある。因に，地球磁場は平均して数十万年に一度反転しているがその周期はかなり不規則である)。こうした黒点数の変化にともない，X線や短波長の紫外線の量が大きく変動する。しかし，可視光線の領域ではほとんど変化は認められない。ここでの問題である地表到達紫外線については，直接の影響は小さいと考えられるが，より短い波長の紫外線の変化によるオゾン層の変化が，間接的に影響している可能性はある。因に，マウンダー極小期と現在とでは紫外線量に3%程度の違いがあるとの見積もりがある。

(2) **オゾンによる吸収**

ここまでに既に詳しく述べた通りである。(4)の雲の影響がなく，(5)のエアロゾルの内，特に大気汚染にかかわる粒子の影響がない場合，すなわち"clear sky"の条件の場合，地表到達紫外線量を決める大気中の重要な要素はオゾンである。オゾン全量は，熱帯では250 DU程度，中高緯度では季節によるが300〜400 DU程度，南極のオゾンホールの季節には100 DUを下回る。これらの値が地表到達紫外線量に直結する。図5-2-3に，いくつかの地点において観測されたオゾン全量と紅斑日焼けを引き起こす紫外線量との関係を示す。オゾン全量が1%減ると紫外線量はおおよそ2%増える。なお，オゾン全量の内，成層圏オゾンは約9割を占め対流圏オゾンは1割程度に過ぎないが，対流圏のオゾンも地表到達紫外線量に無視できない影響を与えている。また，オゾンの他に紫外線を吸収する大気微量成分として，二酸化硫黄，二酸化窒素，硝酸，ホルムアルデヒドなどがある。通常は無視して構わないが，大気汚染の著しい地域や大規模な火山噴火が生じた地域でこうした気体の濃度が著しく高くなっている場合は，考慮が必要となる可能性がある。

(3) **大気分子によるレイリー散乱**

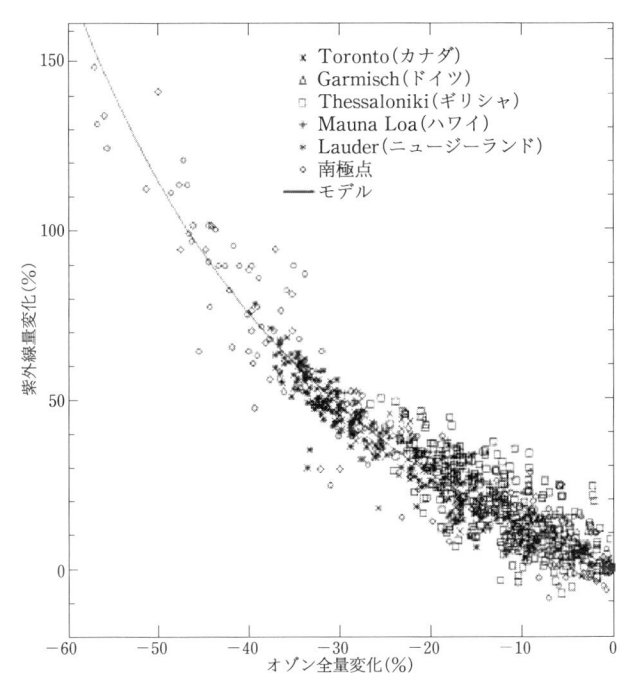

図5-2-3 オゾン全量減少にともなう紅斑日焼けを引き起こす紫外線量の増加（WMO, 1999）。世界の6つの地点における晴天（雲がない）時の観測に基づく。曲線は数値モデルに基づく推定。

5-1-4項に詳しく述べた通りである。レイリー散乱は波長が短いほど強く効くため、紫外線の放射伝達においては大変重要である。(6)も参照のこと。

(4) 雲粒子による散乱

上記(1)〜(3)にて，各季節，各地域における地表到達紫外線量の最大値（あるいは，"晴天"を仮定した場合の紫外線量）はおおよそ決まるが，実際に日々の紫外線量を大きく左右するのは日々の天気，すなわち雲である。全天が層雲に覆われている場合は，雲がまったくない場合に比べて地表紫外線量は一般に少ない。9割以上の減少にもなり得る。しかし，積雲がまばらに分布するような場合には，その側面での散乱によって逆に最大25％も紫外線量が増加し得る。さらに，雲量が多くても太陽直達光が届いている限りは，紫外線量はそれほど大きくは減少しない。太陽が雲に隠れているか否かも重要な要素

の1つなのである。地表紫外線観測の結果を，紫外線量の頻度分布として整理してみると，しばしば2つの極値が現われる。紫外線量の小さい方の極値は，太陽が雲に隠れている場合に対応し，大きい方は太陽が雲に覆われていない場合に対応している。このように，雲は地表到達紫外線量を大きく乱すので，長期トレンドの検出を大変難しくしている要素の1つである。近年になってようやくいくつもの地表紫外線観測地点で自動全天撮像が行なわれるようになり，全天の雲分布データが同時に得られるようになってきた。雲の種類や雲分布の様子と地表紫外線量との関係が今後より精密に明らかにされていくであろう。

(5) **エアロゾルによる散乱や吸収**

エアロゾルとは大気中を浮遊する微粒子であり，黄砂などを含む土壌粒子(鉱物, 有機物)，風によるしぶきによって舞い上げられる海塩粒子，火山から噴出する粒子，各種大気汚染粒子(硫酸塩, 硝酸塩, 有機炭素, アンモニアなど)など，さまざまな種類がある。大きさは $1\,\mu m$ を中心として $1\,nm \sim 10\,\mu m$ の範囲に及ぶ。因に，花粉の粒子は $30\,\mu m$ 程度である。短波放射・長波放射と相互作用したり，雲粒子(水滴, 雪結晶など)の凝結核になったりするため，地球の気候に大きな影響を与えている。紫外線の吸収・散乱能力に関しては，森林火災・焼畑などからの放出粒子も黄砂などの砂漠起源ダストも人間の工業活動にともなう汚染粒子も，いずれも地表 UV-B 量を著しく減少させることが観測から明らかになってきている。こうした地表付近～大気境界層内の大気汚染は，成層圏オゾンの減少にともなう紫外線量増加を局所的には相殺し得る。したがって，オゾン層に関する今後の政策決定に否定的な影響を与えてしまう可能性がある。また，紫外線量の地表観測結果と人工衛星観測に基づく推定結果との間に大きな食い違いを生じさせるため，大変やっかいである。さらに，個々のエアロゾル粒子の光学特性も紫外線量を左右する重要な要素の1つである。たとえば，すすは紫外線をおもに吸収するが，硫酸エアロゾルは単に散乱するだけである。エアロゾルには多くの種類があり，時空間変動も激しいため，未だに不明な点が多い。

(6) **地表面反射**

(3)にて述べたように，紫外線は大気分子によるレイリー散乱を強く受ける。

したがって，近隣の地表に到達した紫外線が一部反射されて大気中に戻り，レイリー散乱を受けて再び別の地表面に到達するという過程も考慮する必要がある。特に雪面は大変効率よく紫外線を反射するので，積雪地域における地表紫外線量を考える際に地表面反射過程は大変重要である。数 km 離れた場所にある雪面が地表到達紫外線量に効いているとする研究もある。雪面の存在による紫外線量の増大は，都市や海氷に覆われていない海の近くでは10％程度だが，一様な雪原においては40％を超える場合もある。晴天下の雪山やスキー場ではしばしば激しい日焼けを経験するが，これには地表面反射過程も強くかかわっているはずである。

5-2-3　地表紫外線量の観測

これまでに広く使われてきている紫外線量測定器は，①紅斑作用スペクトルに似た波長特性をもつ広帯域フィルター放射計 broadband filter radiometers，②1 nm 以下の波長分解能をもつスペクトル放射計 spectroradiometers，③狭帯域フィルターを複数組み合せた放射計 narrowband multifilter radiometers（波長分解能 2～10 nm）の3種類に大きく分類することができる。①の広帯域放射計の代表例は，紫外線を受光すると緑色の蛍光を発するタングステン酸マグネシウム（MgWO$_4$）フィルターを用いた Robertson-Berger (RB) meter である。1960年代後半から米国を中心として各地で使用されてきている。オゾンホール出現以前からの観測データの蓄積があるわけだが，データは波長方向の重み付き積分量なので波長別の情報がまったくないこと，長期トレンドを検出するには測定器の安定性が充分でないことなどがあり，オゾン層破壊とその生態系への影響という現代の問題においてはあまり有効に活用できていない。②は紫外線領域を対象とした分光光度計である。大変に高価であり光学系の調整には細心の注意を必要とするが，波長ごとの強度を精度よく測定できるため，長期トレンドの検出や生物への影響評価に適している。しかし，世界各地でこの種の測器を用いた定常観測が始められたのは1990年前後以降なので，オゾン層破壊問題が顕在化する前の状態に関する情報は得られないし，統計的に有意な長期トレンドの検出は今後の課題である。図1-2-3のブリューワ型分光光度計はこの種の測器の一例である。これまでに北半球中

緯度を中心として40地点ほどでスペクトル放射計による定常観測が行なわれてきている。③は①と②の中間的な測器であり，②ほど高価ではなく調整の手間もかからないものの，定期的に校正をすればそれなりに精度のよいスペクトル情報が得られる。また，人工衛星からオゾン全量を測定するTOMS(1-2-5項参照)などのデータを全球気象解析データなどと組み合せることで，紅斑UVインデックスの日々の全球分布の推定もなされている。

地表紫外線量観測の例をいくつか紹介しよう。図5-2-4は，熱帯におけるスペクトル放射計による観測例である。UV-B領域では紫外線量が桁で急激に変化しているが，これが大気中のオゾンによる吸収の結果である。また，UV-A領域にはぎざぎざした変動がみられるが，これは太陽大気起源のフラウンホーファーFraunhofer構造である。この構造を利用することで測器の波長ずれを補正することもできる。図5-2-5は，3つの地点における紅斑UVインデックスの日最高値の季節変化である。熱帯・亜熱帯域では，正午の太陽高度が高く，かつオゾン全量が少ないため，高緯度・極域に比べて値が常に高い。極域で冬季にゼロとなっているのは極夜のためである。しかし，オゾンホールが発達する近年の南極の春には，しばしば熱帯・亜熱帯域と同

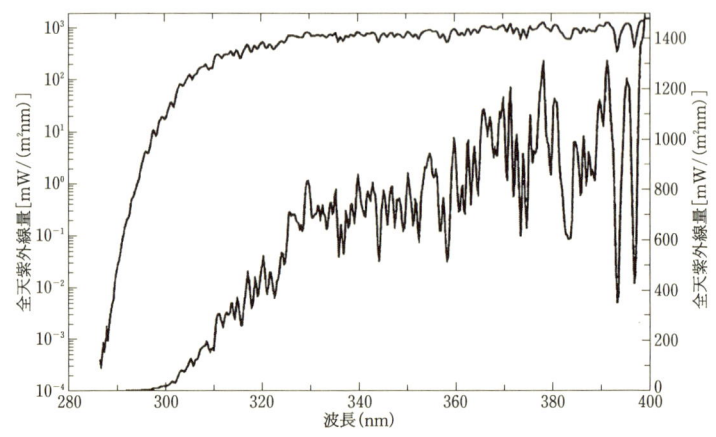

図5-2-4 スペクトル放射計を用いた北部オーストラリア(19.33°S, 146.76°E)における1996年1月11日正午の全天(直達＋散乱)紫外線量の観測例(Bernhard et al., 1997)。太陽天頂角は3°で，ほぼ快晴であった。2つの曲線は同じ観測値を対数軸(左軸)および線形軸(右軸)に対してそれぞれプロットしたものである。

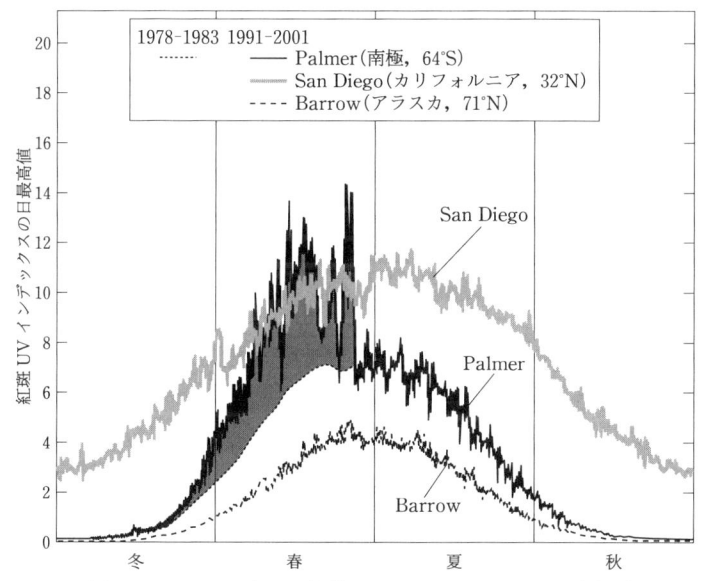

図 5-2-5　南極の Palmer(64°S)，亜熱帯の San Diego(32°N)，高緯度の Barrow (71°N)における，1991～2001 年の紅斑 UV インデックスの日最高値の季節変化 (WMO, 2003)．横軸の時間軸は季節であり，実際には北半球の観測点と南半球の観測点とで 6 か月ずらしてある．Palmer の冬～春については，比較のため，オゾンホールが顕在化する前の 1978～1983 年についての推定値を点線にて示す．

程度かそれ以上の値が観測されている．図 5-2-6 は，人工衛星によるオゾン全量と雲の観測データをもとに放射伝達数値モデルを用いて推定した紅斑 UV インデックスの日積算量の年平均値の図である．熱帯で値が高く，高緯度へいくほど低くなっているのは，太陽高度とオゾン全量の緯度分布にともなうものである．一方，特に熱帯で経度方向に非一様があるが，これはおもに積雲活動度の違いによるものである．たとえば，積雲活動が最も活発なインドネシア域では値が相対的に低く，雲があまり存在しないサハラ砂漠付近では値が相対的に高くなっている．なお，チベット高原やアンデス山脈などに極大領域がみられるが，標高の高い地域では一般に地表紫外線量が多くなる傾向がある．大気境界層内のエアロゾル粒子が一般的に少ないこと，レイリー散乱や対流圏オゾン吸収による減光が少ないこと，雪面や岩石や下方の雲海による地表面反射が多いことなどがその原因である．地表紫外線量の直

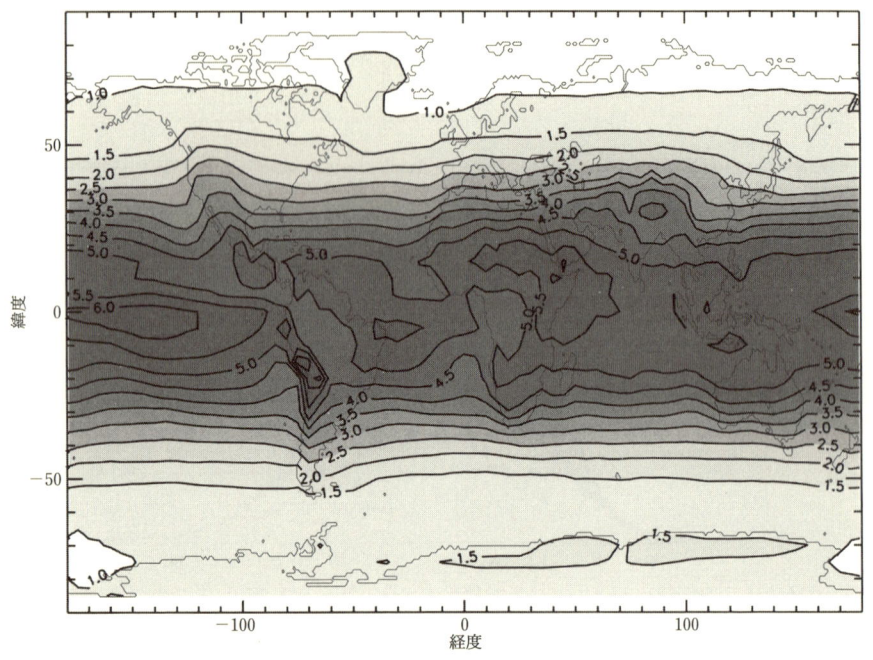

図5-2-6 人工衛星によるオゾン全量観測と雲観測データをもとにして放射伝達数値モデルを用いて推定した紅斑UVインデックスの日積算量(daily erythemal UV dose, kJ m^{-2} day^{-1})の年平均値の全球分布図(Sabziparvar et al., 1999；WMO, 2003)

接観測はまだ数が限られているため，最後の例のように，オゾン全量や雲の観測データをもとにした放射伝達計算による推定がしばしば行なわれている．

5-2-4 地表紫外線量の長期変化

地表紫外線量の数十年程度の長期変化を左右するおもな要素は，成層圏オゾン(終章2(2)参照)，局地的な大気汚染(エアロゾル濃度など)，雲量・雲分布，対流圏オゾン，積雪などの地表面状態などの変化である．これまでに述べてきたように，長期変化を議論するために必要な地表紫外線量の直接観測地点は数が限られており，観測期間も充分長いとはいえない．さらに，地上観測は局地的な気象・大気汚染状況に大きく影響されるため，結果の代表性に注意する必要もある．したがって，長期変化の研究においては，人工衛星によ

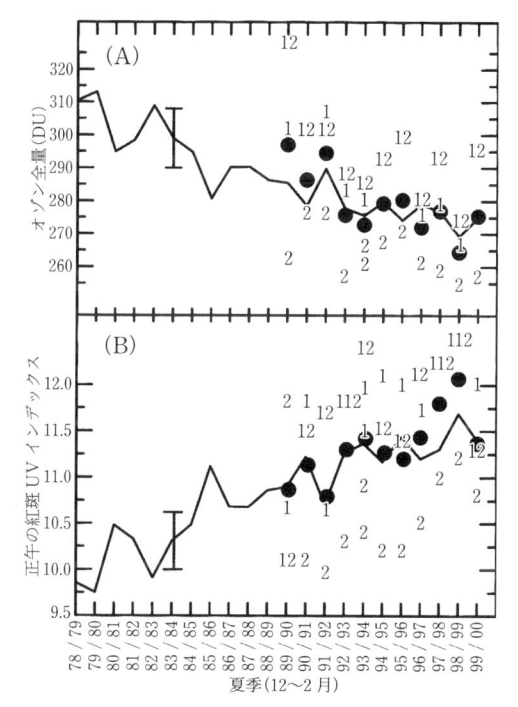

図 5-2-7 ニュージーランドの Lauder における夏季(12月～2月期)のオゾン全量(A)と正午の紅斑 UV インデックス(B)の長期変化(McKenzie et al., 1999, 2000；WMO, 2003)。(A)の実線は観測されたオゾン全量で, (B)の実線はそれから推定された雲のない場合の紅斑 UV インデックス。黒丸はいずれもスペクトル放射計による観測結果。縦線は 2 標準偏差, 数値は各月の平均値の位置を示す。

る関連データをもとにした放射伝達数値計算による推定も重要な手法の 1 つとなる。図 5-2-7 に, ニュージーランドの Lauder における 12～2 月のオゾン全量と正午の地表紫外線量の 1978～2000 年における時間変化を示す。この 20 年間, オゾン全量の減少と共に, 地表到達紫外線量が着実に増加してきていることがわかる。また, 雲量の年々変動が紫外線量の極大値の年々変動に影響を与えていることもわかっている。図 5-2-8 に, 1979～1992 年における紅斑 UV インデックスの緯度別の変化量を 10 年間における変化割合(%)で示す。おもに人工衛星によるオゾン全量観測データからの推定であり, 雲量などの変化は考慮されていない。熱帯域ではオゾン全量の顕著な長期変

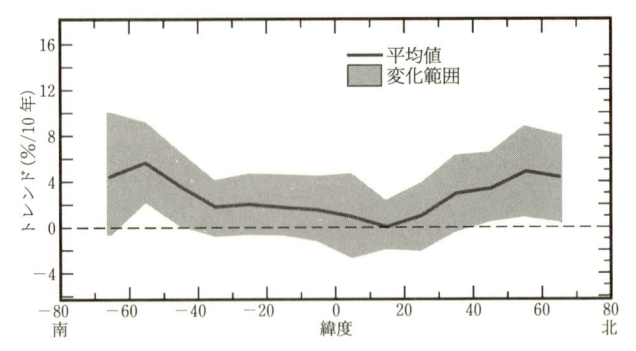

図5-2-8 1979〜1992年の紅斑UVインデックスの緯度別のトレンド(WMO, 2003)。10年間における変化割合(%)で示す。人工衛星によるオゾン全量観測データと、いくつかの地表観測点におけるオゾン全量と紫外線量との関係から推定。

化がないので，紫外線量にも統計的に有意な長期変化傾向はみられない。一方，中高緯度では10年あたり平均4%程度の顕著な増加がみられる。

日本においては，気象庁が1990年ごろから那覇，鹿児島，つくば，札幌の4地点において，分光光度計を用いた紫外線観測を行なってきている。また，国立環境研究所では，全国約25箇所における狭帯域放射計による紫外線観測ネットワーク UV Monitoring Network Japan を運営している(こちらは1990年代後半から観測が開始された地点が多い)。気象庁の観測によると，1990年以降，日本の地表紫外線量は10年あたり数%の割合で増加してきている。しかし，日本上空のオゾン量は1990年代初めに最小となった後，ほとんど変化がないかむしろやや増加してきている。したがって，日本における最近15年間の地表紫外線量の増加は，オゾン層の変化に起因するものではなく，雲量の減少やエアロゾル量の減少(特に成層圏における火山性エアロゾルの減少)を主因とするものではないかと考えられている。

5-3 水中の放射伝達

水中光学の分野では，水中の光学特性を理解するために，現在，2種類の表記方法が用いられている。1つは水中の放射伝達を支配している固有の光学的性質 inherent optical properties であり，もう1つは水中の光の状態を表わ

す，見かけの光学的性質 apparent optical properties である。前者の固有の光学的性質は，水およびそれに含まれる物質によって決まり，水中に入射する光(入射光)には依存しない。固有の光学的性質には，天然水の光吸収係数 a，散乱係数 b，消散係数 c，体積散乱関数 $\beta(\theta)$ があり，次のような関係がある(Preisendorfer, 1961)。

$$a = b + c \tag{5-3-1}$$

$$b = 2\pi \int_0^\pi \beta(\theta) \sin\theta d\theta \tag{5-3-2}$$

光吸収係数 a は，水およびそれに含まれる物質による光の吸収の程度を表わす。散乱係数 b は，光散乱(水分子と水に含まれる物質により入射光の方向が変化すること)の程度を表わす。また，体積散乱関数 $\beta(\theta)$ は，光散乱の角分布を表わす。一方，見かけの光学的性質の例として，水中における放射照度の消散係数，放射輝度の消散係数，放射照度反射率などがある。これらの値は，水中の光エネルギーの減衰や波長特性の変化を表わし，水およびそれに含まれる物質のみならず，太陽高度や天空光の状態などにより変化するため，「見かけ」の光学的性質と呼ばれている。

水深 Z[m]，特定の波長 λ[nm]における光の透過度は，見かけの光学特性である，水中下方向の放射照度 $E_d(\lambda, z)$ とその消散係数 $K_d(\lambda)$ から経験的に見積もることができる(Smith and Baker, 1979)。

$$E_d(\lambda, Z) = E_d(\lambda, 0^-) \cdot \exp[-K_d(\lambda) \cdot Z] \tag{5-3-3}$$

ここで，$E_d(\lambda, 0^-)$ は，水面直下(0 m 深)における水中下方向の放射照度である。また，新たに光学深度 ξ を式(5-3-4)式のように定義する(Kirk, 1994)。

$$\xi = \log_e[E_d(\lambda, 0^-)/E_d(\lambda, Z)] \tag{5-3-4}$$

水面直下(0 m 深)における水中下方向の放射照度を 100% とすると，光学深度 $\xi=1$, 2.3, 4.6 は，それぞれ，相対照度 37，10，1% の深さに相当する。また，式(5-3-4)を用いて，式(5-3-3)は式(5-3-5)に書き換えることができる。

$$K_d(\lambda) = \xi/Z \tag{5-3-5}$$

一般に，水中の植物(藻類)が光合成を行なうことができる深度は，可視光線，すなわち光合成有効放射 PAR(400〜700 nm)のおよそ 1% 光学深度と考え

られており，100～1%光学深度までの層を有光層と呼んでいる。さまざまな水域における紫外線の透過度を比較したい場合，1つの目安として，紫外線放射照度が相対照度 37%（すなわち，$\xi=1$）にまで減衰した際の水深(m)である $Z_{37\%}(\lambda)$ が用いられている(Hargreaves, 2003)。すなわち，式(5-3-5)および $\xi=1$ を使って，$Z_{37\%}(\lambda)$ は，単純に $K_d(\lambda)$ の逆数として，表わすことができる(式 5-3-6)。

$$Z_{37\%}(\lambda) = 1/K_d(\lambda) \tag{5-3-6}$$

湖沼および海洋中での 320 nm の紫外線の $Z_{37\%}(320)$ の例を図 5-3-1 に記す。透明度が非常に高いことで知られている大西洋亜熱帯域のサルガッソー海で最も紫外線が透過しやすく，富栄養化が問題となっている琵琶湖では非常に浅い水深で紫外線が減衰してしまうことがわかる。

天然水中における光吸収は，純水，溶存物質，粒子態物質(植物プランクトンおよびその他の生物・非生物粒子)の濃度および光学特性に依存する(図5-3-2)。このなかでも特に，溶存物質の有機成分(溶存有機物)と粒子態物質が紫外域で相対的に大きな光吸収係数をもつことから，これらが水中の紫外線の吸収に対して重要な役割を果たしていることが知られている。なお，海洋学や陸水学では，便宜的に，孔径 1 μm 以下のろ過フィルターを通過した有機物を溶存有機物と呼んでいる(Hansell and Carlson, 2002)。また，紫外線を吸収する

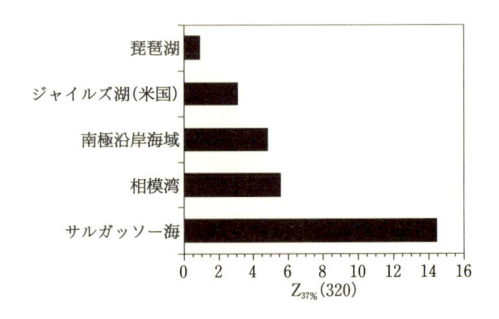

図 5-3-1　320 nm の紫外線が湖沼(琵琶湖，米国ジャイルズ湖)および海水中(南極沿岸海域，相模湾，サルガッソー海)で相対照度 37% まで減衰した際の水深(m)。実測された $K_d(320)$ の最小値から算出。琵琶湖：Belzile et al.(2002)，ジャイルズ湖：Ayoub et al.(1997)，南極沿岸海域：Helbling et al.(1994)，相模湾：Kuwahara et al.(2000)，サルガッソー海：Højerslev(1985)

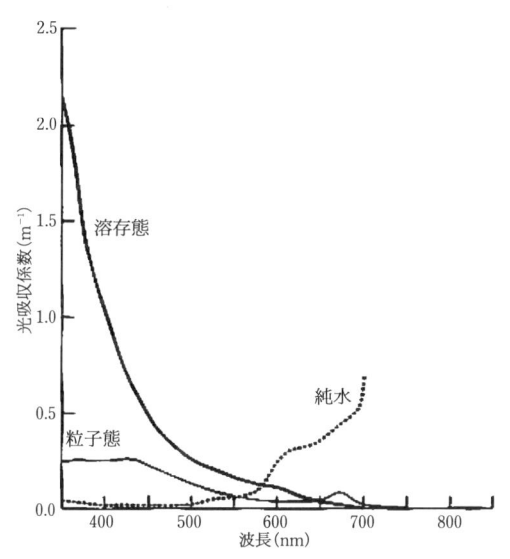

図 5-3-2 オーストラリア南西部キング湖の河口水に含まれる溶存態および粒子態物質，純水の光吸収スペクトル（Kirk, 1994）。紫外域での純水の光吸収係数は非常に低い。

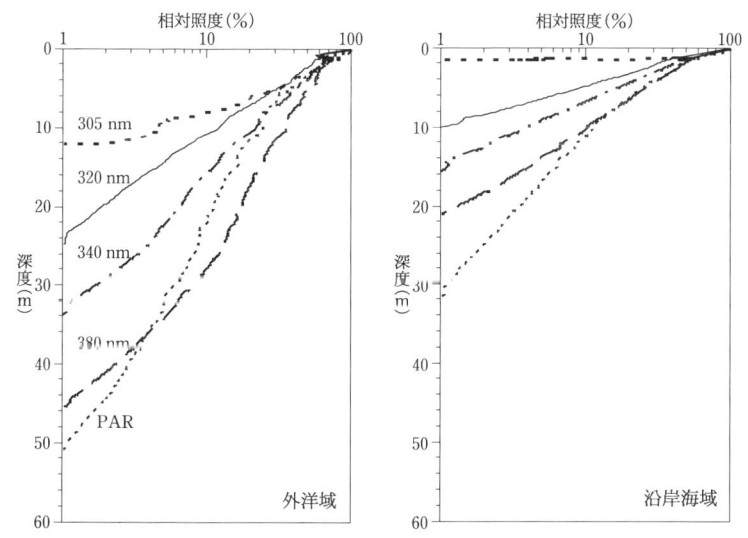

図 5-3-3 北海道沿岸海域（右）と黒潮親潮移行域（外洋域：左）における紫外線放射と光合成有効放射（PAR）の相対照度の鉛直分布。305 nm における紫外線放射の相対照度1％の水深は，外洋域では12 m あるのに対し，沿岸海域では約2 m しかないことに注目。

溶存有機物は，フミン酸，黄色物質，ゲルブストッフ，発色性溶存有機物としても知られている(Smith and Baker, 1979；Kirk, 1994)。

淡水および沿岸海水での紫外線の吸収の度合いは，おおよそ溶存有機物(通常，溶存有機炭素)の濃度から推定することが可能である(たとえば，Williamson et al., 1996；Kuwahara et al., 2000)。これは，淡水および沿岸海水では，土壌由来の陸起源有機物が多量に含まれることが多く，溶存有機物の濃度が相対的に非常に高いからである。このため，特にこれら水域では，水深が深くなるにつれて，紫外線は可視光線(PAR)よりも早く減衰する(図5-3-3)。また，紫外線のなかでも短波長側ほど減衰が著しいことが知られている。

一方，特に外洋域の海水では，溶存有機物の濃度が相対的に低いため，海水中での紫外線特性を理論的な放射伝達式(Mobley et al., 1993)もしくは溶存有機炭素とクロロフィル a (植物プランクトンの現存量指標)の濃度を使った経験式(Smith and Baker, 1981)などから見積もる試みが行なわれている。

［引用文献・参考図書］
[5-1 大気中の放射伝達]
会田勝. 1982. 大気と放射過程―大気の熱源と放射収支を探る. 気象学のプロムナード 8. 280 pp. 東京堂出版.
DeMore, W.B., Sander, S.P., Golden, D.M., Hampson, R.F., Kurylo, M.J., Howard, C. J., Ravishankara, A.R., Kolb, C.E. and Molina, M.J. 1997. Chemical kinetics and photochemical data for use in stratospheric modeling. Evaluation number 12. 269 pp. Jet Propulsion Laboratory, Pasadena.
Liou, K.N. 2002. An introduction to atmospheric radiation (2nd ed.). 583 pp. Academic Press, San Diego.
Molina, L.T. and Molina, M.J. 1986. Absolute absorption cross sections of ozone in the 185- to 350-nm wavelength range. J. Geophys. Res., 91 (D13): 14501-14508.
小川利紘. 1991. 大気の物理化学―新しい大気環境科学入門. 第II期気象学のプロムナード 12. 224 pp. 東京堂出版.
柴田清孝. 1999. 光の気象学. 応用気象学シリーズ 1. 182 pp. 朝倉書店.
Solomon, S., Schmeltekopf, A.L. and Sanders, R.W. 1987. On the interpretation of zenith sky absorption measurements. J. Geophys. Res., 92 (D7): 8311-8319.
[5-2 地表に到達する紫外線]
安達正樹. 2005. 紫外線情報の提供開始について. 天気, 52(12)：931-934.
Bernhard, G., Mayer, B., Seckmeyer, G. and Moise, A. 1997. Measurements of spectral solar UV irradiance in tropical Australia. J. Geophys. Res., 102 (D7): 8719-8730.
Diffey, B.L. 1991. Solar ultraviolet radiation effects on biological systems. Physics in Medicine and Biology, 36(3): 299-328.
Grainger, R.G., Basher, R.E. and McKenzie, R.L. 1993. UV-B Robertson-Berger meter

characterization and field calibration. Applied Optics, 32(3): 343-349.
Harm, W. 1980. Biological effects of ultraviolet radiation. Cambridge University Press, Cambridge.
市橋正光・佐々木正子(編). 2000. 生物の光障害とその防御機構. シリーズ・光が拓く生命科学 第4巻. 189 pp. 共立出版.
IPCC (Intergovernmental Panel on Climate Change). 2001. Climate change 2001: The scientific basis (eds. Houghton, J.T., Ding, Y., Griggs, D.J., Noguer, M., van der Linden, P.J., Dai, X., Maskell, K. and Johnson, C.A.), 881 pp. Cambridge University Press, Cambridge.
気象庁. 2006. オゾン層観測報告 2005. 56 pp. 気象庁. http://www.data.kishou.go.jp/obs-env/ozonehp/9-0kankou.html: URL 参照日 2006 年 9 月 11 日ころ, 2007 年 3 月 11 日確認
国立環境研究所. 有害紫外線モニタリングネットワーク UV Monitoring Network Japan. http://www-cger2.nies.go.jp/ozone/uv/uv.html: URL 参照日 2006 年 9 月 11 日, 2007 年 3 月 11 日確認
McKenzie, R., Connor, B. and Bodeker, G. 1999. Increased summertime UV radiation in New Zealand in response to ozone loss. Science, 285: 1709-1711.
McKenzie, R., Bodeker, G., Connor, B., Johnston, P.V., Kotkamp, M. and Matthews, W.A. 2000. Increases in summertime UV irradiance in New Zealand: An update. In "Atmospheric Ozone, Proc. Quadrennial Ozone Symp., Sapporo, Japan, 3-8 July 2000" (eds. Bojkov, R.D. and Shibasaki, K.), pp. 237-238. NASDA/EORC, Tokyo.
McKinlay, A.F. and Diffey, B.L. 1987. A reference action spectrum for ultraviolet induced erythema in human skin. In "Human exposure to ultraviolet radiation: Risks and regulations" (eds. Passchier, W.F. and Bosnajakovic, B.F.M.), pp. 83-87. Elsevier, Amsterdam.
Nilsson, A. 1996. Ultraviolet reflections—Life under a thinning ozone layer. 152 pp. John Wiley & Sons, Chichester, West Sussex.
Sabziparvar, A.A., Shine, K.P. and Forster, P.M. de F. 1999. A model-derived global climatology of UV irradiation at the Earth's surface. Photochem. Photobiol., 69(2): 193-202.
WMO (World Meteorological Organization). 1999. Scientific assessment of ozone depletion: 1998. Global Ozone Research and Monitoring Project, Report No. 44.
WMO (World Meteorological Organization). 2003. Scientific assessment of ozone depletion: 2002. Global Ozone Research and Monitoring Project, Report No. 47.

[5-3 水中の放射伝達]
Ayoub, L., Hargreaves, B.R. and Morris, D.P. 1997. UVR attenuation in lakes: Relative contribution of dissolved and particulate material. SPIE Ocean Optics XIII, 2963: 338-343.
Belzile, C., Vincent, W.F. and Kumagai, M. 2002. Contribution of absorption and scattering to the attenuation of UV and photosynthetically available radiation in Lake Biwa. Limnology and Oceanography, 47: 95-107.
Hansell, D.A. and Carlson, C.A. 2002. Biogeochemistry of marine dissolved organic matter. 774 pp. Academic Press, Amsterdam.
Hargreaves, B.R. 2003. Water column optics and penetration of UVR. In "UV effects in aquatic organisms and ecosystems" (eds. Häder, D.P. and Jori, G.), pp. 59-105. The

Royal Society of Chemistry, Cambridge.

Helbling, E.W., Villafañe, V. and Holm-Hanse, O. 1994. Effects of ultraviolet radiation on Antarctic Marine Phytoplankton photosynthesis with particular attention to the influence of mixing. Ultraviolet radiation in Antarctica: Measurements and biological effects antarctic research series, 62: 207-227.

Højerslev, N.K. 1985. Bio-optical measurements in the southwest Florida shelf ecosystem. Journal du conseil / Conseil permanent international pour l'exploration de la mer., 42: 65-82.

Kirk, J.T.O. 1994. Light and photosynthesis in aquatic ecosystems. 509 pp. Cambridge University Press, New York.

Kuwahara, V.S., Ogawa, H., Toda, T., Kikuchi, T. and Taguchi, S. 2000. Variability of bio-optical factors influencing the seasonal attenuation of ultraviolet radiation in temperate coastal waters of Japan. Photochemistry and Photobiology, 72: 193-199.

Mobley, C., Gentili, B., Gordon, R., Jin, Z., Kattawar, G., Morel, A., Reinsersman, P., Stanmes, K. and Stavin, R. 1993. Comparison of numerical models for computing underwater light fields. Applied Optics, 32: 7484-7504.

Preisendorfer, R.W. 1961. Application of radiative transfer theory to light measurements in the sea. International Union of Geodesy and Geophysics Monograph, 10: 11-30.

Smith, R.C. and Baker, K.S. 1979. Penetration of UV-B and biologically effective doesrates in natural waters. Photochemistry and Photobiology, 29: 311-323.

Smith, R.C. and Baker, K.S. 1981. Optical properties of the clearest natural waters. Applied Optics, 20: 177-184.

Williamson, C.E., Stemberger, R.S., Morris, D.P., Frost, T.M. and Paulsen, S.G. 1996. Ultraviolet radiation in North American lakes: attenuation estimates form DOC measurements and implications for plankton communities. Limnology and Oceanography, 41: 1024-1034.

第6章 紫外線による地表物質への影響

北海道大学大学院環境科学院/豊田和弘

太陽光が天然水に照射されると溶存有機物やいくつかの無機化学種の光励起反応によって,環境水中に活性酸素種(第8章のBox 8-1-1に解説あり)が生じる。これら活性酸素種(一重項酸素,スーパーオキシドアニオンラジカル,ヒドロキシラジカル,過酸化水素など)は生体内で老化の元凶としても有名だが,土壌や水面付近で太陽光被曝により生じると,物質循環にどのように影響するか近年徐々に明らかになりつつある。また腐植物質などの有機物自身も露光により,二酸化炭素や有機酸,窒素やリンを含んだ低分子を放出しながら変質をする。これらの光反応では太陽光に少量含まれる紫外線が大きな役割を果たす。

本章では,光化学反応の原理(6-1節)から始めて,腐植物質と活性酸素種の生成反応について解説した(6-2節)後で,水圏表面における,リン,窒素,鉄などの生育制限栄養素の循環に太陽光照射が及ぼす影響(6-3節),多環芳香族炭化水素などの難分解性有害物質や腐植物質への分解への光反応の寄与など(6-4節)について,これまでの研究を概観する。そのなかでオゾン層破壊による紫外線強度増加による影響についての知見を紹介していく。

6-1 光化学の基礎

電場が磁場を誘起して,さらにその磁場が電場を誘起しながら空間を伝わる波の性質をもつのが光であり,紫外線(紫外放射ともいう)も可視光も電磁波

の一種である。光は波動性と同時に粒子としての性質も有しており，質量をもたない微細なエネルギーの塊の流れともいえる。この微細なエネルギーの塊は光量子と呼ばれ，光量子1個のエネルギーは $h\nu$ であることは3-1節と5-1節でも解説された。このエネルギー単位は $kJmol^{-1}$ または eV (エレクトロンボルト)で表わす。1 eV とは電子1つが1ボルトの電位差に逆らって移動するのに要するエネルギーで，電気素量から，1 eV ≒ 1.6×10^{-19} J となる。計算すると，波長 λ (nm)の光量子1粒のエネルギーは $1240/\lambda$ (eV)という式が導けるので，310 nm の紫外線の光量子1個のエネルギーはほぼ4 eV，620 nm の朱色の光ではほぼ2 eV という値になる。エネルギーの単位としてJ の代わりに eV を使うと，UV-B から可視光のエネルギー範囲は 1.7～4.4 eV と指数もつかない記憶しやすい数値となり，またその数値がそのまま光励起による分子の酸化還元力の電位変化に相当するので便利である。なお，物理ではアボガドロ定数の数の光量子エネルギーを1アインシュタイン(単位 E)とも呼ぶが，化学では分子のエネルギー状態の記述に合わせて $kJmol^{-1}$ とするのが慣例である。光量子1個 1 eV はほぼ 96 $kJmol^{-1}$ に相当する。

　分子が光エネルギーを吸収して，励起状態(エネルギーの高い活性化状態)に遷移することから生じる反応を光反応と呼ぶ。「入射した光の内，吸収された光のみが光反応を引き起こす」という原則は光化学第一法則(Grotthus-Draper の法則)と呼ばれている。つまり，光の吸収が起こらないと光反応は始まらない。光の吸収は分子のなかの集光部位となる原子団(発色団)に含まれている特定の軌道に存在する電子が，光エネルギーを捕集してより高いエネルギーの軌道に移動する(遷移する)ことで生じる。分子のとり得るエネルギー状態とその存在確率について規定したボルツマン統計の法則からは，27℃における平衡状態で，基底状態よりもたとえば 100 $kJmol^{-1}$ だけ高い励起状態に存在する分子数は，基底状態のそれの $2.6 \times 10^{17\sim 18}$ 分の1と計算される。したがって，常温常圧下で光エネルギーを獲得して励起状態になった分子は，励起状態に留まれず，速やかに基底状態に戻ろうとする。

　分子の光励起から生じる過程を分子エネルギーの変化で示した図6-1-1はヤブロンスキー図 Jablonski diagram を簡略化したものである。この図の縦軸

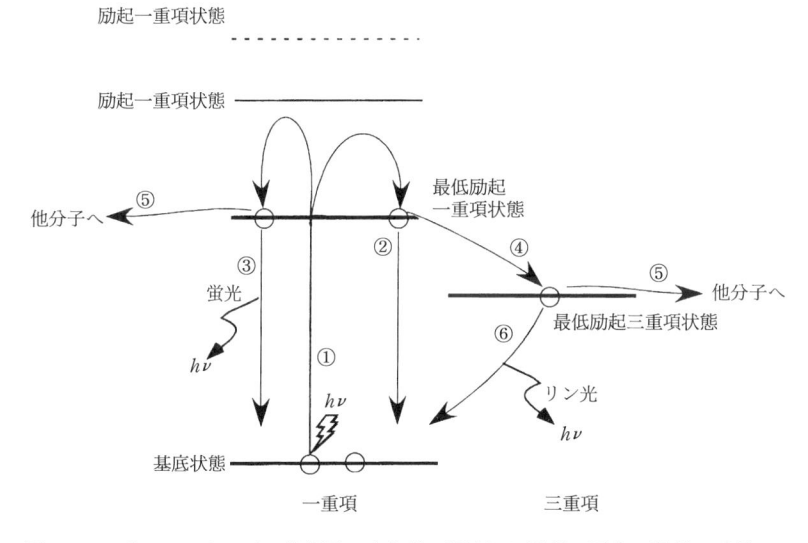

図 6-1-1　分子のエネルギー状態図と光化学に関連した過程。図中の過程の番号については文中に説明がある。

は，電子エネルギーだけでなく分子振動エネルギーなども加えた分子全体のエネルギーを示しており，横軸は分子内の電子の自転方向の存在状態(スピン多重度)の違いを示している。ほとんどの安定な分子の軌道には互いに違う向きのスピン(日常では自転に相当する運動)をもった2つの電子が存在しており，この状態は「一重項状態」と呼ばれている。空気中にある酸素分子は例外的に同じ方向のスピンをもった電子が2つの最外電子軌道に1つずつはいっていて，三重項状態である。この三重項状態の酸素は第3章で解説されているフリーラジカルの一種であるため，電子を与えやすい物質から電子を引き抜こうとする性質(酸化力)をもっている。というのも，1つの電子軌道のなかに互いに異なるスピンをもった2つの電子対を共有することで化学結合は安定するからである。しかし，通常の酸素分子(三重項状態)の酸化力は一般のラジカルに比べてきわめて弱く，電子対が豊富にある有機分子との反応性は低い。

　図 6-1-1 の縦軸にあるように，電子の励起状態にも複数の状態があり，エネルギー状態を地下室のない建物にたとえると，基底状態(ほとんどの物質で

は一重項状態)が1階,最低励起一重項状態が2階,隣接した少し低い中2階が最低励起三重項となり,さらにエネルギーの高い励起状態は3階以上となる。なお,ここでは電子スピンの状態の異なる一重項状態と三重項状態の2つの状態のみを横軸に示した。一般に電子スピンの状態が異なる軌道間では同じ状態間の遷移に比べて,その遷移確率は著しく小さい。

分子が光吸収すると,そのエネルギー$h\nu$に相当する高さの状態まで分子は励起される(図6-1-1の①)。この後,数ピコ秒以内に周囲の分子などに振動回転エネルギーを与えて1階の基底状態まで降りてゆく(失活する)場合(図の②)と,2階の最低励起一重項状態まで降りた後にすぐに蛍光を放出して基底状態に一気に降りてゆく場合(図の③),中2階の最低励起三重項にいったん落ち着く場合(図の④)がある。最低励起一重項状態または最低励起三重項状態まで降りてから,さらに他の分子と化学反応を起こす場合(図の⑤)もあり,これが光反応となる。なお,最低励起三重項状態から通常の物質では一重項状態である基底状態に遷移する(図の⑥)時に放射する光はリン光といい,蛍光とは区別される。この分子間光反応の初期過程には他の分子への電子またはエネルギーの移動(図の⑤),もしくは励起錯体の形成が起こる。この内,図6-1-2で示したように,励起してエネルギーが高くなった電子が他の分子へ移動する現象は,すなわち光励起していた分子は酸化され,電子の移動先の分子は還元される,いわゆる酸化還元反応である。また,1つの電子軌道には2つまでしか電子がはいれないので,光励起で空いた場所(空孔)には他

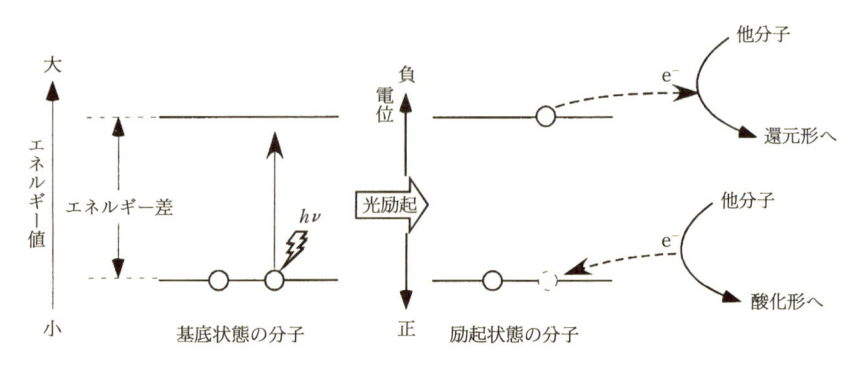

図6-1-2 光励起分子の生成と他の分子との酸化還元反応

から電子が落ちて，はいりやすくなる。その酸化還元電位には最低励起状態と基底状態とのエネルギー差が大きく影響してくる。いずれにせよ，最低励起状態まで失活した後の最低励起状態から化学反応が始まる。通常の化学反応は基底状態の分子の反応であるのに対して，光反応は励起分子の反応なので熱反応では起こらない化学反応が起きる。

電子移動でなく，励起エネルギーの方が他の分子へ移動する例としては，空気中の酸素分子が励起状態になる一方，励起状態の分子を失活させる現象(消光)があり，実験室内でもよく観察される。前述のように酸素分子は例外的に基底状態が常磁性の三重項($^3O_2$)であり，その基底状態と最低励起一重項状態($^1O_2$)とのエネルギー差は 95 kJmol^{-1} しかない。一方，腐植物質などの有機物の励起三重項状態と基底状態とのエネルギー差は $^1O_2$ のそれに比べてずっと値が大きい。腐植物質は後述のように不定形化合物のため特定の値がないので，代わりに人工の有機物を例に挙げると，ベンゼン，DDT，ベンゾピレンならそのエネルギー差は 355, 330, 176 kJmol^{-1} のように 95 kJmol^{-1} よりもはるかに大きな値である。そのため空気中に豊富に存在する酸素が，光励起した有機物に衝突すると，励起三重項状態の有機分子は効率よくエネルギーを失う(消光する)と同時に，最低励起一重項状態の酸素分子($^1O_2$)が多く出現する。特に $^1O_2$ を形成しやすいのは可視領域の光を吸収する色素のような有機物である。この一重項酸素分子($^1O_2$)では対をなす同じエネルギーの最高被占軌道2つの内1つに1つの電子対(2つの対になった電子)がはいっている一方，もう1つの最高被占軌道は空白なので，そこに有機物中の電子対が入り込むことが容易に起こる(配位結合する)。これは有機物の酸化物を形成することを意味するので，一重項酸素分子の存在は有機物の酸化分解を促進することになる。なお，消光とは励起分子が基底状態分子と相互作用することによって，その励起エネルギーを失うかまたはその励起分子が消失する現象の総称であり，この消光によって，基底状態にあった物質の反応が誘発された場合には，これを光増感反応という。

光化学第二法則として光当量則(Stark-Einstein の法則)がある。光の吸収は光量子を単位として行なわれ，1個の分子が1個の光量子を吸収して，それによって1個の分子が反応するというものである。これは通常の光源(太陽光

や実験用光源)からの空間中の光量子密度はきわめて低いために，1個の分子が一度に2個の光量子と相互作用を起こすことはまずないために成立する。つまり光量子を吸収して励起状態になった分子は2番目の光量子が到達する前に既に反応しているか，失活して基底状態に戻っている。

また，図6-1-1に示したように，光量子を吸収した分子が100%の確率で化学反応をするわけではなく，励起状態から基底状態に化学反応なしに戻ることも多い。そこで，化学反応を起こす割合を量子収率(%)という値で表現する。すなわち

量子収率 ϕ =光反応で生成または分解した分子数/系が吸収した光量子の数

この量子収率 ϕ の値は波長 λ によって変化するので，波長を指定して記述する必要があり，ϕ_λ と表現する。量子収率は通常1よりも小さいが，増感作用により1よりも大きくなることもあり，複雑で巨大な有機分子である腐植物質の光反応でも増感作用が観測されることは多い。

量子収率はゼロになる最短波長を臨界波長といい，臨界波長よりも数十nm以上短波長で通常，量子収率は最大になる。腐植物質内でも多くの集光部位ではその量子収率が最大になるのは通常UV-Cの領域であり，UV-B領域やUV-A領域で急激に低下して，可視領域の波長にてその量子収率ゼロ，すなわち臨界波長になる。それぞれの波長における光強度 I_λ を反応速度は $\sum I_\lambda \phi_\lambda$ に比例するので，UV-Bの強度 I の増大は土壌や水中での光反応速度に大きく影響することがわかる。なお，UV-AやUV-B領域での光強度測定にはシュウ酸鉄(III)カリウム化学光量計が用いられることが多い。この光還元反応の量子収率はこの波長領域でほぼ一定なので，光照射により生じる鉄の2価を定量することで光強度を測定できる。

なお，室内実験に用いる紫外線の照射源(ランプ)，照射光を波長別に分けるフィルター，照射容器の材質，照射光の光量を測定する放射計などについては，既に多くの解説書(たとえば，照明学会編，1998；井上ら，1999)がある。

6-2 腐植物質と太陽光励起活性酸素種

腐植物質とは植物遺体が分解する過程の有機化合物(セルロース，ヘミセル

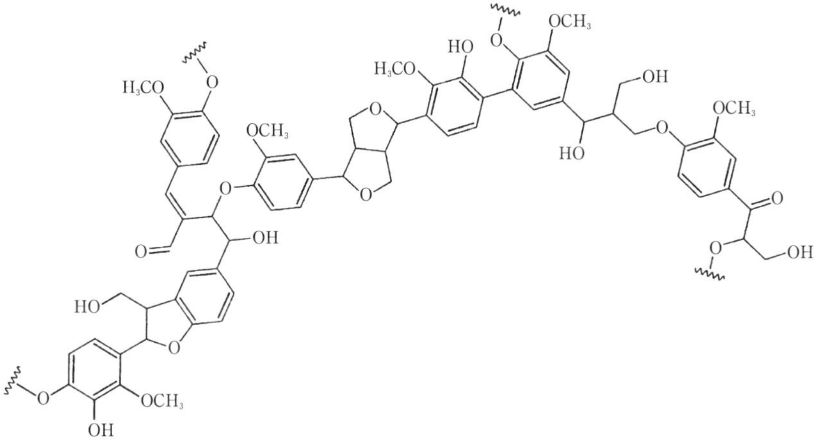

図 6-2-1 リグニンの部分構造(Killop and Killops, 1993)。リグニンはセルロース，ヘミセルロースと並ぶ植物組織の主たる構成分子で，植物組織のなかで最も分解しにくく，タンパク質と結合したリグニンが腐植物質のおもな起源となる。

ロース，リグニン(図 6-2-1)などの生体高分子)の混合物から土壌微生物代謝などによって合成される，不定形の(一定の化学構造をもたない)有機化合物の総称である。その構造は脂肪鎖や芳香環(ベンゼン環)が複雑に入り組んででき上がった骨格に，カルボキシ基(-COOH)，フェノール性水酸基(Ph-OH)，アミノ基などが結合している。特にカルボニル基(>C=O)は光化学反応としては最も基本的で重要な官能基である。それぞれの官能基には特有の吸収波長帯があり，その波長は官能基のある環境に応じてシフトする。

　長い π 電子共役系を有する分子の極大吸収波長は，共役二重結合の数が 1 つ増えるごとに 20〜30 nm ほど長くなること(深色効果)が知られている。たとえばビタミン A と β-カロテン中の π 電子共役系の二重結合の数はそれぞれ 5 個と 11 個であり，吸収帯はそれぞれ 326 nm と 460 nm の波長付近にある。芳香環を含めてさまざまな長さの π 電子共役系を有する土壌有機物の吸収波長領域は紫外領域から可視領域(400〜700 nm)まで広がっていることが多い。腐植物質を多く含む土壌は醤油と同様に可視光の全領域の波長の光を吸収するために黒く，黒色土と呼ばれている。日本にも広く分布する黒色土は 1 ha の広さの深度 1 m までの土壌中に，炭素換算で 300 t 以上の腐植物

質を含む．一方，日本の森林土壌の大半を占める褐色森林土は炭素換算で200〜250 tの腐植物質を含む．いずれも熱帯林土壌の倍である．インドネシアなど熱帯域の湿地帯にある腐植物質は赤茶色をしていることが多いが，これは当地の高い温度で土壌有機物の分解が促進された結果，共役 π 電子系の長さがより平均的に短くなり，腐植物質中の可視光の内，青色などの短波長側のみ吸収するようになったため，補色の赤茶色にみえるためと推測できる．

水中に溶存している有機物 dissolved organic matter (DOM) も着色していることが多いので，その光反応や吸収波長について議論する場合には，有色溶存有機物 chromophoric DO matter (cDOM) という用語を使用する．とはいえ，通常の DOM は可視光よりも紫外線の方を効率よく吸収するので，5-3節で解説されているように海水や湖水中の紫外線の到達深度はランバート・ビーアの法則にしたがい，水中の溶存有機物の量に大きく左右される(図5-3-2)．波長あたりの腐植物質の吸収係数(吸光度を媒質中の光の透過距離と媒質の濃度で割った値)はその物質の発色団の密度に比例するとも表現できる．太陽光の地表への露光について考えると，可視光や紫外線が届くのはアルミノケイ酸塩を主成分とした土壌の極表面だけなので，土壌有機物への影響は非常に限られたものと考えられがちである．しかし最近土壌層の薄い地域では大きな影響があるという観測結果(Johnson et al., 2002；Austin and Vivanco, 2006)が報告されている．おそらく，太陽光で生じた励起活性酸素種などが土壌水と共に下方向に浸透することで，ある程度の厚さの土壌中の生物活動が影響を受けるのかもしれず，長期的にみると生物などで地表層が撹乱されていることもあると考えられる．

腐植物質は酸性溶液とアルカリ性溶液中での溶解性の違いから，①分子量が1000〜1万程度で水溶液に溶けやすいのがフルボ酸，②分子量が1万〜10万程度で，アルカリには可溶だが酸には不溶のフミン酸，③分子量がさらに大きくて酸にもアルカリにも不溶なヒューミン，の3種類に分類されている．これらの3者の間に分子量や化学組成の明瞭な境界はない．それでも，フルボ酸のC/N比は10〜60と大きく変動するが，フミン酸は10〜15程度というおおまかな傾向がある．海水や陸水中の溶存有機物はフルボ酸に分類される

化学組成に近いことが多い。腐植物質に関する研究は，その化学組成と構造の多様性ゆえに，研究者ごとに異なる試料を用いて研究するため，統一的な理解を得るのが困難である。ということで，国際腐植物質学会(IHSS)では試料の調整法を定め，標準試料を頒布しているが，標準試料は高価で貴重なために，原料も精製法も一定かどうかわからない市販の腐植酸試薬を用いて実験したという研究例も多いのが実情だ。

　土壌中の腐植物質や水中の溶存有機物に太陽光が照射されると，有機物自身が光反応するだけでなく，一重項酸素($^1O_2$)，スーパーオキシド($\cdot O^{2-}$)，ペルヒドロキシラジカル($\cdot O_2H$)，水酸化物ラジカル($\cdot OH$)，および過酸化水素(H_2O_2)などの活性酸素種 reactive oxygen species (ROS)が発生する。その時，炭酸イオンなどの無機炭素以外に微量の一酸化炭素ガスやホルマリンなどの放出も報告されている(Miller, 1998)。なお，水圏における活性酸素種については藤原(1999)の総説があり，以下，これらの活性酸素種について順番に説明する。

6-2-1　一重項酸素

　前述したように，野外で太陽光が照射する場所は酸素を多く含んだ空気に曝露した環境であり，土壌中の腐植物質や水中の溶存有機物が光に曝露すると，励起して一重項酸素を大量に生じる。通常の励起三重項状態の有機分子からの一重項酸素の生成速度定数は $2 \times 10^9 \, M^{-1} \, s^{-1}$ 程度であると測定されている。この一重項酸素はオレフィンやアミンなどの電子に富む結合を含む分子に対して一般的に反応性が高く，腐植物質の退色や人工有害有機物の分解を促進する(6-4 節で説明する)。また，水中に生じた一重項酸素はアンモニアを酸化して亜硝酸イオンや硝酸イオンを生ずることが昔から知られていた。一重項酸素とさまざまな有機化合物との反応速度定数も既に測定されている(Boule et al., 2005)。最近，水中で光照射された腐植物質のコロイド粒子の周囲に，一重項酸素が $0.2 \, \mu m$ ほどの厚さのコロナ状に高濃度に存在している様子が観測された(Latch and McNeill, 2006)。一重項酸素だけでなく，他の活性酸素種の濃度分布もおそらく拡散速度に支配されており，反応機構の解明に寄与する発見である。この一重項酸素のプローブ(ある物質やその活性を同定

するために用いる物質)としては DMF(2,5-ジメチルフラン)などが用いられていたが，他の活性酸素種にも反応することが判明しているため，最近ではより特異的なプローブとなる試薬が特に医学系の分野で積極的に探索されて利用されている。

6-2-2 スーパーオキシドなど

　環境水中の溶存有機物に光があたると水和電子が発生することも観測されている。水和電子とは電子自身のつくる強い電場で周囲の水極性分子による強い配向構造を形成して安定化したものである。水和電子のプローブとして 2-クロロエタノールなどが用いられ，生じた水和電子の寿命は 1 ms 程度と推定されている。光励起された有機物から電子が水中の基底状態の酸素に伝わることでスーパーオキシドアニオンラジカル($\cdot O_2^-$)が生じる。この $\cdot O_2^-$ は略してスーパーオキシドとも呼ばれる。

$$\text{DOM} + h\nu \longrightarrow \text{DOM}^+ + e^- \;;\; e^- + O_2 \longrightarrow \cdot O_2^- \qquad [6\text{-}2\text{-}1]$$

この反応の標準酸化還元電位の値(渡辺・中林，1996)を以下に示す。

$$O_2 + e^- \longrightarrow \cdot O_2^- (\text{aq}) \qquad E° = -0.284 \text{ V} (\textit{vs. } \text{SHE}) \qquad [6\text{-}2\text{-}2]$$

このことから，スーパーオキシドは還元剤としても反応を起こす。

　このスーパーオキシドは一重項酸素が有機物と結合しても以下のように生じる。

$$\text{DOM} + O_2 + h\nu \longrightarrow \text{DOM}^* \text{-} O_2 \longrightarrow \text{DOM}_{ox} + \cdot O_2^- \qquad [6\text{-}2\text{-}3]$$

ここでは溶存有機物(DOM)が酸化されたものを DOM_{ox} と記述した。また，このスーパーオキシドは pH が 5 未満の酸性の水環境中ではペルヒドロキシラジカル($\cdot O_2H$)の形で存在するが，その反応性はスーパーオキシドとあまり変わらない。

$$\cdot O_2H \rightleftharpoons \cdot O_2^- + H^+ \qquad pKa = 4.88 \qquad [6\text{-}2\text{-}4]$$

なお，この式での酸解離定数は $pKa = -\log_{10}([\cdot O_2^-][H^+]/[\cdot O_2H])$ を意味する。また，

$$\cdot O_2H + e^- \longrightarrow O_2H^- \qquad E°' = 0.75 \text{ V} \qquad [6\text{-}2\text{-}5]$$

であり，過酸化物イオン(O_2H^-)はやや高い酸化還元電位をもつ。なお，$E°'$ とは形式電位(条件付き電位)を意味する。これらの酸化還元電位について理解

を深めたい化学系外出身者は渡辺・中林著の『電子移動の化学』の前半部分を参照するとよい。

また，ペルヒドロキシラジカルは有機物中のカルボニル基の部分が電荷移動による光還元されても生じる。

$$>C=O + h\nu \longrightarrow [>C-O]\cdot \qquad [6\text{-}2\text{-}6]$$
$$[>C-O]\cdot + R-OH + O_2 \longrightarrow >C=O + R=O + \cdot O_2H \qquad [6\text{-}2\text{-}7]$$

このカルボニル基の光励起(式[6-2-6])は腐植物質で主要な反応である。これらのスーパーオキシドやペルヒドロキシラジカルはその反応性は水酸化物ラジカルのそれよりはずっと低いが，電子親和力の大きな分子とは反応が早い。還元剤として働き，たとえば海水中では銅1価イオンを生じる。

$$Cu^{2+} + \cdot O_2^- \longrightarrow Cu^+ + O_2 \qquad [6\text{-}2\text{-}8]$$

6-2-3 過酸化水素

中性付近でペルヒドロキシラジカル($\cdot O_2H$)は寿命が短く，以下のような不均一化反応を起こし，過酸化水素になる。

$$\cdot O_2H + \cdot O_2^- + H_2O \longrightarrow H_2O_2 + O_2 + OH^- \qquad [6\text{-}2\text{-}9]$$

酸性環境でも還元剤となる有機物(DOM)共存下ではペルヒドロキシラジカルから過酸化水素は以下のように生じる。

$$\cdot O_2H + DOM + H^+ \longrightarrow H_2O_2 + DOMox \qquad [6\text{-}2\text{-}10]$$

なお，強アルカリ溶液中では，過酸化物イオン(HO_2^-)の形態をとる。

$$H_2O_2 \rightleftharpoons HO_2^- + H^+ \qquad pKa = 11.65 \qquad [6\text{-}2\text{-}11]$$

過酸化水素は弱い酸化剤ではあるが，含硫黄有機物，含窒素有機物，フェノールや不飽和脂肪など多くの有機物と反応する。溶存有機物が比較的低濃度の沖合の海水中の過酸化水素の濃度は数十 nM 程度であるが，有機物が多く溶存している沿岸海水や湖水中には $10^{-5}M$ 程度もの高濃度の過酸化水素が溶存していることがある。実験室内でそれらの試料水中に光を照射すると，溶存有機物の質と量に応じて過酸化水素の濃度は急激に増大するが，暗くするとすぐに減少する。海洋では夜間にある種の石灰質ナノプランクトンが過酸化水素を生産することが知られてはいるが，天然水中の大部分の過酸化水素は以上のような光反応から生成したものである(Brezonik, 1993)。Gerringa et al.(2004)は大西洋の沖合いの海水を用いた実験から，同じ光量でもUV-Aは可視光の6.5倍，UV-Bは可視光の228倍の，過酸化水素の生成能力があることを測定した。現在の過酸化水素の生成反応の内，可視光が28％，UV-Aが23％，UV-Bが48％を担っている計算となる。

6-2-4 水酸化物ラジカル

過酸化水素は還元されることで，またUV-Bで光分解して水酸化物ラジカルを生じる。この水酸化物ラジカルは単に水酸(化)ラジカル，第3章のようにOHラジカルや，第8章のようにヒドロキシ(ル)ラジカルと呼ばれることもある。

$$H_2O_2 + h\nu \longrightarrow 2\,OH\cdot\ (\lambda < 300\,\text{nm}) \qquad [6\text{-}2\text{-}12]$$

$$H_2O_2 + e^- \longrightarrow OH\cdot + OH^- \qquad [6\text{-}2\text{-}13]$$

この水酸化物ラジカルはpHが12以上のアルカリ溶液中では，酸素イオンラジカル($\cdot O^-$)の形態をとる。

$$OH\cdot \rightleftharpoons \cdot O^- + H^+ \qquad pKa = 11.9 \qquad [6\text{-}2\text{-}14]$$

水酸化物ラジカルの還元電位は$0.46\sim0.8\,V$と推定されており，還元剤にもなり得るが，その還元力は強くない。一方，水酸化物ラジカルは電子を受け取ってOH^-になりやすいので，$E_0(\cdot OH/OH^-)=1.89\,V$と測定されているように，非常に強力な酸化剤である(小林, 2006)。そのため，水酸化物ラジカルは大気中の物質循環のなかでも汚染物質の掃除屋として大変重要な役割を果たしている。しかし，水圏では水酸化物ラジカルよりも一重項酸素の方が大きな役割を果たしていると考えられている。というのも，平均寿命は一重項酸素と同じオーダーと推定されているが，通常の環境での水酸化物ラジカルの生成速度は一重項酸素のそれよりも3桁以上低いからというのである。しかし，一重項酸素の寿命はもっと短く，一重項酸素の寄与もそれほど大きくないという説(Larson and Marley, 1998)もあり，まだ不明な点が多い。

水圏表層での水酸化物ラジカルの主たる供給源は，次節で説明する鉄イオンの光反応と，以下に示した硝酸イオン(NO_3^-)と亜硝酸イオン(NO_2^-)の光反応(Vione et al., 2005)である。

$$\text{NO}_3^- + h\nu \longrightarrow \cdot\text{NO}_2 + \cdot\text{O}^- \quad (\lambda\max=300\,\text{nm 付近};\ \phi_{305}=\text{ca.}0.01)$$

[6-2-15]

$$\text{NO}_2^- + h\nu \longrightarrow \cdot\text{NO} + \cdot\text{O}^- \quad (\lambda\max=355\,\text{nm 付近};\ \phi_{305}=0.025)$$

[6-2-16]

水圏表層中で上記の2つの化学反応により生じた酸素イオンラジカル($\cdot\text{O}^-$)は[6-2-14]の平衡式にあるように,直ちに水酸化物ラジカルに変化する。

　海水に比べると鉄イオンや硝酸イオンの濃度が圧倒的に高い富栄養湖中でも,水酸化物ラジカルの濃度は10^{-17}～10^{-16}M程度と報告されている。因に,湖水中の全窒素濃度が0.20 mg/L以上だと富栄養湖に分類される。仮に,$[\text{NO}_3^-]=10^{-5}$M(=mol/L)の湖水について考えるとすると,硝酸イオンの紫外線域の吸収係数と地表到達紫外線スペクトルの積の積分に,水酸化物ラジカルになる量子収率(0.015程度)をかけると,その湖での水酸化物ラジカルの生成速度が計算できる。たとえば北緯40°の真夏の昼間の場合には,$2.5\times 10^{-11}\text{Ms}^{-1}$と計算され,これは観測値と大まかに一致していたので,富栄養湖では硝酸イオンが水酸化物ラジカルの主要な供給源だと考えられている(Brezonik, 1993)。

　ここで,水酸化物ラジカルの供給源としての見地から硝酸イオンと亜硝酸イオンとを比較してみる。まず,サルガッソー海のような大洋沖合の海水中の濃度はそれぞれ10 μM程度と2 μM未満,富栄養化した陸水中ではそれぞれ0.1～1.0 mMと0.1 mM未満とされており,硝酸イオンの方が亜硝酸イオンよりも1桁ほど高濃度である。一方,それぞれの最大吸収波長でのモル吸光係数は亜硝酸イオンの方が硝酸イオンよりも3倍はど高く,亜硝酸イオンの吸収波長は330～370 nmと硝酸イオンの最大吸収波長300 nmよりも長波長側にあり,亜硝酸イオンは太陽光中ではより強い光強度の波長領域を吸収する。上記の[6-2-15]と[6-2-16]の化学反応式の量子収率(ϕ)の違いも考え合わせると,亜硝酸イオンも水酸化物ラジカルの供給源としてかなりの寄与があると推察できる(Vione et al., 2005)。また,[6-2-15]で生じた二硝酸ラジカルから以下のように亜硝酸イオンが生じるので,亜硝酸イオンの光化学反応も無視することはできない。

$$2\,NO_2\cdot \rightleftharpoons N_2O_4 \,;\, N_2O_4 + H_2O \longrightarrow NO_2^- + NO_3^- + 2\,H^+$$

[6-2-17]

なお，鉄2価イオンに過酸化水素が反応して，鉄が酸化されて，水酸化物ラジカルが生じる以下の反応はフェントン反応として有名である．

$$Fe^{2+} + H_2O_2 \longrightarrow FeOH^{2+} + \cdot OH \qquad [6\text{-}2\text{-}18]$$

水酸化物ラジカルの反応には酸化還元反応以外にも特に有機化合物に対しては付加反応と水素引き抜き反応がある．水酸化物ラジカルもさまざまな有機化合物との反応速度定数が既に測定されており，多様な化合物に対して高い反応性をもつことが確認されている(MacCarthy and Suffet, 1989)．生成した水酸化物ラジカルは，陸水中ではおもに溶存有機物と炭酸水素イオンと反応するが，海水中では溶存有機物よりもむしろ臭素イオンと反応してしまう．

$$OH\cdot + Br^- \longrightarrow Br\cdot + OH^- \,;\, Br\cdot + Br^- \longrightarrow Br_2^- \qquad [6\text{-}2\text{-}19]$$

6-2-5 オゾン

最後に取り上げる活性酸素種は既に1-1節で詳説されているオゾン(O_3)である．オゾンは強い酸化剤であり，汚染水中の有機汚染物質の酸化分解を強力に行なうので紫外線と組み合せて水質浄化に活用が最近さかんであるため，オゾンの化学反応は詳しく研究されている．表1-1-1にあるように，オゾンは酸素よりも水への溶解度がずっと大きく，水中でもオゾン，硝酸イオン，亜硝酸イオン，水酸化物ラジカルなどとの間で複雑な反応があることがわかっているが，水質浄化の成書に詳しいのでここで簡単に記述する．

自然では陸水中の硝酸イオンがUV-Bとの光反応を起こして，励起状態の一重項または基底状態の酸素原子($\cdot O$)が生じる．

$$NO_3^- + h\nu \longrightarrow NO_2^- + \cdot O \,(\lambda = 300\,nm\,付近) \qquad [6\text{-}2\text{-}20]$$

基底状態の酸素原子よりも励起一重項の酸素原子の方が当然酸素と反応性が高く，前述の水酸化物ラジカルの生成反応(式[6-2-15])の副反応として，オゾンが生じる．

$$\cdot O + O_2 \longrightarrow O_3 \qquad [6\text{-}2\text{-}21]$$

しかし生成したオゾンは亜硝酸イオンと速やかに反応する．特にpHが高い溶液中では水酸化物イオンと反応して，すぐに分解してしまう．

$$NO_2^- + O_3 \longrightarrow NO_3^- + O_2 \qquad [6\text{-}2\text{-}22]$$

そのため陸水中のオゾンは光励起反応起源のものは少なく，そのほとんどが大気からの溶解したものだろうと推測されている．

6-3　生育制限因子となる元素の循環への影響

6-3-1　鉄共存下での光反応

6-2-5項で述べたように，鉄イオンの光反応も水圏表層での水酸化物ラジカルの主要な供給源である．酸性水溶液に溶存している鉄3価イオンに紫外線($\lambda < 370$ nm)を照射すると光還元を起こし，鉄2価イオンと水酸化物ラジカルを生じる．

$$Fe(OH)^{2+} + h\nu \longrightarrow Fe^{2+} + \cdot OH \ (\phi_{313} = 0.14) \qquad [6\text{-}3\text{-}1]$$

この光還元反応は鉄の三価イオンが $Fe(OH)^{2+}$ の形態で存在する割合が極大になる pH＝3 付近で最も反応速度が早い．$Fe(OH)^{2+}$ のモル吸収係数は 295 nm 付近で最大になり，その波長での水酸化物ラジカルが発生する量子収率(ϕ_{295})は 0.2 を超える(Waite, 2005)．

一方，生じた水酸化物ラジカルは強力な酸化剤なので，生じた鉄2価イオンも酸化して鉄の3価イオンに戻す．その反応速度定数 k は $1.8 \sim 4.0 \times 10^8$ mol^{-1}Ls^{-1} と測定されている．

$$Fe^{2+} + \cdot OH \longrightarrow Fe^{3+} + OH^- \qquad [6\text{-}3\text{-}2]$$

したがって，実験室内で紫外線を照射し続けても鉄2価イオンの濃度は最後には一定に落ち着く．また，溶存酸素濃度が高ければ，

$$Fe^{2+} + O_2 + H^+ \longrightarrow Fe^{3+} + \cdot O_2H \qquad [6\text{-}3\text{-}3]$$

という反応でペルヒドロキシラジカルを生じる．このペルヒドロキシラジカルからは[6-2-9]や[6-2-10]の反応で過酸化水素が生じ，この過酸化水素から[6-2-19]のフェントン反応で，水酸化物ラジカルが生じる．廃坑周辺での酸性水域での鉄を含めた重金属元素の挙動に関する日変化の調査についてもこの光化学反応の影響がたびたび報告されている．

また[6-3-1]の反応の場に溶存有機物も共存していると，この鉄イオンの光反応で生じた水酸化物ラジカルはすぐに酸化剤として消費される．

$$\text{Fe}^{3+} + \text{DOM} + h\nu \longrightarrow \text{Fe}^{2+} + \text{DOM}_{\text{ox}} \qquad [6\text{-}3\text{-}4]$$

既にさまざまな有機物と水酸化物ラジカルとの反応速度についても測定されている(Boule et al., 2005)。クロロフェノールなどのさまざまな有害人工有機化合物の分解反応や腐植物質への影響については次節で記述する。有機金属の光分解に関してはメチル水銀の光分解が知られている(Seller et al., 1996)が，船底への生物の付着防止剤として船底塗料に昔は使われていたが，雌巻貝類の雄化現象(インポセックス)などの有害性から既に使用禁止になったトリブチルスズ tributyl tin(TBT)も Fe(OH)^{2+} 共存化で紫外線に露光すると，無機スズに転換されることが確認されている。

　中性やアルカリ性の水溶液中では，鉄の3価イオンは不溶性の酸化物や水酸化物として存在する。UV-A(<360 nm)を鉄水酸化物や鉄酸化物に照射することで生じる光反応については半導体の見地から研究されている。これらの鉱物では電子エネルギー準位(電子がとり得るエネルギー値)が帯状になっており，電子の詰まった最も高い価電子帯 valence bond(vb)から数 eV 離れた高いところに空の伝導帯 conduction bond(cb)があるという半導体のようなエネルギー状態になっているためである。この電子の詰まった最も高い価電子帯の頂上から，最も低い空の伝導帯の底までの間のエネルギー差をバンドギャップといい，空気中で乾燥したゲーサイト(α-FeOOH)とヘマタイト(α-Fe$_2$O$_3$)のバンドギャップはそれぞれ 2.64 eV と 2.34 eV と報告されている(Brezonik, 1993)。これに相当するエネルギーをもつ光量子の波長はそれぞれ 470 nm，530 nm となるが，空の伝導帯 conduction bond(CB)まで電子が光励起されて，価電子帯 valence bond(VB)中に正孔(h$^+$)が生じていることを，天然鉱物中で観測できるためには，通常もっと短波長の UV 照射が必要となる。

$$\alpha\text{-Fe}_2\text{O}_3 + h\nu \longrightarrow \text{e}^-_{\text{CB}} + \text{h}^+_{\text{VB}} \ (\lambda < 360 \text{ nm}) \qquad [6\text{-}3\text{-}5]$$

この時，溶存酸素が共存すればスーパーオキシドが生成する。

$$\text{e}^-_{\text{CB}} + \text{O}_2 \longrightarrow \cdot \text{O}_2^- \qquad [6\text{-}3\text{-}6]$$

またたとえば亜硝酸イオンが共存すれば，亜硝酸イオンラジカルが生じる。

$$\text{h}^+_{\text{VB}} + \text{NO}_2^- \longrightarrow \cdot \text{NO}_2 \qquad [6\text{-}3\text{-}7]$$

生じた亜硝酸イオンラジカルの近くにフェノール性水酸基をもつ芳香環があ

ればそれをニトロ化する(次節参照)。

　環境水中にはさまざまな種類の有機配位子が溶存しているので，環境水中では鉄イオンは錯体として溶存していることが多い。酢酸，クエン酸などの簡単な有機酸から，EDTA やフルボ酸のような大きな分子も含め，さまざまな有機配位子が金属イオンと錯体を形成する。金属錯体は光励起によって配位子から中心金属イオンの d 軌道へ電子が移動すること(電荷移動遷移)があり，この時に強く光を吸収する。高校の化学でも教わるフェノール性水酸基に対する塩化鉄(III)の呈色反応がその例である。このような錯体の中心金属イオンとなるのは鉄イオンだけでなく，通常の環境で異なるいくつかの価数をとることのできる，たとえば2価と1価をとれる銅イオン，2価と3価のコバルトイオン，2価，3価および4価のマンガンイオンなどの遷移元素もそうである。これらの高い原子価の金属イオンの有機錯体が光励起すると，金属イオンが還元されて，有機錯体が脱炭酸を起こすことが多い。その代表例は前節でも述べた，化学光量測定で用いるシュウ酸鉄(III)カリウムの光反応である。

$$2\,Fe^{3+} + C_2O_4^{2-} + h\nu \longrightarrow 2\,Fe^{2+} + 2\,CO_2 \qquad [6\text{-}3\text{-}8]$$

　大洋域では鉄が最大の生育制限因子となる栄養素であり，天然海水中の微量の溶存3価鉄は有機錯体鉄として存在する。その有機錯体鉄から光還元で微生物が利用しやすい鉄2価イオンを放出する速度が生物生産量を決定すると考えられているが，その効率はその場でのシデロフォア Siderophore という鉄を取り込んで可溶化する低分子有機配位子の種類に大きく左右される。南極大陸の周囲を同心円上に取り囲むように存在する南半球の高緯度海洋域(南大洋)は，海洋の二酸化炭素の吸収量を大きく左右する海域で，そこでの生物生産量への変動要因が興味をもたれている。ここでの波長別の光鉄還元への寄与を調べたところ，可視光が31%，UV-A が63%，UV-B が6%であった。オゾン層減少の影響で，UV-B の寄与は倍増したが，それでも全体の6%の寄与しかない(Rijkenberg et al., 2006)。

　さらにシュウ酸鉄やクエン酸鉄の溶液中の3価のヒ素イオン(As^{III})が紫外線に露光することで5価イオン(As^{V})に変化することも昔から知られている。より有毒性の強い3価のヒ素イオンはおもに水酸化物ラジカルにより酸化さ

れて比較的毒性の弱い5価イオンになると考えられている(Kocar and Inskeep, 2003)。

$$H_3As^{III}O_3 + \cdot OH \longrightarrow H_4As^{IV}O_4 ; H_4As^{IV}O_4 + O_2 \longrightarrow H_3As^VO_4 + HO_2 \cdot$$
[6-3-9]

ペルヒドロキシラジカルなど他の酸化剤による寄与もかなり大きいという報告もあり，配位子により異なる可能性もある。溶存有機物を含む通常の天然水中でも日光照射により3価のヒ素イオンが5価イオンにかなりの速度で酸化されることが室内実験で確認されており，自然界のヒ素の循環にも太陽光が影響を及ぼしている可能性が指摘されている。

有機錯体の光励起による遷移金属イオンの還元は，溶存金属錯体だけではなく，不溶な鉄マンガン水酸化物にも起こる(Christian and Steinberg, 2003)。腐植物質中のフェノール構造の部分が鉱物中の鉄の3価イオンを還元する反応に対応しているという報告がある。フェノール化合物溶液にフェリハイドライトという鉄水酸化物鉱物を添加すると，可視光でもフェノールが分解して一部の化合物は二酸化炭素に分解すると共に鉄2価イオンが生じた。鉄水酸化物も鉱物種がいくつかあり，ゲーサイト(α-FeOOH)，レピドクロサイト(γ-FeOOH)，フェリハイドライト(非晶質な鉄水酸化物)，塩化物イオンが多いと生成するアカガナイト(β-FeOOH)などがおもなものである。UV-A照射時の鉄酸化物の光還元速度は非晶質なフェリハイドライトの方が結晶性のよいレピドクロサイトに比べて数十倍早かった。

湖などの水域表層の鉄の一部は，昼間は溶解度の比較的高い鉄2価イオンに還元されて移動して，夜になると溶存酸素により酸化されて低い溶解度の鉄3価イオンに戻って粒子に付着する，という鉄サイクルがいろいろな地域で観測されている。またこの鉄サイクルは，他の遷移金属イオンの酸化還元状態にも影響を及ぼす。たとえば，光還元で生じた鉄2価イオンは速やかに6価クロムイオンを3価に還元するので，熱力学的に不安定な3価クロムイオンも天然水中などに存在している理由だと考えられている。

フルボ酸による不溶なマンガン酸化物(マンガンの価数は3または4)の光化学還元の場合，まずフルボ酸がマンガン酸化鉱物表面に結合した部位がUV-Aの光量子1つを吸収した後，マンガン酸化物からフルボ酸の方へ電子が1つ

移動(電荷移動遷移)することで，マンガンの2価イオンが生じる。この過程が律速段階になる。この後電子を受け取った，つまり酸化されたフルボ酸はマンガン酸化鉱物から離れていく。最後に残されたマンガン2価イオンも鉱物の結晶格子から離れて溶存していくと考えられている(Brezonik, 1993)。マンガン水酸化物や酸化物といっても種類が多く，マンガンの価数がおもに4のマンガン酸化物には，ベルナダイト(δ-MnO$_2$)，バーネス鉱(層状構造)，轟石(トンネル構造)などがあり，2価と3価のものにはハウスマナイト(Mn$_3$O$_4$)がある。また，価数が3付近のマンガン水酸化物には，ファイトクネヒ鉱(β-MnOOH)，グルータイト(α-MnOOH)，マンガナイト(γ-MnOOH)などがある。光還元反応速度とマンガン鉱物構造との関連については今後の研究を待たねばならないが，鉄化合物と同様，おそらく構造よりも結晶性の相違が大きく影響するだろうと推察できる。

6-3-2 窒素とリンの循環

硝酸と亜硝酸イオンの光反応については6-2節で記述したので，本節では窒素の循環について解説を始める(Christian and Steinberg, 2003)。窒素は海洋や陸水系において重要な生育制限因子となる栄養素である。水圏中の腐植物質はC/N比が50程度と，土壌有機物に比べて窒素にずっと乏しいために，水圏の微生物が生育するための窒素源として腐植物質を利用しているとは一昔前までは考えられていなかったが，溶存有機物は日光があたるとアンモニアなどの生物が利用できる窒素化合物を放出することが確認されて注目され始めている。その反応は1通りではなく，ヒドロキシラジカルが関与している経路と関与していない経路もあるらしい。またアンモニアの放出量は溶存有機物の濃度というよりも，溶存有機物中の窒素含有量または蛍光有機物濃度に比例する。溶存有機物は多様な化合物から構成された複雑な高分子物質であるが，蛍光特性を測定することで，溶存有機物の化学組成の迅速な解析が可能である。280 nm付近の波長の紫外線を溶存有機物試料に照射して得られる340 nm付近の波長の蛍光強度はタンパク質様の物質の濃度と比例していることが理解されている。どの溶存有機物がどれだけ従属栄養微生物の代謝に有用かを判断するために，その蛍光強度を指標にできるという報告が

ある(Cammack et al., 2004)。また，溶存フミン物質中にはイオウの含有量も少なく，イオウを介して結合しやすい重金属イオン濃度も一般的に少ないので，紫外線照射による腐植物質の分解にともなって従属栄養微生物の代謝を阻害するような有害金属の放出されることはないと考えられる。

なお，光照射を受けている間には溶存有機物から亜硝酸イオンも放出されるが，その放出量はアンモニアのそれよりも1桁少ない。さらに，河川水中のフルボ酸から光反応により，アラニン，グルタミン酸，セリン，ヒスチジン，シトルリン，ノルバリンなどの含窒素アミノ酸が放出されることも報告されている。これらのアミノ酸も光分解して最終的にはアンモニアに変わるが，環境中の溶存有機物の光反応によるアンモニアのおもな放出経路はアミノ酸経由ではないことは室内実験から明らかにされている。とはいえ，環境水中の溶存アミノ酸はすぐに生物の同化に利用されるために非常に低濃度である。

陸水系においてリンは最大の生育制限因子となる栄養素である。湖の栄養度は湖への有機物の流入量にはそれほど左右されないが，リンの流入量の変化により大きく変化することが実証され(Vollenweider, 1968)てはいるが，リンの存在状態や水循環様式の変化も富栄養化の大きな要因となる。植物プランクトンは溶存しているリン酸イオンを同化に利用できるが，リン酸カルシウムの鉱物中のリンは利用できない。溶存リン酸イオンは水圏中のリン酸モノエステルや高分子有機物の分解などにより供給されると考えられている。腐植物質に富み，やや酸性で還元的な湖水中からはリン酸イオンと三価の鉄イオンが腐植物質と結びついて粒団状のコロイドとして存在していることがたびたび報告されてきた。このような状態にあるリンを植物プランクトンは利用できない。リン酸イオンは鉄の水酸化物に吸着されやすいので，このコロイド中のリンの大部分は腐植物質に直接結合しているのではなく鉄を介して存在しているものと推測されている。このコロイドに紫外線を照射すると，鉄の三価イオンが二価に還元されるにともないリン酸イオンが放出されることが観察された。この反応は可逆的で，暗くすると元に戻る。だたし，リン酸イオンの放出は鉄の光還元反応だけでなく，紫外線照射による腐植物質のフェノール構造の裂開や細胞外のホスファターゼ(有機リン酸エステルやポリリ

ン酸を加水分解する酵素)の活性化によっても起こる。このリン,鉄,腐植物質の複合体からのリン酸イオンの放出は紫外線照射だけでなく鉄の3価イオンの添加でも増加するので,生物が繁殖して鉄イオン濃度が減少する夏には陸水系でも鉄イオンも間接的に制限要因になり得ることを示唆する。

6-4 有機物への影響

6-4-1 有機汚染物質の分解作用

有機汚染物質にもいろいろな種類があるが,水への溶解度が小さい(つまり疎水性の)複雑な大型分子は微生物が取り込みにくいため分解しにくい。また通常の土壌や水中の微生物は,直鎖有機分子の炭化水素末端のメチル基 CH_3 をカルボキシ基 COOH に酸化してから,末端の炭素原子2個の単位を酢酸という形で切り取ってエネルギー源とするので,枝別れ分子の分解は苦手である。それでもたとえば,木材のおもな構成分子の1つであるリグニン(図6-2-1)は環状分子が縮合した分解しにくい構造だが,白色腐朽菌という一部の微生物のみは,ペルオキシダーゼやラッカーゼという酸化酵素を体外に分泌して,ラジカル反応で高分子リグニンを分解することができる。天然に類似した化合物が存在しない有機汚染物質や,ベンゼン環がいくつも縮合していたり,複雑な置換基やハロゲン基を有したり,また極性が小さい有機物は,生物学的にも分解しにくいので,環境中に残留する。

これら生物的難分解性の有機汚染物質の例として,米国環境保護庁も発癌性や変異性が強いと認めているベンゾピレンのような多環芳香族炭化水素 polycyclic aromatic hydrocarbon(PAH),ポリ塩化ビフェニル類(PCB),ダイオキシン類(PCDDなど),およびDDTやその生分解生成物であるDDEのような芳香族塩素化合物(図6-4-1(a)〜(d))がある。これらの有機汚染物質のUV-AやUV-Bに対する量子収率や分解速度については一昔前までに充分研究されており,それをまとめた成書も多い(たとえばBoule, 1998)ので,ここでは簡単に記述する。これらの有機汚染物質に空気中で日光を照射すると,腐植酸などが共存しなくても,それ自体が光エネルギーを吸収して一重項酸素やスーパーオキシドを生じ,速やかに光分解(直接光分解)する。この直接光分

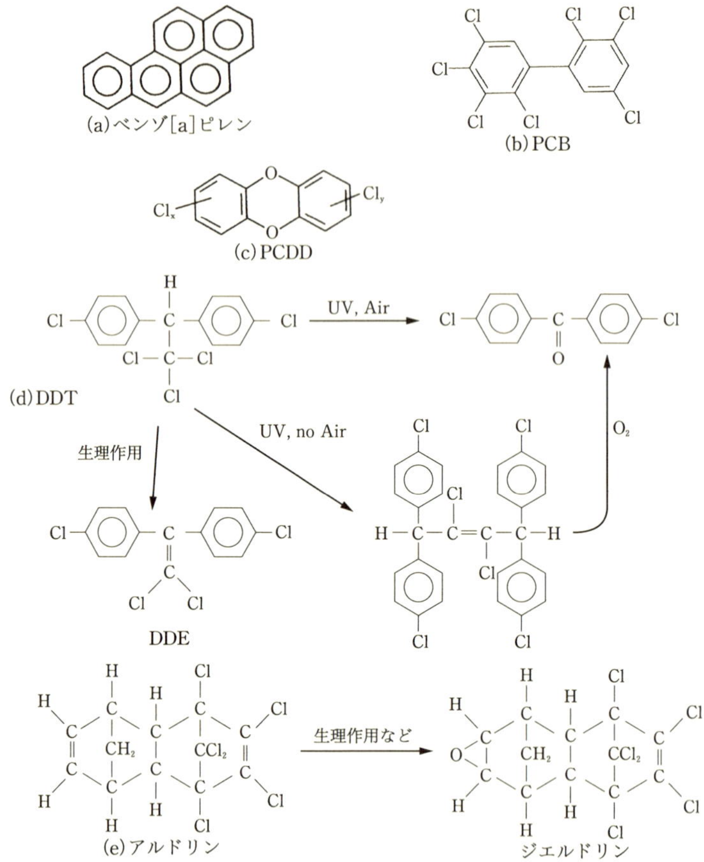

図 6-4-1 有害有機物の化学式と反応式。(a)ベンゾ[a]ピレン，(b)PCB，(c)ダイオキシン(PCDD)，(d)DDT とその分解生成物の DDE および DDT の光分解経路，(e)アルドリンとその分解生成物であるジエルドリン

解反応では，まず芳香環に結合した Cl 基が OH 基に置き換わり，芳香環が酸化されて，環開裂により分子が小さくなっていく。図 6-4-1(d)に DDT の分解経路を，図 6-4-2(a)に 3,4-ジクロロアニリン(DCA)の Cl 基が光照射で OH 基に入れ替わって，2-クロロ-5-アミノフェノールが生成する様子を，図 6-4-2(b)にナフタレンの直接光分解による生成物の例を示した。たとえば，図 6-4-2(a)に示した DCA の光反応の量子収率は $\phi_{313}=0.05$ で空気の

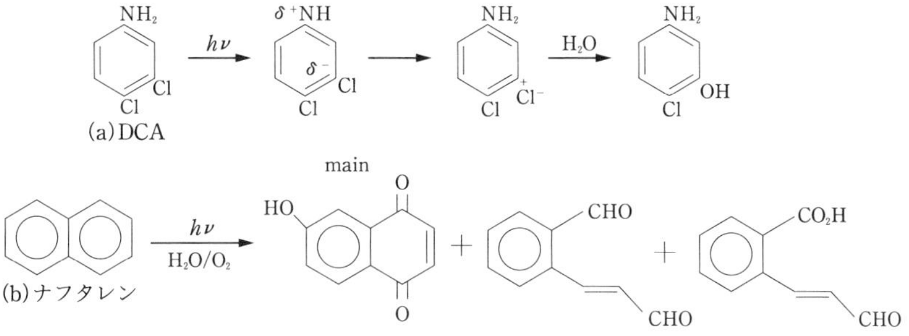

図 6-4-2 (a) 3,4-ジクロロアニリン(DCA)の光反応，(b)ナフタレンとその光分解生成物。主成分と副生成物を示した。

有無に左右されないが(Brezonik, 1993)，一般的には環境により反応経路が変化して，生成物も複数存在することが多い。

なおいったん多環芳香族中の Cl 基も OH 基に置き換われば，微生物の酵素も OH 基を認識するため，微生物活動で OH 基の脇の結合や，隣り合う OH 基の間での環開裂が促進される。たとえば河川や湖の底質泥や生体内部の脂肪組織に蓄積した上記の有機汚染物質は大気や紫外線に曝露する環境にはないため光分解することがない。それでは氷中の PAH や PCB の光分解はどうなっているのだろうか。予備的な研究によると，表層水中での光反応のように Cl 基が OH 基に置き換わることはなく，Cl 基が H 基に置き換わったり，重合したりと反応がかなり異なるようだが，まだよくわかっていない。オゾン層減少の影響の強い極域の氷中や，たとえば 2005 年秋の吉林市の化学工場爆発などによる汚染の影響の強いオホーツク海の流氷も関連して，有害有機物の氷中の光反応機構は興味をもたれており，今後の研究の進展が望まれる。

上記の化合物とは異なり，たとえば殺虫剤アルドリンやジェルドリン(図 6-4-1(e)) は π 電子共役系をもたないので 250 nm 以上の波長の光を吸収しない。このような感光性のない有機汚染物質でも，腐植物質が共存していれば光反応の結果，水素原子の離脱や一重項酸素の付加による酸化反応などが起こって，有機汚染物質自体がラジカルとなり変質する。まず水素原子の離脱する反応は，腐植物質または溶存有機物を A，その三重励起状態を A*，有

機汚染物質をRHと水素を含んだ形で表わすと，

$$A + h\nu \longrightarrow A^* ; A^* + RH \longrightarrow \cdot AH + R\cdot \qquad [6\text{-}4\text{-}1]$$

このように水素原子の引抜反応が起こり，有機汚染物質は反応性に富むアルキルラジカル(R·)になることから変化が起こる。この後たとえば，酸素，一酸化窒素，別の有機物(R'H)が共存してれば，

$$R\cdot + O_2 \longrightarrow RO_2\cdot ; RO_2\cdot + NO \longrightarrow RO\cdot + NO_2 ;$$
$$RO\cdot + R'H \longrightarrow ROH + R'\cdot \qquad [6\text{-}4\text{-}2]$$

というように，ヒドロキシ基(OH基)に変化する。次に一重項酸素の付加反応の例として，以下にオレフィンとフェノールの酸化反応を上げる。電子に富む結合に対して反応性が高い。

[6-4-3]

[6-4-4]

　鉄イオンや硝酸イオンの共存によっても有機汚染物質の化学反応は促進される。前述したように鉄が共存している場合には強力な酸化力をもつ水酸化物ラジカルが生じるため，芳香族塩素化合物の分解に寄与する。水酸化物ラジカルも有機物中の二重結合に付加したり，水素原子を引き抜いたりする。水酸化物ラジカルの濃度が低いかまたは生成速度が遅いので，前述のように一重項酸素に比べると水酸化ラジカルの寄与は比較的小さいと一般的に考えられている。水酸化物ラジカルは芳香環に直接作用するし，環に結合した脂肪族の鎖の部分も攻撃する。

　一方，硝酸イオン共存下で芳香族炭化水素に光をあてるとニトロ基(-NO$_2$)が芳香環に結合することが多い。[6-2-15]の反応で生じた二酸化窒素ラジカルが芳香環を攻撃するからである。芳香環は，DNAの二重螺旋内

部の水素結合した求核性の塩基対の平面間に挿入(インターカレート)できる平面構造をしている。一方，ニトロ基上の窒素原子は正電荷を帯び，酸素原子は負電荷を帯びており，強い電子吸引性をもち，その芳香環の電子密度に影響を及ぼす。そのためニトロ芳香族化合物はDNAのラセン構造を乱し，強い突然変異誘発性をもつと考えられている。したがって光反応により有機汚染物の有毒性が増す可能性もあることが理解できるが，これは微生物による有害物質の分解過程での中間生成物についても同様である。DDTの主要な分解生成物の1つであるDDE(図6-4-1(d))は野鳥の卵殻を薄くした原因物質といわれているし，アルドリンが分解するとジエルドリン(図6-4-1(e))になるが，これも毒性がやや強くなる。環境中での光分解反応は複雑なので，分解生成物の毒性まで調査するのは費用がかかるだろうが，新しい農薬や殺虫剤の使用についてはこのような危険性もともなうことを忘れてはならない。

6-3-1項で，鉄水酸化物や鉄酸化物は光励起すると述べた。他にも自然環境中に存在する無機鉱物のなかには半導体のような性質をもつものがある。アナターゼ(TiO_2)，錫石(SnO_2)，硫カドミウム鉱(CdS)などがそうであり，それぞれのバンドギャップは3.0 eV，3.5 eV，2.4 eV である。チタン酸化物(TiO_2)などの環境触媒として製法については既に多数の書物(たとえば野坂・野坂，2004)が出版されている。

6-4-2 土壌などへの影響

土壌中の腐植物質は塩素系有機物ではないが，ここでの光反応も前節と同様と考えられる。腐植物質自身が光エネルギーを吸収して，一部が分解して二酸化炭素や低分子有機物を生じることが知られている。特に有機物中のカルボニル基の部分に光励起が生じやすく，高い量子収率で[6-2-6]の反応が起こってラジカルが生じる反応が代表的と考えてよいだろう。

$$R\ R'C=O + h\nu \longrightarrow R\ R'CO\cdot \qquad [6\text{-}4\text{-}5]$$

他の光励起された部位により他の部位の水素原子が引き抜かれてラジカルになる場合や発生した一重項酸素の付加による酸化もあるだろう。しかし，土壌中の腐植物質は不定形の高分子有機物の混合物であり，さらに鉄イオンなどの共存無機成分や水分含有量，pHや酸化還元雰囲気によって，その分解

速度や放出ガス組成も異なるので，その見積もりは困難だといえる．とはいえ，陸上生態系における土壌有機物分解の主要な要因は生物学的過程であり，光分解の役割は小さいと考えられていた．

しかし Austin and Vivanco(2006)は，パタゴニアの半乾燥ステップ気候下での落葉落枝の分解速度を支配するのは，土壌生物活動ではなく太陽光の照射であることを実証した．そこでの一次生産の相当部分は，土壌有機物プール経由の循環を経ずに大気中に光分解で直接放出されていると考えられる．さらに，Johnson et al.(2002)はラップランド地方での野外調査で，大気中の二酸化炭素の濃度の増加と UV-B 照射の増加の影響を5年間かけて大規模な装置を使って測定比較した結果，二酸化炭素の濃度の増加はそれほど影響がないのに対して，UV-B 照射の増加は土壌細菌の保持する窒素量を著しく減少させて，土壌細菌群集に大きな変化をもたらしたことを示した．UV-B 照射量の変化が北極地方の荒野での炭素の循環にも大きな影響を及ぼしている可能性がある．このようにオゾン層厚の減少や雲量などの日射量を左右する全地球的な変化は，土壌の炭素貯蔵量に大きな影響を与える可能性が最近指摘されてきている．

また，水田からのメタンの発生量については一昔前からかなり研究されていたが，光照射による土壌からの発生ガスについてはまだまだ未知のことが多いかもしれない．Stemmler et al.(2006)は腐植物質の薄膜を二酸化窒素に曝して光照射を行なったところ，光化学反応によって二酸化窒素が高濃度に亜硝酸(HONO)に変化することを明らかにした．大気中の亜硝酸は水酸化物ラジカルの前駆物質で，水酸化物ラジカルは対流圏中の大気汚染物の分解に大きくかかわっているが，亜硝酸の成因については不明な点が多かった．自然環境ではフミン酸や他の有機物質が地表に広く分布していることを考えると，謎だった日中の亜硝酸濃度の高さの観測値が説明できるほどの量だということを示した．土壌の光化学反応は対流圏の化学反応にも大きな影響を与えている可能性がある．

また，湖の生態系における紫外線の増加の影響はオゾン層の厚さの変化以外のいろいろな要因に左右されることが，一昔前から指摘されてきた．たとえば，降水量が減少して湖面の水位が下がると，湖底に潜んでいた硫化物が

酸化してできる硫酸イオンが湖水に溶け出すので，湖の酸性度が高まる。これによって溶存有機物が沈殿しやすくなり，湖水中の有機物濃度が低下する結果，紫外線がより深い部分まで届くようになるわけである。この効果はオゾン層の減少に匹敵するという。もちろん人間活動による酸性雨の発生も同じような影響を起こす可能性がある。また，高緯度地域における湖の場合，温暖化によって湖の集水域植生が変わると，湖に流入する有色有機物の量も著しく変化するために，水中のスペクトル放射照度が著しく変わることが予測された。光生物学モデルと組み合せると，これらの光環境の変化は湖の珪藻群などの移り変わりに大きくかかわっている可能性があるという(Norman et al., 1996)。

　土壌の構成成分としては有機物よりも石英や長石などの鉱物や粘土鉱物などの無機成分の方が主である。長く土壌中に埋もれていた石英や長石などの鉱物粒が掘り起こされて日光に露光しても何の反応の起こらないようにみえるが，実は目にみえないくらいの弱い光を放っている。この現象は鉱物の結晶格子中に，土壌中の放射性核種からの放射線や宇宙線に被曝した時のエネルギーが蓄積されて，その後に光の刺激を与えると再び発光して蓄積されたエネルギーを放出する，光輝尽発光(OSL)といわれる現象で，この発光は蛍光やリン光(図6-1-1の③と⑥)とは別のものである。石英や長石も弱い光輝尽発光性をもっており，その性質を利用すれば，試料が地中に埋もれ続けて日光に照らされていなかった年代を測定することができる。この埋没年代測定については豊田(1997)の解説がある。因に医療現場などでX線フィルムに取って代わって利用されているイメージングプレートはこの光輝尽性化合物を使用している。これまで自然界の無機物の光化学反応については重要視されていなかったが，有害な有機物を粘土鉱物に吸着させた後に光分解処理をすると，分解が促進されるという報告(Kong and Ferry, 2003)が最近あったり，有機汚染土壌を紫外線照射で洗浄する時に，チタン酸化物を混入すると能率がよくなるという報告もあるので，鉄酸化物やいろいろなケイ酸塩の触媒効果の有無も試みられている(Lackhoff and Niessner, 2002)。

　最後に，分析技術が進歩してくると過去のオゾン層や光化学の変化を検出できるかもしれないという話題を2つ紹介しよう。Huimingらはレーザー

を活用してこれまで精密測定が困難だった硫酸塩中の酸素同位体比測定を最近可能にした。Huiming et al.(2003)が2000〜3000万年前に噴出があった中央北アメリカ大陸のある火山灰層中の硫酸塩鉱物(石膏)中の酸素同位体比を測定してみたところ，他の火山灰試料ではみられない酸素同位体比異常が検出された。酸素は質量数が16，17，18の3種類の重さの原子の混合であり，蒸発や凝集などの物理的な要因によるその比の変化では説明できない異常値が測定された。火山の噴火物中には大量の硫黄が含まれていて，巨大噴火では膨大な量の硫黄が成層圏や対流圏に注入される。火山灰粒子に付着した二酸化硫黄(SO_2)は空気中の酸素により酸化されて硫酸イオン(SO_4)になる。この時は粒子中の鉄などが触媒となるのだが，この化学反応ではそういう酸素同位体比異常が起こらないことがわかっている。また化学式[3-2-22]にあるような水酸化物ラジカルによる酸化反応でも起こらない。しかし，室内実験でオゾンや過酸化水素との反応では検出されたような異常が生じることが報告されている。

　大規模な火山噴火が気候を変化させてきたのではないかという考えは昔からあった。たとえば，インドネシア・スマトラ島のトバ火山で7万3500年前に起こった巨大噴火は，前回の間氷期から氷期へ移り変わるきっかけをつくった可能性も指摘されている。これは超巨大噴火により成層圏などの大気上空に放出された硫酸のエアロゾル(乾いた霧 dry fog)が数年近く大気中に留まって日射をさえぎることにより起こるとされている。このことから，この酸素同位体比異常は dry fog として大気上空を漂っている間に生じたもので，地表に硫酸鉱物として沈殿したものが，これまで中央北アメリカは乾燥地帯だったためにそのまま保存されたものだと解釈されている。つまり地層中の石膏中に過去の高層大気中でのオゾンなどとの化学反応の痕跡がみつかったといえる。この分析が地質時代の巨大噴火と気候激変との相関についての研究の手がかりになると期待されている。

　もう1つは深海洋底の岩壁に海水中の金属イオンが沈着してできる鉄マンガンクラスト中の現在から過去280万年間の層から鉄の同位体鉄60(^{60}Fe)が異常に高く検出された(Knie et al., 1999)という報告である。鉄60の半減期は150万年で地球上にはほとんど存在しないので，超新星爆発からの残骸由来

である可能性が考えられる。超新星爆発を頻繁に起こす若い大質量の星の集団であるさそり座・ケンタウルス座 OB アソシエーションは現在地球から 450 光年離れているが，200 万年前には太陽系の近く（130 光年）を通過したと推定されている。太陽系のそばで超新星爆発が起こると大気中のオゾン層の厚さが何割も減少することが予測されている。180 万年前にプランクトンと他の海洋生物が広範囲に絶滅したことなどから，第三紀と第四紀の境界となっている。もし鉄 60 の異常値がその年代と一致していることがわかれば，Benítez et al.(2002)の主張するように 180 万年前に超新星爆発によりオゾン層が壊滅的に破壊された証拠になるが，残念ながらまだ立証されていない。というのも，海水からの沈着物である鉄マンガンクラストの成長速度は 100 万年に数～数十 mm と非常に遅く，痕跡程度の鉄 60 の定量には大掛かりな装置と高度な技術を要するためである。しかし，将来はこのようなことも明らかになっていくものと考えられる。

［引用文献］

Austin, A.T. and Vivanco, L. 2006. Plant litter decomposition in a semi-arid ecosystem controlled by photodegradation. Nature, 442: 555-558.
Benítez, N., Maíz-Apellániz, J. and Canelles, M. 2002. Evidence for nearby supernova explosions. Phys. Rev. Let., 88: 081101-081104.
Boule, P. 1998. Environmental photochemistry (The handbook of environmental chemistry Vol. 2, Part L), 359 pp. Springer.
Boule, P., Bahnemann, D.W. and Robertson, P. 2005. Environmental photochemistry Vol. 2, Part M (ed. Hutzinger, O.), 489 pp. Springer-Verlag.
Brezonik, P.L. 1993. Chemical kinetics and process dynamics in aquatic systems. 784 pp. Lewis Pub.
Cammack, W.K., Kalff, J., Prairie, Y.T. and Smith, E.M. 2004. Fluorescent dissolved organic matter in lakes: Relationships with heterotrophic metabolism. Limnol. oceanogr., 49: 2034-2045.
Christian, E. and Steinberg, W. 2003. Ecology of humic substances in freshwaters: Determinants from geochemistry to ecological niches. 410 pp. Springer-Verlag.
藤原祺多夫. 1999. 水圏における光化学反応の測定. ぶんせき, 1999：744-750.
Gerringa, L.J.A., Rijkenberg, M.J.A., Timmermans, R. and Buma, A.G.J. 2004. The influence of solar ultraviolet radiation on the photochemical production of H_2O_2 in the equatorial Atlantic Ocean. Jour. Sea Res., 51: 3-10.
Huiming, B., Thiemens, M.H., Loope D.B. and Yuan X.-L. 2003. Sulfate oxygen-17 anomaly in an oligocene ash bed in Mid-North America: Was it the dry fogs? Geophys. Res. Lett., 30: 1843-1848.
Johnson, D., Campbell, C.D., Lee, J.A., Callaghan, T.V. and Gwynn-Jones, D. 2002.

Arctic microorganisms respond more to elevated UV-B radiation than CO_2. Nature, 416: 82-83.
Knie, K., Korschinek, G., Faestermann, T., Wallner, C., Scholten, J. and Hillebrandt, W. 1999. Indication for supernova produced Fe-60 activity on Earth. Phys. Rev. Let., 83: 18-21.
小林一雄. 2006. OH ラジカルおよび H 原子の反応. 放射線化学のすすめ (日本放射線化学会編), pp. 72-73. 学会出版センター.
Kocar, B.D. and Inskeep, W.P. 2003. Photochemical oxidation of As(III) in ferrioxalate solutions. Environ. Sci. Technol., 37: 1581-1588.
Kong, L. and Ferry, J.L. 2003. Effect of salinity on the photolysis of chrysene adsorbed to a smectite clay. Environ. Sci. Technol., 37: 4894-4900.
Lackhoff, M. and Niessner, R. 2002. Photocatalytic atrazine degradation by synthetic minerals, atmospheric aerosols, and soil particles. Environ. Sci. Technol., 36: 5342-5347.
Larson, R.A. and Marley, K.A. 1998. Singlet oxygen in the environment. In "Environmental photochemistry" (ed. Boule, P.), The handbook of environmental chemistry Vol. 2, Part L, pp. 123-137. Springer.
Latch, D.E. and McNeill, K. 2006. Microheterogeneity of singlet oxygen distributions in irradiated humic acid solutions. Science, 311: 1743-1747.
Li, K. and Ferry, J.L. 2003. Effect of salinity on the photolysis of chrysene adsorbed to a smectite clay. Environ. Sci. Technol., 37: 4894-4900.
Marion, L. and Reinhard, N. 2002. Photocatalytic atrazine degradation by synthetic minerals, atmospheric aerosols, and soil particles. Environ. Sci. Technol., 36: 5342-5347.
Miller, W.L. 1998. Effects of UV radiation on aquatic humus: Photochemical principles and experimental considerations. In "Aquatic humic substances: Ecology and biogeochemistry" Ecological studies, Vol. 133 (eds. Hessen, D. and Tanvik, L.), pp. 125-143. Springer.
Norman, D.Y., Wendel, K., Norman, M.S., David, R.S.L. and Peter, J.D. 1996. Increased UV-B penetration in a lake owing to drought-induced acidification. Nature, 381: 141-143.
Rijkenberg, M.J.A., Gerringa, L.J.A., Carolus, V.E., Velzeboer, I. and de Baar, H.J.W. 2006. Enhancement and inhibition of iron photoreduction by individual ligands in open ocean seawater. Geochim. Cosmochim. Acta, 70: 2790-2805.
Seller, P., Kelly, C.A., Rudd, J.W.M. and MacHutchon, A.R. 1996. Photodegradation of methylmercury in lakes. Nature, 380: 694-697.
Stemmler, K., Ammann, M., Donders, C., Kleffmann, J. and George, C. 2006. Photosensitized reduction of nitrogen dioxide on humic acid as a source of nitrous acid. Nature, 440: 195-198.
豊田和弘. 1997. 光励起ルミネセンス現象を利用した埋没年代測定法の発展. ぶんせき, 1997：401-403.
Vione, D., Maurino, V., Minero, C. and Pelizzetti, E. 2005. Reaction induced in natural waters by irradiation of nitrate and nitrite ions. In "Environmental photochemistry" (eds. Boule, P., Bahnemann, D. and Robertson, P.), The handbook of environmental chemistry Vol. 2, Part M (ed. Hutzinger, O.), pp. 221-253. Springer-Verlag.

Vollenweider, R.A. 1968. Scientific fundamentals of the eutrophication of lakes and flowing waters, with particular reference to nitrogen and phosphorus as factors in eutrophication. OECD, Paris. Tech. Rpt. DA 5/SCI/68.27. 250 pp.

Waite, T.D. 2005. Role of iron in light-induced environmental processes. In "Environmental photochemistry" (eds. Boule, P., Bahnemann, D. and Robertson, P.), The handbook of environmental chemistry Vol. 2, Part M (ed. Hutzinger, O.), pp. 255-298. Springer-Verlag.

[参考図書]

ジュリアン・アンドリューズ, ピーター・ブリンブルコム, ティム・ジッケルズ, ピーター・リス著. 渡辺正訳. 2005. 地球環境化学入門(改訂版). 307 pp. シュプリンガー・フェアラーク東京.

ビヨン・バーグ, カーレス・マクラルティー(大園享司訳). 2004. 森林生態系の落葉分解と腐植形成. 285 pp. シュプリンガー・フェアラーク東京.

Hessen, D.O. (ed.). 2002. UV radiation and arctic ecosystems. 321 pp. Springer-Verlag.

Hofrichter, M. and Steinbuchel, A. 2001. Biopolymers: Lignin, humic substances and coal (Biopolymers). 513 pp. WILEY-VCH Verlag GmbH.

井上晴夫・佐々木政子・高木克彦・朴鐘震. 1999. 光化学〈1〉. 204 pp. 丸善.

ダニエル・ジェイコブ著. 近藤豊訳. 2002. 大気化学入門. 278 pp. 東京大学出版会.

Killops, S.D. and Killops, V.J. 1993. An introduction to organic geochemistry. 265 pp. England Longman Scientific & Technical, Harlow, Essex.

MacCarthy, P. and Suffet, I.H. (eds.). 1989. Aquatic humic substances: Influence on fate and treatment of pollutants. 864 pp. American Chemical Society.

野坂芳雄・野坂篤子. 2004. 入門 光触媒. 242 pp. 東京図書.

照明学会編. 1998. UV と生物産業―UV(紫外放射)の影響と利用. 231 pp. 養賢堂.

トーマス・G・スピロ, ウイリアム・M・スティリアニ(岩田元彦・竹下英一訳). 2000. 地球環境の化学. 329 pp. 学会出版センター.

渡辺正・中林誠一郎. 1996. 電子移動の化学―電気化学入門. 186 pp. 朝倉書店.

第7章 紫外線影響を理解するための基礎生物学

北海道大学大学院地球環境科学院/東　正剛

　本章では，この本を理解する上で必要な生物学の基本的な知識を概説する。特に7-1～3節は大学2年ごろまでに習う基礎的知識を概説しているので，既に基礎生物学を修めた人はこれらの節を読む必要はない。7-4節以降では，紫外線による細胞の癌化と関連している細胞周期，やはり紫外線の影響を受けやすい免疫応答，オゾン層形成と関連している光合成の進化，生物進化を解析する上で有効な分子系統学を支える分子進化の中立説などをやや詳しく解説する。

7-1　原核細胞と真核細胞

　すべての生物はリン脂質の膜で覆われた細胞からできており，細胞には真核細胞と原核細胞がある(図7-1-1)。原核細胞は普通直径1 μm 程度で，比較的大きなシアノバクテリアでも5～10 μm 程度である。これに対して真核細胞は直径数十 μm 以上の大きさがあり，鳥類の卵のように巨大なものまである。また，真核細胞には膜で覆われた核，ミトコンドリア，葉緑体(植物の場合)，その他の細胞内小器官(オルガネラ)があり，ほとんどのDNAは核に，少量のDNAがミトコンドリアや葉緑体にある。これに対し，原核細胞には内膜系の細胞小器官はなく，DNAは細胞の中央付近に集まって核様体を形成しているに過ぎない。膜は化学反応系に場を提供しており，サイズの小さな原核細胞では細胞膜だけで充分なのに対し，大型化した真核細胞では多様

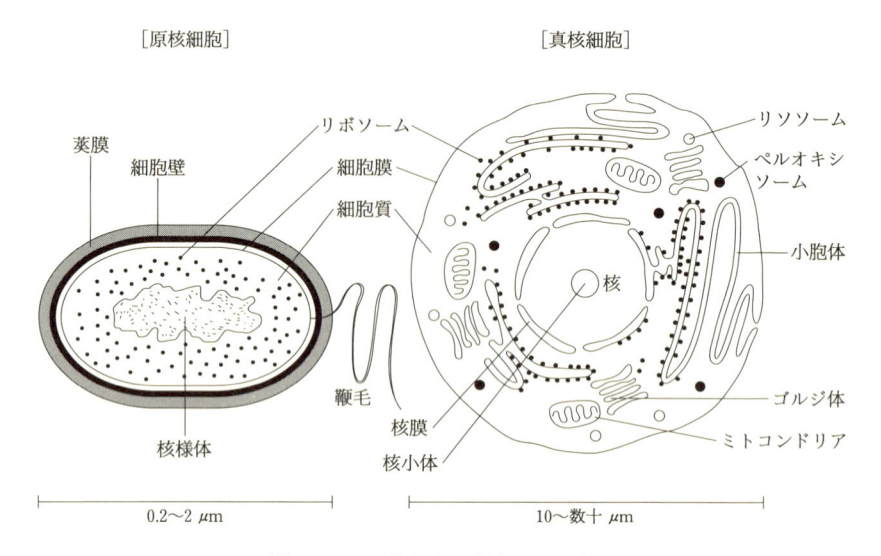

図 7-1-1　原核細胞と真核細胞(動物)

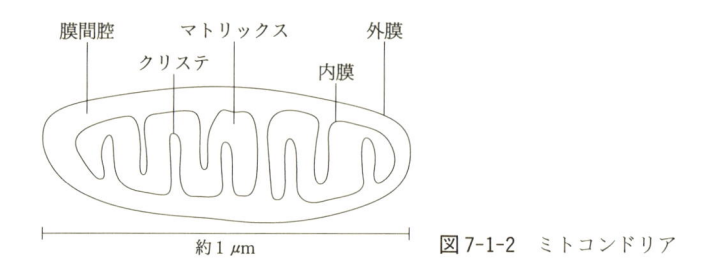

図 7-1-2　ミトコンドリア

な化学反応系の場としての内膜系が進化したと考えられる。

　真核細胞に共通してみられるミトコンドリア(図7-1-2)は，後述するように好気呼吸を行なう長さ1μm程度の細胞小器官で，外膜と内膜に挟まれた膜間腔と内膜に囲まれたマトリックスに分かれ，環状DNAのコピーがマトリックスに散在している。内膜は面積を広げるためにひだ状のクリステを形成しており，呼吸にかかわるタンパク複合体が密に分布している。外膜は細胞質との物質交換をさかんに行なうため，さまざまな分子やイオンが比較的自由に出入りできるようになっているのに対し，内膜の物質交換はかなり選択的である。

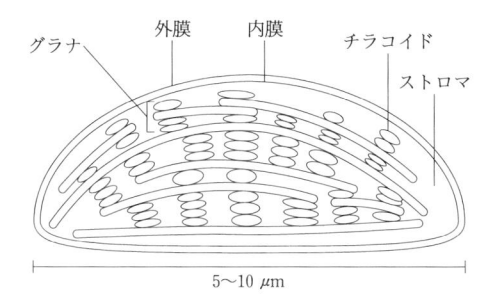

図 7-1-3 葉緑体

　植物の細胞は，ミトコンドリアに加え，光合成を行なう長さ数 μm の葉緑体(図7-1-3)を有する。葉緑体は，外膜と内膜に加えてチラコイド膜に仕切られており，内膜とチラコイド膜の間をストロマ，チラコイド膜に囲まれた隙間をチラコイド内腔といい，環状 DNA のコピーがストロマに散在している。光合成にかかわる膜タンパクは，内膜ではなくチラコイド膜に分布しており，膜の面積を広げるためにチラコイドはグラナと呼ばれる多重構造を形成している。

　真核細胞内膜系の約半分は，核表面から細胞質に向かって複雑に入り組んだ小胞体を形成している。多くのタンパク質や脂質は小胞体膜の表面で合成され，一次的に小胞体内腔に蓄えられた後，ゴルジ体へ送られる。ここで不要な部分の削除編集や必要な化学基の付加修飾を受けたタンパク質や脂質が，他の細胞小器官や細胞外へ送られる。リソソームは消化酵素を包含し，細胞外から取り入れた巨大分子や不要となった細胞小器官を再利用可能な小型分子に分解している。ペルオキシソームはその名前が示すように過酸化水素水などの過酸化物やカタラーゼを含み，ホルムアルデヒドやアルコールなどの有毒物質を酸化して無毒化したり，脂肪酸を分解するなどの機能を有している。過酸化物を生成するために酸素分子を取り込む点はミトコンドリアに似ているが，DNA をもたず，小胞体と同じように，必要なタンパク質はすべて細胞質ゲルから得ながら自己増殖する。

7-2 タンパク質の合成

　細胞内には，糖や脂質を含むいろいろな種類の有機物があり，タンパク質と核酸(DNA，RNA)は重要である。タンパク質はアミノ酸が脱水結合の一種ペプチド結合でつながった重合体(ポリペプチド)である(図7-2-1)。生体内のアミノ酸は，中心となるα炭素に-COOH(カルボキシ基)，$-NH_2$(アミノ基)，-H，および残基が結合しており，基本的な残基は20種類しかない(図7-2-2)。つまり，生体のタンパク質を構成する20種類のアミノ酸はすべてαアミノ酸で，β炭素やγ炭素にアミノ基が結合したβアミノ酸やγアミノ酸はみられない。そのため，ポリペプチドの二次構造はαヘリックス，βシートなど比較的単純なパターン構造の繰り返しとなっている(図7-2-3)。しかも，生体内のアミノ酸はL型であり，その鏡像体であるD型アミノ酸はごく僅かな例外を除いてみられない。なぜ，生体アミノ酸がほとんどすべてL型であるのかは，生物学における大きな謎の1つである。ポリペプチドはカルボキシ基にアミノ基が結合して伸びており，アミノ基末端をN末端，カルボキシ基末端をC末端と呼んでいる。

　RNAはリボヌクレオチドがつながった重合体(ポリヌクレオチド)で，リボヌクレオチドは，5炭糖である環状型リボースの1'炭素に塩基，5'炭素に三リン酸が結合する構造となっている(図7-2-4)。リボヌクレオチドを構成する塩基には，アデニン(A)，グアニン(G)，シトシン(C)，ウラシル(U)の4種があり，リボースとグリコシド結合で結ばれている。2つのリボヌクレオチドは3'炭素と5'炭素が脱水結合の一種ホスホジエステル結合で結ばれ，無機二リン酸であるピロリン酸が放出される。ポリペプチドと同じようにポリヌクレオチドにも方向性があり，必ず3'方向に伸びていくので，5'側を

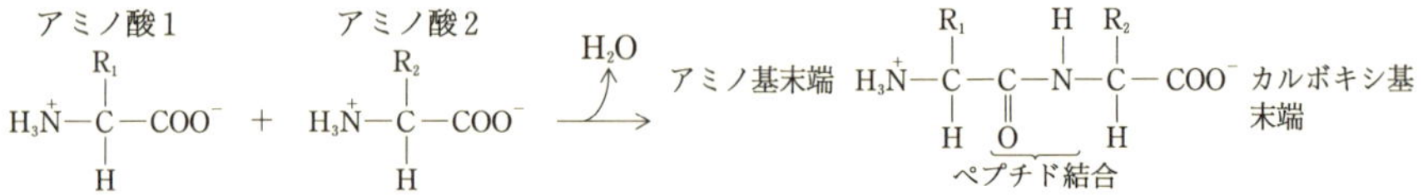

図7-2-1　アミノ酸のペプチド結合

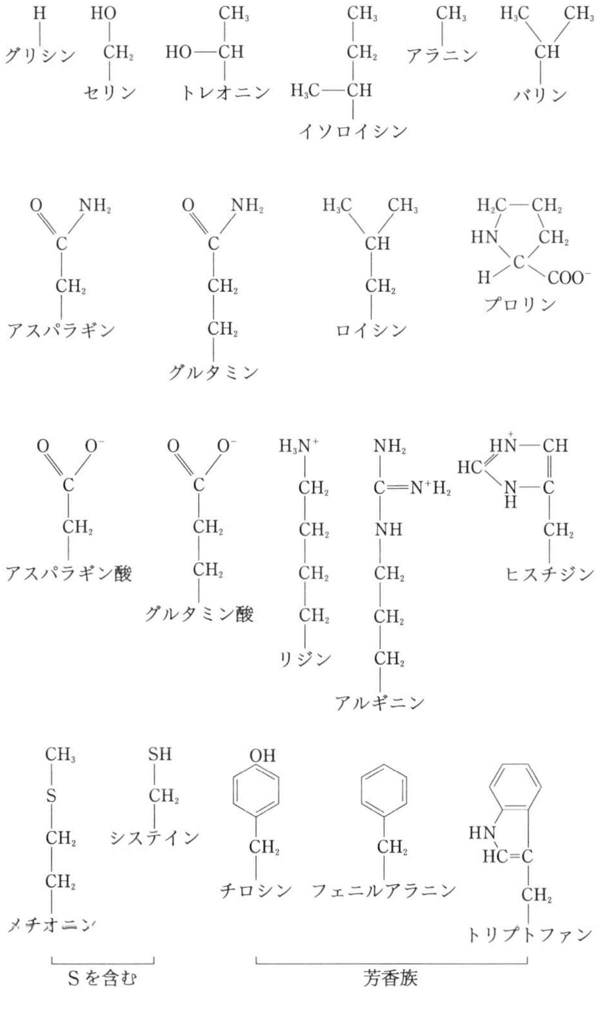

図 7-2-2　20 種類のアミノ酸残基 (R 基)

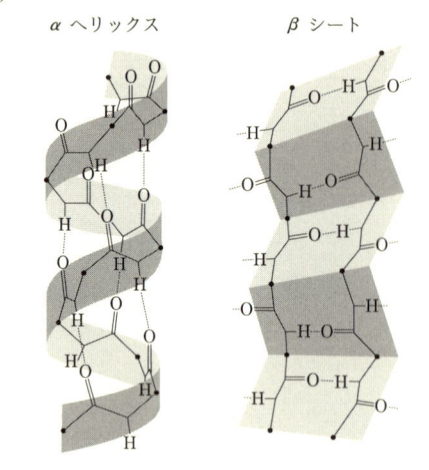

図 7-2-3　タンパクの二次構造

ピロリン酸

ホスホジエステル結合

図 7-2-4　リボヌクレオチドの結合

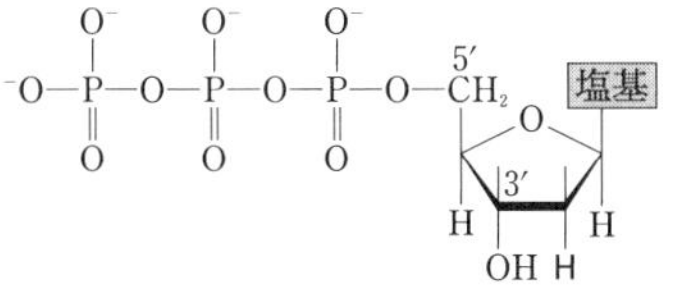

図7-2-5　デオキシリボヌクレオチド

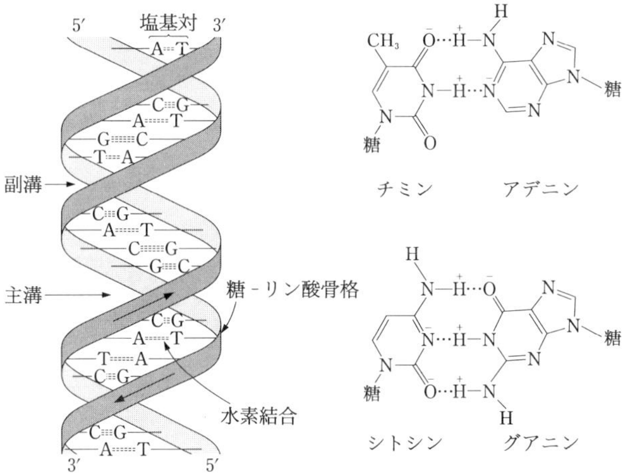

図7-2-6　DNAのラセン構造(左)と塩基の水素結合(右)

上流，3′側を下流と呼んでいる。

　DNAの構造はRNAとよく似ているが，2つの点で異なる(図7-2-5)。まず，5炭糖の2′炭素にはOHの代わりにHが結合し，リボースよりも化学的にかなり安定なデオキシリボース(デオキシとは「酸素がない」という意味)となっている。また，ウラシルに代わってチミン(T)が使用されている。RNAは2本鎖にもなり得るが通常1本鎖であるのに対し，DNAは1本鎖にもなるが，通常は2本のポリヌクレオチド鎖が逆向きに平行して並び，ラセン構造を形成している(図7-2-6)。その際，AとTは2つの水素結合で対をなし，GとCは3つの水素結合で対をなしている。したがって，GやCの多い領域はAやTの多い領域よりも強く結ばれており，2本鎖が離れにくい。

　細胞内で行なわれるさまざまな化学反応は酵素によって制御されているが，そのほとんどはタンパク質であり，DNAの遺伝情報をもとに合成される。各タンパク質の情報はDNA2本鎖のいずれかにコードされており，その領

域を遺伝子と呼んでいる。真核細胞の遺伝子は意味のある配列であるエキソンと意味のないイントロンからなり，原核細胞の遺伝子には，ごく一部の例外を除いてイントロンがない。あるタンパク質が必要になると，その遺伝子の塩基配列全体が RNA ポリメラーゼという酵素によってメッセンジャー RNA (mRNA) に転写される。その際，DNA の A, G, C, T は，それぞれ RNA の U, C, G, A として転写される。意味のないイントロンの転写も含む〝未熟な〟mRNA は，イントロンを取り除くスプライシングによって塩基配列全体に意味のある〝成熟した〟mRNA となる。

　この mRNA は核をでて，小胞体 (図 7-1-1) の表面に多いリボソームに運ばれる。リボソームはタンパク質とリボソーム RNA (rRNA) の複合体で，小サブユニットと大サブユニットからなる (図 7-2-7)。mRNA は 2 つのサブユニットに挟まれ，その情報がタンパク質として翻訳される。RNA の情報は，3 つの塩基で 1 つのアミノ酸を意味するトリプレット (コドンともいう) のつながりとして納められており，各トリプレットに対応するアミノ酸をトランスファー RNA (tRNA) が運んでくる。tRNA にはコドンと相補的な 3 つの塩基からなるアンチコドンがあり，コドンとアンチコドンが対合することによって RNA の情報がポリペプチドとして翻訳される。たとえば，コドン AGU のアンチコドンは UCA である。表 7-2-1 に示すように，アミノ酸は

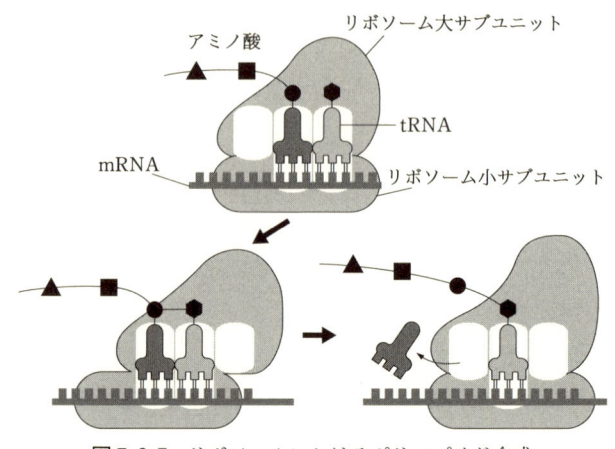

図 7-2-7　リボソームにおけるポリペプチド合成

表 7-2-1　コドン表

1＼2	U	C	A	G	2＼3
U	UUU, UUC　フェニルアラニン(Phe) UUA, UUG　ロイシン(Leu)	UCU, UCC, UCA, UCG　セリン(Ser)	UAU, UAC　チロシン(Tyr) UAA, UAG　終止(Term.)	UGU, UGC　システイン(Cys) UGA　終止 UGG　トリプトファン(Trp)	U C A G
C	CUU, CUC, CUA, CUG　ロイシン(Leu)	CCU, CCC, CCA, CCG　プロリン(Pro)	CAU, CAC　ヒスチジン(His) CAA, CAG　グルタミン(Gln)	CGU, CGC, CGA, CGG　アルギニン(Arg)	U C A G
A	AUU, AUC, AUA　イソロイシン(Ile) AUG　メチオニン(Met)	ACU, ACC, ACA, ACG　トレオニン(Thr)	AAU, AAC　アスパラギン(Asn) AAA, AAG　リジン(Lys)	AGU, AGC　セリン(Ser) AGA, AGG　アルギニン(Arg)	U C A G
G	GUU, GUC, GUA, GUG　バリン(Val)	GCU, GCC, GCA, GCG　アラニン(Ala)	GAU, GAC　アスパラギン酸(Asp) GAA, GAG　グルタミン酸(Glu)	GGU, GGC, GGA, GGG　グリシン(Gly)	U C A G

20種類に対し，コドンは$4^3＝64$種類あるため，ほとんどのアミノ酸は複数のコドンを有する．コドンのなかには翻訳の開始を意味するAUG(メチオニンも意味する)と，終了を意味するUAA，UAG，UGAも含まれる．

このようにして遺伝子の情報がタンパク質に翻訳されるのだが，たとえばヒトの体を構成するタンパク質は約10万種類あるのに対し，遺伝子は3万種類程度しかないことがわかった．その原因はおもに2つある．まず，翻訳によって合成されたタンパク質は，ゴルジ体(図7-1-1)において，一部アミ

図 7-2-8　選択的スプライシング

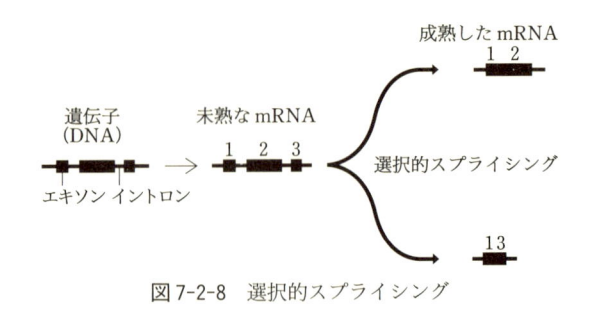

ノ酸の除去や化学基の修飾などの編集(プロセッシング)を受けるため，1つのポリペプチドが異なるタンパク質になり得る。また，RNAスプライシングにおいて，選択的なエキソン結合(図7-2-8)が起こり，1つの遺伝子から複数の成熟mRNAが生じ得る。

7-3　呼吸と光合成

「生命」とは何だろうか。今，100枚のコインがすべて表を上にして箱のなかにはいっているとしよう。この箱にふたをして激しく振り，再びふたを開けた時，すべて上向きという秩序が維持されている確率はゼロに等しい。これは，裏と表の組み合せはたくさんあるのに対し，すべて上向きという組み合せは1通りしかないからである。箱のなかのコインをある系のなかでぶつかり反応し合っている原子や分子と考えれば，熱力学第二法則をよく理解できる。「系は確率の低い状態から高い状態へと自発的に変化する」というこの法則は「宇宙では常に秩序が崩壊し，乱雑さが増している」と言い換えることもできる。物理学で乱雑さの尺度となっているのがエントロピーであり，熱力学第二法則は「エントロピー増大の法則」とも呼ばれている。

これに対し，生物の体内では化学反応が整然と行なわれ，分子間の分業や細胞間の分業によって秩序が保たれている。また，ヒト，アリ，ミツバチのように，個体間の分業によって建物や巣をつくり，高度に秩序だった社会をつくりあげている生物さえみることができる。一見，熱力学第二法則に反するようであるがこれらの生物現象は，確率的に起こりにくい反応(エネルギー

を要する)が起こりやすい反応(エネルギーを生み出す)と共役することによって維持されている。その時，起こりやすい反応ででるエネルギーを起こりにくい反応に運ぶのが，これから述べる ATP，NADH，NADPH などである。

7-3-1 呼　吸

生物は酸化反応により有機物を分解して自由エネルギーを獲得し(異化)，還元反応に自由エネルギーをまわして有機物を合成している(同化)。エネルギー運搬体である ATP(アデノシン三リン酸)や NADH(還元型ニコチンアミド-アデニン-ディヌクレオチド)を酸化反応で合成する反応系を呼吸という。ATP は，ADP(アデノシン二リン酸)と無機リン酸に自由エネルギーが加わって合成され，NADH は，NAD と H を高エネルギー電子が結合させてできる(図7-3-1)。

呼吸は，細胞質内で嫌気的(酸素は不要)に起こる解糖系と，ミトコンドリア内での好気的過程(酸素が必要)からなり，好気的過程はクエン酸回路と電

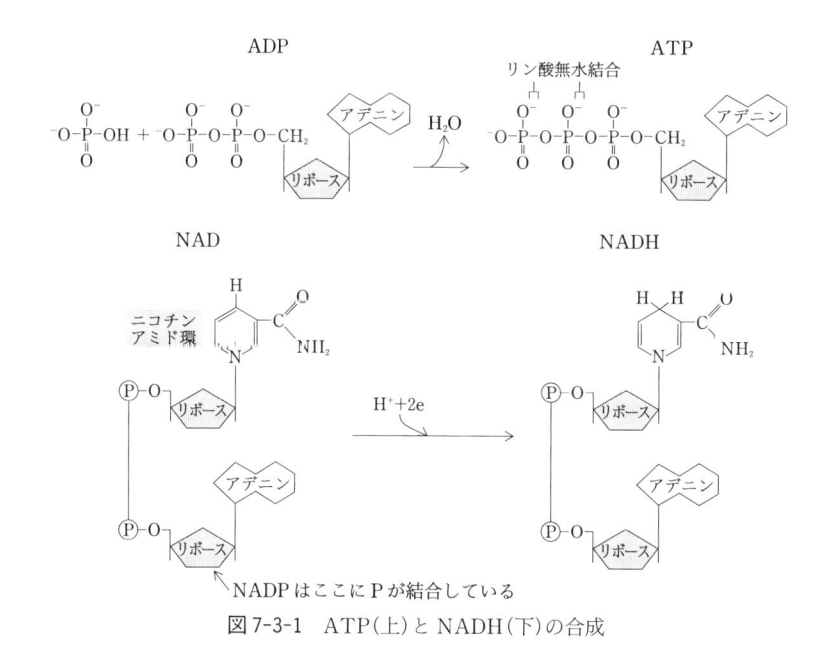

図7-3-1　ATP(上)と NADH(下)の合成

[Box 7-3-1] **電子と共有結合**

　生体分子を結合させる力には，イオン結合，水素結合，ファンデルワース力，疎水力などもあるが，ほとんどは電子の共有によって結合する共有結合である。原子は原子核とその周りを回る電子とからなり，電子の軌道群は一番内側から順にK殻(1軌道)，L殻(4軌道)，M殻(4軌道)……と呼ばれている。K殻は電子2個で安定するので，自ら2個の電子をもつヘリウムは化学反応を起こさない。L殻とM殻は8個の電子で安定し，L殻に8個の電子をもつネオン(総電子数10)とM殻に8個の電子をもつアルゴン(総電子数18)も化学反応を起こさない。化学的に不安定な原子は他の原子と電子を共有することによって安定な電子数を得ようとし，これを化学反応と呼んでいる。

　たとえば，炭素のL殻には4個，酸素のL殻には6個の電子しかないので，炭素1原子と酸素2原子が化学反応を起こしてCO_2となり，各原子がL殻に8個の電子をそろえることができる。水素は中性子のない最も軽い原子で，K殻に1個の電子しかもたず，もう1個の電子を求めて他の原子と結合する。たとえば，水素2原子は酸素1原子と結合して水H_2Oとなる。こうしてできる水は常温で液体であり，10^{-7}の分子がH^+とOH^-に分離しているので(pH＝7)，帯電した分子はH^+やOH^-に囲まれて水分子の間を漂う，つまり親水性で，水に溶けやすい。このように，水素が容易に電子を手放す性質や，酸素が周りから積極的に電子を奪おうとする性質が，生命現象を維持する化学反応系の基本となっている。ある原子や分子が他の原子や分子から電子を奪う反応を酸化，電子を与える反応を還元という。電子は原子や分子を結合する蝶つがいの役目を果たすので，酸化は分解反応，還元は合成反応で多くみられる。

　電子は，化学反応に利用できる自由エネルギーを一時的に蓄える役目も果たしている。たとえば，CO_2分子は波長14 μm前後の赤外線を吸収すると一部の電子が高エネルギー化して励起状態となり，そのエネルギーを放出すると基底状態に戻る。CO_2が温室効果ガスとみられるのはこのためである。高エネルギーの電子による共有結合を高エネルギー結合といい，たとえばATPは，ADPと無機燐酸が高エネルギー結合で結ばれた分子である。したがって，ATPをエネルギーレベルの低いADPと無機リン酸に分解すると自由エネルギーが発生し，化学的に起こりにくい反応を仲介できる。

子伝達系から構成されている。たとえば，6炭糖であるグルコースは解糖系により2つの3炭化合物ピルビン酸に分解され，この間に2つのATPを使って4つのATPと2つのNADHを合成し，差し引き2分子のATPと2分子のNADHを得ている(図7-3-2)。さらに，これらのピルビン酸はミトコンドリアのマトリックスにはいり，クエン酸回路で二酸化炭素にまで分解される(図7-3-3)。この反応系において，ピルビン酸1分子あたりNADH 4

図 7-3-2 解糖系

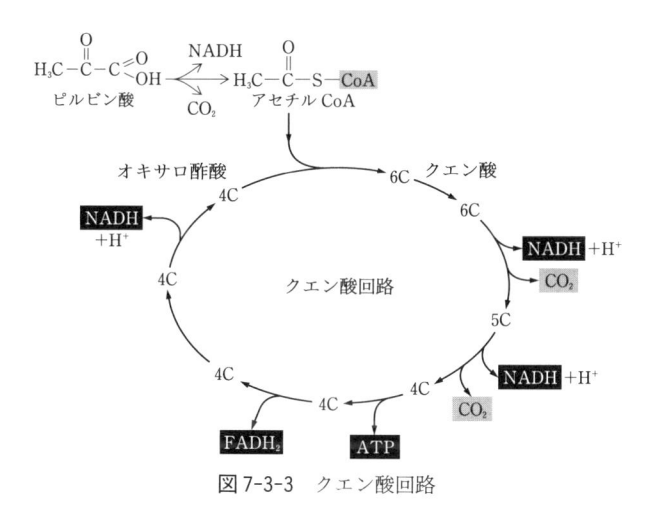

図 7-3-3 クエン酸回路

分子，その仲間である FADH$_2$(還元型フラビン-アデニン-ディヌクレオチド)1分子，ATP(動物では GTP グアノシン三リン酸)1分子が合成される。

　電子伝達系とは，高エネルギー電子をタンパクからタンパクへと伝達する間に放出されるエネルギーを用いて膜間にプロトン(水素イオン H$^+$)勾配をつくりだし，この勾配を利用して ATP を合成する反応系で，ミトコンドリアと葉緑体でみられる。ミトコンドリアの電子伝達系タンパクは内膜にあり，高エネルギー電子の供与体として解糖系やクエン酸回路でつくられた NADH が使われる。NADH から供与された電子は NADH 脱水素酵素複合体，シトクロム b-c$_1$ 複合体，シトクロム酸化酵素複合体を通りながらエネルギーを失い，最終的に酸素と水素イオンを結合させて水となる(図 7-3-4)。

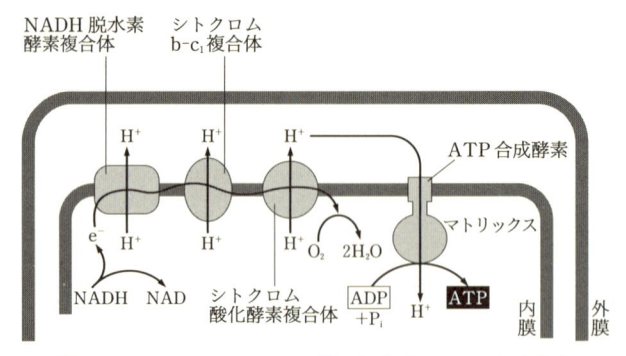

図7-3-4　ミトコンドリアの電子伝達系とATP合成酵素

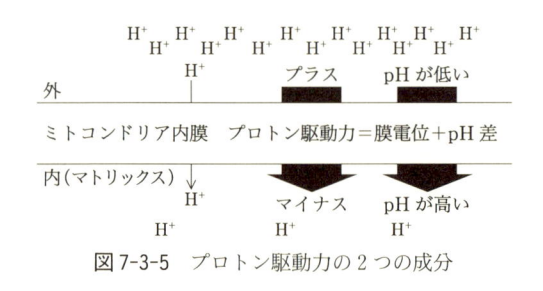

図7-3-5　プロトン駆動力の2つの成分

この間に，3つのタンパク複合体はそれぞれプロトンをマトリックスから膜間腔へと運び，プロトン勾配をつくりだす。これによって，内膜を挟んだ化学的濃度勾配(pH差)だけでなく，プロトンがイオンであるために電位勾配も発生する。この勾配を電気化学的プロトン勾配と呼んでいる(図7-3-5)。やはり内膜にあるATP合成酵素はこの電気化学的プロトン勾配を利用してモーターをまわし，ADPと無機リン酸からATPをつくる。クエン酸回路と電子伝達系により，グルコース1分子あたり約30分子のATPを合成できるので，ミトコンドリアの好気的過程は細胞質における嫌気的な解糖系よりもはるかに効率がよい。

　呼吸によって有機物が二酸化炭素や水にまで分解される過程はしばしば有機物の燃焼にたとえられるが，ミトコンドリアに取り込まれた酸素は，有機物分解系であるクエン酸回路ではまったく使われず，すべて電子伝達系で利用され，水になることに留意しておこう。クエン酸回路で発生するCO_2の

酸素原子は，ピルビン酸自身と H_2O によって供給される。

7-3-2 光合成

植物細胞の葉緑体で行なわれる光合成は，呼吸とは逆に，二酸化炭素と水から有機物と酸素を生成する反応系であり，光のエネルギーを使って NADPH(NADH にリン酸が結合した還元型ニコチンアミド-アデニン-ディヌクレオチド-リン酸；図7-3-1)と ATP を合成する電子伝達系(明反応)と，それらのエネルギー運搬体を使って二酸化炭素から有機物を還元合成する炭素固定反応系(暗反応)からなっている。電子伝達系では，水を電子供与体とし，その電子を使って電子受容体である NADP と H^+ を結合させ，NADPH を合成している。しかし，これは大きな自由エネルギーを必要とする起こりにくい反応である。したがって，電子を高エネルギー化するために2つの光化学系を必要とする(図7-3-6)。

まず，$2H_2O$ は水分解酵素によって O_2 と $4H^+$ と電子に分解され(チラコイド内腔で起こる)，この低エネルギー電子は，光化学系IIの反応中心に渡される。反応中心の周りにはたくさんのクロロフィル分子を含むアンテナ複合体が取り囲み，光エネルギーを集め，反応中心のスペシャルペア・クロロフィ

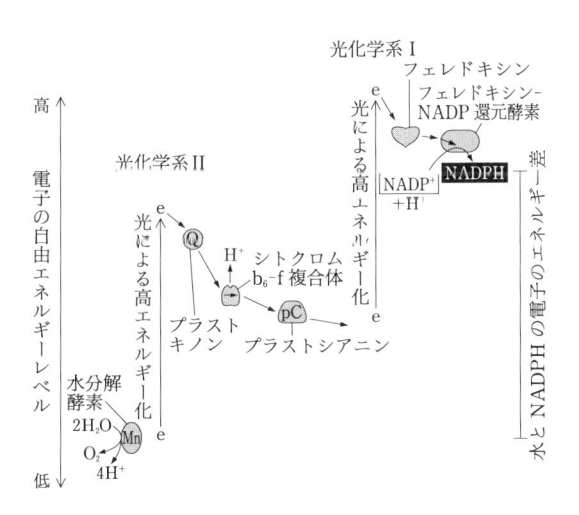

図7-3-6 光合成における電子の流れ

ル分子に渡す。この光エネルギーによって高エネルギー化された電子はシトクロム b_6-f を通って光化学系 I に渡される。この時，シトクロム b_6-f ではストロマからチラコイド内腔へ H^+ が送り込まれる。光化学系 I の反応中心へ渡された電子は，アンテナ複合体が集めた光エネルギーによってさらに高エネルギー化され，フェレドキシンに渡され，フェレドキシン NADP 還元酵素によって NADPH が合成される。この一連の反応系で，プロトンはチラコイド内腔で5個増え，ストロマで2個減るので，チラコイド膜を挟んでプロトンの電気化学的勾配が発生し，膜にある ATP 合成酵素により ATP が合成される。

光化学系 I と II は，電子伝達の順番を意味するのではなく，研究の歴史を反映していることに注意しておこう。まず，光化学系 I が発見されて研究され，その後光化学系 II が研究された。進化的にはまず光化学系 I が緑色硫黄細菌で現われ，その後に光化学系 II が紅色硫黄細菌で出現したと考えられているので，光化学系の番号は進化の順番とは一致している。

電子伝達系で合成された NADPH と ATP はストロマの炭素固定回路で，CO_2 から3炭糖のグリセルアルデヒドを合成する還元反応に利用される（図7-3-7）。葉緑体にはいった CO_2 3分子は5炭糖のリブロース 1,5-ビスリン酸3分子と結合して6分子の 3-ホスホグリセリン酸になる。その後，ATP 6分子と NADPH 6分子が投入され，3炭糖のグリセルアルデヒド 3-リン酸6分子となる。これら6分子の内1分子が回路からはずれ，5分子が5炭糖のリブロース 5-リン酸3分子となる。これに ATP 3分子が投入されてリブロース 1,5-ビスリン酸3分子となり，次の炭素固定に使われる。結局，3分子の CO_2 から1分子のグリセルアルデヒド 3-リン酸が合成されるのに，6分子の NADPH と9分子の ATP が必要である。

炭素固定回路で合成されたグリセルアルデヒド 3-リン酸の多くは細胞質に運ばれ，6炭糖のグルコースと5炭糖のフルクトースとなり，グルコースとフルクトースが結合した二糖であるスクロース（ショ糖）が合成される。動物ではグルコースが血液によって運搬され，細胞のエネルギー源となるのに対し，植物ではショ糖が維管束を通して細胞へ輸送される。維管束内のショ糖濃度が充分ならば，グリセルアルデヒド 3-リン酸はストロマでデンプン

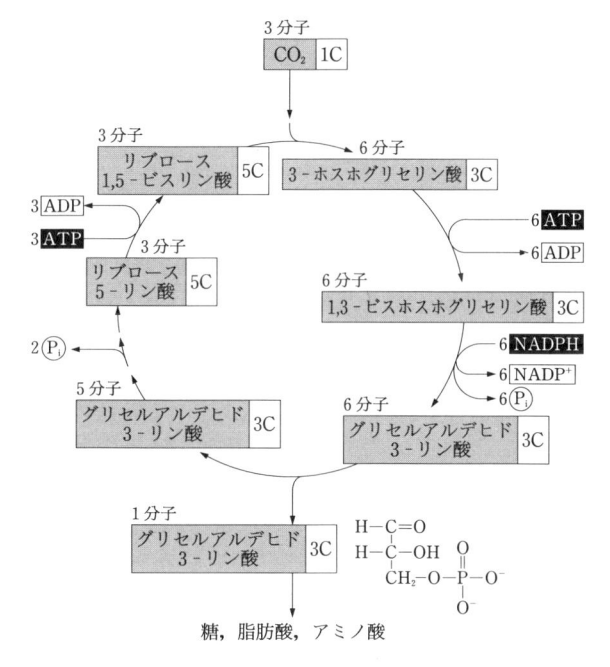

図 7-3-7　炭素固定回路（カルビン・ベンソン回路）

になり，一時的に貯蔵される。デンプンは，動物の貯蔵型多糖であるグリコーゲンと同じようにグルコースの重合体である。

　このように，多くの植物で葉の気孔から取り込まれた CO_2 は，5炭化合物のリブロース1,5-ビスリン酸と結合して3炭化合物の3-ホスホグリセリン酸になるので C_3 植物と呼ばれている。しかし，たとえばトウモロコシやサトウキビに取り込まれた二酸化炭素は，まず葉肉細胞の C_4 ジカルボン酸回路にまわされ，3炭化合物のフォスフォエノールピルビン酸と反応して4炭化合物のリンゴ酸として蓄積される。これらの有機酸は，葉脈を取り囲む維管束鞘細胞の葉緑体で脱炭酸作用を受け，切り離された二酸化炭素が炭素固定回路にまわされる。これらの植物は C_4 植物と呼ばれ，単子葉植物のイネ科，カヤツリグサ科，双子葉植物のキク科，トウダイグサ科などから1000種あまりがみつかっている。さらに，サボテンなどの多肉植物も C_4 ジカルボン酸回路に似た回路をもち，夜の間に気孔を開いて二酸化炭素を取り

込んでリンゴ酸として蓄積し，昼間は水分を逃がさないように気孔を閉じて炭素固定を行なっている。このような植物をCAM(crassulacean acid metabolism, ベンケイソウ型有機酸代謝)植物と呼んでいる。

7-4 細胞周期

体細胞にはDNA複製期synthesis(S期)と有糸分裂期mitosis(M期)がある。その間に，DNA修復，休止，成長などのための休止期gap phaseがあり，M期とS期の間をG_1期，S期とM期の間をG_2期と呼んでいる。たとえば，ヒトの体細胞の細胞周期では，M期は約1時間であるのに対し，S期には10〜12時間を要する。G_1やG_2の長さは環境条件によって大きく異なる。たとえば，分化した体細胞の多くは分裂を終了し，G_1期で停止している。そのような状態をG_0期ということもある。

G_1期の細胞はタンパク合成によって成長し，やがて始まる複製と細胞分裂に備えている。また，さまざまな外的要因によって生じたDNA損傷を修復している。

S期には，DNAの二重ラセンがDNAヘリカーゼによって開裂し(開裂部を複製フォークと呼ぶ)，それぞれの親鎖にそってDNAポリメラーゼが娘鎖を合成していく。染色体にはさまざまな位置に複製起点が散在し，複製は必ずそこから開始される。しかし，DNA複製には少なくとも4つの難題がある。まず，二重ラセンの巻き戻しによって生じるねじれ応力を解消する必要がある。I型のトポイソメラーゼは一方の鎖を切断して他方の鎖を通過させ，ねじれ応力を解消した後，再び切断部を結合させる。2つの娘二重ラセンが形成されていくにつれ，二重ラセン間にもねじれ応力が生じる。II型トポイソメラーゼは，一方の二重ラセンを切断し，他方の二重ラセンを通過させた後に切断部を結合させ，ねじれ応力を解消する。このように，ねじれ応力によってDNA鎖が絡みあうのを避けながらDNA複製が進行していく。

第二の問題はねじれ応力よりも深刻である。DNAの1本鎖には方向性があり，しかもポリヌクレオチドは，デオキシリボースの3'C側には伸びていくが，5'C側には伸びない。また，DNA2本鎖は互いに反対方向に旋回し

図 7-4-1　DNA の複製

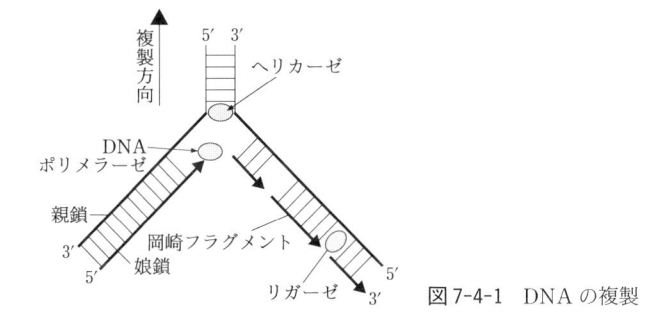

ている。このため，複製フォークの進行方向に向かって 3′ → 5′ の親鎖（リーディング鎖）では 5′ から 3′ へと娘鎖が連続的に伸びていけるのに対し，5′ → 3′ の親鎖（ラギング鎖）では図 7-4-1 に示すように娘鎖を不連続に伸ばし，短鎖断片を DNA リガーゼで結合するしかない。これらの DNA 短鎖は岡崎フラグメントと呼ばれ，原核細胞では 1000〜2000 ヌクレオチド，真核細胞では 150〜200 ヌクレオチドの長さがある。

　複製用の DNA ポリメラーゼは，ポリヌクレオチドの先頭となるプライマー（数ヌクレオチドからなる"火種"）なしには DNA 合成を開始できない。これが第三の問題である。このため，複製はプライマーなしに RNA を合成できる RNA ポリメラーゼによって開始され，こうしてできた RNA がプライマーとなって，DNA ポリメラーゼによる DNA 合成が始まる。したがって，リーディング鎖側の娘鎖の先頭，および各岡崎フラグメントの先頭は数個のリボヌクレオチドとなっている。これらの RNA はいずれ RNA 分解酵素によって分解され，複製用とは異なる DNA ポリメラーゼと DNA リガーゼによってギャップが埋められる。

　第四の問題は染色体の先端域であるテロメアで発生する。ラギング鎖では岡崎フラグメントごとに複製されるので，最後のフラグメントが染色体の端から始まるとは限らない。そこで，生殖細胞や幹細胞では RNA とタンパク質の複合体であるテロメラーゼによって末端部が複製される。図 7-4-2 に示すように，まず RNA の塩基配列に基づいてタンパク質部分の逆転写酵素が親鎖の DNA を伸張させ，その後 DNA ポリメラーゼがラギング鎖の末端部を埋めていく。動物によっては体細胞でもテロメラーゼ活性がみられるが，

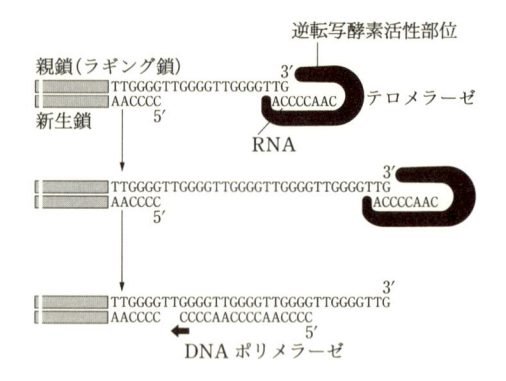

図7-4-2 RNAを含むテロメラーゼによるテロメアの複製

　ヒトの体細胞の多くはテロメラーゼ活性を示さず，ラギング鎖末端は複製されない。つまり，細胞分裂のたびにテロメアが短くなり，これが細胞老化の一因と考えられている。しかし，ラットの体細胞はテロメラーゼ活性を示し，テロメア末端が複製されるにもかかわらず，ラットはヒトより早く老化することからもわかるように，細胞の老化と個体の老化はあまり関係がない。老化した細胞はプログラム化された細胞死(アポトーシス)を起こし，代わりに新しい細胞が幹細胞から分化しているからである。

　DNA複製の結果できた2つの染色分体はコヒーシンというタンパク質によって接着される。DNA複製が終わると，G_2期にはいり，複製の誤りが修復される。誤りには，点変異，挿入，欠失，逆位などがある(図7-4-3)。最も多い点変異には，プリン(アデニン，グアニン)同士あるいはピリミジン(チミン，シトシン)同士が入れ替わる転移transitionと，プリンとピリミジンが入れ替わる転換transversionとがあり，転移は転換よりも起こりやすい。

　G_1期，S期，G_2期を合わせて間期といい，染色体は凝縮せずに核のなかに納まっている。中心体2個も核膜表面の1箇所に集まり，そこから微小管が伸びている(図7-4-4)。やがてM期にはいると様相が一変し，細胞分裂を起こす。細胞分裂は核分裂(有糸分裂)と細胞質分裂からなり，有糸分裂期はさらに5期に分けられる。前期には染色体が凝縮を始め，中心体も二極へと離れていくが，核膜はまだ存在している。前中期になると核膜が分散し，複製の結果できた姉妹染色分体からなる染色体が明瞭となってくる。やがて両

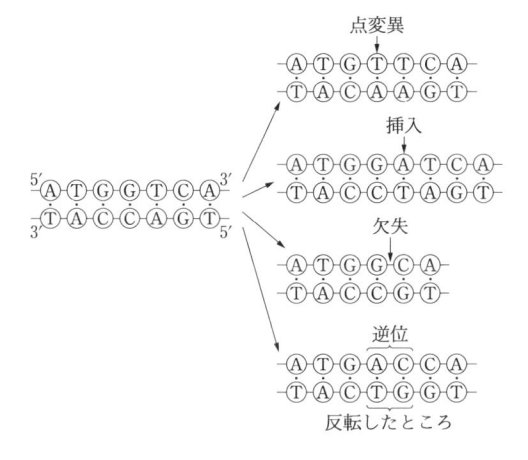

図 7-4-3　いろいろな突然変異

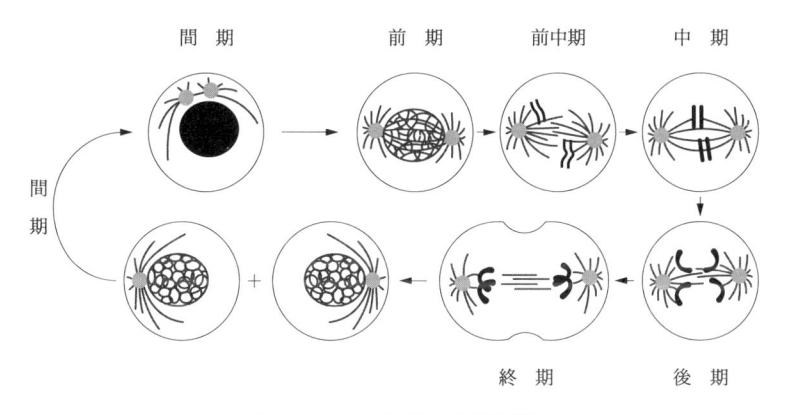

図 7-4-4　真核細胞の分裂過程

極から伸びてきた微小管が染色分体の中心域(セントロメア)にある動原体に付着すると，染色体は活発に動き始める。中期には染色体が1列に並び，微小管は2つの中心体を極とする紡錘体の形状を呈するようになる。したがって，微小管がつくる全体の形状を紡錘体，微小管を紡錘体微小管と呼んでいる。紡錘体微小管は，中心体の足場となっている星状体微小管，動原体に接着して染色体を紡錘体赤道に並べる動原体微小管，両極から伸びて赤道面で重複している重複域微小管の3種類からなる。後期にはいるとコヒーシンが分解

され，動原体微小管が姉妹染色分体を引き離すと共に，重複域微小管が伸びて両極を遠ざけていく。終期にはさらに両極が遠ざかり，各染色体グループの周りに核膜が形成されて核分裂が終了する。やがて，動物では収縮環により外側からくびれ，植物では内側から細胞隔壁が形成され，細胞質も分裂する。分裂によって誕生した2個の細胞はまもなくG_1期にはいり，タンパク合成により成長する。また，中心体も間期の間に分裂して2個となる。

　細胞周期では，染色体の複製，有糸分裂，細胞質分裂などのイベントが1回ずつしか起こらないように制御する細胞周期制御系が存在する。細胞周期制御系には多数のタンパク質がかかわっており，中心となっているのは，サイクリンとタンパクキナーゼ(ボックス)の一種Cdk (cyclin-dependent kinase, サイクリン依存キナーゼ)である。Cdkは単独では不活性だが，サイクリンと結合すると活性化し，細胞周期にかかわるさまざまな酵素をリン酸化する。サイクリン-Cdk複合体はリン酸化作用によってさまざまな酵素を活性化あるいは不活性化し，細胞周期を制御している。

　サイクリンとは細胞周期の間に合成と分解を繰り返すタンパク質群で，G_1期のみにみられるG_1サイクリンとG_1/Sサイクリン，G_1期の末期に合成されてG_2期に分解されるS-サイクリン，G_2期に合成されて有糸分裂後期に分解されるM-サイクリンなどがある。このなかでS-サイクリンとM-サイクリンは特に重要である(図7-4-5)。G_1期にS-サイクリンの濃度が上昇してくるとS-サイクリンとCdkの複合体であるS-Cdkが増えてくる。G_1期の末期にあるG_1チェックポイントで複製の条件が整ったことが確認されると，S-Cdkが活性化されてDNA複製が開始される。S-Cdkはまず複製起点を認識し，複製を開始させると共に，リン酸化によって複製にかかわる

[Box 7-4-1] **タンパクキナーゼ**

　酵素はいろいろな方法で活性化され，あるいは不活性化される。リン酸の脱着による方法もその1つで，酵素をリン酸化させる酵素をキナーゼ，脱リン酸化させる酵素をフォスファターゼと呼ぶことが多い。キナーゼは，他の酵素を活性化することもあるし，逆に不活性化することもある。キナーゼは稀にRNAであることもあるが，多くの場合，タンパク質であり，そのようなキナーゼをタンパクキナーゼと呼んでいる。

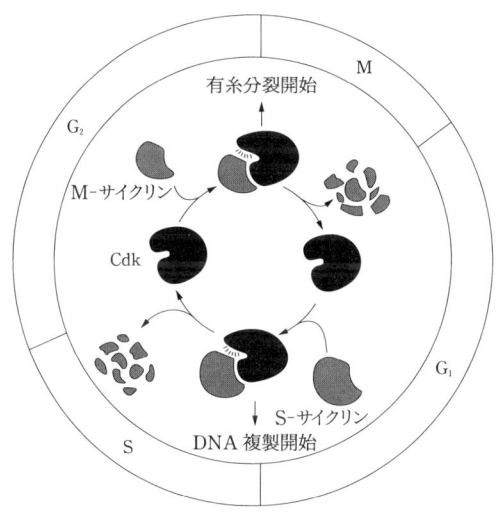

図7-4-5 細胞周期とサイクリン-Cdk複合体

さまざまな酵素を制御している。特に，複製起点を常に監視し，各染色体の複製が2回以上起こらないようにしている。

複製が終了し，G_2期にはいるとS-サイクリンはタンパク質分解酵素によって分解され，Cdkだけが残る。これにともなってM-サイクリンの合成がさかんとなり，M-Cdkが増えてくる。G_2期の末期にあるG_2チェックポイントで有糸分裂の条件が整ったことが確認されると，M-Cdkが活性化されて有糸分裂が始まる。M-Cdkは，さまざまな酵素のリン酸化を通じて，染色体の凝集，核膜の分散，紡錘体の組み立て，染色体の紡錘体赤道面への配列などを誘導する。しかし，有糸分裂期の中期が終わって後期にはいると，M-サイクリンの分解が始まり，代わりにAPC(anaphase-promoting complex, 後期促進複合体)という酵素複合体が活性化される。ただし，有糸分裂中期は紡錘体付着チェックポイントとなっており，動原体は紡錘体に正しく付着しない限り，細胞周期制御系にシグナルを送り続け，APCの活性化を阻止する。分裂の準備が整って活性化されたAPCは，他の酵素セパラーゼの活性化を通じてコヒーシンを切断し，染色体を分裂させる。M-サイクリンの分解によるM-Cdkの不活性化と共にM期が終了する。

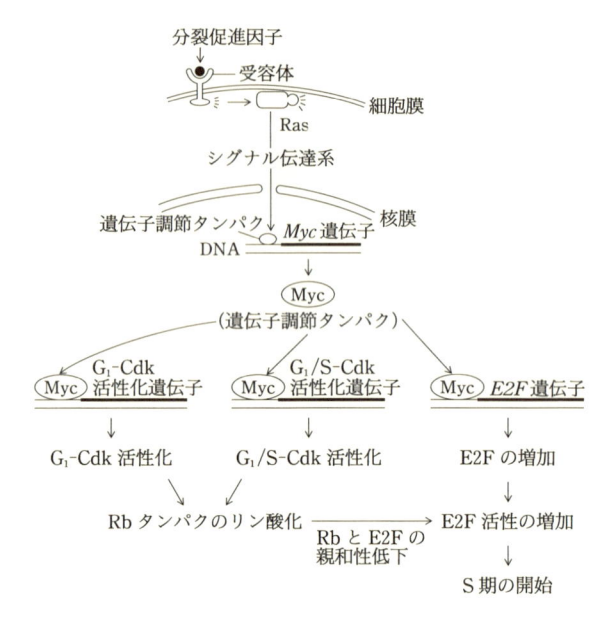

図7-4-6 分裂促進因子の刺激によってS期が始まる仕組み

　G_1期にはいるとCKI(Cdk-inhibitor, Cdk阻害タンパク)が生産され, Cdk活性が抑制される。S期の開始に必要な遺伝子はE2Fという遺伝子調節タンパクによって発現されるが, Rb(retinoblastoma protein, 網膜芽細胞腫タンパク)はE2Fに結合してS期遺伝子の転写を阻止している。このため, G_1期の大半はCdk不活性の安定期である。しかし, 細胞が成長し, 環境条件が整うと, 細胞外からの分裂促進因子が, 細胞膜表面の受容体を通してRas依存シグナル伝達系を活性化する。細胞膜内側に接着したRasタンパク質に始まるシグナル伝達系は, 遺伝子調節タンパク(Mycなど)の活性化を通して, G_1サイクリンとG_1/S-サイクリンの増加, G_1-CdkとG_1/S-Cdkの活性化を誘導する(図7-4-6)。増加したG_1-CdkとG_1/S-CdkはRbタンパクをリン酸化してE2Fとの親和性を低下させる。また, 遺伝子調節タンパクMycはE2F遺伝子の転写を亢進させ, E2Fを増加させる。こうしてG_1チェックポイントにおける細胞分裂停止機構から開放されたS期遺伝子は転写を開始し, DNA複製が再開される。

7-5 生物の免疫応答

多細胞生物が生存していく上で,最大の敵はウイルスを含む病原菌や寄生虫であり,動物は免疫系を進化させ,微生物の体内増殖を防いでいる。無脊椎動物の免疫系は単純で,保護壁と毒性物質と食細胞に依存する。食細胞は,侵入した微生物や寄生虫を取り込んで破壊・消化する。脊椎動物は,大食細胞(マクロファージやナチュラルキラー細胞)や小食細胞(好酸球,好中球,好塩基球などのミクロファージ)による自然免疫応答に加え,非常に精巧な適応免疫応答を備えている。この適応免疫応答は,B細胞による抗体免疫応答と,T細胞の直接作用による細胞性免疫応答に分けられる。抗体は細胞にまだ侵入していない病原菌,寄生虫,菌毒などに対する免疫系であり,T細胞は既に細胞内に侵入してしまった病原菌などの破壊をおもな仕事としている。抗体は体全体に広がって作用するのに対し,T細胞の作用範囲は感染箇所周辺に限定される。

以前,T細胞は胸腺 thymus でつくられると考えられていたが,その前駆細胞は B細胞や他の血液細胞(赤血球や血小板など)と同じように骨髄 bone marrow の造血幹細胞に由来することが明らかとなっている。骨髄と胸腺を中枢リンパ器官,リンパ節,扁桃腺,虫垂,脾臓,小腸バイエル板などを抹消リンパ器官と呼んでいる。中枢リンパ器官でつくられたリンパ球は,リンパ管を流れるリンパ液によって抹消リンパ器官に運ばれ,B細胞やT細胞となり,ここで抗原と反応して活性化され,免疫応答可能なエフェクター細胞となる。抹消リンパ器官は細胞層を通して血流に開口しており,T細胞,抗体,食細胞は循環器系によって全身に運ばれる。ヒトの体内には約2兆個のリンパ球があり,適応免疫応答の中心的役割を担っている。

脊椎動物では,自然免疫系と適応免疫系が連携して働いている。マクロファージやミクロファージ(ほとんど好中球)の表面には,自己にはないDNA,脂質,糖質,タンパク質の多くを認識できる受容体がある。食細胞に取り込まれたウィルスなどの非自己物質はリソソームで破壊される。食細胞は病原菌などを取り込んで抹消リンパ器官に移動し,T細胞が認識しやすい抗原

として提示する。この抗原提示能力に最も優れた食細胞は表皮に多いランゲルハンス細胞などの樹状細胞である。

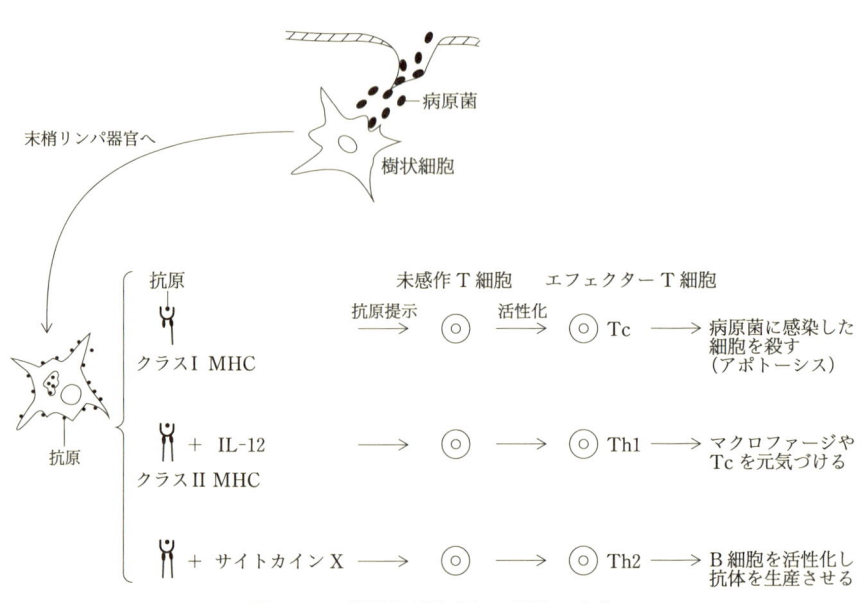

抗原提示によって活性化されたエフェクターT細胞には，①微生物に感染された細胞をパーフォリンという小孔形成タンパクによってアポトーシスへ導く細胞傷害性T細胞 cytotoxic T cell(Tc細胞)，②食細胞や細胞傷害性T細胞をINF(インターフェロン)γなどで活性化し，彼らが捕らえた病原菌の破壊を助けるヘルパーT細胞1型(Th1細胞)，③B細胞をサイトカインで活性化して抗体産生を促すヘルパーT細胞2型(Th2細胞)の3タイプがある(図7-5-1)。まだ活性化されていない未感作T細胞がどのタイプのエフェクター細胞に分化するかは，抗原提示の様式による。細胞の表面にはMHC(major histocompatibility complex，主要組織適合遺伝子複合体)タンパクがあり，樹状細胞はこのタンパクの先端に抗原を結合させてT細胞に提示する。MHCタンパクは，ほとんどの細胞がもつクラスIと，食細胞やリンパ球など一部の細胞だけがもつクラスIIの2グループに分けられる(図7-5-2)。T細胞は，クラスI MHCタンパクで抗原を提示されるとTc細胞に分化し，クラスII

図7-5-1 抗原提示様式とT細胞の分化

[Box 7-5-1] MHCタンパク

　MHCタンパクは，適応免疫系における重要な機能が解明される前に，移植片拒絶反応の主要抗原として同定され，その遺伝子群が major histocompatibility complex と命名されたことから，主要組織適合遺伝子複合体タンパクというわかりにくい名前になってしまった（主要組織不適合遺伝子複合体と訳してくれた方がまだわかりやすい）。ヒトでは白血球で最初に同定されたので HLA 抗原 human-leucocyte-associated antigen（ヒト白血球付属抗原）と呼ばれることもある。本来ならば，「抗原提示タンパク」とでも命名すべき細胞表面タンパクである。光化学系 II と I でもみられるように，タンパク質や遺伝子の名前には，本来の機能よりも発見や研究の経緯を反映したものが多い。

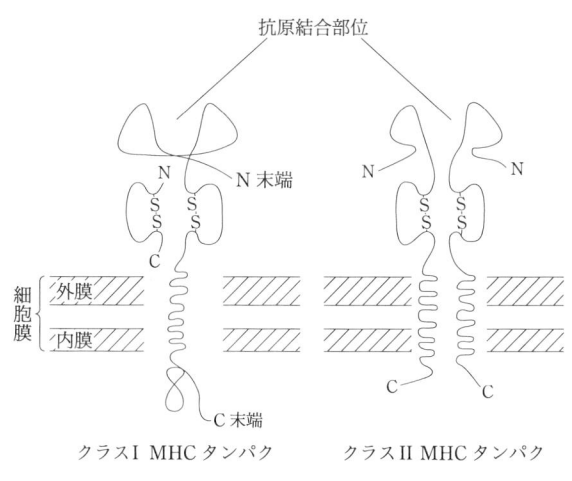

図 7-5-2　クラス I と II の MHC タンパク

　MHC タンパクで提示されるとヘルパー T 細胞に分化する。また，樹状細胞は T 細胞を活性化する際にサイトカインを分泌している。クラス II MHC で活性化されたヘルパー T 細胞が，IL-12（イソロイシン 12）で刺激されると Th1 細胞，サイトカイン X（未同定）で刺激されると Th2 細胞になる（図 7-5-1）。

　感染部に移動した Tc 細胞はクラス I MHC と結合した抗原を頼りに被感染細胞を探索し，Th1 細胞はクラス II MHC と結合した抗原を頼りとして，病原菌と戦っている食細胞や Tc 細胞を活性化する。このように，MHC タ

> [Box 7-5-2] サイトカイン
>
> サイトは細胞，カインは作動因子という意味で，細胞が近隣細胞に働きかけて，その増殖・分化・機能発現を促すタンパクを総称してサイトカインと呼ぶ．ホルモンと機能が似ているが，ホルモンは比較的低分子で，遠く離れた組織や器官の細胞に作用する．しかし，その区別は曖昧で，サイトカインとホルモンの両方に分類される細胞間作動因子もいくつかある．
>
> 抗原刺激によってリンパ球が放出する物質をリンフォカインと命名して以来，多くのサイトカインが発見され，一時期混乱したが，遺伝子の同定が比較的容易にできるようになると，遺伝子に基づく整理が進んだ．たとえば，おもに白血球 leukocyte 間の情報伝達を担うタンパクは，その遺伝子の同一性に基づいてインターロイキン(IL)やインターフェロン(IFN)などと呼ばれ，インターロイキンには IL-1 から IL-18，インターフェロンには IFN-α，IFN-β，IFN-γ などがある．その他，腫瘍の壊死に関わる TNF-α(tumor necrosis factor-α)，細胞の成長にかかわる GF(growth factor)など多数のサイトカインがみつかっている．

ンパクは T 細胞が殺すべき細胞と活性化すべき細胞を区別する上で重要な役割を果たしている．また，マクロファージや好中球などの自然免疫系が不特定多数の侵入者に応答するのに対し，T 細胞は，MHC が介在するお陰で，自分たちを活性化させた抗原を集中的・特異的に破壊・排除することができる．

エフェクター B 細胞が産生する抗体もその B 細胞を活性化した抗原としか反応しない．F.M. バーネットは，抗体の抗原特異性は B 細胞のクローン間選択によって維持されるという説を提唱し，多くの研究者に支持されている．B 細胞の表面にある抗原受容体は多様であり，ある抗原に結合する受容体をもつ B 細胞は，B 細胞全体のごく一部に過ぎない．しかし，抗原刺激によって活性化された B 細胞は分裂を繰り返して増殖するのに対し，結合する抗原がみつからない B 細胞はアポトーシスによって死亡していく．このような選択によって増殖した B 細胞は分化してエフェクター B 細胞となり，その受容体と同じ抗原結合部位をもつ抗体をさかんに分泌するようになる．

抗体の基本単位は，Y 字状のタンパク質で，図 7-5-3 に示すように，抗原結合部位を 2 つもつ．この抗体部位と結合する抗原側の部位を抗原決定基

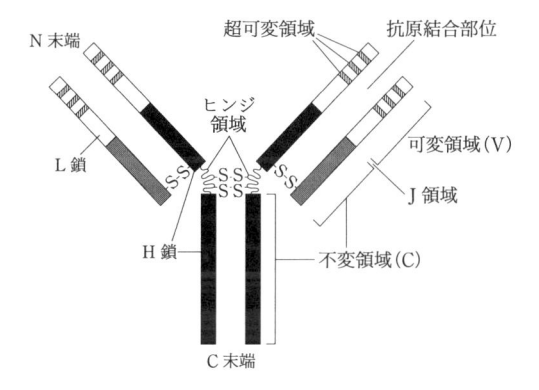

図 7-5-3　抗体の基本構造

と呼ぶが，各抗原は抗原決定基を複数もつことが多いため，抗体は抗原を次々と架橋し，塊として集めることができる．この時，抗体の関節の役目をするヒンジ領域が柔軟であることも，抗原の架橋に役立っている．このようにして抗体が付着した病原体や微生物毒素は宿主細胞表面の受容体に結合できなくなると共に，自然免疫系のマクロファージや好中球に捕食されやすくなる．

では，クローン選択を可能にするB細胞の多様性はどのようにして生み出されるのだろうか．抗体の基本単位はL鎖 light chain 2つとH鎖 heavy chain 2つからなり，L鎖は約110のアミノ酸からなるIg(immunoglobulin)ドメインが2つ，H鎖は同様のドメインが4つまたは5つ連なっている(図7-5-3)．各抗体に特異的なアミノ酸配列はN側先端の可変領域ドメインのみにみられ，他のドメインは不変領域となっている．

抗原結合部位となる可変領域の特異性は，B細胞の分化にともなう遺伝子組換えとRNAスプライシングによってもたらされることが明らかとなっている(図7-5-4)．まず，L鎖にはκL鎖とλL鎖の2種があり，いずれか1つだけが使われる．L鎖の可変領域にはV遺伝子断片とJ遺伝子断片，不変領域にはC遺伝子断片がかかわり，κL鎖の遺伝子領域には，40個のV断片，5個のJ断片が連なっている．B細胞の分化にともなうDNAの再編とRNAスプライシングによって，それぞれ1個ずつのV断片とJ断片が連

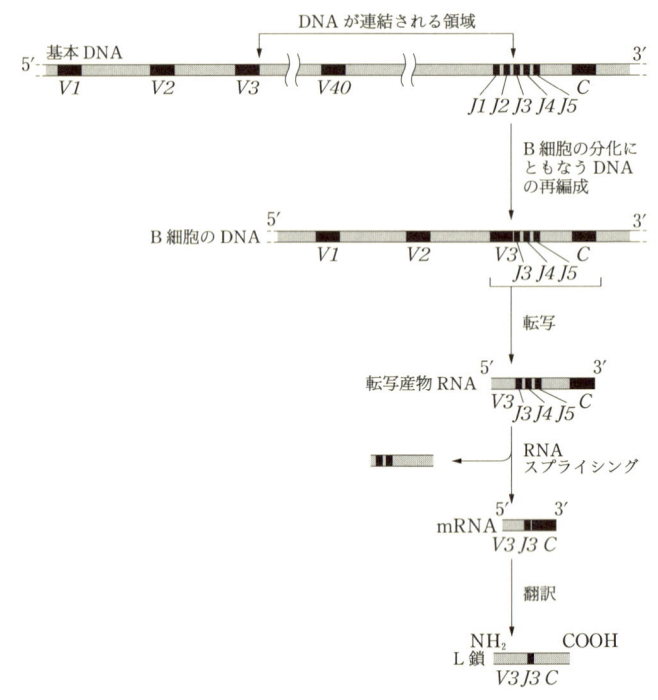

図 7-5-4　ヒトの κL 鎖が DNA 再編成, 転写, 翻訳を通して生成される過程

結されるので, 200 通りの V-J 連結ができ得る。λL 鎖の遺伝子領域には 29 個の V 断片と 4 個の J 断片があり, 同様の DNA 編成と RNA スプライシングによって 116 通りの V-J 連結ができ得る。したがって, 合計 316 通りの L 鎖可変領域ができ得る。H 鎖の可変領域には, V(51 個)と J(6 個)に加えて D 遺伝断片(27 個)がかかわっているので(図 7-5-5A), 8262 通りの可変領域が可能である。この組み合せだけでも, 316×8262≒2,600,000 種類の抗原結合部ができ得ることになる。

また, κL 鎖, λL 鎖, H 鎖の遺伝子はそれぞれ異なる染色体上にあり, 染色体は父由来と母由来の 2 つずつある(二倍体)ことを考えると, 組み合せの数はさらに増える。これに加え, 抗体遺伝子断片の組換えでは, 連結部におけるヌクレオチドの欠失や挿入が頻繁に起こっており, この「連結にともなう多様化」によって可能な抗原結合部位の種類数は B 細胞の総数(約 1 兆)

よりもはるかに多いと考えられる．ただし，ヌクレオチドの欠失や挿入によって機能を失うことも多く，分化段階にあるB細胞の約3分の2は骨髄内で死亡する．

抗体の抗原結合部は，B細胞が分化した後も細胞分裂と共に変化し，抗原との親和性を高めることができる．特に，L鎖とH鎖のV遺伝子断片では複製の誤りが起こりやすく，点変異が分裂あたり1回，つまり他の遺伝子における突然変異率の約100万倍の頻度で起こっている．これを「体細胞超変異 hypermutation」という．このように高い頻度で起こる突然変異にクローン選択が作用し，抗原との親和性が高まっていくと考えられる．抗体の抗原結合部には，連結にともなう多様化や体細胞超変異によって変異を起こしやすい領域が3箇所あり，超変異領域と呼んでいる(図7-5-3)．

L鎖不変領域のC遺伝子断片は1個だが，H鎖不変領域には$C\mu$，$C\delta$，$C\gamma$，$C\varepsilon$，$C\alpha$という5個のC遺伝子断片がかかわっており，DNA再編成でV-D-J連結の隣に位置するC遺伝子断片のみが翻訳される(図7-5-5A)．したがって，分化直後のB細胞では必ず$C\mu$が翻訳されるが，その後も抗原の刺激を受けながらDNA再編成が進み(図7-5-5B)，環境に応じて他のC遺伝子断片が翻訳された抗体がクローン選択により増殖する．抗体にはIgM，IgD，IgG，IgE，IgAの5種類があり，それらのH鎖はそれぞれ$C\mu$，$C\delta$，$C\gamma$，$C\varepsilon$，$C\alpha$が翻訳されたポリペプチドである．

抗体5種類の特徴を表7-5-1にまとめた．最も多いのはIgGで，通常，全抗体の75％を占めている．IgGは胎盤を通過し，胎児の免疫系を補助で

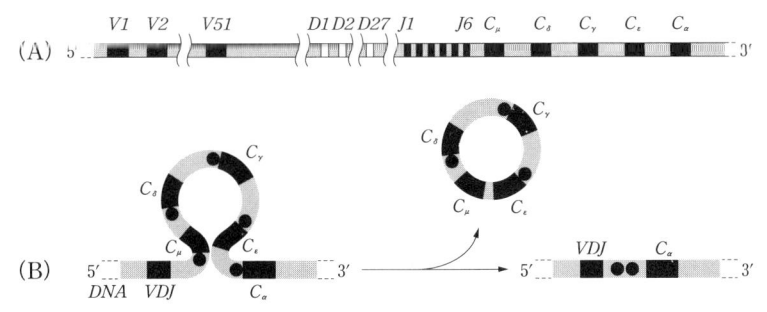

図7-5-5　H鎖の基本DNA領域(A)とDNA再編成によるクラス変換の例(B)

表7-5-1 抗体のクラスとその性質

性質	抗体のクラス				
	IgM	IgD	IgG	IgA	IgE
H鎖(重鎖)	μ	δ	γ	α	ε
L鎖(軽鎖)	κかλ	κかλ	κかλ	κかλ	κかλ
基本鎖単位の数	5	1	1	1か2	1
血中の全Igに占める%	10	<1	75	15	<1
胎盤通過の有無	−	−	＋	−	−
肥満細胞や好塩基球との結合の有無	−	−	−	−	＋

きる唯一の抗体でもある。IgAは唾液，涙，呼吸器や腸の分泌液などに多い抗体で，血液中では基本単位(L鎖2本，H鎖2本)1つからなる単量体だが，分泌液のなかでは二量体となっている。IgMは分化したB細胞が最初に分泌する抗体であり，たとえ抗原と結合できてもその親和性はまだ低い。おそらくその低い親和性を補うため，IgMは，5つの基本単位ともう1本のポリペプチド(J鎖)が互いにジスルフィド結合で結ばれた五量体となっており，抗原結合部を10箇所もっている。IgEは単量体で，その尾部(Fc領域)は肥満細胞の受容体と結合し，それらの細胞の抗原受容体として働く。これらのIgEで抗原を捕らえた肥満細胞は血管拡張作用のあるヒスタミンを分泌し，抗体，Tc細胞，Th1細胞，食細胞などが感染部にはいるのを助ける。IgDはごく少量しか分泌されない。

　適応免疫は一度成立すると，数年後に同じ抗原が侵入した時，比較的容易に排除することができる。これを免疫記憶といい，ワクチンは免疫記憶を利用した細菌予防法である。これは，初めて抗原と接触した時起こる一次免疫応答で，B細胞はエフェクター細胞となって抗体を産生すると共に，一部が記憶細胞となるためである。抗原が排除されるとエフェクター細胞はアポトーシスによって速やかに消え去るが，記憶細胞は生き残り，再び同じ抗原が侵入した際に速やかにエフェクター細胞となって増殖し，抗原と親和性の高い抗体を産生する(二次免疫応答)。一次免疫応答ではおもにIgM，二次免疫応答ではおもにIgGが血液中に放出される。

　あらゆる抗原に特異的に対応できる抗体応答では，当然，個体自身がもつタンパク質などの自己抗原に応答してしまうB細胞も現われ得る。しかし，

脊椎動物の適応免疫系では，自己抗原応答型のB細胞を排除したり，その受容体遺伝子を再編集するなどして，自己抗原への応答を認めない免疫寛容が成立している．まず，B細胞が成熟するには，抗原の抗原決定基からシグナル1を受ける必要がある．さらに，抗原を取り込んで分解し，クラスII MHCタンパクを通して抗原決定基をTh2細胞に提示し，それに反応するTh2細胞からシグナル2を受ける必要がある．Th2細胞は既に樹状細胞から提示された抗原決定基を示すB細胞にシグナル2を送るため，Th2細胞が自己抗原応答型のB細胞にシグナル2を送る可能性は低くなる．シグナル2を受けられないB細胞のほとんどはアポトーシスによって死亡する．

ただし，シグナル1の元となった抗原決定基とシグナル2の元となった抗原決定基が異なることも少なくない．また，抗原のなかには，シグナル1だけでなくシグナル2をB細胞に送れるものもある．さらに，同一の抗原決定基を多数もつ重合体抗原は多数の部位でB細胞抗原受容体に結合するので，シグナル2がなくてもB細胞を活性化させる強力なシグナル1を生みだすことができる．T細胞の補助なしに活性化する細胞をB1細胞，T細胞の補助によって活性化する細胞をB2細胞と呼んで区別することもある．

生き残った自己抗原応答型のB1細胞もいずれ受容体遺伝子の再編集を受け，自己抗原に応答しない受容体をもつB細胞となるか，アポトーシスを起こして消え去る．しかし，自己抗原応答型のB細胞が活性化する疾患もある．たとえば重症筋無力症では，骨格筋細胞のアセチルコリン受容体に応答するB細胞が生き残り，その抗体によって神経細胞と筋細胞のパルス応答が遮断され，筋細胞が徐々に萎縮してしまう．

7-6 光合成の進化

38〜36億年前に現われた初期の原核生物は，還元的環境のなかで地球化学的に合成された有機物の嫌気的酸化によってATPやNADHなどを合成していたと考えられている．たとえば，乳酸菌はグルコース1分子を酸化してピルビン酸2分子とする化学反応でATP2分子とNADH2分子を得ている．また，ピルビン酸から必要な物質を合成すると共に，余分なピルビン酸

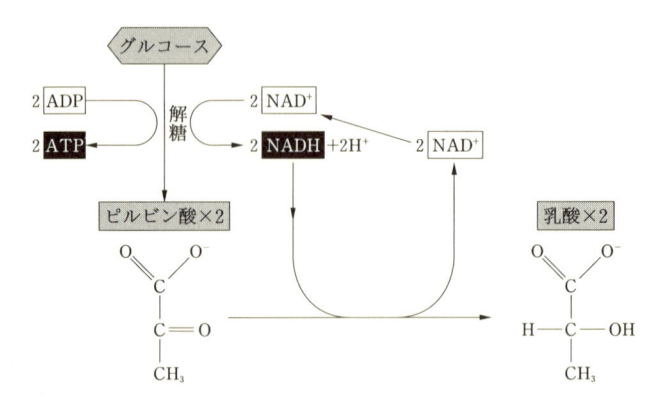

図7-6-1　乳酸菌による乳酸発酵

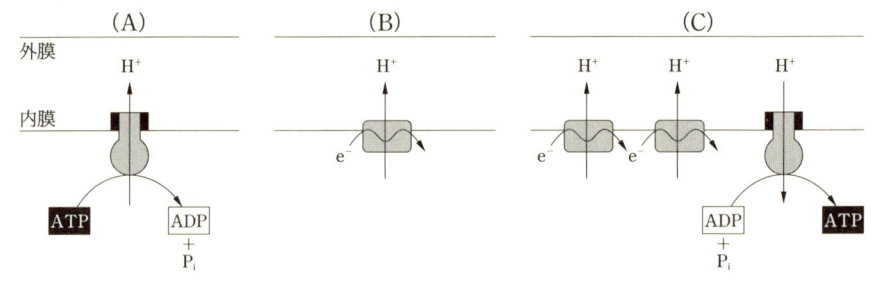

図7-6-2　ATP合成酵素と電子伝達系の進化。ATP合成酵素は，まずH$^+$汲み出しポンプとして進化した。

を乳酸として環境中に排出している(図7-6-1)。乳酸のような有機酸が環境中に蓄積してくると，細胞内を中性に保つため，ATPを消費してH$^+$を細胞外に排出するタンパク複合体をもつ細菌が現われた(図7-6-2A)。また，有機酸を電子供与体や電子受容体とする電子伝達系をもつ細菌や，電子伝達によってH$^+$を細胞外に排出する細菌が現われると(図7-6-2B)，初期のプロトンポンプは，細胞膜内外の電位差とpH勾配を駆動力とするATP合成酵素として利用されるようになり，酸化的リン酸化システムの原型が成立した(図7-6-2C)。

　地球化学的に合成された有機物が枯渇してくると，初期細菌類のなかから独立栄養型の光合成細菌が現われた(図7-6-3)。初期の光合成細菌は硫化水

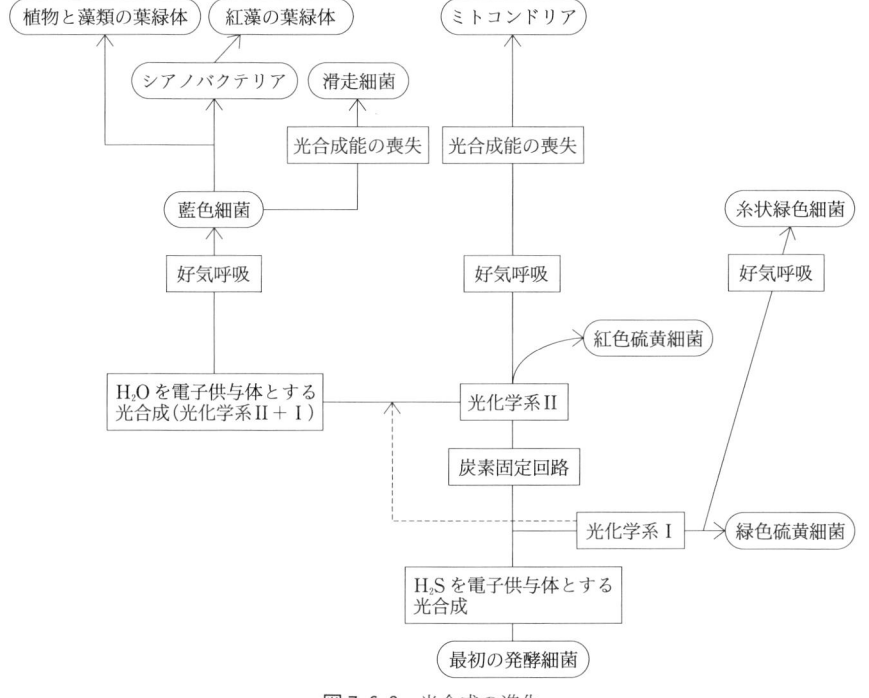

図7-6-3 光合成の進化

素H_2Sを電子供与体とし，光化学系を1つ含む電子伝達系を備えた。光化学系は光のエネルギーを集めるアンテナ複合体と，それらのエネルギーを利用して高エネルギー電子を生み出す光化学反応中心からなり，いずれにも光エネルギーを吸収するクロロフィルが多数存在する。光化学中心には，電子供与体から低エネルギー電子を受け取るタンパク複合体が結合しており，反応中心に電子を供給している。光化学系で活性化された電子はキノンやフェレドキシンを介してNADP還元酵素に渡され，NADPと無機リンからNADPHが合成される（図7-3-6参照）。

硫黄細菌は緑色細菌と紅色細菌からなるが，両者の光化学系は構成するタンパク複合体が多少異なり，現在の高等植物が有する光化学系Iは緑色細菌で，光化学系IIは紅色細菌で進化したと考えられている。また，このようにして効率的にNADPHとATPを生成できるようになった細菌類のなかか

ら，CO_2 を材料として有機物を合成する炭素固定回路を備えた細菌が出現した。逆に，有機物を CO_2 にまで分解して効率的にエネルギーを得るクエン酸回路の原型も，同じころに進化したと考えられている。

H_2S の電子1個あたり自由エネルギーレベルは比較的高く，H_2S の電子は光化学系1つで NADP を還元し，NADPH を合成することができる。しかし，H_2O の自由エネルギーレベルは低く，H_2O の電子を用いて NADPH を合成するには，光化学系1つでは不充分である。約30億年前，藍色細菌の祖先は光化学系IIと光化学系Iを直列に並べることにより，この困難を乗り越えた(図7-3-6)。彼らはマンガンを含む水分解酵素をもち，H_2O の電子を光化学系IIの反応中心に渡す。ここで活性化された高エネルギー電子はプラストキノンに渡され，シトクロム b_6-f 複合体に運ばれる。このタンパク複合体は電子伝達で生じるエネルギーを利用したプロトンポンプであり，ATP合成の駆動力となるプロトン勾配をつくりだす。シトクロム b_6-f 複合体を通過した電子はプラストシアニンによって光化学系Iの反応中心に渡されてもう一度活性化される。これにより自由エネルギーレベルが NADP を超え，フェレドキシン NADP 還元酵素により NADPH が生成される。地球上のどこにでも存在する水を電子供与体として利用できるようになり，酸素が環境中に蓄積してくると，酸素を電子受容体として利用する細菌が優勢となり，地球表面のあらゆる環境へと広がっていった。

藍色細菌やシアノバクテリアの繁栄により大量の有機物が蓄積してくると，好気呼吸をする紅色非硫黄細菌のなかから，光合成を放棄し，NADH を電子供与体として効率的な酸化的リン酸化を行なうと共に，電子伝達系に大量の NADH を供給するクエン酸回路を確立した従属栄養型の系統が進化した。それらの系統から細胞内共生によってミトコンドリアになる細菌が現われ，真核単細胞生物(原生生物)が繁栄し，別々に少なくとも3回起こった多細胞化によって植物，菌類，動物へと分化していった。この間，藻類や植物へとつながる原生生物と光合成細菌の共生は少なくとも3回起こったと考えられている。たとえば，クロロフィルaとbをもつ植物や緑藻類の葉緑体は両方のクロロフィルをもつ藍色細菌が祖先細菌であり，クロロフィルbを失ってaのみとなった紅藻類の葉緑体はシアノバクテリアが祖先細菌であ

ろう。

7-7 分子進化の中立説と分子系統

生体分子の進化を説明する科学的進化論として，自然選択説と分子進化の中立説がある。まず，突然変異の多くが適応度上不利な変異であると認めている点は両説とも同じである(図7-7-1)。しかし，自然選択説は，不利ではない変異の多くは適応度上有利な変異であり，それらの有利な突然変異が自然選択によって集団中に固定(すべての個体がその突然変異をもつこと)されると考えるのに対し，中立説は，不利ではない変異の多くは有利でもない中立変異であり，遺伝的浮動によって固定されると考える。

遺伝的浮動とは何だろうか。今，ある遺伝子座を占める対立遺伝子として3種類の遺伝子 A，B，C があり，個体群内における割合がそれぞれ30％，30％，40％としよう。これらの対立遺伝子は生殖を通して次世代に伝えられるが，次世代においても正確に30％，30％，40％となる確率は非常に低く，たとえばCが50％以上を占めてしまうというように，遺伝子の割合はゆがんでしまう可能性が高い。世代を経るにつれて割合が偏り，充分に長い時間が与えられればいずれある遺伝子だけになってしまうことが数学的に証明されている。このように，単なる確率過程によって1つの遺伝子だけになってしまうことを遺伝的浮動による固定という。N個体からなる有性生殖集団

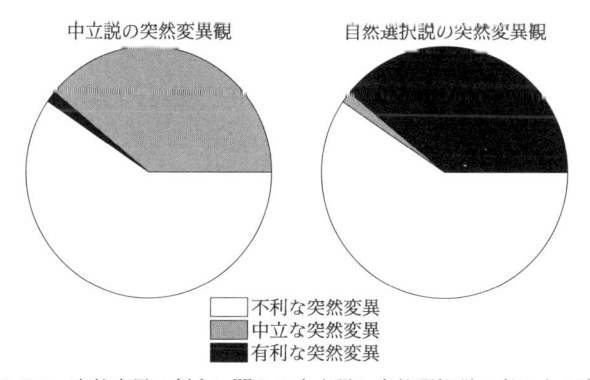

図7-7-1 突然変異の割合に関する中立説と自然選択説の考え方の違い

であれば、ある中立変異が固定される確率は 1/2N であり、固定までの平均時間は 2N 世代である。

たとえば、ヘモグロビン α 鎖のアミノ酸配列をさまざまな脊椎動物の間で比較し、2 系統間の違いの程度を縦軸に、化石証拠によってその 2 系統が分化したと思われる地質年代を横軸にとると、図 7-7-2 のような直線関係が得られる。その他のタンパク分子についても同様の解析をしてみると、傾き

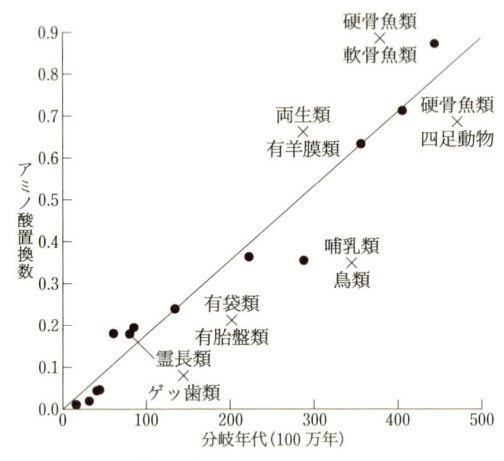

図 7-7-2　いろいろな脊椎動物の系統間でみられるヘモグロビン α 鎖のアミノ酸置換数と、化石証拠によって推定される分岐年代との関係

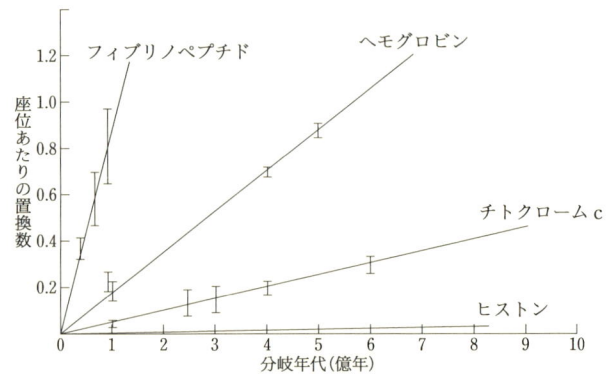

図 7-7-3　4 つのタンパクにおけるアミノ酸置換数と分岐年代の直線関係

は異なるものの，やはり直線関係が認められる(図7-7-3)。その後，分子生物学が発展するにつれて各種遺伝子の塩基配列がさまざまな生物間で比較されるようになり，分子レベルでの進化速度(アミノ酸配列や塩基配列の変化速度)が長期的にはほぼ一定であることがますます明らかとなってきた。自然選択による進化速度は突然変異率だけではなく，選択圧や個体群サイズにも左右されるので，進化速度の一定性を自然選択説で説明するのは非常に困難である。木村資生らは「分子の進化をもたらす突然変異の多くは有利でも不利でもない中立変異であり，進化速度は選択圧に依存せず，中立突然変異率のみに依存する」という分子進化の中立説を提唱した。N個体からなる有性生殖集団において，ある遺伝子に単位時間あたりμ回中立変異が起こるとすると，N個体からなる集団全体では単位時間あたり$2N\mu$個の中立突然変異が生じていることになる。中立変異の固定確率は$1/2N$なので，中立変異の固定速度(進化速度)$v=2N\mu \times 1/2N=\mu$となる。分子の機能がほぼ確立した後，中立突然変異率はほぼ一定と見なすことができ，分子置換と分化年代の直線関係を無理なく説明できる。

　では，直線の傾きは何を意味しているのだろうか。たとえば，図7-7-3で最も傾きの大きいフィブリノペプチドはフィブリノゲンが止血作用のあるフィブリンに変化する際に捨てられるタンパク質で，単なるキャップの役目を果たしているに過ぎない。つまり，機能的制約がきわめて弱いため，変異の多くが有利でも不利でもない中立変異であり，遺伝的浮動によって固定される可能性がある。これに対して傾きの最も小さいヒストンはDNAに密着してヌクレオソーム(染色体の基本構成単位)をつくるタンパク質で，どのアミノ酸も非常に重要と考えられる。つまり，機能的制約が強く，変異の多くは不利であり，負の選択によってすぐに排除されるだろう。中間的な傾きを示すチトクロームcは電子伝達系の酵素，ヘモグロビンは酸素を運搬するタンパクであり，機能的な制約もヒストンより弱くフィブリノペプチドより強いと考えられる。直線の傾きはアミノ酸の置換速度を表わし，分子の機能的制約に依存するというのが中立説の主張である。

　1970～1990年代にかけて両説の妥当性について激しい論争が展開され，少なくとも生体分子の進化においては中立説の方がより多くの現象を説明で

きることがはっきりしてきた。コドン表(表7-2-1)をもう一度みてみよう。たとえば，フェニルアラニンを意味するUUUの第一塩基がAに置き換わるとAUUでイソロイシンになり，第二塩基がAに換わるとUAUでチロシンになってしまうのに対し，第三塩基がAに換わってもフェニルアラニンのままである。このように，意味(ここではアミノ酸)が変わらない塩基置換を同義置換，意味が変わってしまう塩基置換を非同義置換という。同義置換は有利でも不利でもないので中立変異であり，中立説では遺伝的浮動によって蓄積しやすいと主張するのに対し，自然選択説では蓄積しにくいと主張するだろう。多くの分子系統解析は，同義置換が蓄積しやすく，コドンの第三塩基の置換率は非常に高いことを示しており，中立説を支持している。

　しかし，中立説は各分子の機能が既にほぼ完成していることを前提としており，生命進化の初期段階における分子機能の進化を説明できる学説ではない。有利でも不利でもない中立変異の固定だけでは分子機能の向上は期待できないので，分子機能の進化に，自然選択による有利な遺伝子の固定が欠かせないのは明らかである。自然選択説に対抗する最も有力な科学的進化論と目されている分子進化の中立説でさえもネオダーウィニズムのなかに包含されてしまうのは，まさにこのためである。

第8章 紫外線と生物

北海道大学大学院地球環境科学院/東　正剛・露崎史朗・鈴木光次

　オゾン層の破壊は紫外線量の増加をもたらし，生物に多かれ少なかれ影響を及ぼすだろう。古生代までにオゾン層が形成されて以降も，火山の大規模な爆発や小惑星もしくは大型隕石の地球衝突によって短期的にオゾン層が破壊されることはあったかもしれないが，フロンによるオゾン層の化学的破壊は短期的ではなく，これから少なくとも数十年の長期にわたって続く可能性が高い。紫外線B量の長期的な増加は，生物個体への悪影響にとどまらず，生態系を広域にわたって撹乱する可能性もある。本章では紫外線が単細胞生物，プランクトン，動物，植物の生理や行動に及ぼす影響を中心に解説すると共に，生物群集や生態系への具体的な影響例を示す。

8-1　DNAと細胞への影響

　オゾンと核酸(DNA，RNA)の紫外線吸収スペクトルはよく似ている(図8-1-1)。また，紫外線は過酸化水素 H_2O_2 やスーパーオキシドアニオン O_2^- などの活性酸素を生成し，これらの活性酸素は核酸を損傷しやすい。このため，オゾン層破壊による紫外線量の増加は，DNA損傷の機会を増やすことになるが，細胞はさまざまな酵素によってDNA損傷を修復する能力をもっている。もし修復がうまくいかなかったとしても，ゲノムの非遺伝子領域や遺伝子のイントロンに起こった変異は機能にほとんど影響のないサイレント変異であり，細胞は正常細胞として振る舞うだろう。しかし，機能に支障をきた

[Box 8-1-1] 活性酸素

　酸素分子は他の分子から電子を奪う性質，つまり酸化力が強い。原子の通則として，電子殻の内，K殻には1つの軌道，L殻には4つの軌道があり，各軌道を1対の電子が回る時原子や分子はエネルギー的に最も安定している(Box 7-3-1参照)。酸素原子は8個の電子をもち，これが5つの軌道を回らなければならないため，第4，第5軌道の電子は1個ずつで回るしかない(図A)。2つの原子が結合して酸素分子になっても2個の電子はそれぞれ単独で軌道を回らなければならないので，これらの電子がペアを探そうとしている(図B)。このため，酸素分子は紫外線などの刺激によりスーパーオキシドアニオン O_2^- (図C)，過酸化水素 H_2O_2 (図D)，ヒドロキシラジカル $OH\cdot$ (図E)，一重項酸素 $^1O_2$ (図F)，などの活性酸素をつくりやすい。特にヒドロキシラジカルは酸化力が強く，核酸，タンパク質，糖質，脂質などの生体分子を変性させ，生物に悪い影響を与えてしまう。スーパーオキシドアニオンと過酸化水素は，自身の酸化力は弱いが，ヒドロキシラジカルに変化しやすく，危険である。一重項酸素では，電子はすべて対になっているにもかかわらず，軌道1つが無視されているため，酸化力が強い。

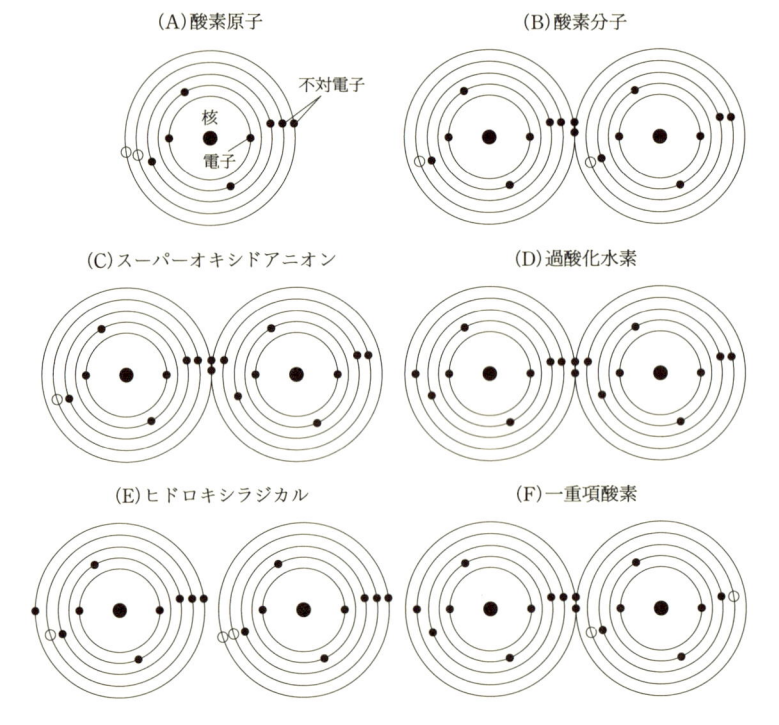

(A)酸素原子　　　　　　　　(B)酸素分子

(C)スーパーオキシドアニオン　(D)過酸化水素

(E)ヒドロキシラジカル　　　　(F)一重項酸素

酸素と活性酸素。第1軌道から第5軌道までの電子数が示してある。白丸は足りない電子を意味する。過酸化水素の酸素には不対電子はないが，僅かなきっかけで不対電子が現われるので，活性酸素のなかにいれられる。いずれも，酸素原子のみ示す。

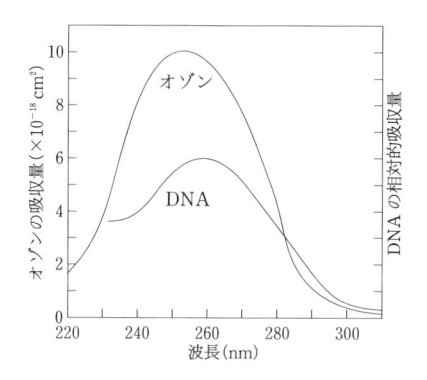

図 8-1-1　オゾンと DNA の光吸収帯

すような DNA 損傷が修復の網の目をすり抜けることもあり，多細胞生物では，そのような細胞の多くがプログラム細胞死，いわゆるアポトーシスへと導かれる。ごく稀に，アポトーシスを免れる異常細胞もあり，DNA 損傷の蓄積と共に，いずれ癌化する細胞も現われる。本節では，紫外線が DNA に及ぼす影響に注目し，DNA 損傷修復，アポトーシス，細胞癌化のメカニズムを理解しよう。

8-1-1　紫外線による DNA 損傷

　紫外線による直接的な DNA 損傷の典型は，ピリミジン二量体(ダイマー)の形成である。チミン(T)やシトシン(C)のようなピリミジン塩基は C と N からなる六角形の環をもち，糖とグリコシド結合で結ばれている N を 1 位として番号がついている。2 つのチミンが隣接していると，紫外線の作用により，しばしば 5 位炭素同士，6 位炭素同士の共有結合を起こし，シクロブチルダイマーを形成する(図 8-1-2A)。このようなシクロブタン型二量体 CPD はシトシン同士，チミンとシトシンの間でも生じ，起こりやすさは，T-T 二量体，5′(上流)C-3′(下流)T 二量体，5′T-3′C 二量体，C-C 二量体の順である。また，隣接したピリミジン塩基間で，上流塩基の 6 位炭素と下流塩基の 4 位炭素が結合する(6-4)光産物も紫外線によってしばしば生じる(図 8-1-2B)。ただし，C-C 二量体と 5′T-3′C 二量体がほとんどで，T-T 二量体は少なく，5′C-3′T 二量体は形成されない。アデニンやグアニンが結合するプリン二量体も皆無ではないが，きわめて少ない。

図 8-1-2　紫外線によって生成しやすいピリミジン 2 量体

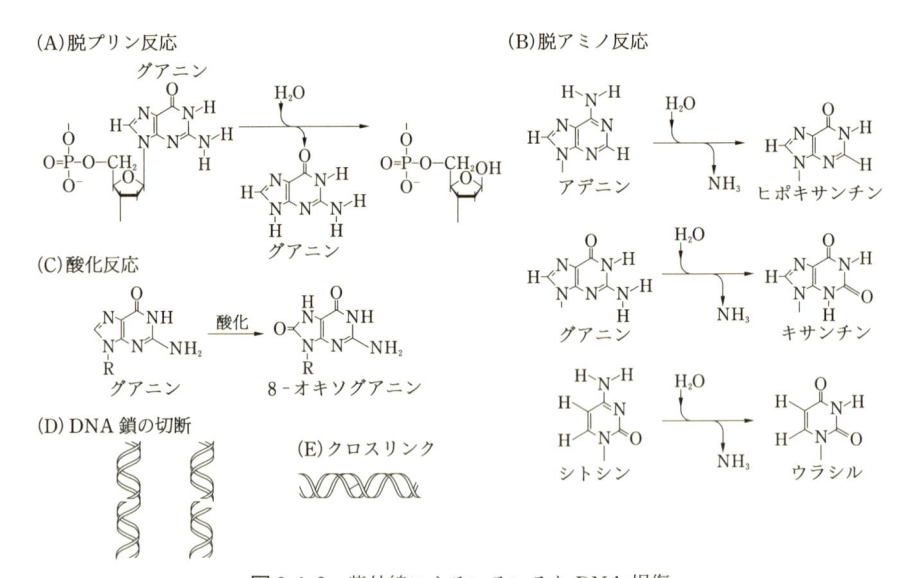

図 8-1-3　紫外線によるいろいろな DNA 損傷

　細胞内には，DNA 以外にも色素分子や芳香族アミノ酸 (図 7-2-2 参照) のように紫外線を吸収して熱エネルギーや化学エネルギーを放出する生体分子が多量にあり，細胞内の熱環境に影響を及ぼすと共に，活性酸素を生み出すおもな原因の 1 つとなっている。このような熱的ゆらぎや活性酸素も，さまざまな DNA 損傷を引き起こしている (図 8-1-3)。たとえば，自然に起こる熱的

ゆらぎでさえしばしばグリコシド結合を加水分解し，脱塩基反応を引き起こしている(図8-1-3A)。特に，分子量の大きなアデニンやグアニンの脱落が多く，ヒトの各細胞では脱プリン反応が1日に約5000個の割合で起こっているという。

また，アミノ基をもつアデニン，グアニン，シトシンでは加水分解によって脱アミノ反応が頻繁に起こっている(図8-1-3B)。脱アミノ反応によって，グアニンはキサンチン，アデニンはヒポキサンチン，シトシンはウラシルに変わる。たとえば，シトシンのウラシル化は，1日に細胞あたり約100個の割合で起こっているという。キサンチン，ヒポキサンチン，ウラシルは正常DNAの成分ではないので修復過程で除去されやすい。シトシンのメチル化によって生じる5-メチルシトシンが脱アミノ反応を起こすとチミンになるため(図8-1-4)，修復の網の目をくぐり抜けやすいようである。実際，これまでヒトの遺伝病でみつかっている1塩基変異の約3分の1はヌクレオチドのメチル化によるといわれている。紫外線を吸収する色素分子による熱エネルギー放出は細胞内における熱的ゆらぎのレベルを高め，脱プリン反応，脱アミノ反応，メチル化の頻度を引き上げると考えられる。

活性酸素もグアニンを8-オキソグアニンに変化させるなど(図8-1-3C)，塩基変異をもたらすが，より深刻なのはヌクレオチドの脱落を引き起こすDNA切断である(図8-1-3D)。二重ラセンの内，1本鎖だけでヌクレオチドが脱落した場合は修復も比較的容易だが，2本鎖で脱落が生じると完全な修復が困難となる。また，異なる切断部分が結合するとDNA鎖内クロスリンクやDNA鎖間クロスリンクを引き起こすし(図8-1-3E)，切断部分がタンパク質と結合してDNA‐タンパク・クロスリンクを形成することもあり，修復を困難にする。

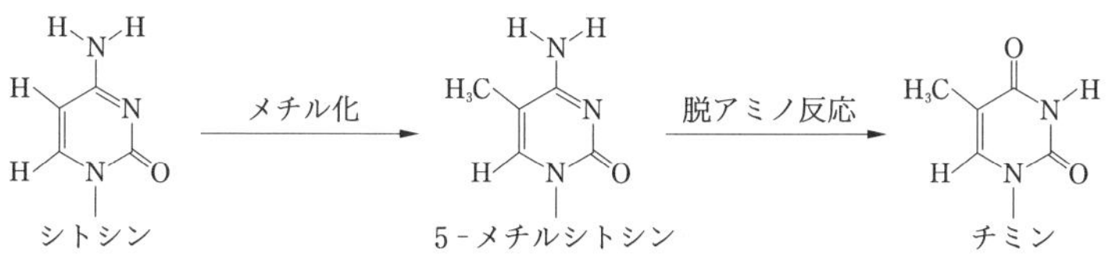

図8-1-4　シトシンがチミンに変化する反応

8-1-2 DNA 損傷の修復機構

DNA の多くの領域は遺伝情報を担っていない。たとえば，ヒトの核ゲノムは約32億 bp からなるが，その大部分は非遺伝子領域である。したがって，DNA 変異のほとんどはサイレント変異であり，たとえ修復されなくても細胞の機能や活性には影響を及ぼさないだろう。実際，DNA 修復の多くは，活発に転写されている遺伝子で起こっていることが確認されている(転写共役修復)。

DNA の二重ラセン構造は，損傷の修復には非常に便利である。2本鎖は互いに鋳型となり得るため，一方の鎖が損傷を受けても他方の鎖を利用して完全な修復が可能となる。実際，1本鎖の DNA や RNA を遺伝物質としている少数の小型ウイルス類では DNA 損傷が変異として子孫に残る確率が非常に高く，彼らの進化スピードを引き上げる要因の1つとなっている。

上記のように DNA 損傷にはさまざまなタイプがあり，それに応じて DNA 修復の方法も多様であるが，直接修復，塩基除去修復，ヌクレオチド除去修復(ミスマッチ修復を含む)，組換え修復の4タイプに分類できる。直接修復の典型的な例は，紫外線による直接的な損傷の大半を占めるピリミジン二量体の光回復である。CPD 光回復酵素はシクロブタン型二量体 CPD に結合し，波長300〜500 nm の光を吸収する。このエネルギーによって生じる高エネルギー電子が CPD に渡されると，CPD は不安定化し，低エネルギー電子が再び酵素に戻されると同時に CPD が正常な2つのピリミジンに戻る。(6-4)光回復酵素もほぼ同様の方法で(6-4)光産物を修復すると考えられている。光回復は多くの生物で確認されているが，ヒトを含む有胎盤哺乳類にはない。

本来，DNA の構成塩基ではないキサンチン，ヒポキサンチン，ウラシルの多くは塩基除去によって修復される。塩基除去修復には DNA グリコシラーゼと総称される少なくとも6種類の酵素がかかわっており，脱アミノ反応，脱プリン反応，メチル化，酸化などによって変化した塩基を加水分解で切り離す。各酵素が修復を担当する DNA 損傷の種類はほぼ決まっており，たとえばウラシル DNA グリコシラーゼは，シトシンが脱アミノ化して生じたウラシルを除去する(図8-1-5)。その際，DNA グリコシラーゼは DNA の

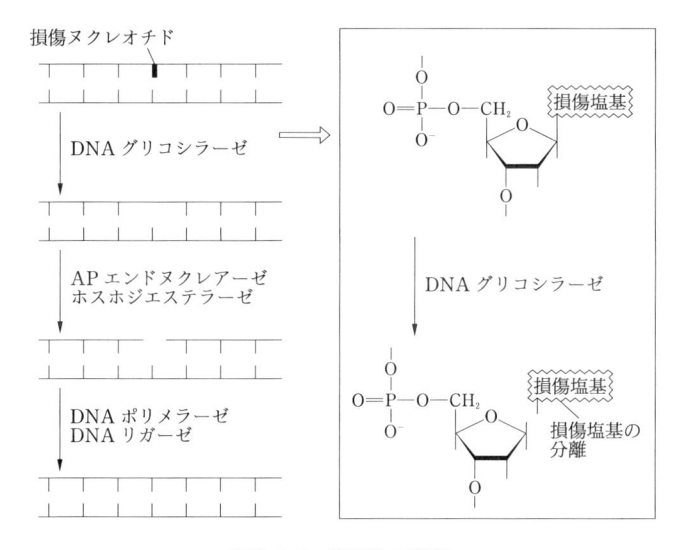

図 8-1-5 塩基除去修復

表面にそって移動し，異常な出っ張りを手がかりとして変異塩基をみつけだし，主鎖の糖につながるグリコシド結合を切断する。DNA グリコシラーゼの作用や脱プリン反応によって脱塩基化した部分を AP エンドヌクレアーゼがみつけだし，ホスホジエステラーゼと協同して糖リン酸を除去する。このようにして生じたヌクレオチドのギャップ部分では，DNA ポリメラーゼがもう一方の 1 本鎖を鋳型として正しいヌクレオチドを付加し，DNA リガーゼがニックを埋めて修復が完了する。

複数のヌクレオチドを巻き込んだ DNA 損傷によって生じる DNA 構造の大きなゆがみは，複合酵素系によって探索・発見され，ヌクレオチド除去によって修復される。たとえば，光回復のできない有胎盤類や，光回復能力をもつが暗条件下にある生物では，ピリミジン二量体もこの方法で修復される。

大腸菌などの原核生物では，12 b 程度のオリゴヌクレオチドを切り出すショートパッチ修復が一般的で，UvrA, B, C ヌクレアーゼと呼ばれる複合酵素によって開始される。まず，UvrA 2 つと UvrB 1 つからなる三量体が損傷部を探索し，みつけると，その部位の DNA に結合する。探索の役割を担っていると思われる UvrA はこの時点で複合体から解離し，代わりに

UvrCが結合し，UvrBC二量体が形成される。いずれの酵素にもヌクレアーゼ作用があり，UvrBは損傷ヌクレオチドから下流側4または5番目のホスホジエステル結合を切断し，UvrCは上流側8番目のホスホジエステル結合を切断する。切断されたオリゴヌクレオチドはDNAヘリカーゼによって取り除かれる。UvrCもこの段階で解離するが，UvrBはDNAに結合したまま残り，DNAポリメラーゼやDNAリガーゼによるギャップ修復を助ける。

真核生物ではこのようなショートパッチ修復はみられず，代わりに24～29bのポリヌクレオチドを切り出すロングパッチ修復がみられる。この修復法はかなり複雑で，あまり解明が進んでいない。ヒトでは少なくとも16個のタンパク質が関与しているが，Uvrタンパクとの相同性は低く，原核生物のショートパッチ修復とは独立に進化した可能性がある。大腸菌では2kb程度までのDNAを切り出す超ロングパッチ修復も発見されているが，そのメカニズムはほとんどわかっていない。

シトシンのメチル化と脱アミノ反応によって生じるチミンはDNAの構成要素であるため，ヌクレオチド除去法の1つであるミスマッチ塩基修復によって除去される。たとえば，G-C塩基対がG-T塩基対となってしまった箇所でも，DNAのゆがみを生じるため発見は困難ではないが，DNA2本鎖の内いずれのDNA鎖が異常であるのかを判別する必要がある。たとえば，真核生物では，当面転写されないゲノム領域は一部のシトシンのメチル化によって不活性化(サイレンシング)されることがあり，複製直後であれば，まだメチル化が起こっていない新生鎖を親鎖から区別することができる。全シトシンに占めるメチルシトシンの割合は系統によって異なり，脊椎動物では約10%，植物では約30%にもなるのに対し，無脊椎動物や菌類ではきわめて少ない。原核生物である大腸菌でも一部のアデニンがメチル化される。また，ゲノムを不活性化させるためのメチル化は無作為に起こるのではなく，動物では5′-CG-3′，植物では5′-CNG-3′(NはA，G，C，Tのどれでもよいことを意味する)のCがメチル化され，大腸菌では5′-GATC-3′のAがメチル化される。

最も研究が進んでいる大腸菌のミスマッチ塩基修復では，MutS，MutH，

MutL という少なくとも3つのタンパク質が損傷DNAの除去に関与していることが明らかとなっている。まず，MutS がミスマッチ塩基対をみつけると，ヌクレアーゼの1つである MutH がメチルアデニンを手がかりとして，近くの GATC 配列を認識し，相補配列である CTAG の C 側ホスホジエステル結合を切断する(図8-1-6)。MutL の役割はよくわかっていないが，他の2つのタンパク質の活性調節に関与しているらしい。ミスマッチ塩基の下流側(CTAG が上流にある場合)または上流側(CTAG が下流にある場合)のホスホジエステル結合も切断されるが，これが MutH によるのか，それとも他のヌクレアーゼが関与しているのかはまだ不明である。

　このようにして，ミスマッチ塩基を挟んで2箇所のホスホジエステル結合が切断されると，上記のヌクレオチド除去修復と同じように，DNA ヘリカーゼ，DNA ポリメラーゼ，DNA リガーゼの作用によって修復が完了する。DNA がメチル化される哺乳類でも同じような方法でミスマッチ修復が行なわれていると考えられている。しかし，DNA があまりメチル化されない真核生物では，親鎖と新生鎖を区別するのに他の方法が使われていると思

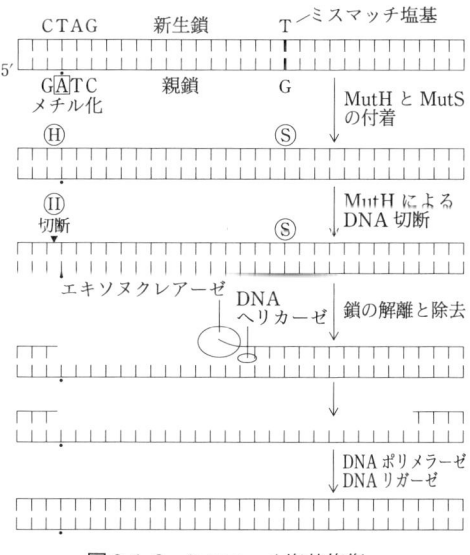

図 8-1-6　ミスマッチ塩基修復

われるが，詳細はわかっていない．

　活性酸素によって引き起こされる2本鎖切断は，放っておくと切断部分から染色体の崩壊を起こす．そのため，2倍体生物では相同染色体の相同域を原本として速やかに組み替え修復が行なわれる（相同末端連結）．まず，染色体の組換えで作用する酵素RecA相同体が2本の染色体の相同域を認識して対合させると，DNA複製酵素群が作用して無傷の染色体の相同域をコピーし，損傷域を修復する（図8-1-7）．哺乳動物では，この相同末端連結に加え，非相同末端連結も起こっている．これは切断された末端をDNAリガーゼで直接連結する修復法で，通常いくつかのヌクレオチドが捨てられる．

　大腸菌には，重大なDNA損傷が起こると，一時的に15以上の遺伝子の転写を亢進させ，DNA修復酵素を増やす「SOS応答」という緊急応答機構がある．DNA損傷によって生じるDNAの1本鎖が組み替えタンパクであるRecAを活性化させ，これが遺伝子の転写を抑制している調節タンパクを破壊すると考えられている．ヒトの細胞でも同様の緊急応答がみられ，10

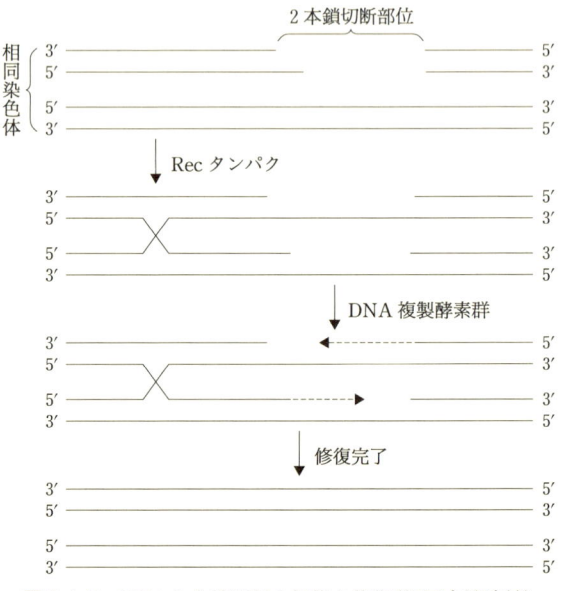

図8-1-7　DNA2本鎖切断の組換え修復（相同末端連結）

種類以上のDNAポリメラーゼの増加によって損傷部を修復する。各ポリメラーゼの修復精度は低いため1個か2個程度のヌクレオチドを付加する機会しか与えられないが、損傷の拡大を防ぐ効果はある。緊急応答に続いて損傷部の精査が行なわれ、これまでに述べてきたような本格的修復作業が行なわれる。

8-1-3 アポトーシス

動物の細胞では、複製にともなうDNA変異はおもにG_2期に修復されるが、紫外線などの外的要因によるDNA損傷はおもにG_1期に修復される。しかし、修復がうまくいかず、機能に支障をきたすようになった細胞は、自ら死亡するように誘導される。このような細胞死は、けがや有毒物質などによる細胞壊死とは異なり、あらかじめ遺伝子にプログラム化されており、アポトーシス apoptosis（落葉という意味のギリシャ語に由来）と呼ばれている。細胞壊死では内容物が放散して炎症反応を起こすのに対し、アポトーシスを経る細胞は自らきれいに死に、内容物が漏れ出す前に免疫系の細胞などによって食べられる。

アポトーシスは、細胞内タンパク分解酵素の1群であるカスパーゼの活性化によって、細胞小器官、DNA、細胞膜が次々と破壊されていく現象である。カスパーゼは不活性な前駆体であるプロカスパーゼとして合成され、正常な細胞に蓄積されている。アポトーシスを促すシグナルが発生すると、あるプロカスパーゼが活性化されてカスパーゼとなり、そのカスパーゼが次のプロカスパーゼを活性化させるというように、カスパーゼの増幅連鎖が起こる。カスパーゼ増幅連鎖のように、ある現象が次の現象の原因となって起こる連鎖反応を、「連続した滝」を意味するカスケード反応と総称している。

機能の衰えた細胞ではしばしばミトコンドリアからシトクロムcが漏れ出す。これらのシトクロムcがApaf-1というタンパク質と結合すると、この複合タンパク質によってプロカスパーゼ9が活性化され、カスパーゼ増幅連鎖を引き起こす（図8-1-8）。したがって、アポトーシスにかかわるBcl-2ファミリーのタンパク質は、シトクロムcの漏出を抑制したり促進したりすることにより、カスパーゼ増幅連鎖を調節している。たとえばBcl-2や

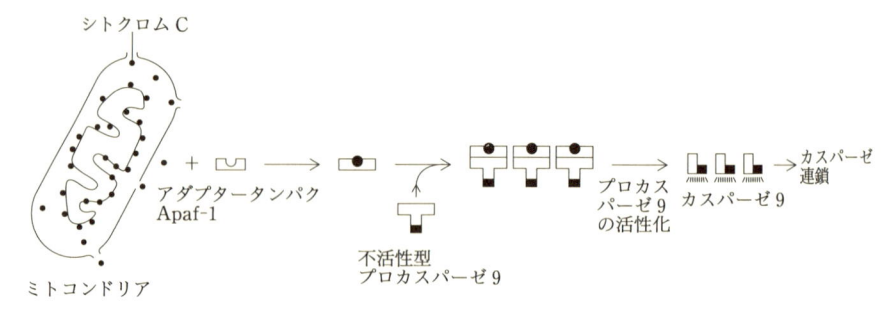

図 8-1-8　シトクロム C の漏出によって始まるカスパーゼ連鎖

Bcl-X_L はミトコンドリアからのシトクロム c の漏出を阻止するアポトーシス抑制因子であるのに対し，Bax や Bak は漏出を促す促進因子である。Bad は抑制因子に結合して不活性化し，結果的にアポトーシスを促進している。また，遺伝子調節タンパク p53 は，シトクロム c の漏出を促進するタンパク質の遺伝子の転写を活性化する。IAP ファミリーのタンパク質もアポトーシスにかかわるタンパク質であるが，いずれも抑制因子であり，プロカスパーゼに結合してその活性化を妨げるか，カスパーゼに結合して不活性化している。したがって，アポトーシスへと進む細胞では，IAP 不活性化タンパク質が生成される。

　細胞外からのシグナルによってカスパーゼ増幅連鎖が始まることもある。たとえば，ある種のリンパ球は，異常な細胞をみつけるとアポトーシスを促すシグナルを送る。この死亡シグナルをシグナル受容体の1つである Fas タンパクで受け取った細胞では，Apaf-1 に似たアダプタータンパクを介してプロカスパーゼ 8 が活性化され，カスケード反応の口火を切る。アポトーシスを促す外的シグナルとは反対に，アポトーシスを抑え，細胞の生存を促す外的シグナルもあり，そのような生存因子の欠乏も結果的にアポトーシスを引き起こす。たとえば，神経細胞は感覚細胞や筋細胞などの標的細胞に比べて過剰に発生するが，標的細胞からの生存因子を充分に受け取れなかった神経細胞は自然にアポトーシスを起こし，やがて特定の神経細胞と標的細胞との接合が完成する。このように，隣り合う細胞間ではさかんに生存因子の交換がみられ，充分な生存因子を受け取れなかった細胞がアポトーシスを起

こすことによって組織の細胞密度がほぼ一定に保たれている。同様に，DNA損傷を起こして機能的異常を示す細胞も充分な生存因子を得られず，アポトーシスを引き起こしやすいと考えられる。生存因子は，細胞表面受容体を通して細胞内のカスパーゼ増幅抑制系を刺激し，アポトーシスを抑えている。

8-1-4 細胞の癌化

CKIやRbの作用により，細胞周期のG_1期はCdk不活性の安定期である。しかもG_1期にはDNA損傷チェックポイントがあり，細胞周期制御系はDNA損傷を検出すると直ちに細胞周期を停止する。まず，細胞周期制御系からのシグナルはあるタンパクキナーゼの活性化を通してp53をリン酸化する。活性化されたp53は*p21*遺伝子の調節領域に結合して転写を促し，CKIタンパクであるp21を生産させる。これらのp21は，G_1/S-CdkやS-Cdkと結合し，S期の開始を阻止する。

しかし，G_1期の制御機構が崩壊すると，細胞の多くは癌化する。癌細胞は，DNA損傷修復機構，免疫機構，アポトーシス誘導，細胞分裂停止機構など，多細胞生物が細胞の異常増殖を抑制するために進化させてきたすべての機構を突破してしまった有害な細胞である。この数十年間，癌研究に莫大な資金が投入され，これまでに100以上の癌関連遺伝子が同定されており，正常細胞が癌細胞に至る道筋はきわめて多様であることが明らかとなった。多くの癌で，DNA損傷修復遺伝子や細胞周期制御系遺伝子の変異がかかわっている。

DNA修復にかかわる遺伝子の損傷と癌の関係は，いくつかの遺伝性疾患の研究から明らかとなっている。たとえば，色素性乾皮症 xeroderma pigmentosum (XP) の患者は紫外線に対する感受性が極端に高く，いずれ皮膚癌や神経障害に至ることが多く，ヌクレオチド除去修復にかかわる遺伝子の変異が原因である。乳癌や卵巣癌になりやすい BRCA2 は，組換え修復にかかわる *RecA* 相同遺伝子の変異が原因である。早期の老化やさまざまな癌を引き起こしやすいウェルナー症候群は，DNA損傷にかかわるヌクレアーゼやヘリカーゼの遺伝子に変異がある。白血病やリンパ腫を発症しやすい血管拡

張性失調症ATでは，2本鎖切断によって活性化されるタンパクキナーゼの遺伝子に変異を生じている。このため，本来ならばこのキナーゼによってリン酸化される遺伝子調節タンパクp53が活性化されない。p53はDNA損傷に応答して細胞周期の停止誘導遺伝子の転写を亢進し，アポトーシスを誘導するので，p53遺伝子自身の損傷も癌化の原因となっている。実際，ヒトの癌の約半分はp53遺伝子の変異をともなっている。

p53と同様に細胞周期の停止にかかわるRb遺伝子の損傷も癌化を引き起こす。この遺伝子の変異は，子供の網膜芽細胞腫で最初にみつかったが，その後，肺癌，乳癌，膀胱癌など数種の癌でもRb遺伝子に変異のあることが明らかとなっている。Ras遺伝子の変異も癌化に結びつきやすい。第7章で述べたように，Rasタンパクは分裂促進因子受容体からのシグナルを受け，G_1期における細胞分裂停止スイッチをオフにする役割を果たしている。Rasはアミノ酸1個の変異で過剰に活性化し，分裂促進因子の刺激なしでもRas依存シグナル伝達系を活性化し，細胞分裂停止機構を常にオフにしてしまう。癌の約25％でRas遺伝子の異常がみられる。

ヒトの体細胞はテロメラーゼ活性を失っており，分裂回数には限度がある。しかし，多くの癌細胞はテロメラーゼ活性を復活させており，複製にともなう細胞の老化は起こらず，個体が死亡するまで細胞分裂を繰り返す。

8-2 脊椎動物とヒトへの影響

植物に比べると，野生動物への紫外線影響はほとんど研究されていない。おそらく，動物の成体は，甲殻，鱗，羽毛に覆われていることが多く，紫外線に対する耐性があると考えられているためだろう。野生動物に比べるとヒトへの影響はよく解明されており，皮膚病や白内障の発症率を上げること，免疫機能を低下させることなどが注目されている。おそらく，野生の脊椎動物にもヒトと同じような影響があると考えられる。

8-2-1 皮膚への影響

皮膚は直接外界に曝された組織で，表皮と真皮からなっている（図8-2-1）。

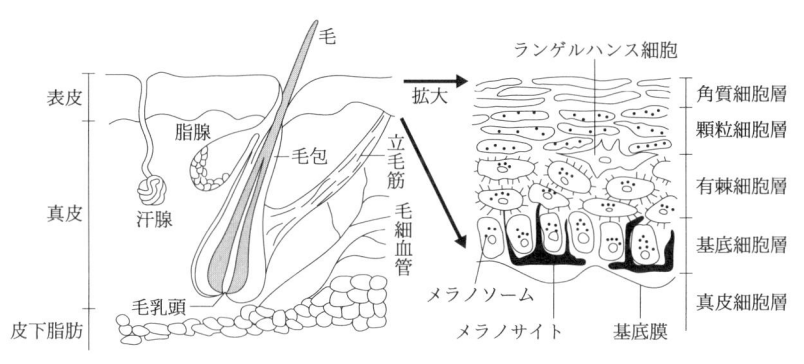

図 8-2-1 皮膚の構造

　表皮は足の裏のように厚く角質化した部分を除くと，ほとんど7～8層の細胞層からなる厚さ数 mm の膜層で，外側から角質細胞層，顆粒細胞層，有棘細胞層，基底細胞層に分けられる。角質細胞がふけや垢として脱落する一方で，基底細胞はさかんに細胞分裂を繰り返し，新しい表皮細胞を供給している。新しい細胞は有棘細胞，顆粒細胞を経て約1か月で角質化し，約半月の間角質細胞として留まった後に，ふけや垢として脱落する。有棘細胞，顆粒細胞，角質細胞を合わせてケラチノサイトと呼んでいる。紫外線透過を防ぐ上で重要なメラニン色素を産生するメラノサイトは基底細胞層にある。免疫機構のなかで重要な役割を果たしているランゲルハンス細胞は有棘細胞層や顆粒細胞層を動き回っている。基底細胞層の下に真皮細胞層があり，毛細血管，毛を支える毛包や毛乳頭，脂腺，汗腺，その他の外分泌腺が分布している。

　光は波長が長いほど皮膚透過性が高く，日本人の場合，表皮に届いた紫外線 A(UV-A) の30%強が真皮まで侵入する。これに対し，紫外線 B(UV-B) の多くは角質細胞層で反射され，透過してもメラニンなどの色素に吸収されるため，真皮まで到達するのはせいぜい20%程度である。しかし，既に述べたように，DNA の光吸収帯が UV-B の波長領域とほぼ一致するため，UV-B は少量でも生物学的影響が大きく，皮膚の光老化，日光角化，癌化を引き起こす主要因と考えられるようになった。たとえば日本では，皮膚癌の発生率と緯度は負の相関を示し，皮膚の老化は室内労働者よりも野外労働

者で急速に進む．また，皮膚の前癌症ともいわれる日光角化症の発生率は，日本人では60歳以上でも10万人に120人程度なのに対し，オーストラリアの40歳以上白人では約50%にも達している．

比較的安全と考えられていたUV-Aも，太陽光中にUV-Bの10倍以上含まれていること，UV-Bが少ない朝夕の光にも多量に含まれていること，皮膚透過度が高いこと，DNA損傷修復反応の1つであるUV-Aによる光回復はヒトでは認められないこと，逆に，光産物の産生，DNAタンパク質の変性など多彩な光生物学的作用がみつかっていることなどから，医学的にはUV-B同様に有害であると考えられるようになってきた．

このように，紫外線は有害であるため，ヒトの皮膚にはさまざまな紫外線防御機構が備わっている．まず，角質細胞は紫外線の多くを反射すると共に，UV-Bの一部を吸収して皮膚内部への透過量を減らしている（UV-Aはほとんど吸収されない）．また，皮膚にはスーパーオキシドジスムターゼのような抗酸化酵素やカロテノイドのような低分子抗酸化剤も多く，紫外線によって生じやすい活性酸素を無毒化している．

日光にしばしば曝されると，皮膚の色素増強，いわゆるサンタンを引き起こす．これは基底細胞層にあるメラノサイトがメラニン合成を活発化してメラノソームに蓄積し，膨張と分裂によって大きなメラノソームが増えるためである．メラノサイトで産生されたメラノソームは樹状突起を通ってケラチノサイトに渡され，表皮全体に広がっていく．皮膚の色はメラノソームの形態と数に依存し，大きなメラノソームが多いほど黒い．黒人では大きなメラノソームの数が常時多く，白人では常時少ない．アジア人ではメラノソームの数の変動が大きく，光条件への順応性が高い．メラニンは抗酸化剤であると共に，紫外線をよく吸収する．ケラチノサイトの核の上方にはメラノソームが集中してあたかも帽子のようになっており，DNAを紫外線損傷から守っている（図8-2-1）．

このような防御機構があるにもかかわらず，正常な皮膚でさえ歳と共に光老化が進む．日光への曝露が少なくても縮緬状の細かなしわが現われるなど，皮膚の生理的老化は進み，これに光老化が加わって深い線状や模様状のしわが刻まれていく．光老化はおもに真皮の結合組織を構成する物質の変化によ

ると考えられている。結合組織とは，細胞・組織・器官の間を埋め，それらの結合，支持，保護，栄養補給の役目を果たしている組織であり，真皮ではムコ多糖(アミノ酸を含む多糖)と呼ばれる粘性物質，強靱なタンパク質であるコラーゲン繊維，弾力性に富むタンパク質であるエラスチンが組織の間を埋めている。紫外線はこれらの結合組織成分を変性させて皮膚のはりを失わせ，しわやたるみを引き起こす。

　日光角化症はやや盛り上がった紅斑または褐色斑で，カサカサしており，湿疹やイボに似ており，皮膚癌の一歩手前の皮膚病である。日光に長年曝されて細胞のDNAが損傷し，その修復が加齢と共に困難になるために生じる。たとえば，遺伝子調節タンパクp53の変性は皮膚癌と同様に50〜60％の高率でみられ，細胞分裂停止機構が破壊されて皮膚癌に進む可能性がきわめて高い。

　皮膚癌には有棘細胞癌，基底細胞癌，悪性黒色腫がある。日光角化症は有棘細胞癌になりやすいが，有棘細胞は細胞分裂速度の遅い細胞であり，表皮上層には毛細血管が届いていないため，急速な拡大や転移は比較的起こりにくい。基底細胞癌はつやのある硬い丘疹として生じ，非常にゆっくりと大きくなっていく。成長速度がかなり遅いため，本人は新しい増殖組織だと気づかないことも多い。この癌も転移の確率は低いが，しだいに拡大して周りの組織を圧迫し，深刻な事態を招くこともある。悪性黒色腫は移動力の高いメラノサイトやほくろの細胞(母斑細胞)が癌化した腫瘍で，白人に多いことから紫外線が主要因と考えられている。日本では10万人あたり1.5人程度の発生率だが，患者の約4分の1で，紫外線に曝露されにくい足の裏に発症していることから，絶え間ない物理的刺激も原因になり得ると考えられている。転移しやすいことから，最も危険な皮膚癌である。

8-2-2　眼の紫外線障害

　眼は日光を積極的にいれて物をみるための器官であり(図8-2-2)，紫外線障害は避けられない。物をみるには，物体から眼にはいる光が角膜，房水，水晶体，硝子体を通過し，像の焦点を絞り込む網膜に到達する必要がある。まず，角膜は外界からの光を取り込むと共に，光を屈折させて瞳孔に集める

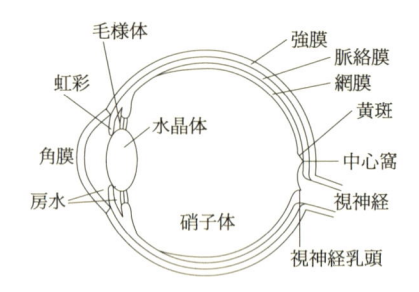

図 8-2-2 眼の構造

レンズの役目も果たし，瞳孔の大きさを虹彩がコントロールしている。房水は角膜から水晶体の間を埋める液体で，角膜，虹彩，水晶体などに酸素と栄養分を供給する。水晶体は眼球にはいった光を屈折する透明な凸レンズで，その透明性はクリスタリンという水溶性タンパク質によって保たれ，その厚さは毛様体によって調節される。水晶体の後部と網膜の間には大きな空洞があり，硝子体と呼ばれる透明なゼラチン様組織で満たされている。眼球壁を網膜が覆い，杆体と錐体と呼ばれる2種類の視細胞によって集められた光の視覚情報は神経繊維に伝達され，神経繊維が集まって視神経乳頭を形成している。視覚情報の電気パルスは視神経を通して脳後方の視覚中枢に運ばれ，そこで視覚が認識される。

　2種類の視細胞の内，錐体は色の認識にかかわる細胞で，黄斑部と呼ばれる網膜中心部分に集中している。特に，中心窩と呼ばれる黄斑部中心にある視細胞はすべて錐体で，正確な視力を司っている。しかし，錐体は暗い場所ではあまり機能しない。代わりに，網膜の周辺に多い杆体は光にとても敏感で，動作探知に優れており，暗いところでよく機能する。

　眼球の外側は強靱な繊維組織である強膜に保護され，網膜と強膜の間には毛細血管の豊富な脈絡膜があり，網膜に栄養を供給している。強膜前方部の白い部分は結膜に覆われている。結膜は毛細血管の豊富な薄い粘膜で，眼球の表面と上下まぶたの裏面との間にあり，白血球やその他の免疫系細胞を含んで，侵入する外敵から眼を守っている。異物が眼にはいると結膜が刺激されて充血し，体の免疫システムが作動する。また，まぶたの裏側にある涙器と呼ばれる腺から大量の涙が供給され，瞬きによって異物を拭き取り，まぶたの鼻側にある2つの涙点から異物を掃き出す。涙器からは僅かな涙が常時

でており，眼球の表面をいつも潤し，清潔に保っている。眼球の外側表面には外眼筋と呼ばれる6つの随意筋があり，眼球運動を助けている。これらの随意筋には，両方の眼を絶えず同じ方向に向けさせるという重要な機能もある。

　ヒトの眼球にはいった紫外線Bの約50%は角膜，約15%は房水で吸収されるが，30～40%は水晶体にまで達し，1%弱は硝子体にまで侵入している。紫外線Aは，角膜で約35%，房水で約15%，水晶体で約50%が吸収され，1～2%が硝子体まで侵入し，一部は網膜まで達する。実際，眼の疾病のいくつかは，おもに紫外線によって発生する活性酸素によって引き起こされる。たとえば，芳香族アミノ酸(図7-2-2参照)は紫外線を吸収し，水晶体における紫外線吸収の約95%はトリプトファンによる。励起状態となったトリプトファンは，他の分子にエネルギーを移して活性酸素を発生させる。このようにして生じる過酸化水素や一重項酸素はカタラーゼやATPアーゼを不活性化して水晶体の代謝活性を低下させる。

　したがって，水晶体とその周辺にはいくつかの抗酸化酵素が集中している。優れた抗酸化酵素であるアスコルビン酸(L型はビタミンCで，壊血病 scorbutic に効果があることから，このように命名された)は房水中に血清中の20～40倍の濃度で存在する。その濃度は夜行性動物よりも昼行性動物で高いことから，紫外線透過に対する適応と考えられる。その他，グルタチオン(グルタミン酸，システイン，グリシンからなるトリペプチド)，カタラーゼ，β-カロテン(ビタミンA)なども水晶体を活性酸素から守る抗酸化物質である。

　このような防御システムがあるにもかかわらず，加齢と共に水晶体の透明度は低下していく。まず，活性酸素の酸化作用で水溶性タンパク・クリスタリンが白濁し，水不溶性タンパク質に変性する。これは，クリスタリンを構成するアミノ酸の内，スルフィド(SH)基を含むシステイン(図7-2-2参照)がジスルフィド結合(-S-S-)によるタンパク架橋を形成するためである。これによって，タンパク質が凝集して不溶性の高分子タンパクに変性し，光散乱(白濁)因子となる。水晶体の中心部を核といい，核白内障はおもにクリスタリンの高分子化による。また水晶体を形成する線維状細胞は，水晶体表面の上皮細胞の分裂によって供給されるが，紫外線照射は上皮細胞のカルシウム

含量を増加させ，皮質白内障の主因となっている．白内障の患者は世界で約4000万人おり，治療を受けにくい発展途上国では失明原因のトップを占める．40歳以上中国人の白内障罹患率を調べた結果，紫外線の多いチベット地域では北京の約1.6倍に達した．また，紫外線被曝量の多い熱帯域では，より深刻な核白内障の比率が温帯域よりも高いという報告もある．

　白内障と共に失明のおもな原因となっている黄斑変性症は欧米で多く，65歳以上高齢者の失明原因の第1位を占めている．日本の患者数は欧米の10分の1程度だが，高齢化と共に増加傾向にある．網膜の中心である黄斑部が紫外線により老化し，老廃物の排出作用が衰えるために起こると考えられている．黄斑の細胞が萎縮してしだいに視力が落ちていく萎縮型と，網膜の下に異常なもろい新生血管が発生して出血する滲出型があり，視界の中心部がみえにくくなる，まぶしくなる，黒い斑点が現われるなどの症状をともないながら，徐々に視力を失っていく．網膜の疾患であるため，白内障よりも治療が難しい．

　その他，紫外線がおもな原因と考えられている眼病に，眼の入り口に生じる光角膜炎と翼状片がある．光角膜炎は角膜上皮が紫外線を吸収して炎症を起こすもので，スキーの雪眼もこのなかに含まれる．翼状片は結膜の下にある組織が何らかの原因で異常に増殖したもので，鼻側から現われた白い膜（翼状片）が何年もかけて黒目を少しずつ覆っていく．失明に至る危険性はないが，翼状片が角膜の形をゆがめるため乱視になりやすく，角膜中心部まで覆うと視力が大きく低下する．

8-2-3　適応免疫系への影響

　7-5節で述べたように，脊椎動物の精微な適応免疫応答は，樹状細胞など自然免疫系細胞の抗原提示によってT細胞が活性化されるところから始まる（図7-5-1参照）．皮膚には樹状細胞の1つであるランゲルハンス細胞が分布し（図8-2-1参照），顆粒細胞層や有棘細胞層のなかを移動しながら，外部からの侵入者を監視している．傷口から侵入した微生物をみつけるとこれを捕獲し，抹消リンパ器官に移動して未感作T細胞に抗原として提示する．したがって，ランゲルハンス細胞は適応免疫系の最前線で活動している細胞であ

るが，近年の研究により，この細胞は紫外線にきわめて弱いことが明らかとなった。たとえば50〜100 mJ/cm² 程度の紫外線Bを皮膚に照射すると，数日後からランゲルハンス細胞の数が減少し，約1週間後には10分の1以下にまで低下した後，約2週間で回復する。海水浴場などでは100〜150 mJ/cm² 程度の紫外線Bに曝露されることもあるので，毎日強い紫外線を浴びる夏には，ランゲルハンス細胞の密度が低下し，体がだるくなる。また，紫外線はこの細胞の表面にあるMHCタンパクの密度を減少させ，抗原提示能を低下させることも明らかとなっている。

通常，表皮細胞のなかでクラスII MHCタンパクを表出しているのはランゲルハンス細胞だけだが，細菌などに感染すると，一番外側の角質細胞もクラスII MHCタンパクを表出し，適応免疫応答を助ける。しかし，紫外線照射は角質細胞のMHCタンパク表出を抑制すると共に，免疫抑制型のサイトカインを分泌させることが明らかとなってきた。また，紫外線を照射された角質細胞にはFasリガンドが発現し，これがT細胞のFasと結合してアポトーシスに導かれるという報告もある。

既に述べたように，紫外線の一部は真皮にまで到達する。真皮には抹消血管があり，紫外線は自然免疫系や適応免疫系の細胞に直接影響を及ぼすと考えられる。まず，細胞分裂に影響し，一時的に多核白血球が増える。また，T細胞が減少し，特にIFN-γの産生を抑えるので，ヘルパー細胞に比べ，Tc細胞が劣勢となる。食細胞のなかで特に悪性腫瘍の発生やウイルス感染を抑制しているナチュラルキラー細胞の活性が紫外線によって抑制されるという報告もある。したがって，紫外線照射による皮膚癌などの発症には，ナチュラルキラー細胞の活性低下も影響しているのかもしれない。真皮には肥満細胞も分布しており，ヒスタミン分泌によって血管を拡張し，食細胞，T細胞，抗体の活動を助けている。紫外線は肥満細胞のヒスタミン分泌を抑制することが確かめられている。

紫外線は皮膚以外の免疫系にも影響を及ぼす。たとえば，大量の紫外線に曝露されたマウスでは，内臓の1つである脾臓のマクロファージの抗原提示能が低下する。紫外線は，真皮より内部の組織や器官には届かないので，皮膚で産生された因子が血流を通って広がり，全身的な免疫抑制を引き起こし

ている可能性が高い．まず考えられるのは，角質細胞で産生される免疫抑制性のサイトカイン類である．たとえば，紫外線を照射された角質細胞はインターロイキン-10(IL-10)を産生してTh1細胞の活性化を妨げると共に，樹状細胞やマクロファージに作用してTh1への抗原提示能を低下させる．また，紫外線照射を受けた角質細胞はTNF-αを産生する．このサイトカインには腫瘍壊死作用があり，通常マクロファージやナチュラルキラー細胞などによって分泌されるが，ランゲルハンス細胞の移動を妨げて表皮内に留める作用もあり，その過剰産生は，膠原病，川崎病，髄膜炎，マラリア，多臓器不全などの病態に密接に関係しているという報告がある．

サイトカイン以外の因子も全身性免疫抑制の発症にかかわっている．たとえば，表皮に多く，メラニンと共に紫外線吸収力の高いウロカニン酸は紫外線を吸収すると異性体に変化し，その異性体が角質細胞のTNF-α産生を促進し，ヘルペスウイルスや癌細胞への免疫応答を抑制するらしい．

地球上では熱帯域の紫外線量が多く，熱帯域の人々は比較的紫外線耐性が高いと期待されるが，皮膚や眼に比べると適応免疫系の紫外線耐性は低緯度地方と高緯度地方の人々の間であまり差がないようである．実際，これまで熱帯病が原因と考えられていた死亡の多くは，紫外線量が多いことによる免疫機能の低下がおもな原因という報告もある．温暖化と共に熱帯病感染域の拡大傾向が認められるが，紫外線量の増加にともなう人類の免疫力低下が加わると，感染症の拡大がより深刻となる可能性がある．

8-3 陸上動物群集への影響——両生類を例として

カエル，サンショウウオ，イモリなどの両生類は，幼生（オタマジャクシ）期には淡水中で生活し，成体になると草地や森林にまで生活の場を広げ，陸上生態系のなかで水界と陸界を結ぶ重要な役割を演じている．オタマジャクシはおもに藻類や水草を食べると共に，魚類や水鳥のおもな餌となっている．成体になるとさまざまな種類の昆虫や土壌動物を食べ，爬虫類，哺乳類，猛禽類などの重要な餌源となっている．特に，両生類はほとんどの昆虫を貪欲に食べるため，特定昆虫の大発生を抑制する上で最も有効な動物グループと

されている．したがって，両生類の個体群動態は陸上生態系に大きな影響を及ぼすと考えられるが，近年，両生類の危機的な減少が指摘されるようになった．

1960年代までは，世界的に進行している湿地帯の埋め立てや熱帯林地帯の開発など，両生類の生息地の破壊に加え，食用やペット用カエルの乱獲，外来侵入種の導入などがおもな原因と考えられていた．カエルの肉を食べる文化は世界各地でみられるが，特にフランス料理用のカエルは高値で取引されるため，既に16世紀には食材用カエルの捕獲を生業とする人々がいたらしい．フランス人が特に好んだのはヨーロッパトノサマガエル *Rana esculenta* だったが，その著しい減少と共に他の大型ガエルも好まれるようになった．ヨーロッパの在来種が減少すると，北米やアジアでもフランス料理用のカエルが捕獲されるようになり，大型ガエルの減少に拍車をかけていった．北米では，19世紀末から20世紀初頭にかけてカエル産業がさかんになり，1930年代にピークを迎えた．しかし，北米のウシガエル *Rana catesbeiana* やブタゴエガエル *Rana grylio* が激減すると，おもな供給地はアジアに移り，インドやバングラデシュのトラフガエル *Rana tigrina* やインドクサクイガエル *Rana hexadactyla* が激減した．現在，インドネシアがフランス料理用カエルのおもな供給国となっている．最近，ペット用カエルの需要も急増している．特に色彩豊かな熱帯産小型ガエルの取引量が増えており，その乱獲が個体数減少の一因となっている．

外来侵入種として特に有名なカエルは，南米原産のオオヒキガエル *Bufo marinus* である．このカエルは，南米のサトウキビ畑で大量の害虫を食べる有益動物とされ，害虫の被害に悩む世界中のサトウキビ栽培地帯に導入された．しかし，導入先では，害虫だけでなく他の両生類も大量に捕食して繁殖し，地域の生物多様性に甚大な被害をもたらす外来侵入種としてリストアップされるようになった．

たとえば，オーストラリアのクィーンズランド州にはサトウキビの栽培地帯が広がり，その害虫防除の一環として1930年代にオオヒキガエルが導入された．しかし，昆虫だけでなくオーストラリア固有の両生類や小型哺乳類さえ大量に捕食し，しかも鼓膜の後ろにある耳腺から猛毒を分泌するため，

このカエルを捕食した大型動物や鳥類の死亡が相次いだ。このカエルは1回の産卵数が8000～2万5000個，時には5万個以上にも達する。天敵の少ない環境下で急増し，1年あたり20～30 kmの速さでオーストラリア全土に分布を広げつつあり，生物多様性に悪影響を及ぼす有害動物として駆除の対象となっている。西オーストラリア州では軍隊をだしてこのカエルの掃討作戦を展開しているほどである。日本では，戦前，台湾から南大東島に導入され，戦後，さらに八重山諸島や小笠原諸島にも導入され，地域固有の生物多様性に悪影響を与えている。オオヒキガエルと共に，ウシガエル，コキコヤスガエル *Eleutherodactylus coqui* も国際自然保護連合 IUCN の「世界の外来侵入種ワースト100」に指定されている。

　生息地の破壊，乱獲，外来種の侵入は，両生類だけでなく生物多様性全体を損なっているおもな原因として認識されている。しかし，1970年代にはいると人為的影響が及びにくいと思われる保護区や山地の川や湿地に生息する両生類の減少や絶滅がめだつようになった。まず原因として考えられたのは酸性雨であった。工場などから排出される酸化窒素 NO_x や酸化硫黄 SO_x が大気中で他のガスや水滴と混ざって硝酸や硫酸となり，これらの酸によって pH が5.6以下になった雨を酸性雨と呼んでいる。当然，その影響は汚染源周辺だけでなく，数百 km 離れた森林地帯や湿地帯にまで及び，1970年代に北欧，ドイツ，カナダ，米国北東域で相次いで報告された森林枯死のおもな原因は酸性雨であると考えられている。

　たとえばニューヨーク州にあるエドムンド・ナイルス・ヒュイック保護区では，酸性雨によって土壌の酸性化が進み，多くの土壌がpH 5以下となり，全体の25%以上は pH 4 を下回っている。この地方に多いセアカサンショウウオ *Plethodon cinereus* を使った実験では，ほとんどすべての個体が pH 4.5 以上の土壌を選び，約50%の個体は pH 6 以上の土壌を好んだ。pH 4～3 の土壌で飼育すると，数か月生存した後に死に始め，pH 2 以下の土壌では1週間以内に死んでしまった。実際，土壌が pH 3.8 以下の地域ではこのサンショウウオはまったく生息していない。酸性化した地域の池や川では，両生類の卵やオタマジャクシもナトリウム摂取などを妨げられ，死亡率が高い。この保護区ではこれまでに17種の両生類が記録されているが，その内3種

は土壌の酸性化が顕著となって以来ほとんどみつかっておらず，他の数種も明らかに個体数を減らしている。

　1980年代にはいると，酸性雨などによる広域環境汚染でも説明できない不可解な減少や絶滅がめだつようになった。危機感を抱いた米国の研究者たちは実態を把握するため，1990年2月，南カリフォルニアのアーヴィンに集まって会議を開催すると共に，研究チームを組んで原因の究明を開始した。その結果，近年全球的に進行している地球温暖化やオゾン層破壊も両生類の減少に深くかかわっている可能性の高いことが明らかとなってきた。

　たとえば，コスタリカの北部にあるモンテベルデ保護区で1966年に初めて発見された固有種オレンジヒキガエル Bufo periglenes が，1980年代末に忽然と消え，2000年代にはいっても現われないことから，絶滅した可能性が高いと考えられている。不思議なのは，1987年の4月と5月の繁殖期には多数の雌雄の交接と産卵が観察されたにもかかわらず，翌年に数匹が目撃されただけで，以後まったくみつかっていないことである。この保護区は発達した熱帯雨林に覆われ，紫外線増加の影響は及びそうにない。そこで，ある研究者が20年間の気象データを詳細に分析したところ，1986〜1987年にかけて，コスタリカの森林では川の流量が少なく，地面の湿度が異常に低かったこと，その異常気象がちょうどこれらの年に発生したエルニーニョに起因していることが明らかとなった。エルニーニョは1982〜1983年にかけても発生していたが，モンテベルデで記録された過去20年間の気象データは，1982〜1983年には湿度の高い季節も認められたのに対し，1986〜1987年には2年間を通して湿度が低かったことを示していたのである。両生類は乾燥ストレスに弱く，長期間のストレスがおそらく免疫機能の低下を招き，より湿った場所を求めて集まったカエルに感染症が蔓延した可能性も考えられた。

　カエルの急激な個体数減少や個体群絶滅は米国西部域の山岳地帯で最初に報告された。カリフォルニアの標高1500〜4000 m に分布するヤマキアシガエル Rana muscosa は1980年前後から劇的に減少し始めた。同じころ，やはりカリフォルニアのヨセミテ国立公園に生息するヨセミテヒキガエル Bufo canorus，コロラド州ロッキー山脈のキタヒキガエル Bufo boreas boreas，オレゴン州カスケード山脈のカスケードガエル Rana cascadae やセイブヒキガエ

ル *Bufo boreas* などの山岳性カエルも減少し始めた。いずれも，死んだカエルの多くは赤脚病にかかっていた。この病気はストレスなどによって免疫機能を低下させた両生類にみられる細菌性感染症である。カエルの免疫機能を低下させた要因が検討された結果，森林の少ない山岳域に生息するカエルは太陽光を浴びやすいことから，オゾン層の破壊と共に増加しつつあったUV-Bが疑われた。

そこで，オレゴン州立大学の研究チームはUV-Bがカエルに及ぼす影響を評価するため，(1)カエルにはUV-Bを感知し，避ける習性があるかどうか，(2)カエルの細胞はUV-BによるDNA損傷を修復できるか，(3)山岳地帯でカエルの卵は実際に損傷を受けているかどうか，について共同研究を開始した。課題(1)を解決するために，実験用動物であるアフリカツメガエル *Xenopus laevis*，米国西部の普通種で，個体数が減少していないタイヘイヨウアマガエル *Hyla regilla*，減少の著しいカスケードガエルを選び，まず室温条件下で紫外線照射実験を行なったところ，いずれの種も紫外線を感知し，強いUV-Bを避ける傾向が強いことを見出した。さらに，山岳の湖で実験したところ，アフリカツメガエルとタイヘイヨウアマガエルは自然条件下でもUV-Bを遮断するフィルターの下に集まるのに対し，カスケードガエルはむしろフィルターのないところを好んだ。山岳域では夏季でも気温が低く，カスケードガエルなどが岩場で積極的に日光浴をしているのが観察されており，山岳性のカエルが強い紫外線に曝されているのは明らかだと考えられた。

次に課題(2)を解決するため，アフリカツメガエル，タイヘイヨウアマガエル，カスケードガエル，セイブヒキガエル，それにイモリとサンショウウオを選び，紫外線で損傷を受けた細菌のDNAを修復する酵素活性がそれぞれの卵にあるかどうかを調べた。その結果，カエルの卵はイモリやサンショウウオの卵よりも修復活性がかなり高かった。また，カエルのなかでは，実験動物として累代飼育され，野外の紫外線にほとんど曝されていないアフリカツメガエルで最も修復活性が低く，野外にありながら個体数が減少していないタイヘイヨウアマガエルで最も高かった。このことは，石の下や落ち葉の裏などに産卵されるイモリやサンショウウオの卵よりも，川や池の浅瀬や岸に産卵されるカエル卵の方が紫外線耐性が高いこと，カエルの自然個体群で

は修復活性の弱い種で個体数の減少が起こっていることを示している。

最後に課題(3)を解決するため，カスケードガエルとセイブヒキガエルの卵にタイヘイヨウアマガエルの卵を加え，山岳地帯で野外実験を行なった。捕食者が侵入できないようにした実験用の池を，①太陽光にそのまま曝す，②UV-B遮断用のフィルターで覆う，③UV-Bを含むすべての太陽光を通すフィルターで覆う，という3種類の区に分け，各両生類の新鮮な卵がはいった容器を沈めて卵の死亡率を比較した。その結果，いずれの種の卵の死亡率も実験区①と③の間で有意な差はなく，フィルターで覆うか否かは対象とした両生類の卵の死亡率に影響しないと考えられた。また，個体数が減少しているカスケードガエルとセイブヒキガエルの卵の死亡率は実験区②よりも①で有意に高いのに対し，減少していないタイヘイヨウアマガエルの卵では①と②の間に有意な差が認められなかった。カスケードガエルとセイブヒキガエルの卵は，実験区②でほとんど生き残ったのに対し，実験区①では約5分の2が死亡したのである。これは課題(2)の研究結果，つまりカスケードガエルやセイブヒキガエルの卵はタイヘイヨウアマガエルの卵よりもDNA損傷の修復活性が劣るという結果と整合した。

以上の結果をオレゴン州立大学の両生類研究チームが1994年の全米科学アカデミー紀要に掲載した論文は，オゾン層破壊によるUV-Bの増加が陸上生態系に影響を及ぼしている初めての例として大きな反響を呼んだ。

両生類の唐突な消失は，オーストラリアでも報告されている。両生類は進化史および生態系において水界と陸界をつなぐ動物であり，基本的に陸生の成体が水生の幼生を育てる方法は非常に多様である。1973年にオーストラリア・クィーンズランド州の熱帯雨林内でみつかったカモノハシガエル *Rheobatrachus silus* の雌は，受精卵を飲み込み，胃のなかで育てる。受精卵がオタマジャクシになり，オタマジャクシが変態するまで，雌は何も食べずに過ごす。この間，雌の胃からは胃酸が分泌されないが，これは卵の周りのゼリーに胃の分泌作用を抑えるプロスタグランジンE-2が含まれているためである。この化学物質は，ちょうどカモノハシガエルが発見されたころ，ある製薬会社で開発され，現在，胃潰瘍を治療する有効な薬として利用されており，カモノハシガエルはおそらく数千万年前からこの物質を使って胃酸の

分泌をコントロールしてきたのである．この貴重な両生類であるカモノハシガエルが，1981年以降，まったくみつからなくなってしまった．彼らの生息地は熱帯雨林に覆われた国立公園であり，UV-Bの影響は及びにくいし，化学物質などで汚染されているとも考えにくい．土壌の酸性化もみられない．オレンジヒキガエルの場合と異なり，エルニーニョのような気候変動の影響も検出できていない．

オレンジヒキガエル，カスケードガエル，セイブヒキガエルの場合は個体数減少の主要因がほぼ特定されたが，数百〜数千万年にわたってさまざまな試練を乗り越え，生存してきた種がたった1つの要因によって忽然と消え去るとは考えにくい．現在世界各地で進行している両生類の減少や絶滅は，オゾン層破壊による紫外線量の増加，地球温暖化，広域環境汚染，生息地破壊，外来侵入種，乱獲，その他未知の要因が複合化して起こっていると考えるのが妥当だろう．いったん個体数が減少すると，個体群内の遺伝的多様性が急速に失われ，病原菌への耐性も低下する．性比や齢構成の偏りによって有効集団サイズはさらに縮小する．台風などのカタストロフィックな要因による絶滅も起こりやすくなるだろう．現在，多くの両生類個体群が「絶滅の渦」に巻き込まれているのは明らかだ．生態系のなかで水界と陸界を結ぶ役割を果たしている両生類の減少が，鳥類，爬虫類，哺乳類，昆虫など動物群集内の他の構成要素にも大きな影響を与えているのは間違いないだろう．

8-4　紫外線による海洋生態系への影響

8-4-1　海洋生態系

海洋は地球表面の約70％を占めており，その平均水深は約3800 mである．太陽光が届く海洋表層(200 m深以浅)には，一次生産者(光合成により無機物から有機物をつくり，海洋生態系の基盤を支える生物)として，顕微鏡でしかみることのできない極微小の単細胞性植物プランクトンから，肉眼で目視できる多細胞性の大型藻類が生息する．大型藻類の生息域は，基本的に水深の浅い沿岸海域に限られているのに対し，植物プランクトンは，沿岸域から海洋の大部分を占める外洋域まで，広範に生育している．したがって，海洋の主要一次

生産者は植物プランクトンであるといえる。この植物プランクトンを補食する植食性動物プランクトン(原生動物，カイアシ類などのマイクロ動物プランクトン)は一次消費者と呼ばれる。この植食性動物プランクトンを補食する小型肉食性動物プランクトン(二次消費者であるメソ動物プランクトン)，さらにそれを補食する大型肉食性動物(クラゲや魚類など)が三次消費者として，海洋生態系の栄養段階を構成する。この連鎖系は，生食食物連鎖と呼ばれている。海洋生態系におけるエネルギー転送効率は，植物プランクトンから植食動物プランクトンにかけて約20%，さらに高次の栄養段階では10〜15%と見積もられている(Lalli and Parsons, 1993)。すなわち，栄養段階間毎に80〜90%のエネルギー損失(おもに呼吸による)があることを意味する。そのため，ある一定期間に利用するエネルギー量を尺度に各栄養段階をまとめるとピラミッド構造になり，これを生態ピラミッドと呼んでいる。一般に，上位の栄養段階にある生物は下位のものを補食するため，体長が大きくなる傾向がある(図8-4-1)。そのため，特定の場所で維持される大型肉食性動物の個体数はかなり少数にならざるを得ない。

　海洋には，この生食食物連鎖に加えて，微生物ループと呼ばれる食物連鎖系が存在する。植物プランクトンおよび動物プランクトンなどの消費者は溶存有機物を排出する。この溶存有機物は従属栄養細菌により消費される。また，従属栄養細菌はおもに原生動物により消費され，さらに原生動物はマイクロ動物プランクトンにより補食される(図8-4-1)。このループ状の食物連鎖系を微生物ループと呼んでいる。植物プランクトンによる有機物排出は，おもに光合成過程の細胞外排出によるものである。好適な生育環境での植物プランクトンの溶存有機物の細胞外排出は，全有機物生産の5〜10%程度であるが，光や栄養塩環境が悪い状態の場合，その割合が30%以上になることが報告されている。消費者は，餌の未消化成分あるいは代謝副産物が溶存有機物を細胞外に排出する。また，動物プランクトンなどの高次消費者が餌の未消化成分として排出した糞粒の一部が海水に溶け出すことによっても溶存有機物が生成する。さらに，動物プランクトンが植物プランクトンや原生動物を補食する際，動物プランクトンの口器官により餌生物が損傷し，細胞内容物が海水中に放出されることが報告されている。最近では，ウイルスが

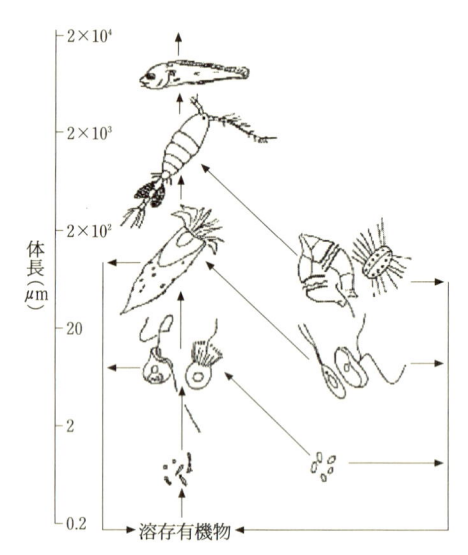

図 8-4-1 海洋の生食食物連鎖と微生物ループの模式図(Fenchel, 1988)。左側の生物群は従属栄養生物(下から従属栄養細菌，原生動物，マイクロ動物プランクトン，メソ動物プランクトン，魚)，右側の生物群は独立栄養生物(下からピコ植物プランクトン，ナノ植物プランクトン，マイクロ植物プランクトン)を表わす。

細菌や植物プランクトンに感染することにより，細胞溶解が起こり，溶存有機物が海水中に放出される過程も決して無視できないものであることが示唆されている。

8-4-2 従属栄養細菌への紫外線影響

従属栄養細菌は，海水中の栄養塩(窒素やリン)の再生や上記の微生物ループにおいて，重要な役割を果たしている。また，外洋の生物群集の全細胞内DNA量の最大90%程度を従属栄養細菌が寄与していることから(Coffin et al., 1990)，紫外線が海洋表層にいる従属栄養細菌のDNA損傷，生存率，増殖活性に及ぼす影響に関する研究が数多く行なわれてきた。たとえば，DNA損傷に対して修復能力(8-1節参照)を欠損させた従属栄養細菌(大腸菌 *Escherichia coli* CSR06株)がはいった海水を紫外線透過する培養ボトルにいれ，南極の太陽光に曝した結果，生存率は2時間で0%になったが，316 nmお

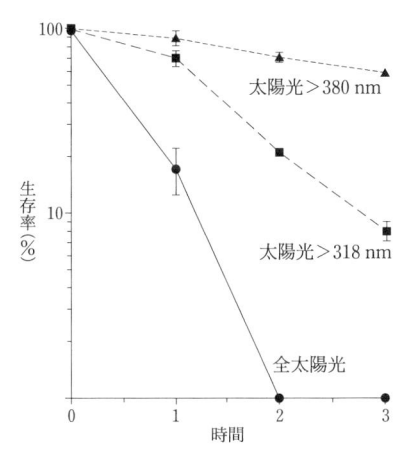

図 8-4-2 の説明：縦軸 生存率(%)（対数、1～100）、横軸 時間（0～3）、曲線：太陽光>380 nm、太陽光>318 nm、全太陽光

図 8-4-2　紫外線修復能力を欠損させた大腸菌 *Escherichia coli* CSR06 株を，南極の太陽光下，さまざまな紫外線環境で培養した際の細胞生存率(%)の変化(Karentz and Lutze, 1990)

および 360 nm より短い紫外線を除去して太陽光下で培養した場合，2 時間後の生存率は，それぞれ，約 20％および 80％になった(Karentz and Lutze, 1990；図 8-4-2)。また，同様の方法で南大洋(南極周辺海域)の天然従属栄養細菌群集を 0.5 m 深で太陽光下に曝した結果，すべての紫外線に曝された試料の生存率は 13％，UV-B を除去して培養した試料の生存率は 27％，紫外線を取り除いて培養した試料の生存率は 85％となり(Helbling et al., 1995)，太陽紫外線が従属栄養細菌の生存率に多大な影響を及ぼすことが示された。その一方で，紫外線は表層海水中の難分解性溶存有機物を分解し，その生物利用性を増加させることによって，従属栄養細菌の生産性を増加させる可能性があることが指摘されている(たとえば，Moran and Zepp, 1997)。さらに，この紫外線による表層の溶存有機物の分解は，海水中の紫外線透過に強い影響を及ぼすと共に，海水中の溶存無機態炭素や一酸化炭素の生成にも寄与し，地球の炭素循環にも少なからず影響を与えると考えられている(Mopper and Kieber, 2000)。

8-4-3 植物プランクトンへの紫外線影響

紫外線が植物プランクトンに及ぼすおもな影響として，上の従属栄養細菌と同様のDNA損傷の他に光合成速度(一次生産力)の低下が挙げられる。DNAの損傷および修復機構については，他の生物と同様である(8-1節参照)。海水中の植物プランクトンの光合成速度は，既知量の海水を透明な培養ボトルにいれ，放射性炭素 ^{14}C(もしくは炭素安定同位体 ^{13}C)を炭酸ナトリウム(もしくは炭酸水素ナトリウム)を培養ボトルに添加し，光合成により生成した有機炭素中の ^{14}C(^{13}C)の取り込み速度から見積もる，いわゆる，トレーサー法によりおもに測定されてきた。一般にUV-Bによる光合成速度の低下は海洋表層の0～25 m深付近までみられ，その紫外線影響が確認される水深は海水中のUV-B透過力および海洋表層の混合層水深に依存する。南大洋(南極周辺のベリングスハウゼン海)において，春季にオゾンホールが出現する時期の植物プランクトンの光合成速度の深度積算値が平均で6～12％程度低下することが報告されている(Smith and Cullen, 1995；図8-4-3)。

光合成の過程として，最初にクロロフィル，カロテノイド，フィコビリンタンパク質といった色素が光エネルギーを捕集し，その光エネルギーが電子エネルギーとして光化学系IIおよび光化学系Iと呼ばれる電子伝達系に伝えられ，その際に水の分解による酸素の発生，および化学エネルギーである

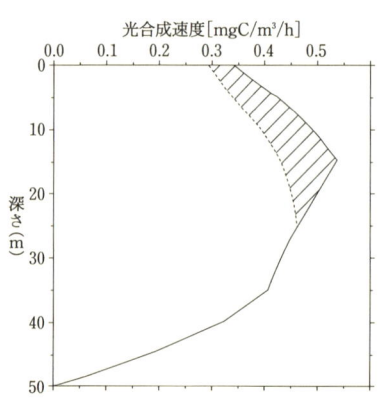

図8-4-3　1990年南半球の春季ベリングスハウゼン海における植物プランクトンの光合成速度(一次生産力)の平均値(Smith and Cullen, 1995)。実線はUV-Bの影響がない場合，波線はUV-Bにより低下した光合成速度を示す。

ATP(adenosine triphosphate)と還元物質であるNADPH(nicotinamide adenine dinucleotide phosphate の還元型)が生成される。さらに，ATP，NADPH，および多数の酵素を使って，カルビン・ベンソン回路により，二酸化炭素が還元され，炭素が有機物として固定される。紫外線による植物プランクトンの光合成速度の低下は，おもに光合成の光化学系IIに関連した分子機構(反応中心 P680, 第一電子受容体 Q_A, 電荷分離した $P680^+$ へ電子を供給するアミノ酸の一種チロシン Yz など)の損傷やカルビン・ベンソン回路で特に重要な役割を果たす酵素 Rubisco(Ribulose-1, 5-bisphosphate carboxylase/oxyganase)の損傷によるものであることが知られている。光化学系IIの反応中心 P680 を構成する D1 タンパク質は，紫外線や可視光線により損傷を受けるが，その一方で，光化学系IIの修復サイクルと呼ばれる修復機構が存在する。光化学系IIの修復サイクルの目安となる D1 タンパク質の回転速度は，可視光線のみを与えた場合よりも，UV-Bのみもしくは UV-B と可視光線を与えた場合の方が増加することが知られている(Greenberg et al., 1989)。南極産の珪藻類に太陽紫外線を照射した場合，この光化学系IIの修復サイクルが，たぶん，働いたことにより，光化学系IIの光化学反応の量子収率(F_v/F_m)の低下はみられなかったが，Rubisco の量が減少し，光合成速度が低下したことが報告されている(Vincent and Neale, 2000)。

　光合成過程で光エネルギーを捕集する役割を果たす光捕集色素も紫外線により細胞内で減少する可能性がある。これは，紫外線による色素の合成速度や回転速度の低下，分解(脱色)によって生じる。また，紫外線に対する光捕集色素の応答は，細胞に与えた紫外線スペクトルに依存し，植物プランクトン種によっても異なる(Villafañe et al., 2003)。いくつかの光捕集色素は，紫外線や強い可視光線の過剰の光エネルギーにより，三重項励起色素($^3P^*$)が生じ，これと基底状態の酸素(三重項酸素 $^3O_2$)が反応することにより，活性酸素(励起一重項酸素 $^1O_2$ など)が発生する。活性酸素は，細胞内の大部分の分子と反応して，その分子を酸化させ，細胞を破壊してしまう能力がある。しかし，カロテノイド色素の一部(たとえば，β-カロテンやゼアキサンチンなど)は活性酸素を消去する機能があり，紫外線や強い可視光線が細胞に照射された場合，細胞内カロテノイド濃度が増加することが知られている。

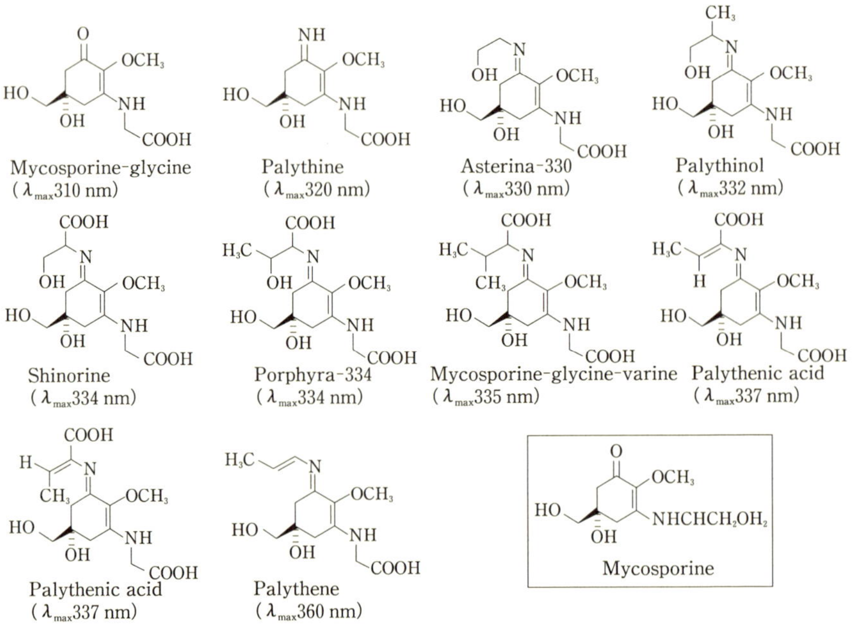

図 8-4-4 マイコスポリン様アミノ酸の化学構造式(牧野ら, 1999)。

その他の植物プランクトンの紫外線の防御機構として,細胞内に紫外線吸収物質マイコスポリン様アミノ酸(図8-4-4)をもつ。これは,高等植物が細胞内に紫外線吸収物質であるフラボノイドをもつのと同様である(8-4節参照)。紫外線が細胞に照射されることにより細胞内のマイコスポリン様アミノ酸濃度が増加し,それと共に紫外線による光合成阻害が抑制されることが知られている(Neale et al., 1998)。しかし,マイコスポリン様アミノ酸の細胞内含有量は,植物プランクトン分類群でも大きく異なる(Jeffrey et al., 1999;図8-4-5)。すなわち,紫外線に対する耐性が植物プランクトンの分類群により著しく異なることを示唆している。図8-4-5によると,南大洋(南極海)などの極域海域,亜寒帯海域,沿岸海域などで優占し,海洋炭素循環(光合成による無機炭素の有機化および生物ポンプと呼ばれる生物活動にともなう有機物の表層から中深層への輸送)に対して重要な働きをしている珪藻類の細胞内マイコスポリン様アミノ酸の量は,相対的に低い。一方,内湾などでよく赤潮を発生させる渦鞭毛藻

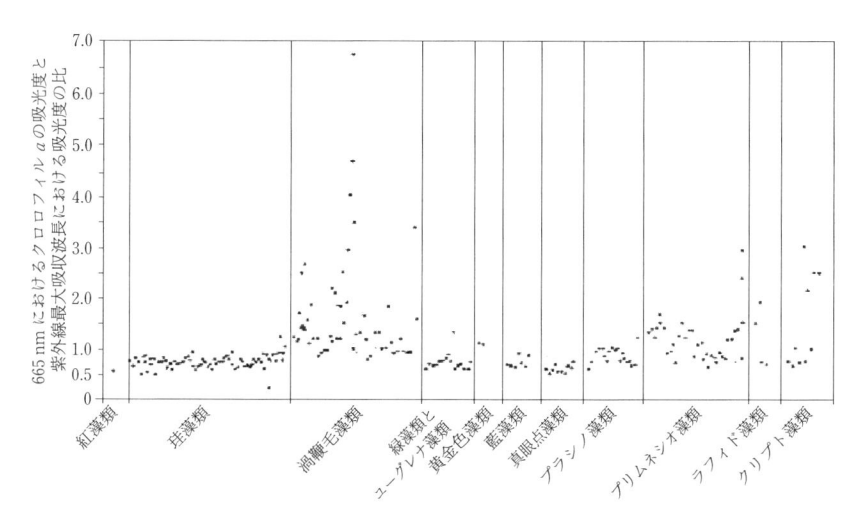

図 8-4-5　各植物プランクトン種（12 分類群中の 152 種）の細胞内マイコスポリン様アミノ酸の相対量（Jeffrey et al., 1999）。665 nm のクロロフィル a の吸光度と紫外線最大吸収波長における吸光度の比から算出。

類は，マイコスポリン様アミノ酸の濃度が相対的に高いことがわかる。

　植物プランクトンに対する紫外線影響のその他の例として，窒素，リン，微量金属などの栄養塩取り込み能力の変化が挙げられる。一般に，UV-B は栄養塩取り込みを阻害するのに対し，UV-A は栄養塩取り込みに対してほとんど影響を及ぼさないと考えられている。紫外線による炭素，窒素，リンなどの取り込み速度の変化は，細胞内のこれら元素の存在比を変えると共に，より高次の栄養段階に対する餌（栄養）の質を変えることにつながる可能性がある。

8-4-4　動物プランクトンおよび魚類への紫外線影響

　紫外線の分子および細胞レベルでの海洋生物の影響評価は，おもに従属栄養細菌や植物プランクトンといった単細胞生物に対して行なわれてきた。しかし，動物プランクトンおよび魚類の成体に対する紫外線影響についての研究数は比較的少ない。これは，動物プランクトンおよび魚類の成体は，遊泳能力をもち，紫外線が到達しない海洋中深層に移動することができることに

一因する。たとえば，全世界の海洋で最も優占する動物プランクトンは，体長 0.5～10 mm 程度の大きさをもつカイアシ類(甲殻類の1グループ)であり，これらの成体の多くは，昼間は海洋中深層に生息し，夜間は表層に移動するという日周鉛直移動を行なうことが知られている。この昼間の中深層移動は，魚類などの視覚捕食者による摂餌からできるだけ逃避するためとおもに考えられているが，紫外線からの逃避行動でもあるといえる(齊藤，2001)。人工紫外線光源を用いた実験では，カイアシ類の成体に対する生存率や卵生産の低下は古くから確認されている(たとえば，Karanas et al., 1979)。

一方，カイアシ類のなかには海洋の極表層(0 m 深付近)に昼夜を問わず生息するものがおり，ニューストン性カイアシ類と呼ばれている。ニューストン性カイアシ類の体色は，多くの場合，濃い青色であり，日周鉛直移動を行なうカイアシ類(一般に，体色は赤色)に比べて，細胞内にマイコスポリン様アミノ酸およびカロテノイド色素を多く含んでいる(田口・上，2001)。このことから，ニューストン性カイアシ類は UV-B に対する耐性も高く，強い紫外線環境に適応していると考えられる。なお，動物プランクトン自身はマイコスポリン様アミノ酸を生合成できないが，補食した植物プランクトンが生合成したマイコスポリン様アミノ酸を体内に蓄積することにより，紫外線から細胞を守っている(Bandaranayake, 1998)。

魚類は，遊泳能力が強く，また鱗などの硬組織をもつことから紫外線耐性が比較的強いと考えられるが，紫外線による日焼けにより，ツノガレイ *Pleuronectes platessa* やヘラチョウザメ *Polyodon spathula* の背びれもしくは表皮の損傷が確認されている(Zagarese and Williamson, 2000)。このような紫外線日焼けによる背びれや表皮の損傷は，病原体に感染する確率を増加させることが知られている。また，浅い水深に生息するニジマス *Onchorhynchus myskiss* で紫外線による白内障が確認されている(Cullen and Monteith-MaMster, 1993)。

一方，動物プランクトンおよび魚類の卵や幼生は，従属栄養細菌や植物プランクトンと同様，遊泳能力がないかもしくは非常に低い。動物プランクトンおよび多くの魚類の卵は浮遊性であり，また孵化後の幼魚も海洋表層に生息していることが多い。これらの卵や幼生は，紫外線防御色素をもたず，比較的透明であることが多いことから，紫外線に比較的に弱いと考えられる。

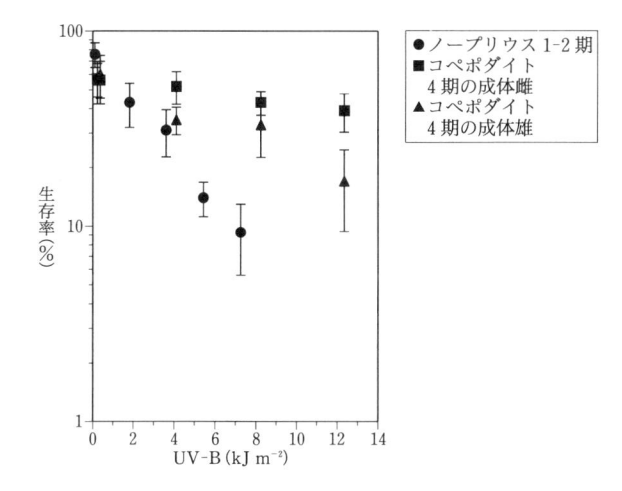

図 8-4-6 海産カイアシ類 *Acartia clausii* の幼生(ノープリウス 1〜2 期), コペポダイト 4 期から成体の雌と雄の生存率と UV-B(290〜320 nm)との関係(Karanas et al., 1979 のデータをもとに作図)。

受精卵や幼生の遺伝子発現は，成体に比べて，より活発に行なわれていることから紫外線による DNA 損傷はより著しい。たとえば，カイアシ類 *Acartia clausii* の幼生(ノープリウス 1〜2 期)の生存率は約 7 kJ/m² の UV-B(290〜320 nm)を 80 分間照射したことにより約 9% まで減少したのに対し，性別の判別ができるようになるコペポダイト 4 期から成体の生存率は同様のUV-B の照射量および照射時間で約 30〜40% であった(Karanas et al., 1979; 図 8-4-6)。これまでに紫外線によるカイアシ類の卵の孵化成功率や幼生生存率の低下および幼生の奇形率の増加が報告されている(たとえば，Naganuma et al., 1997)。しかし，動物プランクトンや幼魚でも紫外線による DNA 損傷の修復機構があることが知られている(Malloy et al. 1997)。

8-4-5 おわりに

上で示したように海洋生物の紫外線に対する感受性は種(あるいは分類群毎)によって異なることから，紫外線が増加した場合，紫外線耐性の低い種(分類群)は生存が危惧されることになり，生物多様性の低下につながる。また，植物プランクトンの群集組成が紫外線によって変化した場合，生食食物連鎖

を通して，より高次栄養段階における生物群集組成も変化する可能性がある。しかしながら，従属栄養細菌や動植物プランクトンの紫外線耐性や紫外線による生産力の変化を調査する実験のほとんどは，これら生物を培養ボトルにいれて一定の水深もしくは光環境で調査しており，実際の海洋表層の混合層内で起こり得る海水の鉛直混合の効果を無視している場合が多い。すなわち，風などにより表層混合層上部にいる生物が混合層下部に移動させられる，もしくはその逆の現象が起こり，海洋生物に対する紫外線環境が変化することを考慮していない場合が多い。したがって，海水の鉛直混合過程と従属栄養細菌や動植物プランクトンの紫外線耐性との関係を定量的に明らかにする必要があり，近年，数値モデルを使った試みも行なわれている。

8-5 生物の紫外線応答

陸上生態系のなかで植物は，唯一といえる太陽エネルギーを利用し有機物を生産する生物であるため生産者と呼ばれ，陸上生態系を支える基盤となっている。植物群集が変化すれば，次いで，それに依存する動物群集や微生物群集も変化し，生態系全体が変化する。その意味でも，紫外線に対する植物の応答を中心に紹介したい。

今日，紫外線指数が天気予報のなかで普通に報道されているように，紫外線(UV)は多かれ少なかれ降り注いでいる(第5章)。そのため，紫外線のなかでも，最も多く降り注いでいるUV-Aに対しては，多くの陸上植物は対処方法を既に有している。そのため，陸上植物は，UV-A量が増加しても，ある程度は対応し生存できると考えられる。ただし，UV-A自体の入射量は，オゾンホールが拡大しても，今よりもさほどは増えないと予測されている(終章)。したがって，生態系にとって，おもに問題となるのはUV-Bに対する対応様式ということになろう。すべての陸上生物は，UV-Bを長期的に大量に浴びた経験はなく，実験的にUV-B曝露量を増加させると，生物個体にはさまざまな生理的，形態的応答が起こることがわかっている。

紫外線に対する生物の対策は，大きく，回避，防御，修復に分けることができる(図8-5-1)。まず，既に獲得しているUV-Aを含めての紫外線への回

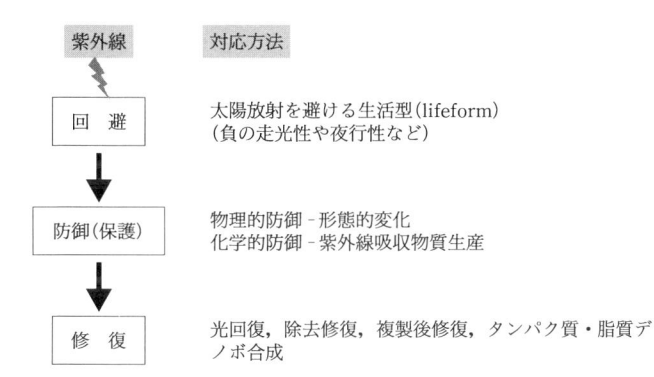

```
紫外線          対応方法
  ↓
 回 避    太陽放射を避ける生活型(lifeform)
         (負の走光性や夜行性など)
  ↓
防御(保護)  物理的防御－形態的変化
         化学的防御－紫外線吸収物質生産
  ↓
 修 復    光回復，除去修復，複製後修復，タンパク質・脂質デ
         ノボ合成
```

図 8-5-1 生物が紫外線放射による影響を緩和する方法(Cokell and Knowland, 1999 を改変)。まず，紫外線を浴びないために逃げる(回避)。次いで，浴びざるを得ない時には，浴びても大丈夫な体をつくる(防御)。そして，それでもダメで傷つけば，体・細胞・DNA などを修理する(修復)。

避と防御方法，および関連綱目について触れ，次いで UV-B への防御機構について述べる。

8-5-1　回避 avoidance

動物は，紫外線が強い時には，紫外線の弱いところ，たとえば，木陰や洞窟，土壌中などへ移動して，紫外線を回避できる。砂浜や岩礁が強い日差しを浴びると，地表面に動物をあまりみないのは，このような理由による。極端には，夜行性という行動様式も，紫外線防御に寄与している。もっとも，昆虫の多くは，ヒトにとっては非可視光領域である紫外線を感受でき，紫外線に誘引される性質がある種が多い。このような昆虫の紫外線に対する応答については別に考えねばならない(Gronquist et al., 2001)。

一方，植物では，このような大規模な移動を必要とする回避により紫外線対策をとることは難しい。加えて，光合成には光を必要とするため極端に光の少ないところに回避することは無謀な策である。したがって，多くの植物は，回避に依存しない紫外線対策をとらざるを得ない。つまり，植物は，「可視光を効率よく浴び，かつ紫外線を浴びない」というジレンマのもとで進化してきた(厳密には，光合成には多少とも紫外線・赤外線も利用している)。

8-5-2　馴化 acclimation

人が，寒いところに比較的長い時間いると，それまでよりも厳しい寒さに耐えることができるように，与えられたストレスや撹乱などの環境に慣れる，あるいは耐えられるようになることを馴化 acclimation という。低温に対する馴化は，低温馴化と呼ぶ。植物は，生涯の大部分の時期に移動性を欠くため，生息地の環境の変化を適格に掌握し，それに対処する機構を発達させてきた。植物の低温馴化では，ヤナギ，ポプラ，カンバなどの枝は，夏には氷点下の温度を体験すると障害を受けるが，秋から冬にかけては気温低下にともないしだいに耐凍性を獲得し，真冬には液体窒素(−196℃)中でも生存可能となることが知られている(吉田, 2001)。

植物は，紫外線に対しても馴化能力を有している。すなわち，紫外線を長時間浴びると，それまでより高い紫外線量でも障害発生を防ぎ，かつ光合成効率をあまり低下させない形態的，生理的変化が起こる。また，紫外線曝露により，障害が発生すれば，障害を修復しつつ，防御機能を高めている(8-1節)。

8-5-3　防御 protection

防御は，紫外線があたっても障害を受けない機構を発達させることで，物理的防御と化学的防御の2つに大分される(図8-5-1)。理想的には，これらの防御機構を組み合せ，可視光を葉中に取り入れ，紫外線をカットできれば，植物に障害は発生しないことになる。

光合成は，光エネルギーにより水分子を分解し酸素分子を放出する明反応と，明反応で得た電子エネルギーと二酸化炭素をもとに有機物を合成する暗反応の2つの過程を通じ行なわれる。光エネルギーを取り込む明反応は，葉緑体でなされるため，葉緑体に届く紫外線量を減らすことが，紫外線防御には，まず必要である。

物理的防御は，個体レベル，葉レベル，細胞・分子レベルに分けて捉えることができる(図8-5-2)。

個体レベルでは，単位面積あたりの葉面積(葉面積指数 leaf area index, LAI)を増やす，草丈を短くする，節間を短くする，分枝数を増やす，などにより

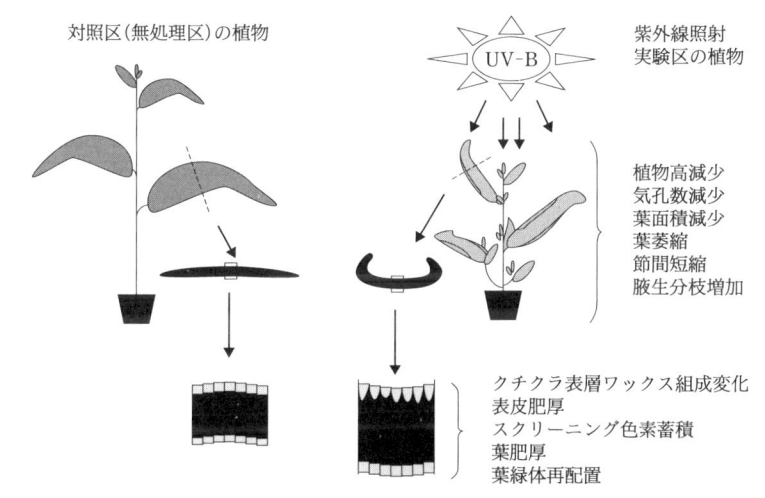

図 8-5-2 葉と植物全体の形態の UV-B 照射により誘引される葉と個体の形態変化（Jansen et al., 1998 を改変）。これらの形態変化のすべてが紫外線防御に複合的に関係して，紫外線受光量を減らし，かつ正常に光合成を行なうことに寄与している。

面積あたりの受光量を減らしている。動物では，厚い体毛や外皮は，紫外線に対する物理的防御機能をもつ。

葉レベルでは，葉の表皮細胞は，気孔細胞を除くと葉緑体をもたないため，表皮部分で紫外線量を抑制できれば，葉緑体への影響を軽減できる。そのため，葉を厚くする，葉を萎縮させる，気孔数を減らす，などにより，紫外線防御を行なっている。植物の同じ種や同じ個体内でも，林冠など日あたりのよいところでは葉を厚く(陽葉)，日あたりが悪くなるにつれ葉を薄く変える(陰葉)ものがあるが，これは最適な光合成効率を維持する他に紫外線防御にも関係している。熱帯植物での実験では，陽葉は UV-A，UV-B 照射のどちらにも影響を受けないが，陰葉は直射を受けるだけで紫外線障害を受けた(Krause et al., 2003)。

細胞・分子レベルでは，表皮細胞を厚くする，葉緑体の細胞中での位置や向きを変える，などにより防御している。多くの紫外線防御物質は，表皮細胞中あるいはクチクラ表層に蓄積される。

化学的防御は，紫外線吸収物質を生産し体表などに蓄積することで，体や

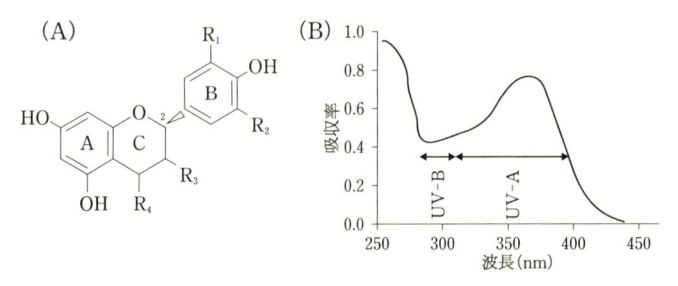

図 8-5-3 (A)フラボノイド flavonoid 分子の基本構造．フラボノイドは，ポリフェノールの代表的な化合物群で，植物のみが生産する．側鎖を変えて異なる分子を形成し，4000 以上の化合物が知られる．(B)85%酸性化メタノールで抽出された全フェノールの典型的な吸収曲線(Cockell and Knowland, 1999 を改変)．UV-A はフェノールに高い効率で吸収され，UV-B も若干吸収する．フラボノイドの一種であるカテキンの最大吸収波長は 272 nm であり，さまざまな紫外線吸収物質が異なる最大吸収波長を有する．なお，この抽出物は，砂漠生サボテン *Opuntia phaeocantha* 表皮より得た．

細胞の内部へ紫外線が到達しないようにする防御である(図 8-5-3)．陸上植物の代表的な化学的防御物質としては，二次代謝産物であるフラボノイドが挙げられる．フラボノイドの代表であるアントシアニンは，赤色から青色を呈するものが多い．年によっては，春先に紅葉と思わんばかりの赤い葉をみるが，多くの場合はアントシアニン蓄積による(Schulze et al., 2005)．維管束植物の表皮細胞細胞壁に蓄積するリグニンや液胞中に蓄積するタンニンなども紫外線防御効果がある．リグニンとタンニンは共に，二次代謝産物である．動物における紫外線吸収物質としては，ヒトでは，メラニンがよく知られ，日焼けをすると増加し肌が黒くなるのと同時に，紫外線を吸収する．

　花などの繁殖器官に対する紫外線量防御については，おおむね葉などの栄養器官と同じである．ただし，繁殖器官は形成期間が栄養期間に比べて短いため紫外線にあたる期間も短く，応答に時間がかかる防御は少ない．

　光エネルギーが過剰供給されると，植物は，光増感反応によりクロロフィルなどの色素が光増感剤として作用し光エネルギーを吸収し励起され，活性酸素 active oxygen をつくる(Box 8-1-1)．特に UV-B は，エネルギーが大きいため，光増感反応が非常に大きくなる．活性酸素は，高反応性酸素を含む物質の総称で，スーパーオキシド($O_2^-\cdot$)や過酸化水素(H_2O_2)などがある．

$O_2^-\cdot$の・は，不対電子を表わし，ラジカルと呼ばれ，ラジカルをもつ原子や分子をフリーラジカル(遊離活性基)と呼ぶ．フリーラジカルは，他から電子を奪い安定化しようとし，また電子を奪われた物質もフリーラジカルとなる．この連鎖反応により，酸化が進む．

活性酸素は，本来，高い酸化力を利用した殺菌機能をもち細菌の侵入に対する防御を行なう．しかし，自分自身のタンパク質や脂質などをも変性させ細胞に損傷を与えるため，過剰な活性酸素発生は危険である．そのため，UV-B防御には，UV-A防御機構に加え，光増感反応の低減と活性酸素消去(還元)が重要となる．

フラボノイドは，活性酸素を消去し，UV-B防御に貢献するスカベンジャー(抗酸化物質)としての高い機能も有している(Tattini et al., 2005)．スカベンジャーには，フラボノイドの他に，低分子ではカロチノイド，高分子では酵素であるスーパーオキシドジムスターゼ(SOD)，などが知られる．UV-B照射は，これらスカベンジャーを生産する引き金になっている．また，障害応答物質の生産もUV-B照射により促進される．

UV-B照射量増加にともない，植物は紫外線防御物質ばかりでなく類似物質である被食防御物資の生産量を増加させる．これらの物質の生産には遺伝子を共有している可能性を示し，進化上興味ある課題である(Box 8-6-1) (Stratmann, 2003)．また，低温耐性は紫外線照射により変化し(Taulavuori et al., 2005)，ストレス応答間の相互作用も示唆されている．

今後は，これらの紫外線防御機構間の関係，修復との関係，他の障害への応答との関係，そして分子生物学的，進化学的な諸問題をより明らかにする必要がある．

8-6　紫外線による陸上植物群集への影響

オゾンホール形成にともなう地上での紫外線量増加は，程度の差こそあれ，地球上のすべての場所で起こる．紫外線増加にともなう生物個体への影響は，動植物共にDNA損傷率や癌発生率の増加などが，紫外線を強く浴びる部分に強く表われるため，詳しく調べられている(8-1節)．その一方で，生態系

> **［Box 8-6-1］植物の被食防御機構**
>
> 　植物は，毒・異臭・不味(まずい味)などの化学的成分を生産する化学的防御と，針葉を発達させるなどの物理的防御により，動物による被食を防御している。これらの手段と，紫外線防御手段には共通する部分が多い。特に，化学的防御に用いられる物質の多くは，被食防御・紫外線防御共に二次代謝産物 secondary metabolites である。二次代謝産物とは，この物質が発見された当初，生理的に意味のまったくない物質，と考えられ命名されたが，実際は，生体防御や発生に関与し，生産特異酵素も発見されており，二次代謝産物という呼称は不適切である(Kutchan, 2001)。
>
> (1) 化学的防御：葉などの植物体内に，以下のような物質を蓄積させる。
>
> 有毒成分：二次代謝産物。少なくとも 200 種の種子植物で有毒成分が抽出されている。トリカブトはアコニチンと呼ぶアルカロイドの一種を生産し，致死量は 1 mg/kg 以下である。北海道先住民がクマ(熊)など大型獣狩猟用武具につけたことで知られる。致死性ではなくても，ウルシやイラクサなどのように痒み・痛みを生じる成分を生産する種もある。
>
> 臭：不快臭を発生させ，植食性動物が近づくのを避ける。ヘクソカズラ(アカネ科)は，名前の通り，組織が傷つけられると不快臭物質を生産し食害を減らしている。
>
> 不味：まずい味となる物質を生産し，食害を避ける。シカ食害の激しい地域では，シカの嗜好にあわない，すなわち，シカにとってまずい植物が相対的に増えることが多い。
>
> (2) 物理的防御
>
> 特異器官：針葉や刺を発達させ，大型草食獣などから捕食されるのを避ける。エゾイラクサなど刺から有毒成分などを分泌する植物があるが，これは，化学的防御と物理的防御の両方を行なっている。

レベルでの紫外線影響には，不明の部分があまりにも多い。一般に，ミクロスケールからマクロスケールにスケールアップするにつれて，科学的情報に曖昧さが増すが，紫外線が与える影響についてもこの限りではない。

　生態系のなかでも，植物群集についてすら不明な点は多い。しかし，植物が，生態系の基盤となることは疑いない。そこでまず，紫外線量変化が植物群集に与える影響，ついで生態系に与える影響について概説する*。

---

*生態学用語などについては，本シリーズ『地球温暖化の科学』(北海道大学大学院環境科学院，2007)の「第 6 章　地球温暖化にともなう陸上生態系の変化」をも参照されたい。

8-6-1 紫外線と植物群集

　野外において紫外線増加が植物群集や生態系へ与える影響を調べる方法は，紫外線量を増加させる方法と減少させる方法の2つに分けられる(表8-6-1)。それらによる紫外線量調節実験を通じ，紫外線量増加にともない植物が二次代謝産物量を増加させることは明らかとなった(8-4節)。しかし，光合成効率の低下や植物の成長量の減少が認められることはあっても，生産力の低下が検出された研究は少ない。1つの可能性は，植物は，紫外線を含む強光に対する馴化能力を有するため，紫外線に対する応答が現われないことである(8-4節)。逆の例となるが，紫外線馴化を行なっていないブドウの葉に紫外線を照射すると，照射直後にCO_2同化量は減少し(Kolb et al., 2001)，紫外線耐性獲得前には生物は，当然ながら紫外線に弱い。もう1つの可能性は，紫外線の影響は累積的に現われるため，正確に紫外線の影響を検出するには長期観測が必要なことである(Day and Neale, 2002)。そこで，紫外線量増加が顕著となっている極地周辺において，さまざまな生態系の長期観測が継続されている。

　アルゼンチンの南端に位置するテラ・デル・フエゴ(南緯54°)では，過去20年間で春季と夏季のオゾン層が15〜20%減少したと推定されている。そのため，それにともなう紫外線増加が生態系変動に与える影響に関するさまざまな研究が行なわれている(Ballare et al., 2002)。まず，低木林に対し紫外線低減フィルターにより，紫外線量をオゾン層減少前の状態に戻したUV-

表8-6-1　紫外線の影響を野外(および実験室)において調べる方法

紫外線	増加	減少
原理	紫外線ランプ	紫外線低減フィルター
長所	紫外線量を調節し，仮想紫外線増加環境をつくることができる	低費用かつ設置が容易なため，調査地選択範囲が広い
短所	野外における管理労力膨大なため，遠隔地では実験しづらい	紫外線増加の際の影響は外挿*で予測

* 外挿：実験で得られた範囲よりも外の部分を予測すること。極端なたとえでいえば，紫外線減少実験において，生物の成長が正になったならば，紫外線が増加すると，その逆に，植物の成長が悪くなると予測する。実験結果だけからの外挿を行なうことはできず，結論を得るには，多くの傍証を行なうべきである。なお，未来予測は基本的に外挿的であり，実験範囲のなかでの予測は内挿という。

B遮蔽実験を行ない，植物の季節性(フェノロジー phenology)，被度 coverage などの変化が3年間にわたり調べられた．なお，被度は，植物が地面を被覆する比率のことで，バイオマスの代わりの変数として用いられることがある．しかし，葉の形態が若干変化したことを除くと，明瞭な変化は検出されず，より長期の観測が必要と結論されている．

同地の泥炭地で6年間継続されたUV-B遮蔽実験では，種子植物は紫外線減少によりバイオマスを増加させ，ミズゴケはバイオマスを減少させていた．その結果，種子植物のバイオマス増加とミズゴケのバイオマス減少が相補的に働き，群集レベルでのバイオマスは変化しなかった．これは，次のように考えられている．種子植物は，ミズゴケ上部に葉をもつためミズゴケよりも紫外線を含めた直射を受けやすく，紫外線遮蔽の効果が現われやすい．そのため，紫外線遮蔽によりバイオマスが増加した．一方，ミズゴケは，種子植物よりも地面近くに生息し，もともと直射を浴びることが相対的に少なく，遮蔽の影響が現われづらい．しかし，増加した種子植物との競争が強く働き，ミズゴケのバイオマスが減少した．

このように，植物群集レベルでの紫外線応答は存在していても，さまざまな因子にマスクされ検出されないことがある．さらに，紫外線量が増加するとバイオマスは変化しなくても，花および果実の生産量は減少することがあり(Phoenix, 2002)，バイオマスのみで植物群集に対する紫外線への応答を計ることには問題が残る．

8-6-2 紫外線と生態系

生態系は，生物と生物，生物と環境のさまざまなつながりで構成されているため，紫外線量の変化により，それらの相互作用が変わることで生態系が変動する可能性が探られている．環境には，物理環境ばかりでなく生物環境も含まれる．ここではおもに，陸上植物にとって成長を規定する主要因といえる栄養供給源である土壌(地下部)環境と地上部(植物地上部)の相互作用について述べる．

紫外線は，リター分解 litter decomposition に対して，さまざまな角度から影響することが予測されている．リターとは，堆積した未分解の落葉と落枝

をさす．おおまかには，リターが物理的な破砕を受け，分解菌を含めた土壌生物により分解され，土壌栄養となる．そのため，リターの分解速度は，土壌の栄養状態を決める重要な要因の1つである．これらの点をもとに，紫外線増加がリター分解に与える影響について，以下の2つのシナリオが考えられた．

1つめのシナリオは，まず，紫外線増加により土壌中のリター分解者の成長と繁殖が阻害される．次いで，リター分解者が減少すれば，リター分解速度が低下し，土壌栄養の蓄積速度が減少する．そして，植物の成長が変化し，ついには生態系が変化する．紫外線は土壌中を透過しないため土壌生態系に与える影響は地表面に限られ小さいと考えられていたが，その地表面が土壌生態系のおもな機能を有するため，特に極地に近い地域では土壌層の発達が遅いため紫外線の影響は無視できない．2つめのシナリオは，紫外線増加が，光分解 photodegradation と物理的・化学的な破砕を促進し，リター分解速度が増す，というものである．なお，光分解では，紫外線量が増すと，紫外線に分解されやすい物質がより分解されるため，紫外線量により，リター分解過程でリター成分に違いが生じる．

これら2つのシナリオの可能性を探るため，ヨーロッパにおいて北緯38〜78°の範囲にある4地点でカンバの一種 *Betula pubescens* のリター分解速度の測定が14か月間にわたり実行された(Moody et al., 2001)．紫外線量は，オゾン層が15%減少したと想定される量とされた．その結果，4地点の内2地点で初期にリター分解速度は僅かではあるが増加した．また，これら4地点の内1地点で調べられただけだが，そこでは，紫外線照射により土壌菌類が減少していた．これらのことは，紫外線照射は，リター分解に対して正負両方の効果があり，リター分解速度が変化しなかった2地点では正負の作用を重ね合わせた結果として速度に変化が現われなかったことを示唆している．

土壌生物のなかでも，菌根菌は，植物の土壌栄養吸収に関係するため，特に貧栄養土壌で注目されている生物群である(Box 8-6-2)．紫外線が土壌中の菌根に負の作用を与えれば，その結果として，植物の土壌栄養の取り込み効率が下がり，生態系の生産力が下がることが予測される．

オランダの砂丘草原で，UV-Bランプによる紫外線量増加が内生菌根菌

[Box 8-6-2] 菌根

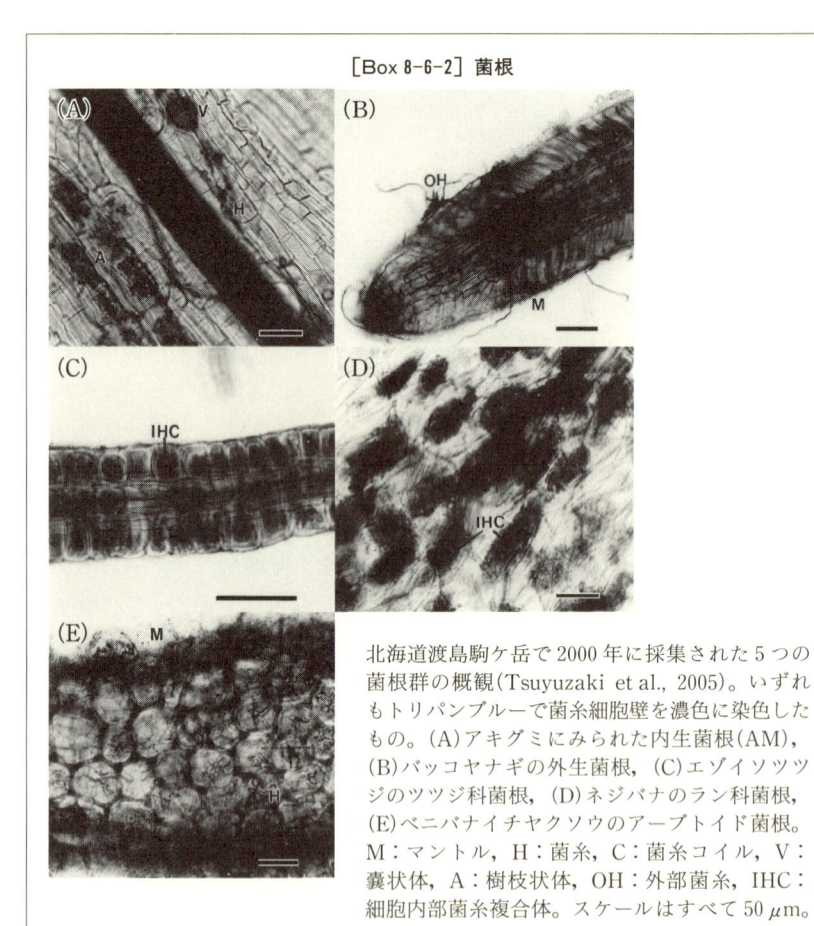

北海道渡島駒ケ岳で2000年に採集された5つの菌根群の概観(Tsuyuzaki et al., 2005)。いずれもトリパンブルーで菌糸細胞壁を濃色に染色したもの。(A)アキグミにみられた内生菌根(AM)，(B)バッコヤナギの外生菌根，(C)エゾイソツツジのツツジ科菌根，(D)ネジバナのラン科菌根，(E)ベニバナイチヤクソウのアーブトイド菌根。M：マントル，H：菌糸，C：菌糸コイル，V：嚢状体，A：樹枝状体，OH：外部菌糸，IHC：細胞内部菌糸複合体。スケールはすべて50μm。

　菌根(mycorrhiza)は，高等植物根に菌糸が入り込むか根表面に菌糸が接着し形成される根と菌の共生体の総称である。菌根を形成する菌を，菌根菌という。菌根菌は，植物が不足しがちな土壌栄養である窒素やリンを土壌中から取り込み植物に渡す機能を果たしているため，貧栄養土壌における植物の定着にとって重要なものとして注目されている。

　菌根発達による外部菌糸ネットワークは，土壌栄養の吸収可能面積を，根のみに比べて数桁増大させるのと同じ効果がある。特に，AM菌根は，不溶性リン酸を菌糸の作用により可溶化し植物が利用可能な形で吸収する(Smith and Read, 1998)。

　菌根が発達することにより，環境ストレスや病原菌に対する耐性が増すことも知られている。

arbuscular mycorrhizal fungi (AMF)の定着状況に与える影響について5年間にわたり測定された(van Staaij et al., 2001)。その結果，UV-B照射によりAMFの植物根への着生率は，弱いながらもおおむね減少し，特に囊状体の減少が顕著であった。植物バイオマスは，UV-B照射により減少することが別研究から示され，菌根を経由した生態系の変動の可能性が示唆されている。

　テラ・デル・フエゴの湿原における紫外線低減フィルターによるUV-B遮蔽実験では，4年間で紫外線減少により根の寿命が増し，その結果30%ほど根が長くなった。一方，AMFの着生率は対照区(現状の紫外線量)に比べ3分の1にまで減少していた。これらの原因は明らかにされておらず，今後，地下部での植物間の競争関係の変化や植物の菌根依存性の変化を，調べる必要があることを示している。

　リター分解速度や菌根分布様式が紫外線量の変化にともない変化すれば，生態系も変化することが予測されるが，そのような長期的かつ大規模な研究の成果がでるのは，今後を待つしかない。

　極地における陸上生態系は，相対的には構造が単純である。したがって，生態系中の特定種の変動がその他の種の変動を左右し，生態系構造が変化しやすい。そのような地域の生態系は，土壌微生物を鍵とした物質循環に依存し維持されていることが多い。北極近くのツンドラの土壌生態系で5年間にわたり温暖化とUV-B増加実験を行なうと，UV-B量を増加させた時のみにバイオマスの変化が現われた。これは，土壌微生物の生態系変動は，温暖化よりもUV-B量増加に強く影響されることを示している(Johnson et al., 2002)。

　紫外線が生態系に与える影響については，この他のさまざまな栄養段階との関係をも明らかにする必要がある。昆虫は，紫外線を識別でき，UV-Bを照射されている植物により集まる傾向がある。しかし，紫外線照射は同時に植物の被食防御物質である二次代謝産物を増加させるため捕食率が低下し，その差し引きの結果として紫外線を浴びた植物は紫外線を浴びていない植物と同程度しか食害を受けなかった(Veteli et al., 2003)。同様に，植食者であるナメクジは，UV-B照射による植物の二次代謝産物の変化が植物種間で異なるため，それにともない植食する植物を変えるなど，植食性が変化する

(Ballare et al., 2001)。

8-6-3 メタ解析による植物の紫外線応答予測

情報が蓄積してくると,それらの情報をつなぎ合わせることが必要となる。特に,紫外線が植物に与える影響は,正負がまったく異なる報告が混在しているのが現状であり,今後は,これらの多くの文献中から,より信頼性のおける情報を抽出することが必要となる。その1つの手法として,メタ解析meta-analysis が提案されている(Box 8-6-3)。

ここでは,野外で紫外線ランプによる紫外線照射実験における個別研究を統合したメタ解析の結果を示す(図8-6-1)。それによると,紫外線増加により,紫外線吸収化合物(二次代謝産物)の増加が認められた。その他に,測定された項目中では,植物高と葉面積は減少するという傾向を得た。1年間に生産された部分の重さ(シュートバイオマス)は,オゾン層が10〜20%減少した時に増加する紫外線量では変化がないが,オゾン層が20%以上減少すると減少するという傾向が認められた。

[Box 8-6-3] メタ解析

これまで,諸研究の比較は記述的に行なわれることが多かったが,メタ解析 meta-analysis, quantitative review, study synthesis, research integration は,それに代わり注目されている統計的手法の一種である。メタ解析とは,個々の研究(個別研究)から得られた結果を多数集め,そこで見出された知見を比較し統合する統計解析手法である(Gurevitch et al., 2001)。なお,メタ解析では,オリジナル研究を一次解析,それに基づいた他研究者による追試を二次解析ということがある。また,メタ解析においては,各文献の調査規模を考慮したという効果サイズ effect size が重要視される。以下の手順で行なう。

1. 参考文献を(できるだけ)網羅的に収集 ⟶ 2. 解析使用可能な文献を選択 ⟶ 3. 文献の結果を数量化し表現 ⟶ 4. 解析

メタ解析のなかでも,諸研究間の相違を調整する調整変数を用い結果を総合する「メタ回帰解析」が多い。メタ解析の長所には,個別研究では見失われがちな関係が,複数研究を統合し初めて明らかになることや,研究を相互比較することで新たな視点が得られることが挙げられる。利用者は,他研究者の研究データを利用するため,出版バイアスと呼ばれる統計的有意差のでた研究ほど出版されやすい傾向がある点に注意し,また研究データを誤解しないよう万全を期さねばならない。

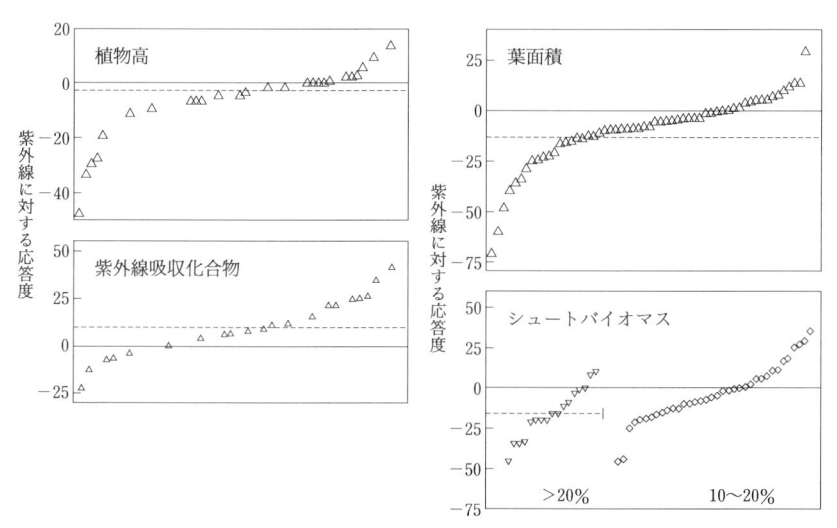

図8-6-1　メタ解析による紫外線に対する野外実験における植物応答様式について4つの形質をもとにまとめた結果(Caldwell et al., 2003)。これらの実験はすべて紫外線ランプを用いた実験系でなされたものである。それぞれのシンボルが、個々の事例研究の結果を示す。破線は、全実験結果から求めた紫外線に対する影響の平均応答度が対象区と比べて有意に0とは異なる場合の平均応答度を示している。シュートバイオマスについては、20%以上オゾンが減った時に(図中の"＞20%"部分)増加すると考えられる紫外線量の場合には、有意に減少するが、10～20%のオゾン減少(図中の"10～20%"の部分)では変化が認められない。

8-6-4　今後の展開

　紫外線増加が生態系に与える影響については、野外実験からは正負両方の効果があることが示された。しかし、地球レベルでの紫外線の生態系への影響は、温暖化に比べてまったくといっていいほど調べられていない。

　紫外線が生態系に与える影響を知るには、長時間を要することは明らかである。今後とも、息の長い研究が続くだろうが、その間にオゾンホールが縮小するかどうかは疑わしい(終章)。その間に、生態系が、紫外線(特にUV-B)により崩壊することがないことを、私に神様はいないが、祈りたい。

[引用文献]
[8-4 紫外線による海洋生態系への影響]
Bandaranayake, W.M. 1998. Mycosporines: are they nature's sunscreens. Natural Product Reprots, 15: 159-172.
Coffin, R.B., Velinsky, D., Devereux, R., Price, W.A. and Cifuentes, L. 1990. Stable carbon isotope analysis of nucleic acids to trace sources of dissolved substrates used by estuarine bacteria. Applied Environmental Microbiology, 56: 2012-2020.
Cullen, A.P. and Monteith-McMaster, C.A. 1993. Damage to the rainbow trout (Onchorhynchus mykiss) lens following acute dose of UV-B. Current Eye Research, 12: 97.
Fenchel, T. 1988. Marine plankton food chains. Annual Review of Ecology and Systematics, 19: 19-38.
Greenberg, B.M., Gaba, V., Cnaani, O., Malkin, S., Matto, A.K. and Edelman, M. 1989. Separate photossensitizers mediate degradation of the 32-k Da photosystem II reaction center protein in the visible and UV spectral regions. Proceedings of the National Academy of Sciences, USA, 86: 6617-6620.
Helbling, E.W., Marguet, E.R., Villafañe, V.E. and Holm-Hansen, O. 1995. Bacterioplankton viability in Antarctic waters as affected by solar radiation. Marine Ecology Progress Series, 126: 293-298.
Jeffrey, S.W., MacTavish, H.S., Dunlap, W.C., Vesk, M. and Groenewoud, K. 1999. Occurrence of UVA- and UVB-absorbing compounds in 152 species (206 strains) of marine microalgae. Marine Ecology Progress Series, 189: 35-51.
Karanas, J.J., Van Dyke, H. and Worrest, R.C. 1979. Midultraviolet (UV-B) sensitivity of *Acartia clausii* Gibesbrect (Copepoda). Limnology and Oceanography, 24: 1104-1116.
Karentz, D. and Lutze, L.H. 1990. Evaluation of biologically harmful ultraviolet radiation in Antarctica with a biological dosimeter designed for aquatic environments. Limnology and Oceanography, 35: 549-561.
Lalli, C.M. and Parsons, T.R. 1993. Biological oceanography: An introduction. 301 pp. Butterworth-Heinemann, Oxford.
牧野愛・鈴木稔・矢部和夫. 1999. 海洋生物におよぼす紫外線の影響 3. エゾツノマタから得られた紫外線吸収物質 palythine の作用について. 藻類, 47: 173-177.
Malloy, D.D., Holman, M.A., Mitchell, D. and Dietrich, H.W. 1997. Solar UVB-induced DNA damage and photoenzymatic DNA repair in Antarctic zooplankton. Proceedings of the National Academy of Sciences, USA, 94: 1258-1263.
Mopper, K. and Kieber, D.J. 2000. Marine photochemistry and its impact on carbon cycling. In "The effects of UV radiation in the marine environment" (eds. De Mora, S., Demers, S. and Vernet, M.), pp. 101-129. Cambridge University Press, Cambridge.
Moran, M. and Zepp, R.G. 1997. Role of photoreactions in the formation of biologically labile compounds from dissolved organic matter. Limnology and Oceanography, 42: 1307-1316.
Naganuma, T., Inoue, T. and Uye, S. 1997. Photoreacitivation of UV-induced damage to embryos of a planktonic copepod. Journal of Plankron Research, 19: 783-787.
Neale, P.J., Banaszak, A.T. and Jarriel, C.R. 1998. Ultraviolet sunscreens in Gymnodinium sanguineum (Dinophyceae); mycosporine-like amino acids protect

against inhibition of photosynthesis. Journal of Phycology, 34: 928-938.
齊藤宏明. 2001. 紫外線増大による海洋生態系の変化. 海と環境(日本海洋学会編), pp. 224-234. 講談社サイエンティフィック.
Smith, R.C. and Cullen, J.J. 1995. Effects of UV radiation on phytoplankton. Review of Geophysics, Supplement, 1211-1223.
田口哲・上真一. 2002. 紫外線増加が生物に与える影響の評価. 環境省地球環境研究総合推進費終了研究報告書, pp. 57-68. 環境省.
Villafañe, V.E., Sundbäck, K., Figueroa, F.L. and Helbling, E.W. 2003. Photosynthesis in the aquatic environment as affected by UVR. In "UV Effects in Aquatic Organisms and Ecosystems" (eds. Helbling, E.W. and Zagarese, H.), pp. 357-397. The Royal Society of Chemistry, Cambridge.
Vincent, W.F. and Neale, P.J. 2000. Mechanisms of UV damage to aquatic organisms. In "The effects of UV radiation in the marine environment" (eds. De Mora, S., Demers, S. and Vernet, M.), pp. 149-176. Cambridge University Press, Cambridge.
Zagarese, H.E. and Wiliamson, C.E. 2000. Impact of solar UV radiation and fish. In "The effects of UV radiation in the marine environment" (eds. De Mora, S., Demers, S. and Vernet, M.), pp. 279-309. Cambridge University Press, Cambridge.

[8-5 生物の紫外線応答]
Cockell, C.S. and Knowland, J. 1999. Ultraviolet radiation screening compounds. Biological Reviews, 74: 311-345.
Gronquist, M., Bezzerides, A., Attygalle, A., Meinwald, J., Eisner, M. and Eisner, T. 2001. Attractive and defensive functions of the ultraviolet pigments of a lower (*Hypericum calycinum*). Proceedings of the National Academy of Sciences of the United States of America, 98: 13745-13750.
Jansen, M.A.K., Gaba, V. and Greenberg, B.M. 1998. Higher plants and UV-B radiation: Balancing damage, repair and accumulation. Trends in Plant Sciences, 3: 131-135.
Krause, G.H., Galle, A., Gademann, R. and Winter, K. 2003. Capacity of protection against ultraviolet radiation in sun and shade leaves of tropical forest plants. Functional Plant Biology, 30: 533-542.
Kutchan, T.M. 2001. Ecological arsenal and developmental dispatcher. The paradigm of secondary metabolism. Plant Physiology, 125: 58-61.
Schulze, E.D., Beck, E. and Muller-Hohenstein, K. 2005. Plant Ecology. Springer.
Stratmann, J. 2003. Ultraviolet-B radiation on co-opts defense signaling pathways. Trends in Plant Science, 8: 526-533.
Tattini, M., Guidi, L., Morassi-Bonziz, L., Pinelli, P., Remorini, D., Degl'Innocenti, E., Giordano, C., Massai, R. and Agati, G. 2005. On the role of flavonoids in the integrated mechanisms of response of *Ligustrum vulgare* and *Phillyrea latifolia* to high solar radiation. New Phytologist, 167: 457-470.
Taulavuori, K., Taulavuori, E. and Laine, K. 2005. Ultraviolet radiation and plant frost hardiness in the subarctic. Arctic, Antarctic, and Alpine Research, 37: 11-15.
吉田静夫. 2001. 環境応答(寺島一郎編), pp. 119-125. 朝倉書店.

[8-6 紫外線による陸上植物群集への影響]
Ballare, C.L., Rousseaux, M.C., Searles, P., Zaller, J.G., Giordano, C.V., Robson, T.M., Caldwell, M.M., Sala, O.E. and Scopel, A.L. 2002. Impacts of solar ultraviolet-B

radiation on terrestrial ecosystems of Tierra del Fuego (southern Argentina). An overview of recent progress. Journal of Photochemistry and Photobiolgoy B: Biology, 62: 67-77.

Caldwell, M.M., Ballare, C.L., Borrnman, J.F., Flint, S.D., Bjorn, L.O., Teramura, A.H., Kulandaivelu, G. and Tevini, M. 2003. Terrestrial ecosystems, increased solar ultraviolet radiation and interactions with other climatic change factors. Photochemical and Photobiological Sciences, 2: 29-38.

Day, T.A. and Neale, P.J. 2002. Effects of UV-B radiation on terrestrial and aquatic primary producers. Annual Review of Ecology and Systematics, 33: 371-396.

Gurevitch, J., Curtis, P.S. and Jones, M.H. 2001. Meta-analysis in ecology. Advances in Ecological Research, 323: 199-247.

Johnson, D., Campbell, C.D., Lee, J.A., Callaghan, T.V. and Gwynn-Jones, D. 2002. Arctic microorganisms respond, more to elevated UV-B radiation than CO_2. Nature, 416: 82-83.

Kolb, C.A., Käser, M.A., Kopecký, J., Zotz, G., Riederer, M. and Pfündel, E.E. 2001. Effects of natural intensities of visible and ultraviolet radiation on epidermal ultraviolet screening and photosynthesis in grape leaves. Plant Physiology, 127: 863-875.

Moody, S.A., Paul, N.D., Bjorn, L.O., Callaghan, T.V. and Lee, J.A. 2001. The effects of UV-B radiation on *Betula pubescens* litter decomposing at four European field sites. Plant Ecology, 154: 29-36.

Phoenix, G.K., Gwynn-Jones, D., Lee, J.A. and Callaghan, T.V. 2002. Ecological importance of ambient solar ultraviolet radiation to a sub-arctic heath community. Plant Ecology, 165: 263-273.

Smith, S.E. and Read, D.J. 1997. Mycorrhizal symbiosis (2nd ed.). Academic Press, London.

Tsuyuzaki, S., Hase, A. and Niinuma, H. 2005. Distribution of different mycorrhizal classes on Mount Koma, northern Japan. Mycorrhiza, 15: 93-100.

van Staaij, J., Rozema, J., van Beem, A. and Aerts, R. 2001. Increased solar UV-B radiation may reduce infection by arbuscular mycorrhizal fungi (AMF) in dune grassland plants: evidence from five years of field exposure. Plant Ecology, 154: 171-177.

Vetteli, T.O., Tegelberg, R., Pusenius, J., Sipura, M., Julkunen-Titto, R., Aphalo, P.J. and Tahvanainen, J. 2003. Interactions between willows and insect herbivores under enhanced ultraviolet-B radiation. Oecologia, 137: 312-320.

オゾン層破壊――その歴史と将来予測

終章

北海道大学大学院環境科学院/藤原正智

　20世紀の後半,人々は自身による産業活動がオゾン層を破壊しつつあることに気づいた。オゾン層を保護するために国際社会はどのような外交交渉を行ない,フロン全廃の合意に達したのであろうか。その後の約20年間,オゾン層はどのように変化してきたのだろうか。そして,科学者たちは今,オゾン層と地表紫外線量の将来についてどのような見通しをもっているのだろうか。本章第1節では,「オゾン層を破壊する物質に関するモントリオール議定書」が採択されるまでの歴史とその後の改正を概観する(主として,Benedick, 1998とベネディック, 1999を参照している)。ここには,最先端の科学と国際政治が協力しあいながら地球環境問題を解決する方法に関して,多くの教訓と示唆が含まれている。第2節では,大気科学者によるオゾン層破壊に関する科学評価委員会の活動を紹介し,オゾン層の長期観測結果,およびオゾン層と地表紫外線量の将来予測について議論する。フロンを全廃しても,オゾン層の回復には少なくとも数十年を要するといわれている。科学者たちはどのような考え方,手法・技術を用いて,最も確からしい将来予測を導き出しているのだろうか。

1. オゾン層保護のための国際的取り組み

(1) 問題の発端

　オゾン層破壊物質として現在国際的に規制措置がとられているのは,飽和

炭化水素の内の一部あるいはすべての水素原子を人為的に塩素原子(Cl)または臭素原子(Br)に置き換えた化合物である。CFC(Chlorofluorocarbons, 14種)，ハロン(3種)，四塩化炭素，メチルクロロフォルム(あるいは1, 1, 1-Trichloroethane)，HCFC(Hydrochlorofluorocarbons, 40種)，HBFC(Hydrobromofluorocarbons, 34種)，臭化メチルなどがあり，エアゾール(スプレーの噴射剤)，発泡プラスチック(ウレタンなど)，冷凍，溶剤，洗浄(電子部品など)，空調，断熱，医薬，消火剤，農薬など，個々の物質によりさまざまな産業上の用途がある。いわゆるフロンは，CFCに対する日本固有の俗称で，正確には米国デュポン社の商標「Freon(発音：frí:ɑn)」である。1930年に米国で家庭用冷蔵庫の冷媒物質としてアンモニアの代替品として開発された。

1974年，モリナ Mario J. Molina とローランド F. Sherwood Rowland は，「CFCなどは成層圏で太陽光により分解され塩素原子を放出し，オゾンを触媒的に破壊する」とする "Stratospheric Sink for Chlorofluoromethanes: Chlorine Atom-Catalyzed Destruction of Ozone" と題する論文を Nature 誌に発表した(Molina and Rowland, 1974)。また，同年，ストラルスキ Richard S. Stolarski とシセローン Ralph J. Cicerone は，ロケットの排ガス中に含まれる塩素に関する "Stratospheric Chlorine: A Possible Sink for Ozone" と題する論文を Canadian Journal of Chemistry 誌に発表した(Stolarski and Cicerone, 1974)。つまり，CFCという産業上理想的な化学物質が，成層圏のオゾンを破壊する可能性があり，もし将来それが現実となれば人間の健康と環境・地表生態系を大きく損なうおそれがあるということになったのである。

この新しい科学理論，塩素によるオゾン破壊仮説，に対して，さらに多くの研究がなされた結果，その化学過程の妥当性は科学者の間でほぼ同意されたものの，80年代にはいってもまだ統計的に有意なオゾン減少は観測されておらず，また，CFCによるオゾン量減少率の予測は，オゾン層に影響を与える力学・化学過程の研究が進み数値モデルが改良されるにつれて大きく変化していった(図Z-1)。さらに，オゾン層の変化が既に地表生態系に有害な影響を与え始めている証拠は当然ながらきわめて乏しかった。そのような状況のなかで，米国では，議会公聴会の結果や米国科学アカデミーの報告書を受け，1977年には米国清浄大気法のオゾン保護のための改正がなされ，

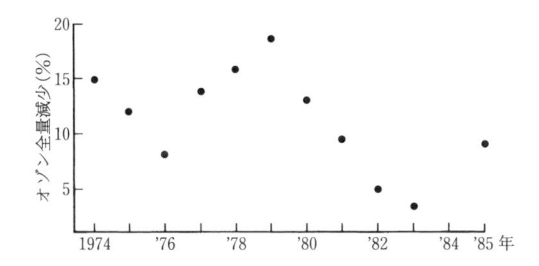

図Z-1　1974〜1985年におけるオゾン層破壊の将来予測の変遷(NRC, 1984; WMO, 1986; Benedick, 1998)。オゾン全量の減少率(%)で示す。南極オゾンホールは考慮されていないことに注意。つまり、気相反応のみによる全球平均の減少率である。一時期20％近くもの減少が予測されていたが、オゾン層科学の進展にともなってウィーン条約採択のころには3％程度にまで低下していた。オゾン層保護に関する外交交渉は、科学にこのように大きな不確定性がある状況のなかで進められていたのである。

1978年にはエアゾール噴射剤としてのCFCの使用が基本的に禁止された。この法律改正において重要だった点は、規制するに際し、その物質が成層圏と生態系に危険であることを完璧に証明する義務はなく、科学的に妥当な予測さえあればいい、という新しい考え方が導入されたことにあった。オゾン層破壊が現実のものとなってからでは取り返しがつかないわけであるから合理的な考え方だとはいえるが、科学的仮説に基づいて産業活動を制限するというのは当時としては革命的な考え方だったといえるだろう。この考え方がその後モントリオール議定書にも盛り込まれていくことになる。一方、このころ、欧州共同体の主要国においては、米国のような厳しい規制を導入することに失敗している。これは、規制に反発する産業界と規制を支持する環境保護団体や消費者・世論との力関係や、産業界によるリスク判断(代替物質開発の経費 vs. オゾン層破壊が現実となった場合の対応策や企業イメージ低下などにともない発生するであろう費用)や、成層圏科学者たちのおかれた立場・活動の規模などが、米国と欧州とで大きく異なっていたことに起因する。

(2) 1985年のウィーン条約の採択まで

オゾン層保護に関する国際的な取り組みは、1975年ごろから国際連合の一機関である国連環境計画(UNEP)が統率する形で進められていくことに

なった。1973～1976 年に UNEP 副事務局長，1976～1992 年に UNEP 事務局長を務めたトルバ Mostafa Kamal Tolba（エジプト人生物学者）の交渉技術と科学への理解が，モントリオール議定書の発効に大きな役割を果たすことになる。1977 年にワシントンで UNEP による会議が開かれ，オゾン層保護のための世界行動計画が起草されると同時に，年次科学報告書を作成するオゾン層保護問題調整委員会が設立され，国際的な取り組みが本格始動した。

　国際的な規制への道のりはきわめて困難であった。CFC の使用削減の必要性については多くの国が理解を示してはいたが，数値目標の設定については原則的なことでさえ合意に達することができない状況が続いた。規制は緩すぎてはオゾン層保護という目的を達しないが，厳しすぎても条約参加国を減らすなどして効果を弱めてしまう。当初は，共同研究やデータ収集に関する協定をつくるところから始めるべきであって，国際規制を検討するのは時期尚早であるという意見が大勢を占めていた（たとえば，当時，ソビエト連邦の CFC 生産量は西側諸国には明らかになっていなかった）。さらに，成層圏オゾンの光化学収支に関する理解が深まるにつれて，当初のオゾン層破壊仮説はやや誇張だったのではないかという懐疑論がでてきたり，世界的な景気低迷にともなって CFC 生産量が減少したりしたこともあって，先鞭をつけた米国ですらオゾン層保護問題を一時軽視するようになっていた。それでも UNEP は，1982 年にストックホルムに 24 か国の代表を集め，オゾン層保護のための地球規模の枠組み条約を準備するための専門家作業部会を開催した。その後，ウィーン条約に至るまでの 3 年にわたり，議論と交渉は粘り強く続けられることになった。このころ CFC 削減に積極的だった国は，カナダ，フィンランド，ノルウェー，スウェーデン，スイスの 5 か国（トロントグループと呼ばれる）で，後にこれに米国が加わった。一方，国際規制に消極的だったのは，欧州共同体，日本，ソビエト連邦などであった。

　1985 年 3 月にウィーンにおいて，"Vienna Convention for the Protection of the Ozone Layer"（オゾン層の保護のためのウィーン条約）が採択された（発効は 1988 年 9 月）。16 か国の開発途上国を含む 43 か国の代表と，オブザーバーとして 3 つの産業機関が出席した（不思議なことに，この時は環境保護団体の参加はなかった）。この場で日本を除く 20 か国と欧州共同体が署名し，英国は

2か月後に署名した(日本は1988年9月に批准している)。ウィーン条約には, 締約国の一般的義務として, 人為的なオゾン層変化から人の健康と環境を保護するために"適切な措置"をとると記されている。また, 人間活動がオゾン層に及ぼす影響とオゾン層変化による人の健康と環境への影響をよりよく理解し評価するため, 系統だった観測, 研究, データ交換に関して締約国間で協力するとも記されている。しかしながら, この条約では, オゾン層を破壊する物質が具体的に何であるか明確にしていない。CFCは条約の附属書Iにおいてオゾン層の化学的物理的性質を変化させる可能性がある多くの物質の内の1つとして記載されているだけである。つまり, "適切な措置"(本来, CFC規制)を具体的に明記することは避け, その代わりに, 主要な国々の署名・批准を得ることを選んだのである。これは, 今から振り返れば, ウィーン条約をモントリオール議定書への一通過点と位置づける賢明な作戦であったかもしれない。もしこの条約にCFC削減の条文がはいっていれば, 主要国の参加を得ることができず, 国際的な取り組みは頓挫していたかもしれなかった(なお, ウィーン条約の全和訳は, http://www.houko.com/より入手可能である。URL参照日2006年8月1日, 2007年3月11日確認)。

(3) 1987年のモントリオール議定書の採択まで

CFC規制が明記された国際条約がなければ問題の解決にはならないと考える国々が中心となり, ウィーンでの会合の終了間際から議定書に向けた新たな外交交渉が始まった。まずは, オゾン層の最新科学と規制措置の費用対効果に関する共通理解を得るためのワークショップ(非公式な勉強会)が何度か開かれることになった。ここで, 何らかの国際的規制が必要であることは外交官の間では共通認識となっていったらしい。しかし, 1986年になっても各国の公式な立場に大きな変化はなかった。欧州共同体は, 日本やソビエト連邦と同様, オゾン層保護問題は緊急を要しないという考え方を採っており, さらに, 充分満足できるCFC代替品の開発は難しいとしていた。一方, 米国などを含むトロントグループは, 厳しい国際規制を今導入しなければ将来の負担はずっと大きくなると主張していた。しかし, たとえば米国国内にも規制に反対する政治勢力があってさまざまな政治的戦術を用いたため, 予断

は許されなかった。米国の外交方針は他国の態度を大きく左右し得るからである。一方，米国の産業界は，国際交渉が決裂した場合に，米国内に政治的反動が生まれ国内のみでさらに厳しく規制される可能性があることを考えれば，外国の競争相手も束縛できる国際条約を選んだ方がよいという判断を最終的にはしたようである。

ところで，いわゆる南極オゾンホールが発見(発表)されたのは，1985年 (Farman et al., 1985)である(1984年9月にはギリシャで開催された国際オゾンシンポジウムで，気象研究所の忠鉢繁氏が南極昭和基地上空のオゾン変動の様子を紹介していた(第4章参照))。この新事実がモントリオール議定書に関する外交交渉とその採択に強い影響を与えたとする考えもある。特に，困難をきわめた議定書採択の最終調整段階で，いくつかの国の首脳部が南極から報告されたこの現象を考慮した可能性はある。しかし，1986〜87年の時点では，この南極の局地的かつ季節的現象がCFCを原因としている確証は得られていないと多くの外交官たちは考えていたそうである。そもそもこの現象は，科学者たちがそれまで議論し予想してきた全球かつ長期にわたる高度30〜50 kmを中心とするオゾン破壊とは様相を大きく異にしていた。南極オゾンホールに関する大規模な航空機観測が行なわれたのは1987年9〜12月であり，得られたデータの解析結果が正式発表され塩素(正確にはClO)がかかわっていることが明白になったのはそれから約半年後のことであった(ただし，極域成層圏雲を含むオゾンホール形成メカニズムは，Crutzen and Arnold(1986)とMolina et al.(1987)によって既に提唱されていた)。モントリオール議定書採択の時点では，科学的議論が不充分な南極オゾンホールを議定書の内容決定の指針として使うことは注意深く避けられていたというのが外交官の意見である。彼らは，もしもオゾンホールにCFCがかかわっていないとなった場合に，国際規制反対派を勢いづかせてしまう可能性を恐れていたのである。しかし，オゾンホールという衝撃的な現象の出現は，オゾン層に対する科学的理解をさらに深めることやオゾン層保護問題に対する一般市民の注目を大いに集めることに役立ち，したがって，議定書の批准・発効，および，90年代以降の議定書改正の大きな推進力になった。

1986年12月から議定書採択に向けた交渉ラウンドが始まり，数か月ごと

に参加国代表による議論がなされた。各国間の意見の隔たりは依然として大きく，たとえば日本政府は，モントリオールで協定が成立することはないだろうと考えていたらしい。最終的にはトルバによる個人的な条文草稿をもとにして議論が進められ，1987年9月8〜16日にモントリオールにて条文の最終調整が行なわれ，議定書"Montreal Protocol on Substances That Deplete the Ozone Layer"（オゾン層を破壊する物質に関するモントリオール議定書）が採択された。日本を含む多くの国がその場で署名した（発効は1989年1月1日である）。

モントリオール議定書の特徴は，次の通りである。
① ウィーン条約を基礎としていること
② 規制の対象となる物質（CFC 5種とハロン3種）を明記したこと
③ 基本的に生産量と消費量の両方を規制し，基準年，凍結の期日，段階的削減・廃止の期日を明記したこと（CFCは1989年に1986年（基準年）の生産量・消費量を超えない（凍結），1993年に20％削減，1998年に50％削減。ハロンは1992年に1986年の量にて凍結）
④ 数年ごとに最新の科学や技術や経済に関する情報に基づいて規制措置を評価し見直すことを義務づけたこと
⑤ 非締約国との間の貿易を制限したこと
⑥ 開発途上国への配慮を不完全ながら付したこと（規制措置の実施を10年遅らせるなど）

ここで特に注目すべきは，科学や技術の進展を考慮して，数年ごとに規制措置の詳細を見直すように議定書を設計したことであろう。将来の定期的な"改正"をあらかじめ埋め込んでおいたのである。科学の不確定性と発展性を正しく理解したきわめて合理的な手法であったといえる（なお，モントリオール議定書の改正最新版の全和訳は，http://www.houko.com/より入手可能である。URL参照日2006年8月2日。1987年9月のオリジナル版については，Benedick（1998）のAppendix Bを参照のこと）。

(4) モントリオール議定書の改正

モントリオール議定書の採択後，立案者たちの意図通り，産業界は代替品

の開発競争の方へ動き始めた．科学者たちは，80年代後半の南極および北極上空での大規模な観測などの結果，規制措置の根拠となっていた当時の数値モデルではオゾンホールを再現できず，したがって，将来のオゾン減少はおそらく過小評価されていることを明らかにした．さらに，CFCなどが強力な温室効果をもつことも指摘した．さらなる規制措置とその強化が急務であると多くの人が考えるようになったのである．一方で，開発途上国の多くは，議定書に含まれている配慮だけでは不公平感があると考えるようになった．彼らは，オゾン層破壊物質が先進国にもたらした恩恵に自身も浴する権利があると主張し，経済的な不利益を被ることがないよう財政支援と技術支援を強く求めたのである．開発途上国が議定書の規制を自国経済への大きな重石であると考えるようになれば，議定書に加入せずにCFCの新たな製造施設建設や輸出などを行なったり，闇市場で取り引きをしたりする可能性があった．この南北問題は，資金供与の制度，特に多数国間基金の制度の導入，および，開発途上国への最新技術の移転促進に関する条文の追加により，財政支援と技術支援の仕組みを強化することで一応の解決をみた．非締約国との貿易制限に関する条項も議定書加入促進に効果があった．それでも，ロシア，インド，中国から欧米へのCFC不法流入が一時大きな問題となった．また，1990年代初頭に政治経済の大変革を経験したソビエト連邦，中東欧諸国に対しては，特別な対応が必要となった．1990年代にはおもに4回の改正が採択されたが，オゾン層破壊の進展が明確になってきたことと産業界が積極的に技術開発を進めたことにより，段階的廃止を前倒ししたり新たな規制物質を導入したりと，規制は当初よりはるかに強化されていった．以下，4回の改正についてその要点をまとめる．

(1) ロンドン改正 (1990年採択, 1992年8月10日発効)

① 新たに3つの物質群 (新たに9種のCFC, 四塩化炭素, メチルクロロフォルム) の生産と消費に対して規制措置を導入．この措置は非締約国との貿易についても課される．

② CFC, ハロン, 四塩化炭素は2000年までに，メチルクロロフォルムは2005年までに段階的に廃止．

③ 開発途上国が議定書の義務を遵守できるよう，資金協力と技術協力の

制度を導入。暫定的な多数国間基金を創設。

④HCFC(いわゆる代替フロン)についても記載したが,生産量と消費量の報告のみを要求,規制措置は導入せず。

(2)コペンハーゲン改正(1992年採択,1994年6月14日発効)

①段階的廃止の前倒しを決定。CFC,四塩化炭素,メチルクロロフォルムは1996年までに,ハロンは1994年までに廃止。

②HCFCの消費量に対してのみ規制措置を導入。

③新たに2つの物質群(HBFC,臭化メチル)の生産と消費に対して規制措置を導入。

④多数国間基金を正式に承認。

(3)モントリオール改正(1997年採択,1999年11月10日発効)

①新たな規制物質はなし(CFC,ハロン,四塩化炭素,メチルクロロフォルム,HBFCは既に廃止済み)。

②規制物質の貿易を管理し監視するためのライセンス制度を導入。

(4)北京改正(1999年採択,2002年2月25日発効)

①HCFCの生産について規制措置を導入し,これらの物質の非締約国との貿易を制限。

②新たな物質群としてブロモクロロメタンの生産と消費に対して規制措置を導入。

図Z-2に,議定書およびその改正にともなう有効成層圏塩素量と皮膚癌症例の増分の時間変化予測を示す。議定書のたび重なる改正が,成層圏中のオゾン層破壊物質の低減,オゾン層の回復,地表紫外線量の低減,そして地表生態系への悪影響の低減にいかに重要であるか,この図から一目瞭然である。

なお,1995年には,クルッツェン Paul J. Crutzen (1971年に NO_x による触媒的オゾン破壊反応を提唱(Crutzen, 1971),1986年に既述の通りオゾンホール理論を提唱,などの仕事がある),モリナ,ローランドの3名が「大気化学,特にオゾンの形成と分解に関連して」ノーベル化学賞を受賞した。彼らの仕事の最も重要な点は,オゾン層が人為起源物質の影響をいかに強く受けるか明らかにしたことにあるといえるだろう。

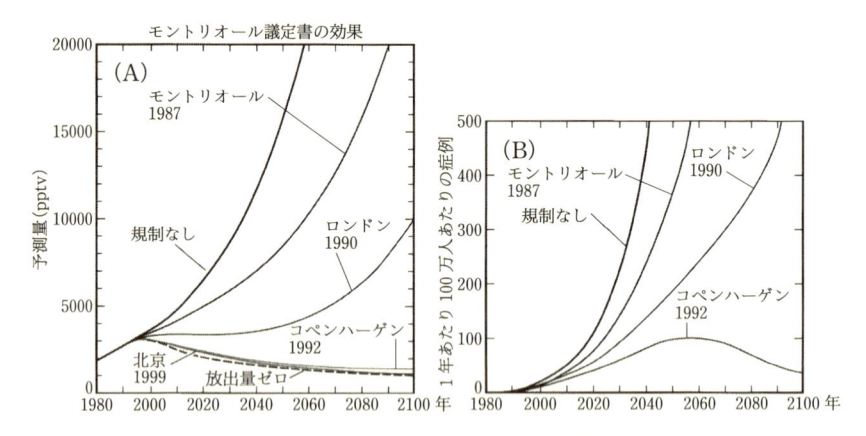

図 Z-2 議定書による規制がなかった場合，1987年の当初の議定書に基づく規制を実施した場合，各改正による規制を実施した場合の有効成層圏塩素量(A)と皮膚癌症例の増分(B)の時間変化の予測(WMO, 2003)．有効成層圏塩素量とは，成層圏に存在する塩素や臭素の化合物の量を，オゾン破壊能力に応じて換算し，塩素原子の量として表わしたものである．(A)のパネルには，2003年初頭に放出量をゼロとした場合の有効成層圏塩素量についても示す(破線)．

(5) オゾン層保護条約の意味

　20世紀後半，オゾン層破壊の問題を通じて，人類は地球大気および表層環境が微妙な均衡の上にあることを初めて強く認識した．さらに，我々人間による産業活動が，我々自身の生活環境や健康や寿命に大きな影響を与えていることも明白になった．法律により産業活動に何らかの制限を与えなければ，地球環境は将来取り返しのつかないことになるとの共通認識ができてきたのである．このような法整備のためには，本来，具体的な影響の程度や本当に有効な規制措置を科学的に明確化する必要がある．しかしながら，地球大気・表層環境システムは高度に複雑であり，その現状把握も将来予測も容易なことではない．このような「科学的理解は必ずしも充分ではないが，長期にわたる危険が予測され，多国間の協力を要する地球環境問題」には，オゾン層問題だけではなく，気候変動・地球温暖化，大気や海洋や淡水の汚染(酸性雨，海洋汚染，開発途上国の公害などを含む)，熱帯林などの森林の破壊，砂漠化，野生生物種の減少・絶滅(遺伝子の保存)などの問題がある．オゾン層保護をめぐる国際的な取り組みは，人類最初のこの種の取り組みであり，最初

の成功例であるといえるだろう。その過程には，いくつかの重要なポイントがあった。オゾン層科学の進展とオゾンホール発見・メカニズム解明のタイミング，代替品開発の成功(適度な規制による産業界への強い動機づけ)，東西問題の消滅と南北問題の出現，科学・技術・経済の進展を反映した改正手続きを盛り込んだ議定書設計などである。モントリオール議定書の歴史を振り返れば，この成功がさまざまな困難・危機を乗り越えた上でのものであったことが理解できる。

2. オゾン層破壊の長期観測結果と将来予測

(1) オゾン層破壊に関する科学評価委員会の活動

1987年に採択されたモントリオール議定書の条項のなかには，最新の科学・技術・経済に関する情報に基づいて数年ごとに規制措置を評価し見直すことが盛り込まれていた。この仕組みによって，前節(4)に述べた議定書改正が行なわれてきたわけである。政策決定者に大気科学の最新情報を提供するため，世界の専門家で構成された委員会によりオゾン層破壊の現状と将来の見通しに関する知見が定期的にまとめられてきた。これまでに，1989, 1991, 1994, 1998年版，および2002年版の計5つの分厚い報告書が，世界気象機関(WMO)から出版されている。そのタイトルは，1989年版のみ"Scientific Assessment of Stratospheric Ozone"となっているが，それ以降はすべて"Scientific Assessment of Ozone Depletion"となっている。現在(2006年12月)，2006年版の報告書が準備されており，既に「概要 Executive Summary」は，国連環境計画(UNEP)のオゾン事務局のwebsite上で公開されている(WMO/UNEP, 2006)。しかしWMOから報告書が出版されるのは2007年3月の予定となっている。したがって，本節では2002年版の報告書の結果をおもに紹介し，最後に2006年版における将来予測に関するおもな変更点のみをごく簡単に記す。

2002年版の報告書(WMO, 2003)は次のような構成になっている。

タイトル：Scientific Assessment of Ozone Depletion: 2002

サブタイトル：*Pursuant to Article 6 of the Montreal Protocol on*

Substances that Deplete the Ozone Layer

まえがき

概要 Executive Summary

第1章：フロンなどの規制物質とその他のオゾン層破壊ガス

第2章：寿命がきわめて短いハロゲン化合物と硫黄化合物

第3章：極域成層圏オゾン：過去と将来

第4章：全球オゾン：過去と将来

第5章：地表紫外線：過去と将来

オゾン層に関する20の質問と答え

補遺

　各章につき2名の主著者 Lead Authors がおり，さらに，執筆，図表の提供，査読などに280名弱がかかわっている。日本からも9名ほどが参加している。第5章の次の章は，オゾン層やオゾン層破壊問題に関するよくある質問とその答えを，わかりやすい図表も交えながら簡潔にまとめたものである。問題の全体像と現在の理解の概略を知るには大変便利である。以下では，この報告書の第3章以降に基づいて，オゾン層の過去の長期変化とオゾン層・地表紫外線量の将来予測を議論する。なお，地表紫外線量の変動メカニズムと過去の長期変化については，既に本書5-2節にて議論している。

(2) オゾン層の長期変化とその原因

　前節にて紹介した通り，1974年のモリナらによる問題提起からモントリオール議定書採択までの間，全球平均のオゾン全量減少率の予測値は科学の進展にともなって3%から20%の間を大きく変化した(図Z-1)。その後，議定書の採択およびその改正によって，オゾン層破壊物質の生産・消費は規制されていくこととなった(図Z-2)。したがって，当時の予測の前提条件は崩れ，オゾン層破壊はある程度抑えられたはずであるが，実際にはどのくらい減少したのだろうか。図Z-3に示す観測結果によると，全球平均のオゾン全量は，1980年以前の平均値に比べて，最も少なかった1992〜1993年で5%近くの減少，1997〜2001年で約3%の減少となった。ただし，熱帯域では減少傾向はほとんどみられず，他方，1997〜2001年の平均で北半球中緯

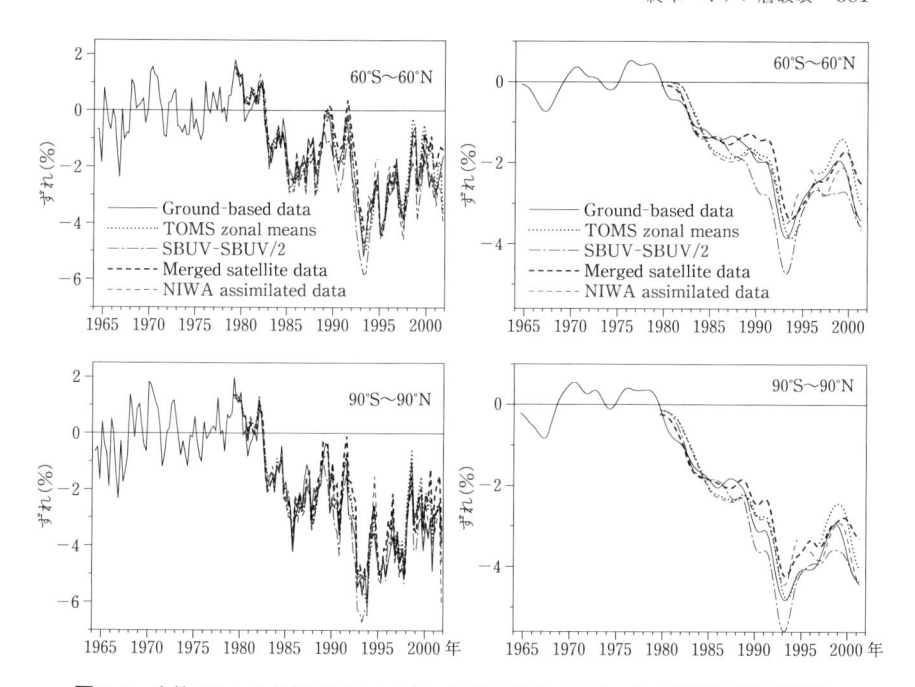

図 Z-3 南緯 60°から北緯 60°(左右上)および全球(左右下)の地上観測や衛星観測など 5 種類のデータセットに基づくオゾン全量の時間変化(Fioletov et al., 2002；WMO, 2003)。1964〜1980 年の平均値からのずれ(%)で示す。左は，平均的な季節変動成分(1979〜1987 年の平均)のみを取り除いたもの。右は，さらに QBO と太陽活動の 11 年周期変動(本文参照)の成分を取り除き，13 か月移動平均を施したもの。つまり，人為起源オゾン層破壊物質の増加と大規模火山噴火(本文参照)の影響によるオゾン変化を示す。

度では 3%減のところ南半球中緯度では 6%減と，地域による大きな違いもみられた。また，減少率を高度別にみると(図 Z-4)，1979 年から 2000 年までの期間，両半球の中高緯度(30〜60°)の上部成層圏(35〜50 km 付近)で最大値，10 年あたり 8%程度かそれ以上を示している。ただし，この高度領域のオゾン全量への寄与はそれほど大きくないため，オゾン全量減少への寄与もそれほど大きくはなく，せいぜい 2 割程度である。おもな寄与は下部成層圏からきている(図 Z-4 でも有意な減少傾向がみて取れる)。北半球中高緯度の 8 つのオゾンゾンデ観測地点の結果によると，1980 年から 2000 年の期間，10〜25 km で鉛直方向に積算したオゾン量の年平均値は 10 年あたり 8.2 DU の減

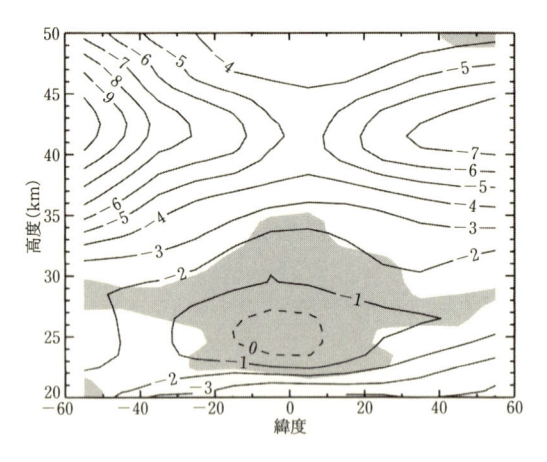

図 Z-4 人工衛星 SAGE I (1979～1981) および SAGE II (1984～2000) (1-2-5 項参照) の観測に基づくオゾン変化率の緯度高度断面図 (Wang et al., 2002；WMO, 2003)。10 年あたりのパーセントで示す。陰をつけた領域は統計的に有意でない (信頼限界 95%)。

少, 0～10 km で 0.2 DU の減少を示しており, 一方, SAGE 観測によると同じ地域同じ期間の 25～50 km では 1.7 DU の減少に過ぎなかった。

上記のオゾン減少は自然変動の範囲を超えており, その主因が人為起源の CFC などオゾン層破壊物質にあることは研究者の間で広く合意されている。熱帯域と高緯度域のオゾン減少の違いは, 熱帯対流圏界面から成層圏へ侵入した空気塊がそれらの領域に到達するまでの時間 (熱帯域で 1.5 年以下, 高緯度域で 4～7 年) を考慮すれば理解できる。高緯度ほど到達に時間がかかるため, CFC などの分解が進んでおり, 塩素や臭素はより反応性の高い分子中に多く含まれている。したがって, 高緯度ほどオゾン層破壊が顕著となるのである。ただし, 自然変動と見なされる季節変動, 赤道下部成層圏の東西風の準二年振動 Quasi-Biennial Oscillation (QBO) にともなう変動, 太陽活動の 11 年周期変動にともなう変動, および成層圏に直接影響を与えるような大規模な火山活動の影響も無視できない。たとえば, 近年の太陽活動は, 1980 年前後, 1991 年前後, 2002 年前後に極大, 1986 年前後, 1996 年前後に極小となっており, 一般に, 太陽活動が活発なほど紫外線量が多くなりオゾン濃度は増加する。これにともなうオゾン変動の振幅は熱帯域で全量の 1～2% 程度に達

する．また，1982年3月29日(および同年4月3, 4日)のメキシコのエル・チチョン火山の噴火，1991年6月15日のフィリピンのピナトゥボ火山の噴火は，いずれも成層圏の硫酸エアロゾル濃度を光学的厚さに換算して100倍も増加させた．このような火山性エアロゾル粒子は数年以上成層圏に滞留し，オゾン層光化学と成層圏循環に大きな影響を与える(Dessler, 2000)．特に，N_2O_5が粒子表面上でH_2Oとの反応によりHNO_3に変換され，相対的にNOxが減少する効果が大きい．これにより，NOxによる触媒オゾン破壊は低減するが，一方で$ClOx$，HOxによる触媒オゾン破壊は進むことになる(第3章参照)．ピナトゥボ火山噴火の場合は，中部成層圏では前者が効いてオゾン量が増加したが，下部成層圏では後者が効いてオゾン量は減少し，結果としてオゾン全量は減少した．したがって，1992〜1993年のオゾン濃度最低記録は，CFCなどの濃度が増加した状況でピナトゥボ火山が噴火したことによる相乗効果であると考えられている．CFCなどの濃度がさらに上昇している2000年代に同様の大規模火山噴火が起これば，さらに大きなオゾン破壊が生じることが予想される．なお，成層圏の気温も長期にわたって低下し続けている．下部成層圏では全球・年平均でこの20年で約1 K低下しており，両半球中緯度域では10年で0.6 K低下，ただし熱帯域ではほとんど変化はない．上部成層圏では全球一様に10年で2 K近く低下している．数値モデルを用いた研究によると，このような成層圏の寒冷化は，オゾン減少，二酸化炭素など温室効果ガスの増加(対流圏からの赤外線放射量減少および成層圏からの赤外線放射量増大)，成層圏水蒸気濃度の増加(宇宙空間への赤外線放射量増大)によってほぼ説明できることがわかっている．

春先の南極域および北極域上空では，ずっと激しいオゾン減少が生じている．まずは最近の観測結果に基づいて極域オゾン全量の季節変動を復習しておこう(図Z-5)．南極域(図Z-5B)では，もともとオゾン全量の季節変動はほとんどなかったが，1980年以降，季節的なオゾン濃度低下つまりオゾンホールが顕在化してきた．オゾンホールは，特殊な光化学過程(第4章参照)が働き始める8月ころから始まり，11〜12月ころに極渦が崩壊すると終了する．最近の南極点South Poleでは極小時には100 DU程度を記録し，30年前の3分の1にまで減少している．一方，北極域では，もともと3〜4月に

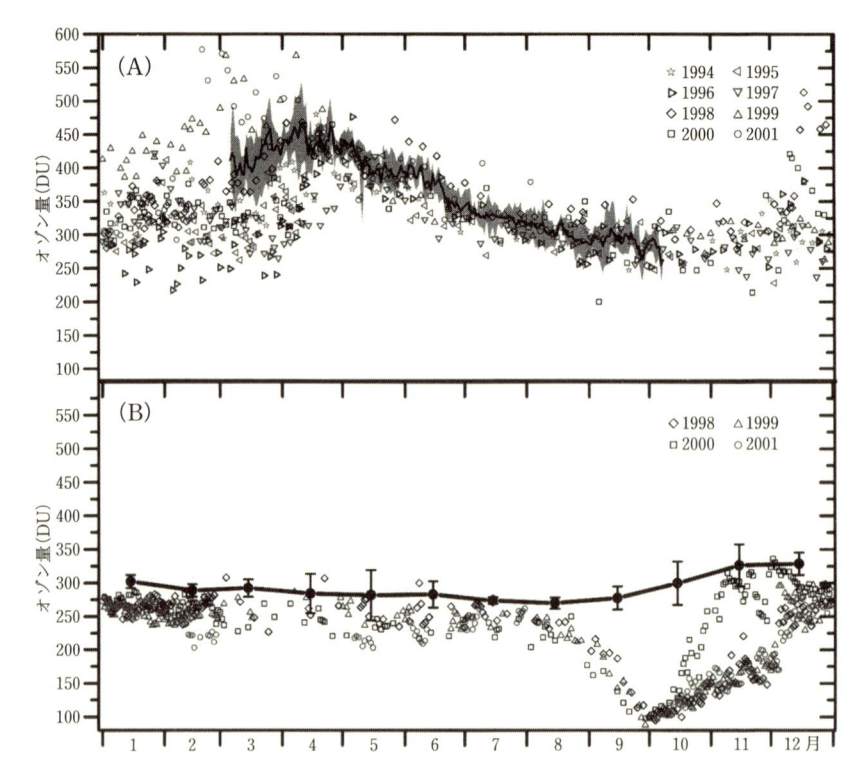

図 Z-5 北極のニーオールセン(Ny-Ålesund：78.9°N, 11.9°E)観測所におけるオゾンゾンデによるオゾン全量の時系列(A)，および南極点 South Pole におけるオゾンゾンデとドブソン分光光度計によるオゾン全量の時系列(B)(WMO, 2003)。異なる年の季節変化を示す。(A)の実線と陰は 1979～1983 年の TOMS による観測所上空の観測値。(B)の実線は 1967～1971 年の気候値。

極大，9～10 月に極小という季節変動を示していた。しかし，特に 1990 年代以降，3 月前後を中心として顕著なオゾン濃度低下が観測されるようになった。この季節，ニーオールセン観測所では，平均すると 20 年前に比べておよそ 4 分の 3 の 300 DU 程度を記録するが，極渦が不安定な場合つまり惑星波の活動が活発な場合，1999 年などのようにオゾン全量がむしろ多くなる年さえある。次に，春先の南極域および北極域のオゾン全量の長期変化をみてみよう(図 Z-6)。南極域では特に 1980 年代に春先のオゾン全量が急激に減少した。1990 年代以降は低値安定と見なしてよさそうである。一方，

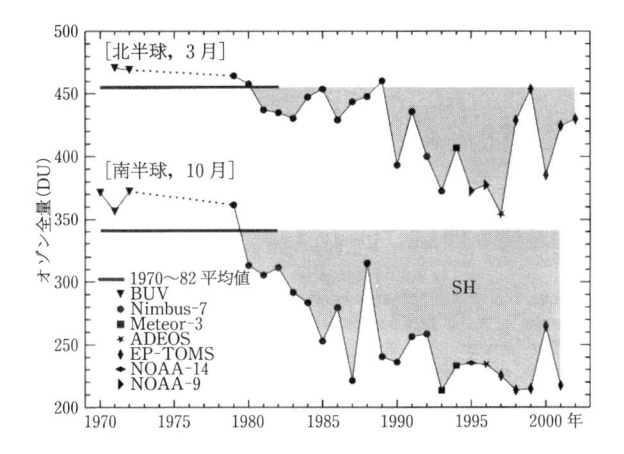

図 Z-6 緯度 63°より高緯度の領域の平均オゾン全量(Newman et al., 1997；WMO, 2003)。北半球については 3 月の平均，南半球については 10 月の平均。印の違いは，観測に用いた人工衛星の違いを示す(1-2-5 項参照)。灰色の領域は，1970〜1982 年の平均値からの減少分を示す。

　北極域では 1980 年代の末から顕著に減少している。ただし，1990 年代後半以降変動幅が非常に大きい。惑星波の活動が年によって大きく異なり，したがって，低緯度側からの高濃度オゾンの輸送量が年により大きく異なると共に，下部成層圏の気温が極域成層圏雲(PSC)生成に充分なほど下がる年と下がらない年があるためである。1979 年から 2000 年の期間におけるオゾン全量の減少率は，南極域の 10 月で 1 年あたり 2.5％程度，北極域の 3 月で 1 年あたり 1％程度であった。なお，極域におけるオゾン破壊は，中高緯度域の場合とは異なり，オゾン層中心付近にあたる下部成層圏の 12〜20 km の領域でオゾン濃度がほぼゼロになってしまうという大変劇的な形で生じている(第 4 章参照)。最後に，南極オゾンホールの面積の変遷もみておこう(図 Z-7)。1980 年代に急速に面積が拡大し，1990 年代には拡大率はにぶり，2000 年ころに極大に達している。

　極域においても，成層圏の気温の長期低下傾向が観測されている。1979〜1998 年の期間の人工衛星観測によると，南極域の 9〜11 月，北極域の 3〜5 月共に，50 hPa(高度約 21 km)で 10 年あたり 3 K 近くの低下が観測されている。ただし，年々変動がきわめて大きいこと，および 1998 年以降

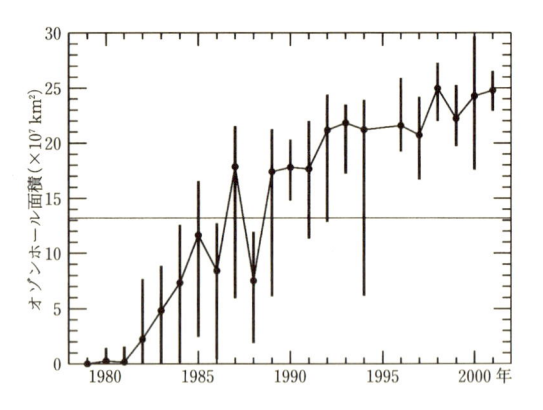

図 Z-7 オゾン全量 220 DU 以下で定義したオゾンホールの面積の推移(WMO, 2003)。人工衛星 TOMS データに基づく。各点は 9 月 7 日～10 月 13 日の平均値，縦線はこの期間の最大値と最小値を示す。横線は南極大陸の面積を示す。

2000 年代初頭までの期間は両極共，比較的温暖であることに注意が必要である。一般に，極域の気温が低下すると，緯度方向の気温傾度が大きくなるため，極渦は強化されると考えられる。実際に南極域では，1980 年代以降極渦がより安定化し，1980 年には 11 月 20 日ころだった極渦の崩壊日が，2000 年には 12 月 10 日ころに遅れている。一方，北極域では年々変動が大きく明瞭な変化傾向はわかりにくい。また，気温低下は PSC の生成頻度を上げ極渦内でのオゾン破壊を進める効果もある。気温低下とオゾン減少の因果関係については，南極域と北極域とで分けて考えた方がよい。南極域では，もともと PSC 生成に充分なほど気温が低かったため，オゾン減少の大きさは塩素・臭素の増加量のみによってほぼ決まる。気温の長期低下傾向はこのオゾン減少を主とし，温室効果ガスと成層圏水蒸気の増加の効果も含む，放射収支の変化によるものであると考えられている。一方，北極域では，もともと必ずしも PSC 生成に充分なほど気温は低くはなかった。しかし近年何らかの気象力学的原因により低温の冬が出現する頻度が増えたために，オゾン破壊が進んでいると理解されている。したがって，南極域のオゾン層将来予測は，塩素・臭素の将来予測を高い精度で行なうことができればほぼ可能であるといえるが，北極域の予測は，自然変動と温室効果ガス増加の影響を含む気象場の予測に大きく依存するため，はるかに難しいということになる。

(3) オゾン層の将来予測(2002年版)

オゾン層の将来予測には，大型計算機上で動く地球大気用の大規模な数値モデルが用いられる。大気の数値モデルとは，気象力学過程(第2，4章)，大気化学過程(第3，4章)，放射過程(第5章)の一部あるいはすべてを考慮した時間発展方程式系(地球大気を模した"モデル")をコンピュータに数値積分させるものである。気温や風やオゾン濃度などの全球三次元分布が，初期の状態から時間の経過と共にどのように変化していくか，物理・化学法則に基づいて算出するのである。このようなモデルは，一般に，大気大循環モデルAtmospheric General Circulation Model(AGCM)と呼ばれる。たとえば，各国の気象庁が行なっている天気予報(数値予報)には，気象力学過程，水がかかわる物理過程(凝結，蒸発，降水など)，および放射過程を組み込んだAGCMが用いられている。一方，オゾン層の将来を予測するためには，当然オゾンや塩素・臭素を含む大気化学過程が本質的であるし，オゾンや温室効果ガスの濃度の変化にともなう放射過程の変化が気象力学過程に影響を与える効果，つまり，力学，化学，放射の相互作用が本質的である。したがって，天気予報用のAGCMにさらに大気化学過程を組み込んだモデルが必要となる。このようなモデルは，大気化学-気候モデルChemistry-Climate Model(CCM)などと呼ばれる。ただし，極域以外の成層圏は，1か月以上の時間スケールにおいては東西方向に一様と見なしても差し支えないため，波動擾乱の効果を間接的に考慮した空間二次元(緯度-高度)の時間発展モデルも使用されている。二次元化することで計算機資源(メモリ，計算時間，コスト)を節約することができるため，長期積分がより容易になるという利点がある。2002年版のオゾン層破壊に関する科学評価報告書においては，全球(南北60°以内)のオゾンの過去再現実験・将来予測実験には米国，欧州から9つの成層圏二次元モデルが，極域オゾンの実験には米国，欧州，日本から8つのCCMが参加している。

過去再現実験および将来予測実験では，地球大気システムを模した数値モデルに，外部境界条件としてオゾン層破壊物質などの量を過去の観測あるいは将来の見通しに基づいて与え，このシステムがどのように振る舞うか，つまりオゾン層がどう変化するかを調べる。しかし，自然現象特有の問題や数

値モデリングの技術的な問題のため，このような実験を行ないその結果を解釈する際にはいくつか注意しなければならない点がある．

1つは，地球大気のようなさまざまな過程が複雑に絡みあう非線形なシステム特有の問題である．このようなシステム(を時間発展方程式系で表現したモデル)は，初期の状態が僅かに異なるだけで時間積分結果が大きく異なるという初期値鋭敏性あるいは決定論的カオスなどと呼ばれる性質をもつ．初期の状態を厳密に正しくモデルに与えることは，観測誤差の観点などからも本質的に不可能であるから，天気予報も気候予測もオゾン層予測も厳密に決定論的には行なえない．数年以上先のある日の状態を特定することは本質的に不可能なのである．一方，気温やオゾン量などの数十年平均値の長期変化(たとえば，1980〜2000年の平均値と2020〜2040年の平均値との違い)は，外部境界条件の変化に対する応答としてある程度決定論的に推定することができる．ここで数値モデルを用いて行なわれていることは，オゾン層の将来を厳密に決定論的に予測すること prediction ではなく，ある程度決定論的に決まる部分について推定すること projection なのである．さらに，実際に，外部境界条件を数値モデルに与えて気温やオゾン量の応答を調べる際には，大気の自励的変動(内部変動)の大きさを正しく評価することが重要である．内部変動とは，同じ外部境界条件下であっても生じる大気の変動であり，比較的時間スケールの短い変動，たとえば年々の気候変動(暖冬・寒冬，冷夏・暑夏)がこれにあたる(たとえば成層圏中のCFCの分布がまったく同じでも，このような気候の違いは生じる)．異なる外部境界条件下における気温やオゾン量などの計算結果の違いが，内部変動の振幅の範囲内である場合，外部境界条件の違いと計算結果の違いとの間に因果関係があるとはいえない．つまり，数値モデルによって予想されたオゾン変化量が大気の内部変動によるオゾン変動量よりも統計的に有意に大きい時に初めて，オゾン層の将来の変化を推定・予測することが可能となるのである．

もう1つの注意点は，数値モデルの技術的な問題に関することである．大規模な数値モデルを構築する際には，各過程の方程式化の流儀や数値解法の選択など，細部にわたってさまざまなやり方がある．したがって，一口にCCMといっても製作する人や研究機関によって千差万別なのである．各

CCMは，オゾン層の基本的性質をよく再現するように構築され調整されるが，それでも計算結果にはそれぞれ小さな〝癖〞が生じてしまう。

上記のようなさまざまな問題をある程度解決し，信頼に足る将来予測を提示するため，科学評価報告書では次のような作戦を採っている。

①複数の研究機関の数値モデルによる計算結果を集めて総合的に判断する。
②数値モデル間の結果のばらつきを，現代の数値モデルの不確定性の範囲あるいは内部変動の範囲であると解釈する。
③各数値モデルの実験においては，内部変動の範囲を明らかにするために可能な限り複数回の実験(アンサンブル実験)を行なう(実際には，計算機資源や時間の制約上1回の実験しかできていない場合も多い)。
④過去のオゾン変化を内部変動の大きさも含めて再現できることを確認し，あわせて予測に使用するモデル群の信頼度を提示する。
⑤気温など，オゾン以外の鍵となる物理量・化学量についても，その振る舞いを数値モデル間で比較する。

では実際に，9つの成層圏二次元モデルによる全球(極域を除く)オゾンの過去再現実験と将来予測実験の結果をみてみよう(図Z-8。ただし，この図中に登場するモデルは8つである)。過去再現実験においては，オゾン層破壊物質および温室効果ガス CO_2，N_2O，CH_4 の過去の地表濃度値，成層圏エアロゾルの月平均観測値をすべてのモデルに与えている。図によると，全体として過去のオゾン減少をやや大きめに見積もっているが，観測をほぼ再現できているとみてよい。一方，将来予測実験においては，MA2と呼ばれるシナリオにしたがってオゾン層破壊物質と温室効果ガスの地表濃度値を与えている。MA2シナリオとは，モントリオール議定書の北京改正(1999年，前節参照)に基づく大気中の人為起源オゾン層破壊物質の最もありそうな濃度変化シナリオ baseline scenario Ab と，2001年の Intergovernmental Panel on Climate Change(IPCC)の温室効果ガス放出予測シナリオ A2(環境よりも経済を重視し，世界ではなく地域を志向する(経済などのブロック化)，地球環境にとって悲観的なシナリオ)とを組み合せたものである。成層圏エアロゾルについては，1997年の状態が定常的に続くと仮定している。なお，2002年版報告書では，他のシナリオにしたがった数値実験も行なわれているが，MA2シナリオに基づく実

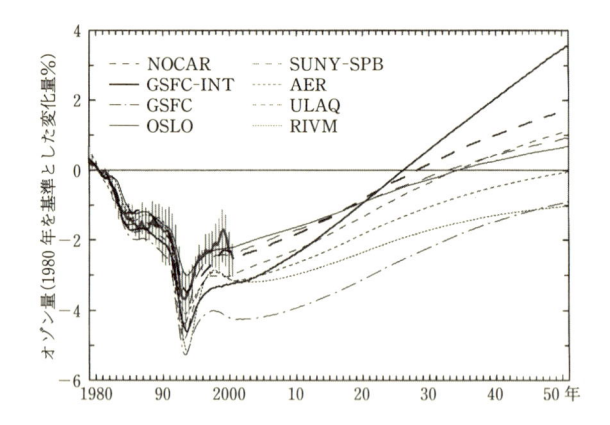

図 Z-8 8つの成層圏二次元モデルによる南緯60°から北緯60°の平均のオゾン全量の時間変化(WMO, 2003)。2000年以前については、黒太線にて観測結果も示す(図Z-3参照)。モデルはそれぞれ、NOCAR(米国海洋大気局と米国大気研究センター)、GSFC-INT(米国航空宇宙局)、GSFC(米国航空宇宙局の別のグループ)、OSLO(ノルウェー・オスロ大学)、SUNY-SPB(米国・ニューヨーク州立大学と露・サンクトペテルスブルグ水文気象大学)、AER(米国大気・環境研究社)、ULAQ(伊・ラクィラ大学)、RIVM(オランダ・公衆衛生環境研究所)である。

験が標準と見なされている。図によると、どのモデルも2000年以降は徐々にオゾン濃度が回復していくと推定している。1980年の状態に戻るのは、早ければ2025年ころ、遅ければ2050年以降である。なお、1998年版報告書(WMO, 1999)では、"モントリオール改正(1997年)での許可範囲内におけるオゾン層破壊物質最大限放出シナリオ"に基づく実験を行なっているが、すべてのモデルが2050年にはまだ1980年の状態には戻らないという結果がでていた。つまり、今回の実験結果と比較すれば、オゾン層破壊物質の削減がオゾン層回復に本質的であることが再確認できる。今後、推定精度をさらに上げるためには、温室効果ガスの濃度変化にともなう気温変化の効果も考慮することが重要であり、力学、化学、放射の相互作用をよりよく表現する数値モデルを構築する必要がある。

次に、8つのCCMによる南極オゾンホールの過去再現実験と将来予測実験の結果をみてみよう(図Z-9)。実験のやり方には、"time-slice"法と"transient"法の2種類があり、研究機関によって、いずれかの方法を採用している。"time-slice"法とは従来の数値実験の常套手段であり、特定の年

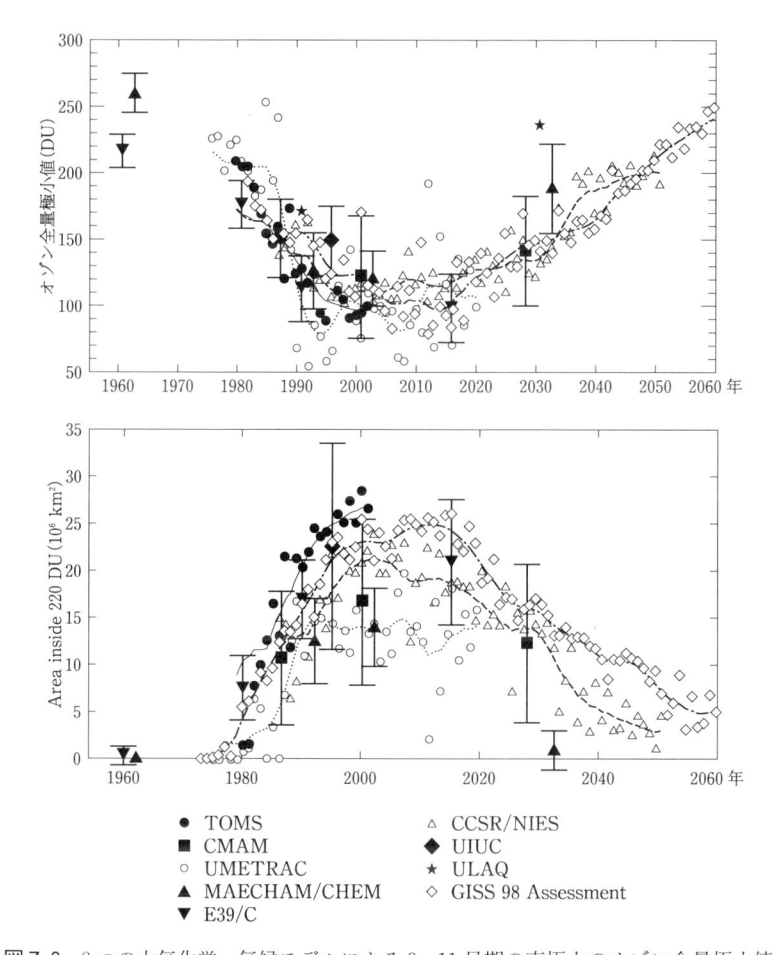

図 Z-9　8つの大気化学 – 気候モデルによる9〜11月期の南極上のオゾン全量極小値（上）とオゾンホール面積最大値（下）の時間変化（WMO, 2003；Austin et al., 2003）。2000年以前については，黒丸および対応する半滑化曲線にて TOMS による観測結果も示す（オゾンホール面積の変遷については図 Z-7 参照）。2種類のモデル群がある。平均値と？標準偏差をいくつかの年のみで示した"time-slice"実験（本文参照）を行なったモデルは，CMAM（カナダ中層大気モデル：1987年×12回，2000年×12回，2028年×12回），MAECHAM/CHEM（中層大気欧州センター・ハンブルグモデル（化学モジュール付き）：1960×22，1990×22，2000×22，2030×22，みやすくするためすべて2年後にずらして表示），E39/C（ハンブルグモデルをドイツ航空宇宙センターで動かしたもの：1960×22，1980×22，1990×22，2015×22），ULAQ（伊・ラクィラ大学：1990×20，2030×5，ただしオゾン全量の平均値のみ示す），UIUC（1995×15）である。一方，毎年の値とそれを平滑化した曲線で示した"transient"実験（本文参照）を行なったモデルは，UMETRAC（英国気象局：1975〜2020），CCSR/NIES（東京大学気候システム研究センター/国立環境研究所：1986〜2050），GISS（米国航空宇宙局：1959〜2067；1998年版報告書（WMO, 1999）における結果）である。

の外部境界条件(オゾン層破壊物質濃度など)を与えた上で何度も実験を繰り返し，内部変動の範囲や相互作用メカニズムを明らかにするものである．実験回数を増やすことで，内部変動に関する統計量を得られることが大きな利点である．一方，"transient" 法とは，外部境界条件を時間変化させながらモデルに与えるもので，まさに現実大気のシミュレーションである(前段落で紹介した成層圏二次元モデルによる全球オゾン実験はすべてこの方法で行なわれた)．本来は，このような長期間にわたる数値積分をさらに多数回繰り返し，内部変動の範囲を明らかにするべきであるが，現実には，計算機資源の制約により，積分はしばしば1回だけしか行なわれていない．オゾン層破壊物質と温室効果ガスの過去から将来にわたる分布の与え方については，モデルにより少しずつ異なるが，基本的には，観測，WMO(1999)のシナリオ，IPCC(1992)のIS92aシナリオにしたがっている(詳細は，Austin et al., 2003を参照のこと)．図によると，ほぼすべてのモデルが，過去のオゾンホール極小値の変遷をよく再現している．ただし，オゾンホール面積については全般にやや小さめの値をだしている．また，将来予測については，南極春季オゾン全量が極小を迎え回復し始めるのは2000～2020年ころ，1980年の状態に戻るのは2045～2050年ころであるといえそうである．なお，北極域についても同様の実験結果解析が行なわれている．しかし，前節に述べた通り北極域のオゾン量は気象場の変動に強く依存するため，実験結果のばらつきが大変大きく，意味のある推定を行なうことは現時点では困難である．また，過去再現実験によると，ほとんどのモデルがTOMS観測結果よりも高めの値を示しており，さらなるモデル改良の必要性が示唆される．

(4) 地表紫外線量の将来予測(2002年版)

地表紫外線量の将来予測は，オゾン層破壊物質削減にともなうオゾン層の回復予測，気候変動・地球温暖化にともなう雲量などの変化の予測，大気汚染の予測などに依存する(5-2節参照)．ここでは，前項のオゾン層将来予測に基づいた紅斑UVインデックスの将来予測をみてみよう．図Z-10は，1980年のレベルを基準にした正午の雲がない場合の紅斑UVインデックスの2050年までの変化量を季節別，緯度別に示したものである．これによると，

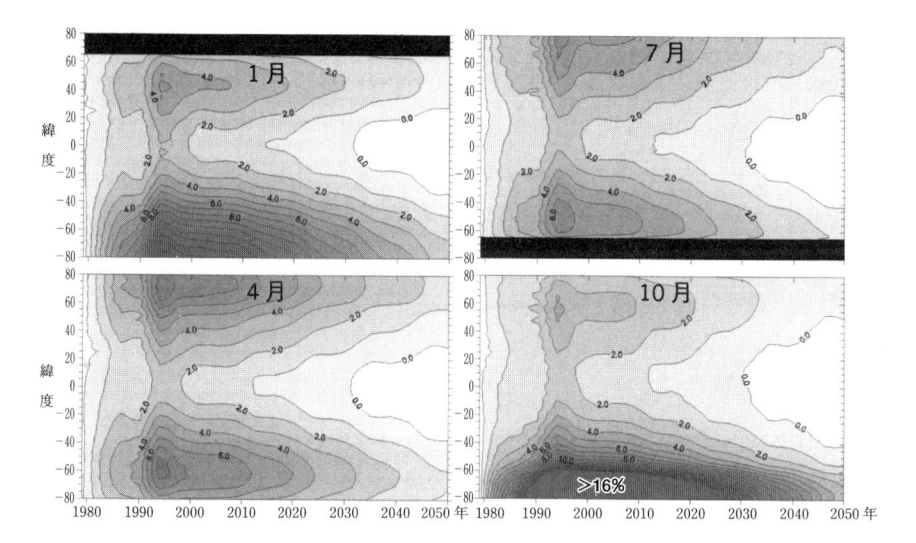

図 Z-10　1980 年のレベルを基準にした正午の雲のない場合の紅斑 UV インデックスの 1979〜2050 年における変化(WMO, 2003)．1，4，7，10 月について，1980 年の値からのずれ(%)を緯度別に示す．複数の数値モデルによるオゾン層将来予測実験の結果を平均した後，放射伝達モデルを用いて地表紫外線量に換算している．オゾン以外の諸変数はすべて一定という非現実的な仮定をおいた計算であることに注意．

2000 年から 2010 年ごろまでは紫外線量は極大のまま推移し，その後，高緯度ほど遅れるものの徐々に回復に向かうことになる．しかし，この計算においては，地表紫外線量に影響するオゾン以外の要素はすべて一定であると非現実的な仮定をおいていることに注意が必要である．実際には，地球温暖化にともなう他の要素の変化により，図 Z-10 の予測が狂う可能性は充分にある．

以下に，IPCC(2001)が列記した気候変動要素の内，地表紫外線量に影響するものについて簡単に述べておく．海氷や山岳氷河の減少は既に始まっている．これにともない地表面反射量が減るので，これらの地域では地表紫外線量が減少することが予想される．一方で，海氷の下や積雪の下に生息する生物にとっては紫外線量が増加することになる．雲量については，過去 100 年間で 2%増加したとされており，今後も増加傾向は続くだろうと予測されている．5-2 節に述べたように，地表紫外線量に対する雲の影響は複雑で正負

いずれもあり得るので，明確なことはいえないが，場所によっては，雲量変化の方がオゾン層変化よりもはるかに大きく影響する可能性がある。また，洪水や旱魃などの極端な気象現象が今後より頻発する可能性があり，これもやはりオゾン層変動よりも大きな影響を与える可能性がある。近年になって地表到達紫外線量への役割が強く認識されるようになってきた対流圏のエアロゾルの今後の増減も不透明である。新興国の経済発展にともない大気汚染がさらに進む可能性もあるし，環境への配慮が世界的に浸透し技術革新が促され，汚染が改善される可能性もあるからである。対流圏オゾンについても同様のことがいえる。また，上部対流圏～下部成層圏を飛ぶ旅客機の増加も紫外線量に影響を与える可能性がある。

(5) オゾン層の将来予測(2006年版)

2006年版の概要 Executive Summary(WMO/UNEP, 2006)によると，オゾン層回復は2002年版の予測に比べて遅れる可能性が高くなった。特に南極春季のオゾン全量が1980年の量に戻るのは2060～2075年ころと，2002年版よりも10～25年ほど遅くなる見通しになった。これはおもに，数値モデルにおける極域成層圏のオゾン層破壊物質の時間変化がより正確に表現されるようになってきたことによるものである。地球温暖化の進行にともない成層圏の気候や循環が変化していること，および，オゾン層にかかわる光化学過程，力学過程についての理解が深まり，数値モデルがさらに精緻化していることにより，オゾン層の将来に関する科学者たちの見通しも変化しているのである。

[引用文献・参考図書]

Austin, J., Shindell, D., Beagley, S.R., Bruehl, C., Dameris, M., Manzini, E., Nagashima, T., Newman, P., Pawson, S., Pitari, G., Rozanov, E., Schnadt, C. and Shepherd, T.G. 2003. Uncertainties and assessments of chemistry-climate models of the stratosphere. Atmos. Chem. Phys., 3: 1–27.

Benedick, R.E. 1998. Ozone diplomacy: New directions in safeguarding the planet. Enlarged edition. 449 pp. Harvard University Press, Cambridge.

リチャード・E・ベネディック著．小田切力訳．1999．環境外交の攻防：オゾン層保護条約の誕生と展開．462 pp．工業調査会．

Crutzen, P.J. 1971. Ozone production rates in an oxygen-hydrogen-nitrogen oxide

atmosphere. J. Geophys. Res., 76: 7311-7327.
Crutzen, P.J. and Arnold, F. 1986. Nitric acid cloud formation in the cold Antarctic stratosphere: A major cause for the springtime 'ozone hole.' Nature, 324: 651-655.
Dessler, A. 2000. The chemistry and physics of stratospheric ozone. 214 pp. Academic Press, San Diego.
Farman, J.C., Gardiner, B.G. and Shanklin, J.D. 1985. Large losses of total ozone in Antarctica reveal seasonal ClOx/NOx interaction. Nature, 315: 207-210.
Fioletov, V.E., Bodeker, G.E., Miller, A.J., McPeters, R.D. and Stolarski, R. 2002. Global and zonal total ozone variations estimated from ground-based and satellite measurements: 1964-2000. J. Geophys. Res., 107(D22): doi:10.1029/2001JD001350.
IPCC (Intergovernmental Panel on Climate Change). 1992. Climate change 1992: The supplementary report to the IPCC (eds. Houghton, J.T., Callander, B.A. and Varney, S.K.), 205 pp. Cambridge University Press, Cambridge.
IPCC (Intergovernmental Panel on Climate Change). 2001. Climate change 2001: The scientific basis (eds. Houghton, J.T., Ding, Y., Griggs, D.J., Noguer, M., van der Linden, P.J., Dai, X., Maskell, K. and Johnson, C.A.), 881 pp. Cambridge University Press, Cambridge.
Molina, M.J. and Rowland, F.S. 1974. Stratospheric sink for chlorofluoromethanes: Chlorine atom-catalyzed destruction of ozone. Nature, 249: 810-812.
Molina, M.J., Tso, T.-L., Molina, L.T. and Wang, F.C.-Y. 1987. Antarctic stratospheric chemistry of chlorine nitrate, hydrogen chloride, and ice: Release of active chlorine. Science, 238: 1253-1257.
Newman, P.A., Gleason, J.F., McPeters, R.D. and Stolarski, R.S. 1997. Anomalously low ozone over the Arctic. Geophys. Res. Lett., 24 (22): 2689-2692.
NRC (National Research Council). 1984. Causes and effects of changes in stratospheric ozone: Update 1983. National Academy Press, Washington, D.C.
関口理郎. 2001. 成層圏オゾンが生物を守る（気象ブックス 009）. 162 pp. 成山堂書店.
Stolarski, R.S. and Cicerone, R.J. 1974. Stratospheric chlorine: A possible sink for ozone. Canadian J. Chem., 52: 1610-1615.
UNEP (United Nations Environment Programme). Ozone Secretariat. http://ozone.unep.org/: URL 参照日 2006 年 6 月 26 日, 2007 年 3 月 11 日確認
Wang, H.J., Cunnold, D.M., Thomason, L.W., Zawodny, J.M. and Bodeker, G.E. 2002. Assessment of SAGE version 6.1 ozone data quality. J. Geophys. Res., 107 (D23): doi: 10.1029/2002JD002418.
WMO (World Meteorological Organization). 1986. Atmospheric ozone 1985. Global Ozone Research and Monitoring Project, Report No. 16.
WMO (World Meteorological Organization). 1999. Scientific assessment of ozone depletion: 1998. Global ozone research and monitoring project, Report No. 44.
WMO (World Meteorological Organization). 2003. Scientific assessment of ozone depletion: 2002. Global Ozone Research and Monitoring Project, Report No. 47.
WMO (World Meteorological Organization)/UNEP (United Nations Environment Programme, Ozone Secretariat). 2006. Executive summary: Scientific assessment of ozone depletion: 2006. 24 pp. (Released on 18 August 2006, http://ozone.unep.org/: 2007 年 3 月 11 日確認）

索　引

【ア行】

悪性黒色腫　331
亜硝酸　268
亜硝酸イオン　251,254〜256,258,
　　261,262
アスコルビン酸　333
アデニン　278
アデノシン三リン酸　10,285
アデノシン二リン酸　285
亜熱帯ジェット　62
アポトーシス　325
アミノ酸　262
アルドリン　265,267
アンテナ複合体　289
暗反応　10
硫黄細菌　309
イオン　259
異相反応　150,200
一次生産者　342
一重項酸素　243,247,251,252,254,
　　263,265〜267
一重項状態　245〜247
一酸化二窒素　145
遺伝子　282
遺伝的浮動　311
移流　74
隕石　21
インターカレート　267
イントロン　282
インフレーション　1
陰葉　355
引力　75
ウィルソンサイクル　14
ウィーン条約　371

ウェルナー症候群　327
渦管　169
渦度　106
渦度方程式　112,168
渦フラックス　97
宇宙　1
宇宙の晴れ上がり　2
宇宙背景放射　2
ウムケール　39
ヴュルム氷期　19
ウラシル　278
運動方程式　83
エアロゾル　147,230
エキソン　282
エチレン　30
エディアカラ紀　18
エフェクター細胞　299
エラスチン　331
エル・チチョン火山　383
遠隔測定　45
塩基　278
塩基除去修復　320
遠心力　76
鉛直シア　65
オイラーの方法　73
オイラー微分　73
黄色物質　240
黄斑変性症　334
岡崎フラグメント　293
オキシダント　29
オゾン　27,243,256,270
オゾン前駆物質　29
オゾン全量　39
オゾン層　53

オゾン層の将来予測(2002年版)　387
オゾン層の将来予測(2006年版)　394
オゾン層の長期変化　380
オゾン層破壊物質　369
オゾンゾンデ　30, 41
オゾンホール　383
オゾンホールの分裂　191
温室効果　92, 217
温度風　63

【カ行】
海水準の低下　15
海退　15
解糖系　285
回避　353
外膜　276
海面補正　66
化学光量　259
化学光量計　248
化学的防御　354
化学発光　30
化学物質の連続方程式　90
角運動量保存則　80
核酸　278
角質細胞層　329
核白内障　333
核分裂　294
核融合反応　2
過酸化水素　243, 251, 253, 254, 256, 257, 270
過酸化物　29
可視光線　212
カスケード反応　325
カスパーゼ　325
火星　24
化石　18
カタラーゼ　333
活性酸素　263, 315, 347, 356
活性酸素種　243, 250, 251, 256
価電子帯　258

可変領域　303
顆粒細胞層　329
カルボキシ基　263
カルボニル基　249, 253, 267
カロテノイド　346, 347, 350
間期　294
還元型ニコチンアミド‐アデニン‐ジヌクレオチド　285
還元型ニコチンアミド‐アデニン‐ジヌクレオチド‐リン酸　289
還元型フラビン‐アデニン‐ジヌクレオチド　287
還元型補酵素　10
癌細胞　327
間接循環　96
間接循環の駆動メカニズム　100
乾燥断熱減率　58
杆体　332
カンブリア紀の爆発　18
気圧傾度力　62, 75, 166
気圧座標系　56, 85
記憶細胞　306
奇数酸素　132, 137
奇数酸素(族)　34
基底細胞癌　331
基底細胞層　329
基底状態　128, 244, 245〜248, 252, 256
機能的制約　313
逆転写酵素　293
吸収係数　250, 255
吸収断面積　220
吸収波長　249, 250, 255
球面効果　73
共役π電子系　250
極域成層圏雲　199, 385
極渦　62
極渦境界　171
極渦の崩壊　386
極軌道衛星　45
局所直交座標系　72

索　引　399

局所微分　73
極夜ジェット　62
巨大噴火　270
菌根　362
菌根菌　361
金星　24
グアニン　278
空気塊　33
クエン酸回路　285
クックソニア　19
暗い太陽のパラドックス　8, 13
グラナ　277
グリコーゲン　291
グリコシド結合　278
クリスタリン　332
クリステ　276
グルタチオン　333
クルッツェン　377
クロスリンク　319
クロロフィル　10, 346
クロロフルオロカーボン　145, 197
クローン間選択　302
群速度　114
蛍光　30, 246, 261
血管拡張性失調症　327
結合組織　330
決定論的カオス　388
ゲルブストッフ　240
原核細胞　275
顕生代　15
原生代　14
光化学系　289
光化学寿命　33, 136
光学的厚さ　221
光学的深さ　221
好気呼吸細菌　18
後期促進複合体　297
抗原　299
抗原結合部位　302
抗原決定基　302

光合成　10, 289
光合成細菌　308
光合成速度　346
光合成有効放射　237
抗酸化酵素　330
紅色非硫黄細菌　310
向心力　76
酵素　281
抗体免疫応答　299
紅斑日焼け　225
紅斑UVインデックス　225, 392
鉱物　258, 269
光量子　244, 247, 248, 258
呼吸　285
国際腐植物質学会　251
黒色土　249
黒体　212
黒体放射　212
黒点　228
古生代と中生代の境界　21
固定　311
コドン　282
コヒーシン　294
固有の光学的性質　236
コラーゲン繊維　331
コリオリ因子　84
コリオリ力　62
ゴルジ体　277

【サ行】
サイクリン　296
サイクリン依存キナーゼ　296
最終氷期　19
サイトカイン　301
砕波　109
細胞質分裂　294
細胞周期　292
細胞周期制御系　296
細胞傷害性T細胞　300
細胞性免疫応答　299

細胞内小器官　275
サイレンシング　322
酸解離定数　252
酸化還元　247, 267
酸化還元電位　252
酸化還元反応　246
酸化還元力　244
酸化的リン酸化　308
残差循環　115
残差流線関数　117
三重項状態　245～247, 251
酸性雨　269
酸素同位体　270
酸素同位体比　270
サンタン　225, 330
サンバーン　225
散乱　217
散乱断面積　218, 220
シアノバクテリア　11, 16
シアン化水素　9
ジエルドリン　265, 267
シェーンバイン　27, 30
ジオポテンシャルハイト　55
紫外線　209
紫外線吸光法　35
紫外線量調節実験　359
色素性乾皮症　327
シグナル1　307
シグナル2　307
シクロブタン型二量体　317
自己抗原応答　307
自己反応　201
自然免疫応答　299
シデロフォア　259
シトクロム酸化酵素複合体　287
シトクロム b-c₁ 複合体　287
シトクロム b₆-f　290
シトシン　278
縞状鉄鉱層　12
ジャイアントインパクト　3

シャピュイ帯　32
周縁光観測　45
重爆撃期　3
重複域微小管　295
ジュールの法則　57
順圧　107
順圧渦度方程式　111
順圧ロスビー波　113
馴化　354
準地衡風方程式系　179
準地衡風ポテンシャル渦度方程式　181
準2年周期振動　62
消光　247
硝酸　261
硝酸イオン　251, 254～256, 266
小食細胞　299
状態方程式　54
小胞体　277
初期値鋭敏性　388
触媒　142, 203
ショ糖　290
真核細胞　275
真核細胞生物　14
真核生物　18
人工衛星　44
診断方程式　84
真皮　328
人類　21
水銀　29
水酸化物ラジカル　251, 253～257, 266, 268, 270
水素イオン H^+　287
錐体　332
水和電子　252
スクロース　290
スケールアナリシス　82
スケールハイト　55
ストロマ　277
ストロマトライト　11, 16

索　引　401

スーパーオキシド　243,251〜253,263
スーパーコールドプルーム　14
スプライジング　282
スペクトル放射照度　269
生育制限因子　257,259,261,262
生産者　352
静止軌道衛星　45
星状体微小管　295
生食食物連鎖　343,351
静水圧平衡方程式　55
成層圏　36,38,52
成層圏界面　52
成層圏突然昇温　173,174
成層圏二次元モデル　389
成層圏の大気大循環　102
成層圏の物質輸送　118
生存因子　326
生態ピラミッド　343
静的安定度　88
生物多様性　351
石炭　16
絶対渦度　106
絶滅　271
遷移　244,246
全球凍結　13
全身性免疫抑制　336
全微分　74
増感　247,248
総観規模擾乱　66
相対渦度　106
相同末端連結　324

【タ行】

ダイオキシン類　263
大気化学-気候モデル　387
大気大循環モデル　387
大気の窓　217
体細胞超変異　305
第三体　128,202
大昇温　173

帯状平均　60
帯状平均場の支配方程式　99
大食細胞　299
対数気圧座標系　177
ダイマー　317
太陽掩蔽観測　45
太陽系　3
太陽放射　91
対流圏　52
対流圏界面　52
対流圏の大気大循環　92
大量絶滅　19
ダウンワードコントロール　121
多環芳香族　265
多環芳香族炭化水素　243,263
立ち上がり項　112
脱アミノ反応　319
脱プリン反応　319
単細胞真核生物　18
炭酸同化　10
炭素換算　249,250
炭素固定反応　289
炭素-窒素-酸素循環反応　2
炭素同化　10
タンニング　225
地球温暖化　92
地球磁場　11
地球放射　91
地衡風　84
地衡風方程式　63,84
チタン酸化物　267,269
窒素　243,255,261
地表紫外線量の将来予測　392
地表面における力学的強制　190
チミン　281
チャップマン　41
チャップマン機構　127
チャピウス　32
中緯度 β 平面近似　180
中間圏　52

中間圏界面　52
中心体　294
中枢リンパ器官　299
中生代・白亜紀と新生代の境界　21
超高層大気　38
超酸素欠乏　21
超新星爆発　2, 270, 271
超大陸　14
超変異領域　305
直接修復　320
直接循環　94
チラコイド膜　277
定圧比熱　58
定常状態　132
定積比熱　57
停滞性の強制ロスビー波　115
デオキシリボ核酸　9
適応免疫応答　299
鉄イオン　254, 255, 257, 259, 262, 266, 267
鉄酸化物　258, 267, 269
鉄水酸化物　258, 267
鉄マンガン水酸化物　260
テロメア　293
テロメラーゼ　293
転移　294
電荷移動遷移　259, 261
転換　294
電気化学的プロトン勾配　288
電子エネルギー準位　258
電子共役系　265
電子伝達系　285
電磁波　209
転写　282
転写共役修復　320
天底観測　45
伝導帯　258
デンプン　290
糖　9
等エントロピー座標系　165

等価緯度　172
同義置換　314
動原体　295
動原体微小管　295
土壌微生物　363
ドブソン　39
ドブソン型分光光度計　39, 40
トポイソメラーゼ　292
ド・ボール　37
トランスファーRNA　282
トリプチルスズ　258
トリプレット　282
トルバ　372

【ナ行】
内生菌根　362
内生菌根菌　363
内的変動性　191
内部変動　388
内膜　276
ナチュラルキラー細胞　335
波による輸送　96
波の活動度　193
波の構造　96
南極オゾンホール　374
南極オゾンホールの面積　385
二次代謝産物　356, 358
日光角化症　330
ニュー・チルダ　209
ヌクレオチド除去　321
熱圏　52
熱的ゆらぎ　318
熱と運動量の南北渦フラックス　98
熱放射　212
熱力学　54
熱力学の第一法則　56
熱力学方程式　87
ノーベル化学賞　377

索引　403

【ハ行】

ハギンス帯　32
白色腐朽菌　263
白内障　334
波数　70, 209
発散項　112
発色性溶存有機物　240
ハッブルの法則　2
波動性　210
ハートリ帯　32
ハドレー循環　93
ハロン　146
反転　39
バンドギャップ　258, 267
反応速度　129, 202
反応速度定数　130, 134, 251, 257
反応中心　289
ビーア・ブーゲー・ランバートの法則　35, 220
非加速定理　185
光　209
光回復　320
光解離　128, 215
光解離定数　130, 134, 148, 200
光化学第一法則　244
光化学第二法則　247
光角膜炎　334
光還元　253, 257, 259
光還元反応速度　261
光輝尽発光　269
光吸収係数　237
光当量則　247
光分解　254, 263, 264, 267, 268
光励起　244, 246, 247, 252, 253, 257〜260, 267
光励起活性酸素種　248
光励起反応　243
皮質白内障　334
ヒスタミン　306
微生物ループ　343

ヒ素イオン　259, 260
非相同末端連結　324
ビッグバン　1
被度　360
非同義置換　314
ヒドロキシラジカル　243
ピナトゥボ火山　383
皮膚癌　329
肥満細胞　306
比容　55
氷期・間氷期　19
表皮　328
ピリミジン　294
ピリミジン二量体　317
ピルビン酸　286
微惑星　5
フィコビリンタンパク質　346
富栄養湖　255
フェノール性水酸基　249, 258, 259
フェリハイドライト　260
フェレドキシンNADP還元酵素　290
フェントン反応　256, 257
腐植物質　243, 247〜251, 253, 258, 261, 262, 265, 267, 268
物理的防御　354
ブドウ糖　11
不変領域　303
フミン酸　240, 250, 268
フミン物質　262
フラウンホーファー構造　232
ブラックスモーカー　7, 16
ブラックホール　3
プラネタリースケール　70
フラボノイド　348, 356
プランク関数　211, 213
プランク定数　128, 210
ブラント・バイサラ振動数　179
プリミティブ方程式系　87, 89
ブリューワ　41

ブリューワ型分光光度計　40, 231
プリン　294
フルボ酸　250, 259, 260, 262
ブルーワ・ドブソン循環　103
プレートテクトニクス　7
プロカスパーゼ　325
プロカスパーゼ8　326
プロカスパーゼ9　325
プロセッシング　284
プロトン　287
プローブ　251, 252
フロン　24, 370
分光学　31
分散関係式　114
分散性波動　114
分子進化の中立説　311
分子時計　16
平均子午面循環　94
平均流によるフラックス　96
ペプチド結合　278
ヘリカーゼ　292
ペルオキシソーム　277
ペルオキシダーゼ　263
ヘルパーT細胞1型　300
ヘルパーT細胞2型　300
ペルヒドロキシラジカル　251〜253, 257, 260
変換オイラー平均　115
編集　284
偏西風　61
ベンゾピレン　247, 263
貿易風　61
防御　354
芳香環　249, 258, 264, 266, 267
芳香族塩素化合物　266
放射　209
放射エネルギー収支　92
放射輝度　210
放射伝達方程式　219
放射フラックス密度　210

紡錘体　295
紡錘体微小管　295
紡錘体付着チェックポイント　297
ホスファターゼ　262
ホスホジエステラーゼ　321
ホスホジエステル結合　278
ポテンシャル渦度　165
ポテンシャル渦度方程式　168
翻訳　282

【マ行】
マイコスポリン様アミノ酸　348〜350
マイヤーの関係　58
マウンダー極小期　228
マグマオーシャン　5
マクロファージ　299
末梢リンパ器官　299
マトリックス　276
マンガン酸化物　260, 261
みかけの光学的性質　237
ミクロファージ　299
ミー散乱　218
ミスマッチ塩基修復　322
ミトコンドリア　276
ミラー　7
ミランコビッチ　227
ミランコビッチ・サイクル　19
ムコ多糖　331
明反応　10
メタ解析　364
メタン発生菌　12
メチル化　319
メチル水銀　258
メッセンジャーRNA　282
メラノサイト　329
メラノソーム　330
免疫寛容　307
免疫記憶　306
網膜芽細胞腫タンパク　298
モリナ　370

索引　405

モル吸光係数　255
モル吸収係数　257
モンゴメリー流線関数　167
モントリオール議定書　373

【ヤ行】

ヤブロンスキー図　244
有機汚染物質　256,263,265,266
有機酸　243,259
有機配位子　259
有棘細胞癌　331
有棘細胞層　329
有色溶存有機物　250
ユーレイ　7
ヨウ化カリウム溶液　30,42
溶存有機物　238,240,243,250〜253, 256,257,260〜262,265,269,343〜345
陽葉　355
葉緑素　10
葉緑体　18,277
翼状片　334
予測方程式　85

【ラ行】

ラギング鎖　293
ラグランジュの方法　73
ラグランジュ微分　74
ラジオゾンデ　41
ラジカル　140
ランゲルハンス細胞　334
ランバート・ビーアの法則　220,250
リガーゼ　293
リグニン　249,263
リザーバー　148,198
リソソーム　277
リター分解　360
リーディング鎖　293
リボ核酸　9
リボース　9
リボソーム　282

リボソーム RNA　282
リモートセンシング　45
硫酸　270
硫酸イオン　269,270
硫酸エアロゾル　383
硫酸塩鉱物　270
粒子性　210
流線関数　94
量子収率　248,255〜257,263,264,267
リン　243,261,262
臨界緯度　187
臨界高度　187
臨界波長　248
リン光　246
リン酸　9
リン酸イオン　262
励起一重項状態　247
励起状態　128,244〜248,256,265
励起状態の酸素原子　129,141,145
レイリー散乱　218
レゲナー父子　41
連結にともなう多様化　304
連鎖反応　142,146,203
連続方程式　88,166
ロスビーの臨界速度　189
ロスビー波　107
ロスビー波の位相速度　114
ロスビー波の鉛直伝播　187
ローランド　370
ロングパッチ修復　322

【ワ行】

惑星渦度　107

【記号】

3 細胞循環　96
(6-4)光産物　317
9.6 μm 帯　32
β-カロテン　333
$\tilde{\nu}$　209

406　索　引

π電子共役系　249

【A】
acclimation　354
active oxygen　356
Adenosine Tri-Phosphate　10
ADP　285
AGCM　387
air mass　33
air parcel　33
Alan W. Brewer　41
AM菌根　362
APエンドヌクレアーゼ　321
Apaf-1　325
APC　297
apparent optical properties　237
arbuscular mycorrhizal fungi　363
Atmospheric General Circulation Model　387
ATP　10,285
ATP合成酵素　288
avoidance　353

【B】
B細胞　299
B1細胞　307
B2細胞　307
Bad　326
Bak　326
Banded Iron Formation　12
Bax　326
Bcl-2ファミリー　325
BIF　12
BRCA2　327
BrO$_x$　146

【C】
C遺伝子断片　303
C$_3$植物　291
C$_4$植物　291

C$_4$ジカルボン酸回路　291
CAM植物　292
CCM　387
Cdk　296
Cdk阻害タンパク　298
CFC　145,197,370
CFCs　24
CH$_4$　22
Chappuis bands　32
Chemistry-Climate Model　387
chlorofluorocarbons　24
Christian Fredrich Schönbein　27
CKI　298
ClOの蓄積　161
ClO$_x$　145,197
C/N比　250,261
CNOサイクル　2
CO$_2$　6,22
coverage　360
CPD　317

【D】
D遺伝子断片　304
DCA　264
DDE　263,267
DDT　247,263,267
deoxyribonucleic acid　9
DNA　9,224,267,281
DNAグリコシラーゼ　320
DNA切断　319
DNA損傷　344
Dobson Unit　39
dry fog　270
DU　39

【E】
E2F　298
ECC型オゾンゾンデ　42
Electrochemical Concentration Cell　42

索　引　407

EP フラックス　　185
erythemal　　225

【F】
F_λ　　210
$FADH_2$　　287
faint young Sun paradox　　8
Fas タンパク　　326
Fraunhofer　　232
Freon　　370
freon　　24

【G】
G_0 期　　292
G_1 期　　292
G_1 チェックポイント　　296
G_2 期　　292
G_2 チェックポイント　　297
Gordon Miller Bourne Dobson　　39

【H】
H_2O　　5
H 鎖　　303
H の逃散　　13
Hartley bands　　32
HCN　　9
heavy-bombardment period　　3
HO_x　　143
Huggins bands　　32

【I】
I_λ　　210
IAP ファミリー　　326
IHSS　　251
inherent optical properties　　236
intensity　　210
irradiance　　210

【J】
J 遺伝子断片　　303

【K】
K/T 境界　　21

【L】
L 鎖　　303
Léon Teisserenc de Bort　　37
limb　　45
litter decomposition　　360
Local Thermodynamic Equilibrium　　216
LTE　　217

【M】
M 期　　292
MA2 シナリオ　　389
mass extinction　　19
meta-analysis　　364
MHC タンパク　　300
Milutin Milankovitch　　227
Mostafa Kamal Tolba　　372
mRNA　　282
MutH　　322
MutL　　323
MutS　　322
mycorrhiza　　362

【N】
N_2O　　22
NADH　　285
NADH 脱水素酵素複合体　　287
nadir　　45
NADPH　　289
$NADP H_2$　　10
NO_x　　144

【O】
odd oxygen（family）　　34
O_x　　34

【P】
p21　327
p53　327
PAH　265
PAR　237
Paul J. Crutzen　377
PCB　263, 265
PCDD　263
protection　354
PSC　199, 385
P/T 境界　21

【R】
radiance　210
radiant flux density　210
Ras タンパク質　298
Rayleigh　218
Rb　298
RecA　324
ribonucleic acid　9
RNA　9, 224, 278
rRNA　282

【S】
S 期　292
secondary metabolites　358
Sidney Chapman　41
Snowball Earth　13

solaroccultation　45
SOS 応答　324
spectroscopy　31
SPF　226
Sun Protection Factor　226
superanoxia　21

【T】
T 細胞　299
Tc 細胞　300
time-slice 法　390
TOMS　47
Total Ozone Mapping Spectrometer　47
transient 法　390
tRNA　282

【U】
UV-A　224
UV-B　224
UV-C　224
UvrA, B, C ヌクレアーゼ　321

【V】
V 遺伝子断片　303

【X】
XP　327

執筆者一覧(五十音順)
*編集委員

鈴木光次(すずき こうじ)
 北海道大学大学院環境科学院助教授
 博士(理学)(名古屋大学)
 第5章5-3,第8章8-4執筆

露崎史朗(つゆざき しろう)
 北海道大学大学院環境科学院助教授
 理学博士(北海道大学)
 第8章8-5・8-6執筆

豊田和弘(とよだ かずひろ)
 北海道大学大学院環境科学院助教授
 理学博士(東京大学)
 第6章執筆

長谷部文雄(はせべ ふみお)
 北海道大学大学院環境科学院教授
 理学博士(京都大学)
 第2章,第4章4-1・4-2執筆

*東 正剛(ひがし せいごう)
 北海道大学大学院環境科学院教授
 理学博士(北海道大学)
 序章,第7章,第8章8-1〜8-3執筆

廣川 淳(ひろかわ じゅん)
 北海道大学大学院環境科学院助教授
 博士(理学)(東京大学)
 第3章,第4章4-3執筆

藤原正智(ふじわら まさとも)
 北海道大学大学院環境科学院助教授
 博士(理学)(東京大学)
 序章,第1章,第5章5-1・5-2,終章執筆

オゾン層破壊の科学
2007年3月30日　第1刷発行

編　者　**北海道大学
　　　　大学院環境科学院**

発行者　佐　伯　　　浩

発行所　北海道大学出版会
札幌市北区北9条西8丁目 北海道大学構内（〒 060-0809）
Tel. 011(747)2308・Fax. 011(736)8605・http://www.hup.gr.jp

アイワード　　　　　　© 2007　北海道大学大学院環境科学院
ISBN978-4-8329-8179-9

雪と氷の科学者・中谷宇吉郎	東　晃　著	四六・272頁　価格2800円
エネルギーと環境	北海道大学放送教育委員会　編	A5・168頁　価格1800円
エネルギー・3つの鍵　—経済・技術・環境と2030年への展望—	荒川　泓　著	四六・472頁　価格3800円
総合エネルギー論入門　—ヒトはどこまで生き永らえるか—	大野陽朗　著	四六・146頁　価格1300円
新版　氷の科学	前野紀一　著	四六・260頁　価格1800円
極地の科学　—地球環境センサーからの警告—	福田正己　香内　晃　高橋修平　編著	四六・200頁　価格1800円
フィーニー先生南極へ行く　—Professor on the Ice—	R. フィーニー　著　片桐千仞　片桐洋子　訳	四六・230頁　価格1500円
雪氷調査法	日本雪氷学会北海道支部　編	B5・258頁　価格4500円
生物多様性保全と環境政策　—先進国の政策と事例に学ぶ—	畠山武道　柿澤宏昭　編著	A5・438頁　価格5000円
自然保護法講義［第2版］	畠山武道　著	A5・352頁　価格2800円
アメリカの国有地法と環境保全	鈴木　光　著	A5・416頁　価格5600円
アメリカ環境政策の形成過程　—大統領環境諮問委員会の機能—	及川敬貴　著	A5・382頁　価格5600円
アメリカの環境保護法	畠山武道　著	A5・498頁　価格5800円
環境の価値と評価手法　—CVMによる経済評価—	栗山浩一　著	A5・288頁　価格4700円
環境科学教授法の研究	高村泰雄　丸山　博　著	A5・688頁　価格9500円

〈価格は消費税を含まず〉

北海道大学出版会

【基本物理定数の値】(カッコのなかの値は数値の最後の桁につく標準不確かさを示す)
参考文献：Mohr, P.J. and Taylor, B.N. 2005. CODATA recommended values of the fundamental physical constants 2002. Rev. Mod. Phys., 77(1): 1-107.

物理量	記号	数値	単位
真空中の光速度	c	299792458	m s^{-1}
プランク定数	h	$6.6260693(11) \times 10^{-34}$	J s
ボルツマン定数	k	$1.3806505(24) \times 10^{-23}$	J K^{-1}
万有引力定数	G	$6.6742(10) \times 10^{-11}$	m^3 kg^{-1} s^{-2}
重力の標準加速度	g_s	9.80665	m s^{-2}
ステファン・ボルツマン定数	σ	$5.670400(40) \times 10^{-8}$	W m^{-2} K^{-4}
アボガドロ定数	N_A	$6.0221415(10) \times 10^{23}$	mol^{-1}
(一般)気体定数	R^*	8.314472(15)	J K^{-1} mol^{-1}

【大気科学で用いられる代表的な定数】
参考文献：Holton, J.R. 2004. An introduction to dynamic meteorology (4th ed.). 535 pp. Elsevier Academic Press.

物理量	記号	数値	単位
地球の平均半径	a	6.37×10^6	m
地球の自転角速度	Ω	7.292×10^{-5}	s^{-1}
乾燥空気の平均分子量	M_d	28.97	
乾燥大気の気体定数	R	287	J K^{-1} kg^{-1}
乾燥空気の定積比熱	c_v	717	J K^{-1} kg^{-1}
乾燥空気の定圧比熱	c_p	1004	J K^{-1} kg^{-1}
乾燥断熱減率	Γ_d	9.76×10^{-3}	K m^{-1}